中法工程师学院预科教学系列丛书

Preparatory Cycle Textbooks Series of Sino-French Institute of Engineering

丛书主编：王彪　Jean-Marie　BOURGEOIS-DEMERSAY

Optique ondulatoire, Électromagnétisme, Relativité restreinte, Diffusion

波动光学、电磁学、相对论、扩散
(法文版)

〔法〕 Océane GEWIRTZ　著

科学出版社

北京

内 容 简 介

本书全面系统地介绍了波动光学、电磁学、狭义相对论以及扩散机制,内容涵盖了物理基础、实验及应用的各个环节,并且附有与课程内容紧密结合的练习题,能有效地加深读者对物理知识和原理的理解. 编写模式新颖,借鉴了现有的法国工程师教育的相关教材. 吸收了法国工程师精英培养模式教学体系的精髓,并结合中国学生的实际情况进行编写.

本书可作为中法合作办学单位的预科和专业教材,也可作为其他相关专业的参考教材.

图书在版编目(CIP)数据

波动光学、电磁学、相对论、扩散:法文 / (法) 格维尔茨(Gewirtz, O.)著. —北京:科学出版社, 2020.1
(中法工程师学院预科教学系列丛书/王彪等主编)
ISBN 978-7-03-062291-4

I. ① 波… II. ①格… III. ①物理光学–高等学校–教材–法文②电磁学–高等学校–教材–法文③相对论–高等学校–教材–法文④扩散–高等学校–教材–法文 IV. ①O4

中国版本图书馆 CIP 数据核字 (2019) 第 203396 号

责任编辑:罗 吉 / 责任校对:杨聪慧
责任印制:张 伟 / 封面设计:迷底书装

科 学 出 版 社 出版
北京东黄城根北街 16 号
邮政编码:100717
http://www.sciencep.com

北京虎彩文化传播有限公司 印刷
科学出版社发行 各地新华书店经销
*
2020 年 1 月第 一 版 开本:787×1092 1/16
2021 年 1 月第三次印刷 印张:33
字数:782 000

定价:128.00 元

(如有印装质量问题,我社负责调换)

序

高素质的工程技术人才是保证我国从工业大国向工业强国成功转变的关键因素. 高质量地培养基础知识扎实、创新能力强、熟悉我国国情并且熟悉国际合作和竞争规则的高端工程技术人才是我国高等工科教育的核心任务. 国家长期发展规划要求突出培养创新型科技人才和大力培养经济社会发展重点领域急需的紧缺专门人才.

核电是重要的清洁能源，在中国已经进入快速发展期，掌握和创造核电核心技术是我国核电获得长期健康发展的基础. 中山大学地处我国的核电大省——广东,针对我国高素质的核电工程技术人才强烈需求,在教育部和法国相关政府部门的支持和推动下,2009年与法国民用核能工程师教学联盟共建了中山大学中法核工程与技术学院（Institut Franco-Chinois de l'Energie Nucléaire），培养能参与国际合作和竞争的核电高级工程技术人才和管理人才. 教学体系完整引进法国核能工程师培养课程体系和培养经验,其目标不仅是把学生培养成优秀的工程师,而且要把学生培养成各行业的领袖. 其教学特点表现为注重扎实的数理基础学习和全面的专业知识学习；注重实践应用和企业实习以及注重人文、法律管理、交流等综合素质的培养.

法国工程师精英培养模式起源于 18 世纪，一直在国际上享有盛誉. 中山大学中法核工程与技术学院借鉴法国的培养模式，结合中国高等教育的教学特点将 6 年的本硕连读学制划分为预科教学和工程师教学两个阶段. 预科教学阶段专注于数学、物理、化学、语言和人文课程的教学，工程师阶段专注于专业课、项目管理课的教学和以学生为主的实践和实习活动. 法国预科阶段的数学、物理等基础课的课程体系和我国相应的工科基础课的教学体系有较大的不同. 前者覆盖面更广，比如数学教材不仅包括高等数学、线性代数等基本知识，还包括拓扑学基础、代数结构基础等. 同时更注重于知识的逻辑性和解题的规范化，以利于学生深入理解后能充分保有基础创新潜力.

为更广泛地借鉴法国预科教育的优点和广泛传播这种教育模式，把探索实践过程中取得的成功经验和优质课程资源与国内外高校分享，促进我国高等教育基础学科教学的改革，我们在教育部、广东省教育厅和学校的支持下，组织出版了这套预科基础课教材，包含数学、物理和化学三门课程多个阶段的学习内容. 本教材主要适用于法国工程师教育预科阶段数学、物理、化学课程的学习. 它的编排设计富有特色，采用了逐步深入的知识体系构建方式；既可作为中法合作办学单位的专业教材，也非常适合其他相关专业作为参考教材，方便自学.

我们衷心希望，本套教材能为我国高素质工程师的教育和培养做出贡献！

中方院长　　法方院长

中山大学中法核工程与技术学院

2016 年 1 月

前言

本系列丛书出版的初衷是为中山大学中法核工程与技术学院的学生编写一套合适的教材. 中法核工程与技术学院位于中山大学珠海校区. 该学院用六年时间培养通晓中英法三种语言的核能工程师. 该培养体系的第一阶段持续三年，对应着法国大学的预科阶段，主要用法语教学，为学生打下扎实的数学、物理和化学知识基础；第二阶段为工程师阶段，学生将学习涉核的专业知识，并在以下关键领域进行深入研究：反应堆安全、设计与开发、核材料以及燃料循环.

本丛书物理化学部分分为以下几册，每册书分别介绍一个学期的物理课程，化学课程内容则独立成册.

第1册：质点力学（大一第二学期）；

第2册：电学、几何光学、两体系统的力学和刚体力学（大二第一学期）；

第3册：热力学（大二第二学期）；

第4册：基础化学（大一第二学期，包括原子和溶液化学）和化学物理（大二第二学期，包括晶体学、化学动力学和热力学）；

第5册：波动光学、电磁学、相对论、扩散.

除了因中国学生的语言障碍对某些物理学科的课程进度做了调整以外，在中法核工程与技术学院讲授的科学课程内容与法国预科阶段的课程内容一致.

每册书都采用相同的教学安排：首先讲授课程，然后进行难度逐步加深的习题训练（概念性问题、知识应用练习、训练练习、深度训练练习或难题）.

和其他教材不同的是，为了让学生在学习过程中更加积极主动，本书设计了一系列问题（用符号 ✎ 表示），答案则在书中用手写体标记以强调应由学生（在课堂上）填写完成. 学生可以通过课程知识应用练习（用符号 ✍ 标记）自行检查是否已掌握新学的方程和概念,并有机会接触真实器件或解决来源于日常生活中的一些问题. 书中还有很多插图，有助学生对词汇和概念的理解，所谓"一图胜过千言".

每一章书的后面是附录，收集了法语词汇、物理专业术语，以及物理学史、物理学发展史等相关内容. 读者还可以在附录中找到和课程有关的视频链接目录.

该丛书是为预科阶段循序渐进的持续的学习过程而设计的. 譬如，曾在力学里介绍过的概念，在后续的几何光学或热力学部分会对其进一步深入讲解，习题亦如是. 为了证明一些原理（如最小作用原理）或结论（如对称性）的普遍适用性，相关习题会在物理的不同学科领域以不同形式出现.

最后值得指出的是，该丛书物理化学的内容安排是和数学的内容安排紧密联系的. 学生可以利用已学到的数学工具解决物理问题，如微分方程、偏微分方程或极限展开. 当这些内容在数学课程中没有展开阐述的时候，书中也会在附录部分对其做详细介绍，例如圆锥曲线.

得益于中法核工程与技术学院学生和老师们的意见与建议，该丛书一直在不断地改进中. 我的同事赖侃、滑伟、何广源、胡杨凡、韩东梅和康明亮博士仔细核读了该书的原稿，并作以精准的翻译. 刘洋和熊涛两位博士也对力学部分提出了中肯的意见. 最后，本书的成功出版离不开中法核工程与技术学院两位院长，王彪教授（长江特聘教授、国家杰出青年基金获得者）和 Jean-Marie BOURGEOIS- DEMERSAY先生（法国矿业团首席工程师），一直以来的鼓励与大力支持. 请允许我对以上同事及领导表示最诚挚的谢意！

Océane GEWIRTZ

法国里昂（Lyon）高等师范学校的毕业生，
通过法国会考取得教师职衔的预科阶段物理老师

Avant-propos

Cet ouvrage est à l'origine destiné aux élèves-ingénieurs de l'Institut franco-chinois de l'énergie nucléaire (IFCEN), situé sur le campus de l'université Sun Yat-sen à Zhuhai, dans la province du Guangdong en Chine du sud. Cet institut forme en six années des ingénieurs en génie atomique trilingues en chinois, français et anglais. La première partie du curriculum s'étend sur trois ans et correspond aux classes préparatoires aux grandes écoles, avec un enseignement en français de bases solides dans tous les domaines des mathématiques, de la physique et de la chimie. La deuxième partie du curriculum constitue le cycle d'ingénieur, qui permet aux élèves de se spécialiser dans le nucléaire et d'approfondir les domaines-clés que sont la sûreté, la conception et l'exploitation des centrales, les matériaux pour le nucléaire et le cycle du combustible.

La collection se décline en plusieurs volumes dont chacun représente un semestre de cours en sciences physiques, l'enseignement de la chimie étant regroupé dans un volume particulier :
- Volume 1 : mécanique du point (semestre 2) ;
- Volume 2 : électrocinétique, optique géométrique, mécanique des systèmes de deux points matériels et mécanique du solide (semestre 3) ;
- Volume 3 : thermodynamique (semestre 4) ;
- Volume 4 : chimie générale (atomistique et chimie des solutions au semestre 2) et chimie physique (cristallographie, cinétique chimique et thermochimie au semestre 4) ;
- Volume 5 : optique ondulatoire, électromagnétisme, relativité restreinte et phénomènes de diffusion.

Les contenus scientifiques qui sont abordés à l'IFCEN correspondent au programme des classes préparatoires en France, si ce n'est que la progression diffère quelque peu en raison des difficultés langagières que présentent, pour un public chinois, certains domaines de la physique.

Chaque volume suit une progression identique : tout d'abord un exposé du cours, suivi d'exercices classés par ordre de difficulté croissante (questions de cours, exercices d'application directe, exercices d'entraînement, exercices d'approfondissement ou problèmes).

Dans le souci de rendre plus actif l'élève pendant son apprentissage, le cours suit une présentation qui diffère d'autres ouvrages : de nombreuses questions sont posées, précédées d'un ✎ ; les réponses sont indiquées en police manuscrite pour bien souligner qu'il appartient à l'élève de remplir cette partie. Les exercices d'application directe du cours, précédés d'un ✍, permettent à l'élève de vérifier qu'il maîtrise les formules et les concepts nouvellement acquis. Ils donnent aussi l'occasion d'étudier des dispositifs réels ou de résoudre des problèmes tirés de la vie quotidienne. De nombreuses illustrations facilitent l'acquisition du vocabulaire et des concepts, suivant l'adage bien connu qu'une image vaut mille mots.

À la fin de chaque chapitre, l'élève trouvera des annexes qui concernent le français et les difficultés lexicales, ainsi que l'histoire et le développement de telle ou telle branche de la physique. Le lecteur pourra aussi trouver une webographie comprenant des animations ou des films en lien avec le cours.

La collection a été conçue pour un apprentissage continu et progressif sur l'ensemble du cycle préparatoire. Par exemple, des notions sont d'abord introduites dans le cours de mécanique, pour être reprises et approfondies plus tard en optique géométrique ou en thermodynamique. Il en va de même pour les exercices, qui peuvent apparaître de façons différentes dans des domaines distincts de la physique, dans le but de démontrer l'universalité de certains principes (comme le principe de moindre action) ou de certains raisonnements (recherche des symétries).

Il faut enfin noter que la progression du cours de physique-chimie se fait en lien étroit avec celle du cours de mathématiques, également disponible dans la même collection. Les élèves pourront donc appliquer aux sciences physiques les outils mathématiques qu'ils auront assimilés préalablement, comme les équations différentielles, les équations aux dérivées partielles ou les développements limités. Lorsqu'elles ne sont pas développées en cours de mathématiques, certaines notions font l'objet d'annexes détaillées, à l'exemple des coniques.

Les volumes de cette collection sont en constante évolution, grâce aux remarques et aux suggestions des élèves et des professeurs de l'institut. J'ai plaisir à mentionner mes collègues les docteurs Lai Kan, Hua Wei, He Guangyuan, Hu Yangfan, Han Dongmei et Kang Mingliang, pour la qualité de leur traduction et la relecture minutieuse des manuscrits. Le volume de mécanique a aussi profité des commentaires avisés des docteurs Liu Yang et Xiong Tao. Enfin, la collection n'aurait pas pu voir le jour sans les encouragements et le soutien constant des deux directeurs de l'institut, le professeur Wang Biao, doyen de la faculté de physique et d'ingénierie, et M. Jean-Marie Bourgeois-Demersay, ingénieur général des mines. Qu'ils en soient tous ici remerciés !

Océane Gewirtz
Ancienne élève de l'École normale supérieure de Lyon, professeur en classes préparatoires,
agrégée de sciences physiques

Table des matières

Deuxième partie Électromagnétisme 153

Première partie

Optique ondulatoire

Chapitre 1

Introduction aux ondes

On définit une onde comme un champ scalaire ou vectoriel dont les dépendances spatiales et temporelles sont liées par des équations aux dérivées partielles appelées équations d'onde.

Les ondes sont omniprésentes en physique : acoustique, mécanique, mécanique des fluides, optique... Nous allons voir dans ce premier chapitre un aperçu des ondes et de la diversité des domaines dans lesquels on les rencontre.

⚠ un champ uniforme ou un champ stationnaire ne correspondent pas à la définition prise ci-dessus pour une onde.

1.1 Mise en évidence sur deux exemples

On va tout d'abord étudier un exemple dans le domaine de la mécanique et qui a des applications dans de nombreux instruments de musique : piano, guitare, harpe...

1.1.1 La corde vibrante

On considère une corde homogène, de masse m de section constante S, de longueur L, de masse linéique μ fixée entre ses extrémités.

✎ Quelle est l'expression de μ en fonction des données ?

On a $\mu = \frac{m}{L}$ qui est bien homogène à des kg/m.

Modélisation

On considère la corde tendue sous la tension T_0, parfaitement horizontale au repos, ce qui revient à négliger l'effet de la gravité (devant la tension).

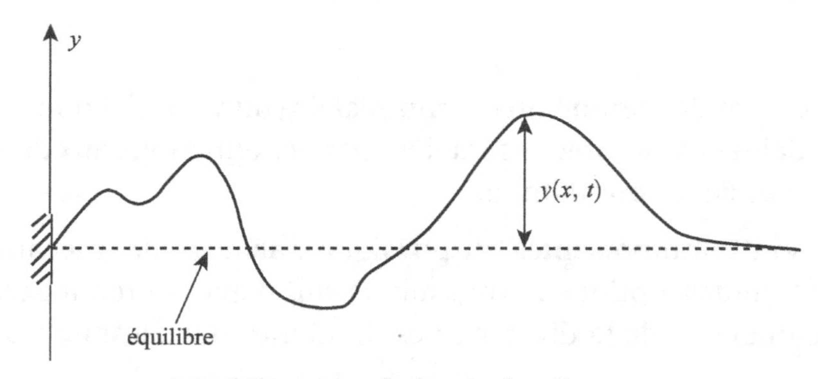

Modélisation de la corde vibrante

✎ Pour une corde de guitare, on a typiquement $T_0 \approx 100$ N, de masse $m \approx 1$ g. Discuter la validité de l'approximation précédente.

On a $P = mg \approx 10^{-2}$ N qui est bien négligeable devant T_0. L'approximation est bien justifiée.

On suppose que la corde est inextensible, ce qui revient à supposer que chaque point de la corde garde une abscisse constante pendant le mouvement, mais chaque point peut se déplacer verticalement. On note $y(x, t)$ le déplacement vertical d'un point de la corde.

On suppose les mouvements "petits", c'est-à-dire si on note α l'angle que fait la tangente à la corde avec l'horizontale, on a :
- $|y(x, t)| \ll L$,
- $|\alpha(x, t)| \ll 1$.

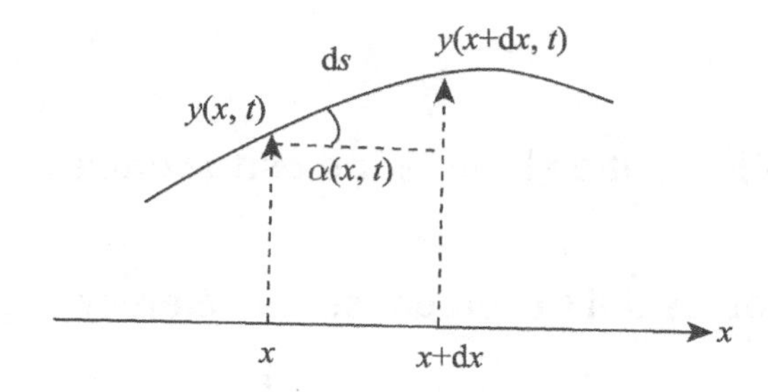

✎ **Que peut-on dire de $\tan\alpha$, $\cos\alpha$ et $\sin\alpha$?**

En se limitant aux termes du premier ordre, on a $\tan\alpha \approx \alpha$, $\cos\alpha \approx 1$ *et* $\sin\alpha \approx \alpha$.

On a $\tan\alpha(x,t) = \dfrac{\mathrm{d}y(x,t)}{\mathrm{d}x} = \dfrac{\partial y(x,t)}{\partial x}$, on a donc $|\dfrac{\partial y(x,t)}{\partial x}| \ll 1$.

✎ **Montrer que la longueur de la corde est bien constante au premier ordre.**

On a $\mathrm{d}s = \sqrt{\mathrm{d}x^2 + \mathrm{d}y^2} = \left(1 + \left(\dfrac{\partial y}{\partial x}\right)^2\right)^{1/2} \mathrm{d}x$. *La longueur de la corde est alors donnée par*

$$\int_0^L \left(1 + \left(\frac{\partial y}{\partial x}\right)^2\right)^{1/2} \mathrm{d}x$$

soit en se limitant aux termes du premier ordre

$$\int_0^L \mathrm{d}x = L.$$

La tension $\overrightarrow{T}(x,t)$ est définie par l'action exercée par la partie droite sur la partie gauche (définie par rapport à M). On a $\overrightarrow{T}(x,t) = T(x,t)\overrightarrow{u_M}$ où $\overrightarrow{u_M}$ est le vecteur unitaire tangent à la corde au point M, dirigé vers la droite de M.

✎ **Quelle est la force exercée par la partie gauche sur la partie droite ?**

D'après le principe des actions réciproques ou troisième loi de Newton (cf livre de mécanique du point), on a $\overrightarrow{T}_{\text{gauche}} = -T(x,t)\overrightarrow{u_x}$.

Mise en équation

On s'intéresse à un élément de longueur dx situé entre les abscisses x et $x+\mathrm{d}x$.

✎ Quelles sont les forces qui s'exercent sur cet élément ?

Comme le poids est négligé, on a seulement la force de tension : la tension à droite $\vec{T}(x+\mathrm{d}x,t)$ et la tension à gauche $-\vec{T}(x,t)$.

✎ En appliquant le principe fondamental de la dynamique, en déduire l'équation du mouvement sur les axes Ox et Oy.

On a donc

$$\mu \mathrm{d}x \frac{\partial^2 y}{\partial t^2}\overrightarrow{u_y} = \vec{T}(x+\mathrm{d}x,t)-\vec{T}(x,t).$$

En projection sur l'axe Ox, on a :

$$0=(T\cos\alpha)(x+\mathrm{d}x,t)-(T\cos\alpha)(x,t).$$

En projection sur l'axe Oy, on a :

$$\mu \mathrm{d}x \frac{\partial^2 y}{\partial t^2}=(T\sin\alpha)(x+\mathrm{d}x,t)-(T\sin\alpha)(x,t).$$

Or, on se place dans l'hypothèse de faibles déplacements de la corde. En gardant les termes du premier ordre en $\frac{\partial y}{\partial x}$, on a $\cos\alpha\approx 1$ et $\sin\alpha\approx\alpha\approx\frac{\partial y}{\partial x}$ et donc :

- sur l'axe Ox, on a $0=(T)(x+\mathrm{d}x,t)-(T)(x,t)$ soit $T(x,t)=T(x+\mathrm{d}x,t)=T(t)$. Au premier ordre, la tension est indépendante de x, elle est seulement fonction du temps.

- sur l'axe Oy, on a $\mu \mathrm{d}x\frac{\partial^2 y}{\partial t^2}=(T\alpha)(x+\mathrm{d}x,t)-(T\alpha)(x,t)=\frac{\partial T\alpha}{\partial x}\mathrm{d}x=T(t)\frac{\partial\alpha}{\partial x}\mathrm{d}x$ car on vient de démontrer que la tension T est indépendante de x.

Or, on garde seulement les termes du premier ordre : $T(x,t) = T_0 + T_1(t)$ avec $T_1 \ll T_0$, on en déduit que $T_1 \dfrac{\partial \alpha}{\partial x}$ est un terme d'ordre 2, on peut donc le négliger.

Cette dernière équation se met sous la forme :

$$\mu \frac{\partial^2 y}{\partial t^2} = T_0 \frac{\partial^2 y}{\partial x^2}.$$

Au final, on a donc : $\boxed{\dfrac{\partial^2 y}{\partial t^2} - \dfrac{T_0}{\mu}\dfrac{\partial^2 y}{\partial x^2} = 0.}$

C'est l'équation d'onde de d'Alembert.

✎ Quelle est la dimension de $\dfrac{T_0}{\mu}$?

Par analyse dimensionnelle, on a $\dfrac{T_0}{\mu}$ qui est homogène à une vitesse au carré, soit $L^2 \cdot T^{-2}$.

On retient donc l'équation de d'Alembert sous la forme :

$\boxed{\dfrac{\partial^2 y}{\partial x^2} - \dfrac{1}{c^2}\dfrac{\partial^2 y}{\partial t^2} = 0}$ où c est la célérité de l'onde.

1.1.2 L'équation des télégraphistes

On étudie maintenant la propagation d'une onde électrique le long d'une ligne bifilaire.

L'approximation usuelle des régimes quasi-stationnaires n'est pas valable, on va étudier une portion de ligne de longueur dx. Cette portion de câble est caractérisée par une inductance d$L = \Lambda$dx et une capacité d$C = \Gamma$dx.

On a la figure suivante :

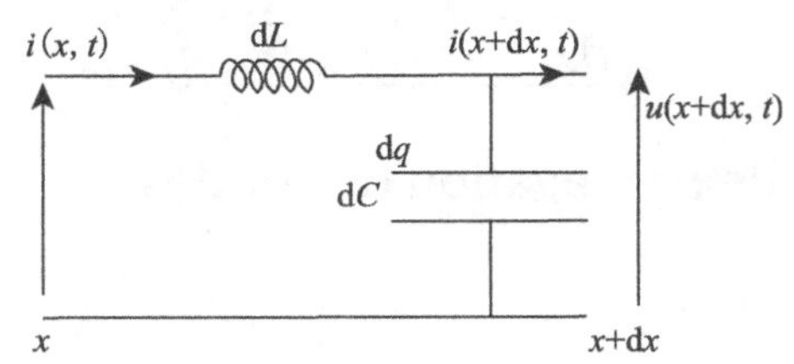

✎ **Appliquer la loi des mailles et exprimer $\dfrac{\partial u}{\partial x}(x,t)$.**

On a $u(x,t) = \mathrm{d}L\dfrac{\partial i}{\partial t}(x,t) + u(x+\mathrm{d}x,t)$ soit, si on passe à la limite en considérant que $\mathrm{d}x \to 0$, on a :

$$\frac{\partial u}{\partial x}(x,t) = -\Lambda\frac{\partial i}{\partial t}(x,t).$$

✎ **Appliquer la loi des nœuds et exprimer $\dfrac{\partial i}{\partial x}(x,t)$.**

On a $i(x,t) = \mathrm{d}i_C + i(x+\mathrm{d}x,t)$ soit, comme $\mathrm{d}i_C = \Gamma\mathrm{d}x\dfrac{\partial u}{\partial t}(x,t)$ et, si on passe à la limite en considérant que $\mathrm{d}x \to 0$, on a :

$$\frac{\partial i}{\partial x}(x,t) = -\Gamma\frac{\partial u}{\partial t}(x,t).$$

✎ **En déduire l'équation aux dérivées partielles vérifiée par $u(x,t)$.**

Si on dérive la première expression par rapport à x et la deuxième équation par rapport à t, on a, en remarquant que les dérivées partielles temporelles et spatiales peuvent être permutées car la fonction est de clase $\mathscr{C}^2$,

$$\frac{\partial^2 u}{\partial x^2} - \Gamma\Lambda\frac{\partial^2 u}{\partial t^2} = 0.$$

On retrouve donc une équation similaire, c'est l'équation de d'Alembert.

$$\boxed{\frac{\partial^2 u}{\partial x^2} - \Gamma\Lambda\frac{\partial^2 u}{\partial t^2} = 0}.$$

✎ **Quelle est la vitesse de propagation de l'onde ?**

On a $c = \dfrac{1}{\sqrt{\Gamma\Lambda}}$.

✎ Vérifier la dimension de $\dfrac{1}{\sqrt{\Lambda\Gamma}}$.

Il est plus facile ici d'utiliser les équations usuelles plutôt que les unités. On a, en utilisant les équations précédentes :

$$([\Lambda]\times[\Gamma])^{-1}=\frac{L.[I]}{[U]T}\times\frac{[U]L}{[I]T}=\frac{L^2}{T^2}$$

ce qui correspond bien au résultat demandé.

Cette équation dans le cas du câble bifilaire s'appelle aussi l'équation des télégraphistes .

1.1.3 Solution : les ondes progressives

L'équation de d'Alembert s'écrit donc sous la forme

$$\boxed{\frac{\partial^2 y}{\partial x^2}-\frac{1}{c^2}\frac{\partial^2 y}{\partial t^2}=0},$$

ce qui donne, en généralisant à une fonction de l'espace $f(x,y,z,t)$,

$$\boxed{\Delta f-\frac{1}{c^2}\frac{\partial^2 f}{\partial t^2}=0},$$

où Δ est l'opérateur laplacien .

✎ Donner l'expression de l'opérateur laplacien en coordonnées cartésiennes.

On a $\Delta f=\dfrac{\partial^2 f}{\partial x^2}+\dfrac{\partial^2 f}{\partial y^2}+\dfrac{\partial^2 f}{\partial z^2}$.

L'expression de l'opérateur laplacien dans les autres systèmes de coordonnées se trouve dans le formulaire d'analyse vectorielle, disponible en annexe.

Cette équation est une des nombreuses équations d'onde possibles, on va en étudier d'autres au prochain semestre.

On s'intéresse ici à un seul type de solutions de cette équation, celles qui nous intéressent pour l'optique ondulatoire. Dans le cas unidimensionnel, en cours de mathématiques, vous allez montrer que ce sont les seules.

On considère les fonctions $y(x,t)$ qui peuvent se mettre sous la forme suivante $y(x,t) = f(x-ct)$.

✎ Comment s'expriment les dérivées partielles $\dfrac{\partial^2 y}{\partial x^2}, \dfrac{\partial^2 y}{\partial t^2}$ en fonction de f et ses dérivées ?

On a, en notant $u = x - ct$ la variable : $\dfrac{\partial y}{\partial x} = \dfrac{\mathrm{d}f}{\mathrm{d}u}\dfrac{\partial u}{\partial x} = f'(u)$ et donc $\dfrac{\partial^2 y}{\partial x^2} = f''(u)$.

De la même façon, on a $\dfrac{\partial y}{\partial t} = \dfrac{\mathrm{d}f}{\mathrm{d}u}\dfrac{\partial u}{\partial t} = -cf'(u)$ et donc $\dfrac{\partial^2 y}{\partial t^2} = c^2 f''(u)$.

On en déduit donc que $f(x-ct)$ est bien solution de l'équation d'onde de d'Alembert.

✎ Montrer que les fonctions de la forme $g(x+ct)$ sont aussi solutions.

On a, en notant $v = x + ct$ la variable : $\dfrac{\partial y}{\partial x} = \dfrac{\mathrm{d}g}{\mathrm{d}v}\dfrac{\partial v}{\partial x} = g'(v)$ et donc $\dfrac{\partial^2 y}{\partial x^2} = g''(v)$.

De la même façon, on a $\dfrac{\partial y}{\partial t} = \dfrac{\mathrm{d}g}{\mathrm{d}v}\dfrac{\partial v}{\partial t} = -cg'(v)$ et donc $\dfrac{\partial^2 y}{\partial t^2} = c^2 g''(v)$.

C'est bien solution de l'équation de d'Alembert.

Si on considère la solution à deux instants t et $t+\Delta t$, on a

$$y(x, t+\Delta t) = f(x - c(t+\Delta t)) = f(x - c(t+\Delta t - t) - ct) = y(x - c\Delta t, t)$$

Ainsi, l'onde prise à l'instant $t+\Delta t$ a la même allure qu'à l'instant t, simplement translatée de la distance $c\Delta t = \Delta x$ vers les x croissants. C'est, par définition, une onde progressive vers les x croissants.

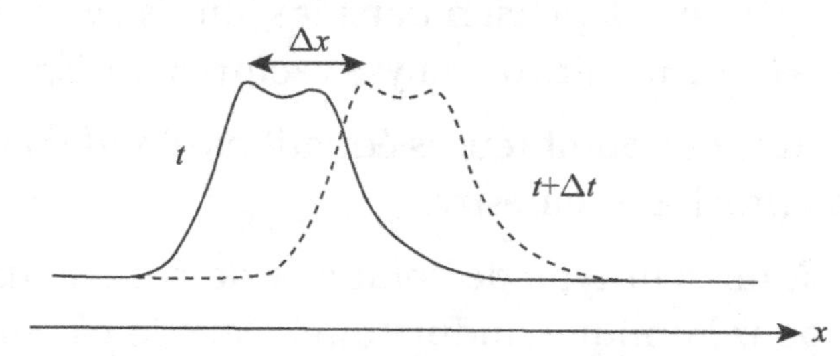

Propagation d'une onde progressive vers les x croissants

✎ Que peut-on dire d'une onde de la forme $g(x+ct)$?

Une onde de la forme $g(x+ct)$ se propage vers les x décroissants.

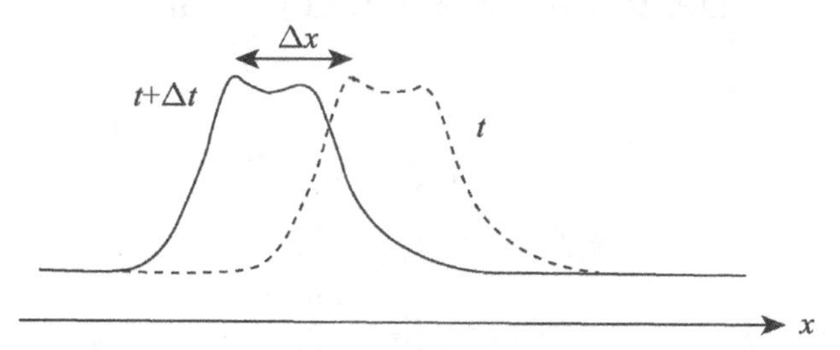

Propagation d'une onde progressive vers les x décroissants

> Une onde progressive qui se propage à la vitesse c vers les x croissants, sans atténuation ni déformation, est de la forme $y(x,t) = f(x-ct)$.
> Une onde progressive qui se propage à la vitesse c vers les x décroissants, sans atténuation ni déformation, est de la forme $y(x,t) = g(x+ct)$.

Remarque : on utilise aussi le terme d'onde progressive et d'onde régressive.

✎ Que peut-on dire des surfaces d'onde, c'est-à-dire des surfaces où l'amplitude de l'onde est constante à un instant donné ?

Les surfaces d'onde sont les plans x =cste.

On dit qu'on a une onde plane.

Les solutions de l'équation de d'Alembert sont obtenues en superposant une onde plane progressive vers les x croissants et une onde plane progressive vers les x décroissants, $y(x,t) = f(x-ct) + g(x+ct)$.

Un cas particulier d'ondes planes est le cas des ondes planes progressives harmoniques ou monochromatiques, notées OPPH ou OPPM dans la suite du cours.

On a donc $\boxed{y(x,t) = y_0 \cos(\omega(t - x/c) + \varphi)}$. On définit la période temporelle $T = \frac{2\pi}{\omega}$ et on introduit k le vecteur d'onde défini par $k = \frac{\omega}{c}$. On a $k = \frac{2\pi}{\lambda}$. λ correspond à la période spatiale de l'onde.

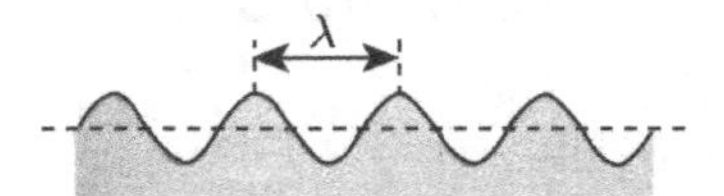

Définition de la longueur d'onde

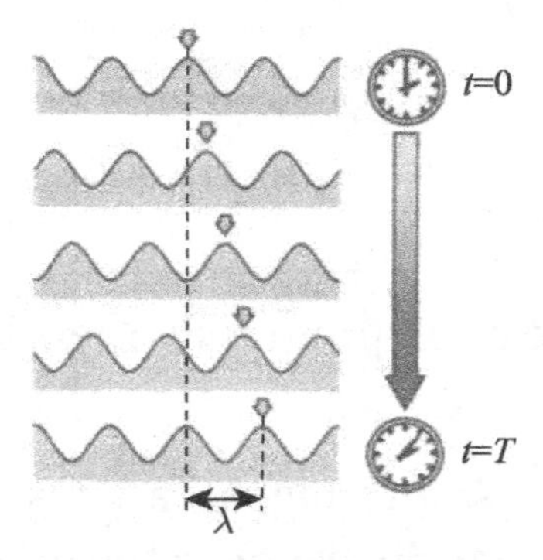

Double périodicité d'une onde
∗ D'après J.Majou

On peut alors écrire l'onde progressive harmonique sous la forme
$y(x,t) = y_0 \cos(\omega t - kx + \varphi)$.

On peut associer à cette onde une notation complexe comme on l'a déjà vu en électrocinétique.

✎ Quelle est la notation complexe associée à cette onde ?

On a $\underline{y} = \underline{y}_0 e^{j(\omega t - kx)}$ avec $\underline{y}_0 = y_0 e^{j\varphi}$.

Il faut noter comme en électrocinétique que seule la partie réelle de $\underline{y}$ a une signification physique, mais le fait d'introduire la notation complexe permet de simplifier les calculs.

Remarque : on va voir au prochain semestre d'autres types de solutions possibles à l'équation d'onde de d'Alembert : on a, par exemple, le cas des ondes stationnaires qui sont de la forme $y(x,t) = f(x) \times g(t)$.

Chapitre 2

Introduction à l'optique ondulatoire

La nature de la lumière a longtemps fait débat en physique : tout d'abord, la vision corpusculaire s'impose avec Newton puis, ensuite, c'est au tour de la vision ondulatoire de triompher au XIXe siècle avec les phénomènes d'interférences et de diffraction qui sont mis en évidence par Young et Fresnel, entre autres. Mais le XXe siècle démontre que la lumière est à la fois onde et corpuscule : c'est la dualité onde-corpuscule.

Cette dualité s'étend aussi, comme on l'a déjà vu, au cas des particules élémentaires : diffraction de neutrons ou d'électrons utilisée pour la cristallographie (cf livre de chimie).

Nous avons déjà étudié l'optique géométrique qui est une approximation de l'optique ondulatoire. Nous allons maintenant nous intéresser exclusivement à l'aspect ondulatoire de la lumière.

✎ Rappeler les conditions de l'approximation de l'optique géométrique.

On doit avoir la longueur d'onde qui doit être très petite comparée aux dimensions des obstacles rencontrés par la lumière.

✎ Rappeler les conditions d'observation utilisées. Pourquoi ? Définir les termes introduits.

On utilise les conditions de Gauss : les rayons sont paraxiaux, c'est-à-dire au voisinage de l'axe optique et peu inclinés. Ceci nous

permet de réaliser pour la majeure partie des systèmes usuels le stigmatisme approché et l'aplanétisme.
On dit qu'un système est stigmatique si l'image d'un point est un point (ou une tache de petite dimension).
On dit qu'un système est aplanétique si les angles sont conservés : l'image d'un objet perpendiculaire à l'axe optique est, elle aussi, perpendiculaire à l'axe optique.

2.1 Sources de lumière

On commence par étudier les différentes sources de lumière qui seront rencontrées en séances de travaux pratiques et en cours.

La lumière est constituée de photons d'énergie $E = h\nu$ où h est la constante de Planck et ν la fréquence de l'onde.

2.1.1 Source de lumière blanche

La lumière blanche, polychromatique, est produite par des lampes à incandescence : un filament de tungstène chauffé émet une onde électromagnétique dont une partie importante se trouve dans le spectre visible (l'autre partie notable est dans le domaine infra-rouge). Il s'agit de rayonnement thermique dont le spectre est continu.
La répartition de ce dernier est caractérisée par la loi de Wien :
$\lambda_{\max} T = \text{cste} = 2{,}987 \times 10^{-3}$ K·m où T est la température du filament repérée en kelvins.

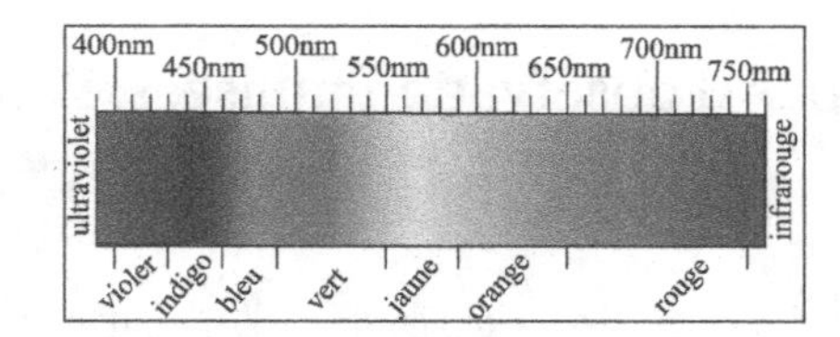

Couleurs du visible
* D'après pedagogie.ac-toulouse.fr

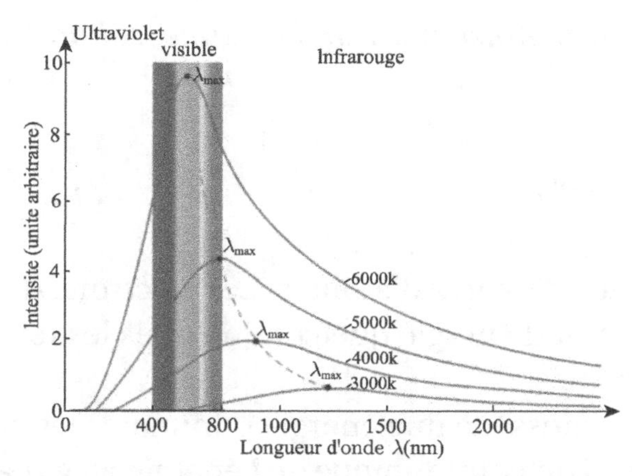

Spectre du Soleil et rayonnement du corps noir
* D'après `pedagogie.ac-toulouse.fr`

Il existe deux types de lampes :
- les lampes classiques : elles sont constituées d'un filament de tungstène à 2900 K qui baigne dans une atmosphère neutre (krypton par exemple). Celui-ci émet principalement dans l'infra-rouge donc il chauffe, la lumière apparaît plutôt jaune (ce qui correspond au maximum d'émission mais la plus grande partie de l'énergie lumineuse est située dans l'infra-rouge) et le rendement est assez faible ;
- les lampes halogènes : une atmosphère active (iode) permet de réagir avec le tungstène gazeux et de régénérer ainsi le filament pour pouvoir atteindre des températures plus élevées : ce sont les ampoules quartz-iode. La température de fonctionnement qui est plus élevée permet de décaler le spectre vers le visible.

✎ Rappeler les bornes du domaine visible pour les longueurs d'onde. Les déduire en fréquence et en énergie.

On a $\lambda_{\text{rouge}} = 800$ nm et $\lambda_{\text{bleu}} = 400$ nm. On en déduit alors

$\nu_{\text{rouge}} \approx 4 \times 10^{14}$ Hz et $\nu_{\text{bleu}} \approx 8 \times 10^{14}$ Hz.

En énergie, on a $E_{\text{rouge}} \approx 1,5$ eV et $E_{\text{bleu}} \approx 3$ eV.

Remarque : le maximum de sensibilité de l'œil humain est obtenu pour $\lambda = 550$ nm *ce qui correspond, à peu près, au maximum d'émission du Soleil*

(un peu plus sur le vert). Ainsi, une lumière jaune "solaire" est plus confortable pour nous.

2.1.2 Lampe spectrale

Elles sont constituées d'un gaz d'atomes. Les électrons d'un atome peuvent se trouver dans un état d'énergie quelconque mais les niveaux d'énergie accessibles sont quantifiés.
À l'équilibre, l'atome possède une énergie minimale : les électrons sont dans l'état fondamental. Si on communique de l'énergie au gaz avec une décharge électrique par exemple, les atomes du gaz passent de l'état fondamental à l'état excité. Puis, en repassant spontanément à l'état fondamental, ils émettent un photon de longueur d'onde précise :

$$E_1 - E_0 = \frac{hc}{\lambda},$$

où E_1 est l'énergie du niveau excité, E_0, l'énergie du fondamental, h la constante de Planck ($h = 6,62 \times 10^{-34}$ J·s) et c la vitesse de la lumière (cf livre de chimie générale et chimie physique).

Pour résumer, les lampes spectrales contiennent une vapeur atomique, un flux d'électrons parcourt cette vapeur entre les électrodes contenues dans l'ampoule. Les électrons entrent en collision avec les atomes qui sont alors excités. La désexcitation de ces derniers est à l'origine de l'émission de photons.

On a alors un spectre de raies comme le spectre de l'hydrogène par exemple.

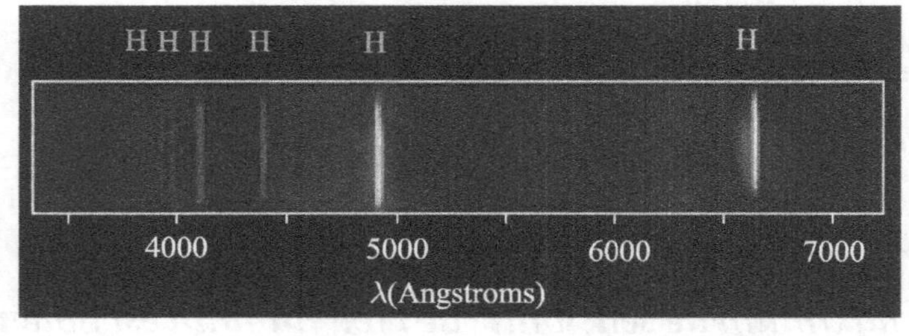

Spectre de l'hydrogène (en longueur d'onde)

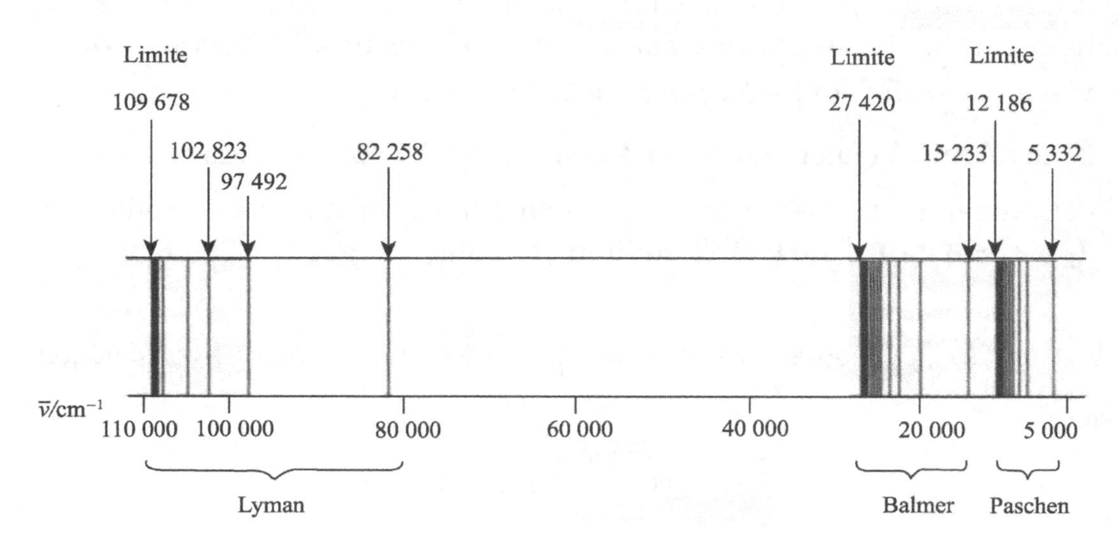

Spectre de l'hydrogène (en nombre d'onde)
∗ D'après `lycees.ac-rouen.fr`

Les raies sont fines, de l'ordre de $0,01$ à $0,1$ nm (ce qui correspond respectivement aux lampes basse pression et haute pression). Cette largeur de raies est liée à l'effet Doppler, aux collisions et à la mécanique quantique.

En effet, on a déjà vu en atomistique, le principe d'incertitude ou les inégalités d'Heisenberg : on ne peut connaître avec précision à la fois la vitesse et la position d'une particule ou de même avec l'énergie et le temps nécessaire à la détection ou avec l'extension fréquentielle et l'extension temporelle, $\Delta E \cdot \tau \approx 1$ ou $\Delta \nu \cdot \tau \approx 1$ (ce résultat a été démontré dans ce cas précis dans le livre d'électrocinétique en utilisant la transformation de Fourier, c'est d'ailleurs un résultat tout à fait généralisable à toute fonction f et sa transformée de Fourier $\tilde{F}$). On a un étalement minimal en énergie et donc en fréquence pour un phénomène de durée τ. Ces différents aspects seront traités plus en détails en TD.

✍ Dans une lampe à vapeur de sodium en régime permanent de fonctionnement, la température est de l'ordre de 1200 K.

1. Quelle est la vitesse quadratique moyenne v^* des atomes de sodium ? On donne $M(\text{Na}) = 23$ g/mol.

2. La formule de l'effet Doppler est la suivante : pour une onde de fréquence ν émise par une source en mouvement à la vitesse v, on a $\nu' - \nu = \nu \dfrac{v}{c}$. En déduire $\Delta\nu$ pour $\nu = 5,1 \times 10^{14}$ Hz.

3. En déduire l'étalement en longueur d'onde $\Delta\lambda$ correspondant.

4. Comparer à la différence de longueur d'onde du doublet du sodium : $\lambda_2 - \lambda_1 = 6 \times 10^{-10}$ m. Pour le sodium, $\lambda_1 = 589,0$ nm et $\lambda_2 = 589,6$ nm.

1. D'après la théorie cinétique des gaz (cf livre de thermodynamique), on a

$$v^* = \sqrt{\frac{3RT}{M}} = 1100 \text{ m/s}.$$

2. On a, en majorant la vitesse de la source par $2v^*$,

$$\Delta\nu = 5,1 \times 10^{14} \times \frac{2 \times 1100}{3 \times 10^8} = 3,7 \times 10^9 \text{ Hz}.$$

3. On en déduit $\Delta\lambda = c\dfrac{\Delta\nu}{\nu^2}$ (au signe près) soit $\Delta\lambda = 4 \times 10^{-12}$ m.

4. L'élargissement Doppler est négligeable devant l'écart entre les 2 raies du sodium. On peut donc les considérer comme quasi-monochromatiques.

2.1.3 Laser

Il s'agit de l'acronyme pour "Light Amplifier by Stimulated Emission of Radiation". Pour la lampe spectrale vue précédemment, on a émission spontanée ; il est aussi possible d'avoir une émission stimulée provoquée par l'envoi d'une onde incidente sur les atomes. Dans ce cas, la longueur d'onde émise est identique à celle de l'onde incidente : on a donc une lumière monochromatique.
Pour avoir une émission induite importante, on doit avoir un grand nombre d'électrons dans un niveau excité de l'atome : cette inversion de population

est créée à l'aide d'un pompage optique.

Pour ce faire, on utilise une cavité afocale à l'aide de deux miroirs sphériques dont les foyers sont confondus et entourant un tube à décharge. Grâce à cette cavité, les rayons reviennent sur eux-mêmes après 4 réflexions sur les miroirs et ils peuvent ainsi stimuler à nouveau le gaz, on dit qu'on a une cavité accordée. Pour pouvoir utiliser le faisceau en sortie, un des miroirs est légèrement transparent pour qu'une fraction du faisceau incident puisse être transmise à l'extérieur.

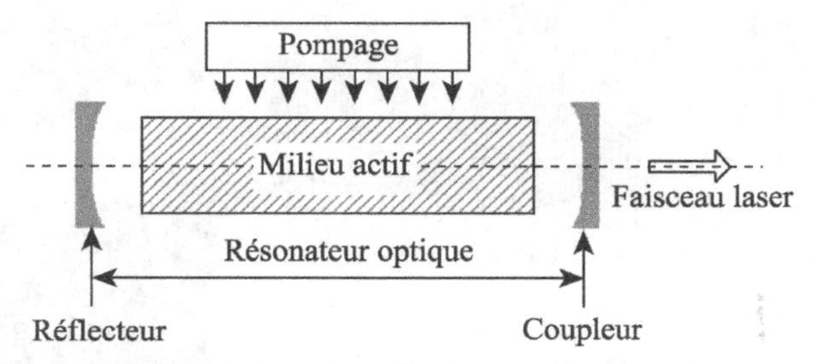

Principe de fonctionnement d'un laser
* D'après `eurinsa.insa-lyon.fr`

Les lasers produisent un faisceau quasi-parallèle : en sortie, le diamètre est d'environ 1 mm, la divergence du faisceau est de l'ordre du milliradian, c'est-à-dire qu'à 10 m, la tache obtenue mesure environ 1 cm. La lumière émise peut être considérée comme monochromatique.

Les lasers les plus courants sont les lasers hélium-néon de longueur d'onde 632,8 nm et donc rouge mais il en existe de toutes les couleurs (vert $\lambda = 543,5$ nm, jaune $\lambda = 594,1$ nm).

2.2 Récepteurs de lumière

Les récepteurs sont sensibles à la valeur moyenne temporelle de la puissance lumineuse reçue. Les récepteurs sont caractérisés par leur taille et leur temps de réponse, c'est-à-dire la valeur minimale Δt pour que deux signaux soient mesurés séparément par les détecteurs.

2.2.1 L'œil

Il est constitué de deux types de récepteurs : les cônes et le bâtonnets. Les cônes permettent de détecter les couleurs, les bâtonnets sont sensibles à la luminosité.

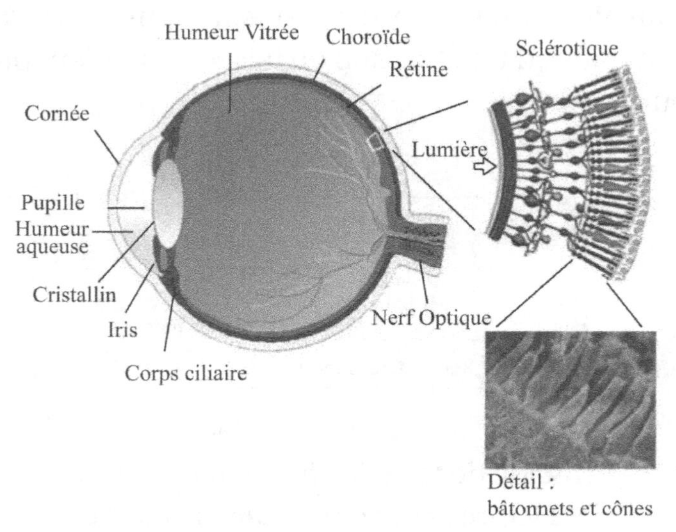

Schéma de l'œil avec les cônes et les bâtonnets
* D'après webvision, Taillard et Gronfier, 2012

Les principales caractéristiques de l'œil sont les suivantes :
- champ de vision angulaire : c'est le demi-angle au sommet du cône issu de l'œil et contenant les objet visibles. Il est de l'ordre de 40° à 50°.
- pouvoir séparateur : c'est l'angle minimal sous lequel deux objets A et B peuvent être distingués par l'œil, c'est-à-dire leurs images se forment sur deux cellules différentes de la rétine. Il est de l'ordre d'une seconde d'arc soit $3 \cdot 10^{-4}$ rad !
- accommodation : l'œil au repos voit à l'infini. Pour observer des objets plus proches, il faut accommoder ce qui se traduit par des contractions des procès ciliaires. On définit un *punctum proximum*, noté P.P. (25 cm) et un *punctum remotum* (normalement l'infini) noté P.R..
- la profondeur de champ : c'est la distance entre le point le plus lointain et le point le plus proche qui peuvent être vus nets par accommodation. Cette notion est définie pour tout instrument d'optique.

La transmission de l'information reçue par l'œil au cerveau se fait par influx nerveux. Ce message nerveux ne se renouvelle que toutes les $0,1$ s. C'est le temps de réponse du détecteur, c'est ce qui explique la persistance rétinienne.

✎ Au cinéma, le film est composé de 24 images à la seconde. Pourquoi ?

On a les images qui se succèdent donc toutes les $1/24 = 0,04$ s. Ce temps est bien inférieur à la persistance rétinienne : l'œil a une impression de continuité, de fluidité du mouvement.

2.2.2 La photodiode

La photodiode est une diode qui, lorsqu'elle est polarisée en inverse, est parcourue par un courant proportionnel à la puissance lumineuse reçue.

Photodiode en silicium, adaptée aux rayonnements entre 350 et 820 nm

Elle détecte le visible aussi bien que l'infrarouge et le temps de réaction est très bref : $\tau_{\text{photodiode}} \approx 10^{-5}$ s.

2.2.3 Le capteur CCD

Ils sont utilisés dans les appareils photos numériques. Le capteur CCD (coupled charge device) est composé d'une suite de photodiodes placées côte à côte. On a $\tau_{\text{CCD}} \approx 5\,\mu\text{s}$.

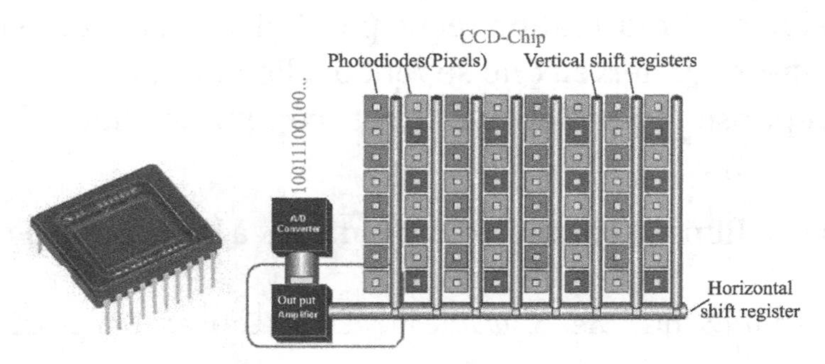

Capteur CCD et principe de fonctionnement
* D'après xataka foto.com

✍ Dans le commerce, on caractérise un capteur CCD par son nombre de pixels. On trouve les caractéristiques suivantes : $53,7 \times 40,4$ mm et 80 mégapixels. En déduire la taille d'un pixel, supposé carré.

On a donc une surface de détection de $2169,48$ mm^2 *pour* 80×10^6 *pixels soit des carrés de* 5 µm *de côté.*

Ainsi, pour tous les détecteurs utilisés, le temps de détection est, au mieux, de l'ordre de 10^{-5} s. Or, la lumière visible correspond à des ondes de période de 10^{-14} s. Cette différence d'ordre de grandeur entre ces deux temps permet d'expliquer le fait que les détecteurs soient sensibles à la valeur moyenne du signal. Pour être plus précis, les détecteurs lumineux sont sensibles à la valeur moyenne de l'amplitude au carré car la valeur moyenne de l'amplitude est nulle.

2.3 Le modèle scalaire de la lumière

La lumière est une onde électromagnétique, c'est-à-dire qu'elle est composée de deux champs vectoriels couplés qui sont le champ électrique $\overrightarrow{E}(M,t)$ et le champ magnétique $\overrightarrow{B}(M,t)$ qu'on étudiera dans la deuxième partie du semestre.

Normalement, il faudrait donc étudier les équations de l'électromagnétisme (les équations de Maxwell) qu'il faudrait résoudre avec les conditions aux limites imposées par l'expérience étudiée. Cette méthode est très calculatoire, même dans les cas simples.

Or, si on adopte des hypothèses faites historiquement dès le XVIIe siècle, on peut obtenir des solutions explicites en accord avec l'expérience pour certains cas. C'est cette approche qu'on va utiliser dans ce cours et qui suffira à expliquer les expériences étudiées. C'est le modèle scalaire de la lumière.

Les ondes lumineuses se propagent à la vitesse de la lumière dans le vide.

✎ Quelle est la valeur de c ?

On a $c = 299\,792\,458$ m/s soit $c \approx 3 \times 10^8$ m/s.

On note $\overrightarrow{k}$ le vecteur de propagation de l'onde lumineuse, alors $(\overrightarrow{E}, \overrightarrow{B}, \overrightarrow{k})$ constitue un trièdre direct de l'espace dans le cas d'une onde plane.

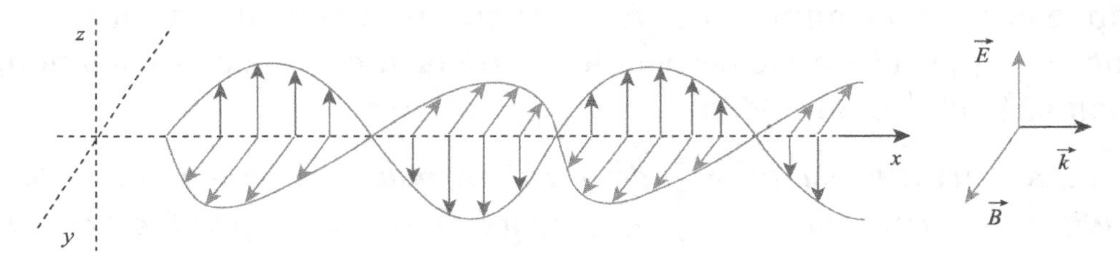

Trièdre direct

On va montrer plus tard en électromagnétisme que le rayon lumineux se propage suivant la direction de propagation de l'énergie (liée au vecteur de Poynting $\overrightarrow{\Pi}$ qui est colinéaire à $\overrightarrow{k}$ dans le cas d'une onde plane).

Dans le cas de la lumière naturelle, la direction du champ électrique $\overrightarrow{E}(M, t)$ change aléatoirement au cours du temps. Ceci permet de définir le temps de cohérence τ_c qui est la durée moyenne entre deux changements et qu'on rencontrera à nouveau dans la suite du cours.

Comme le champ électrique n'a pas de direction privilégiée, on parle de lumière non polarisée.

Grâce à l'utilisation de certains dispositifs expérimentaux, on peut sélectionner une seule direction du champ électrique $\overrightarrow{E}$, on parle alors de lumière polarisée.

✎ Connaissez-vous certains dispositifs de la vie quotidienne qui utilisent la polarisation ?

On utilise la polarisation dans les lunettes 3D, dans les filtres des appareils photographiques pour intensifier les couleurs (cf diffusion Rayleigh au prochain semestre et dernier chapitre de cette partie).

2.3.1 La vibration lumineuse

Dans le cas de la lumière non polarisée, les composantes du champ électrique E_x et E_y, qui sont perpendiculaires à $\overrightarrow{k}$, sont équivalentes.

On appelle vibration lumineuse une composante quelconque du champ électrique par rapport à un axe perpendiculaire à la direction de propagation. En un point M, on la note $s(M,t)$.

Remarque : on utilise ici une grandeur scalaire pour représenter une onde électromagnétique (tridimensionnelle). Ce modèle introduit par Fresnel permet d'expliquer plus simplement les phénomènes d'interférence et de diffraction que les grandeurs vectorielles. Par contre, on ne pourra pas expliquer la polarisation avec seulement ce modèle.

Dans un milieu transparent, la vibration lumineuse se propage à la vitesse $v = \dfrac{c}{n}$ le long des rayons lumineux, où n est l'indice optique du milieu.

✎ Rappeler la valeur de n_{eau}, n_{verre} et n_{air}.

On a $n_{\text{eau}} = 1{,}33$, $n_{\text{verre}} \approx 1{,}5$ et $n_{\text{air}} \approx 1$.

Si on considère plusieurs vibrations lumineuses qui se propagent dans l'espace (de directions de propagation $\overrightarrow{k_i}$ voisines), alors on a le principe de superposition qui s'applique :

$$s(M,t) = \sum_i s_i(M,t).$$

2.3.2 Vibration monochromatique

Une vibration monochromatique est une vibration idéale, purement sinusoïdale qui peut s'écrire sous la forme :

$$s(M,t) = A(M)\cos(\omega t - \varphi(M)),$$

où ω est la pulsation de la vibration, $\varphi(M)$ le retard de phase au point M et $A(M)$ l'amplitude au point M.

Une onde est caractérisée par 2 périodes :

- une période temporelle T avec $T = \frac{1}{f} = \frac{2\pi}{\omega}$;

- une période spatiale ou longueur d'onde λ ou encore le nombre d'onde $\sigma = \frac{1}{\lambda}$. On introduit le vecteur d'onde $k = \frac{2\pi}{\lambda}$.

✎ Quelles sont les relations entre les périodes spatiale et temporelle ?

On a $\lambda = vT$ ou encore $k = \frac{\omega}{v}$.

Dans le vide, on a donc $\boxed{\lambda_0 = cT_0 \text{ et } k_0 = \frac{\omega_0}{c}}$.

Dans un milieu d'indice n, on a :

$\boxed{\lambda = vT \text{ ou } k = \frac{\omega}{v}}$.

2.3.3 Profil des raies spectrales

Le spectre des sources lumineuses, même dans le cas du laser, a l'allure suivante :

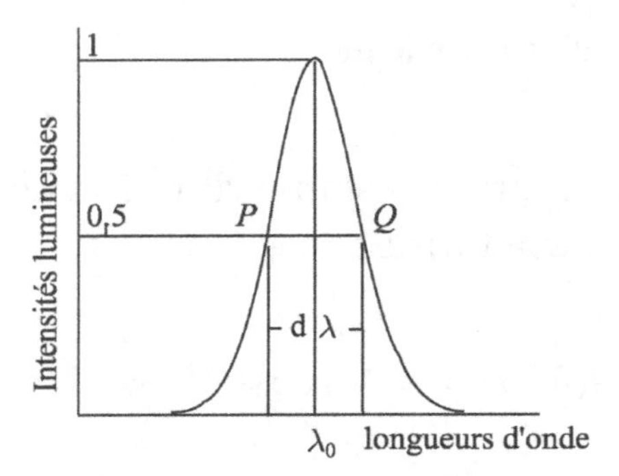

Profil d'une raie spectrale, PQ représente la largeur à mi-hauteur ou ici largeur naturelle de la raie
* D'après `promenade.imcce.fr`

On a un maximum d'émission à λ_0 et une largeur à mi-hauteur notée $\Delta\lambda$. Comme on parle de "raie" lumineuse, on a $\Delta\lambda \ll \lambda_0$. Cet élargissement est dû principalement à l'effet Doppler dans les lampes basse pression et aux collisions dans les lampes haute pression. Les mécanismes qui interviennent mettent ainsi en jeu l'effet Doppler, les collisions et la mécanique quantique et on va les mentionner après.

✎ Montrer que $\dfrac{\Delta\lambda}{\lambda_0} = \dfrac{\Delta\nu}{\nu_0}$.

On a $\Delta\nu = \Delta(c/\lambda_0) = \dfrac{c\Delta\lambda}{\lambda_0^2}$ soit $\Delta\nu = \nu_0\dfrac{\Delta\lambda}{\lambda_0}$. D'où la formule demandée. Le signe moins n'apparaît pas car on raisonne toujours avec des écarts positifs.

Or, on a déjà vu les propriétés liées aux transformées de Fourier (cf livre d'électrocinétique), on a $\Delta\nu \times \tau \approx 1$ où τ est la durée du signal limité dans le temps. Comme l'onde émise a une durée limitée, la raie ne peut pas être monochromatique. En effet, seule une onde éternelle est représentée par un pic dans l'espace fréquentiel.

On a donc $\Delta\nu \approx \dfrac{1}{\tau}$ soit $\dfrac{\Delta\nu}{\nu_0} = \dfrac{T_0}{\tau} = \dfrac{1}{N}$ où N est alors le nombre d'oscillations du signal.

Pour une lampe spectrale, on a $\tau \approx 10^{-11}$ s et $T_0 \approx 10^{-14}$ s soit $N \approx 10^3$ oscillations.

Le rayonnement d'une source lumineuse peut donc être vu comme la superposition d'un très grand nombre de sinusoïdes de durée limitée, dont la valeur moyenne est notée τ. C'est le modèle du train d'onde.

En un point donné, le signal lumineux ressemble à la figure suivante :

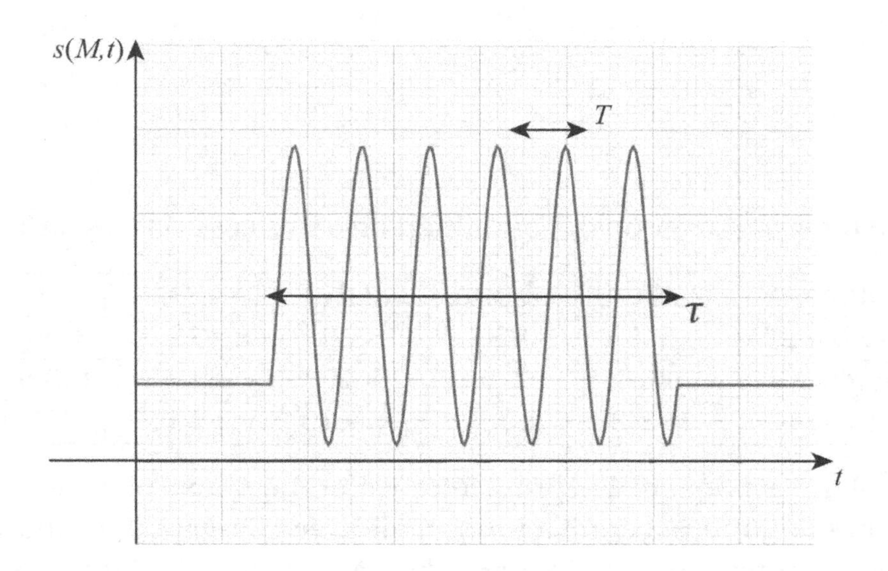

Le train d'onde possède donc un étalement en fréquence à cause de sa durée temporelle finie. Seul un train d'onde de durée infinie est purement monochromatique.

Ce résultat peut être retrouvé en utilisant la transformée de Fourier, déjà vue en électrocinétique qui permet de relier espace temporel et espace fréquentiel.

Comme le train d'onde a une extension temporelle, on peut aussi lui associer une extension spatiale, c'est la longueur de cohérence L_c.

On définit la longueur de cohérence comme la distance parcourue par la lumière dans le vide pendant τ. On a donc : $\boxed{L_c = c\tau}$.

Cette fois-ci, on peut tracer la même figure que précédemment mais qui correspond à un instant t donné (attention aux axes !).

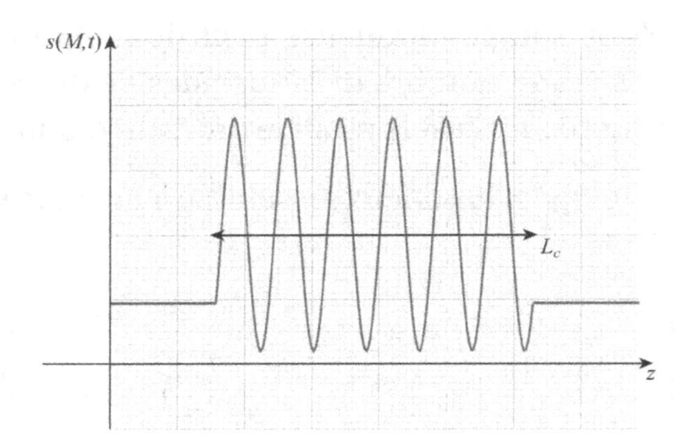

Voici un tableau récapitulatif pour différentes sources utilisées en TP :

source	λ_0 (nm)	$\Delta\lambda$ (nm)	$\Delta\nu$ (Hz)	τ (s)	L_c
lumière blanche	575	350	3×10^{14}	3×10^{-15}	$0,9\,\mu$m
mercure	546,1	1,0	1×10^{12}	10^{-12}	0,3 mm
laser	632,8	10^{-6}	$7,5\times10^{5}$	$1,3\times10^{-6}$	400 m

Ces résultats expliquent les protocoles expérimentaux suivis en TP où on commence toujours par étudier un système avec le laser puis ensuite en lampe spectrale pour terminer, enfin, par la lumière blanche (cf interféromètre de Michelson).

La lumière émise par les atomes est un ensemble de trains d'onde, d'amplitude et de phase aléatoires.

✎ Rappeler l'ordre de grandeur des temps de réponse des différents détecteurs.

On a $\tau_{\text{œil}} = 0,1$ s, $\tau_{\text{photodiode}} \approx 10^{-5}$ s et $\tau_{\text{CCD}} \approx 5\ \mu$s.

La durée d'un train d'onde est très inférieure au temps de réponse d'un détecteur, on en déduit donc que les mesures portent sur un très grand nombre de trains d'onde.

On peut donc modéliser la lumière quasi-monochromatique d'une lampe spectrale comme une onde monochromatique d'amplitude constante $A(M)$, moyennée sur un très grand nombre de trains d'onde et de retard de phase à la source $\varphi(S)$ aléatoire. Ce retard de phase prend toutes les valeurs entre 0 et 2π, en changeant de valeur tous les τ. On en déduit donc que le retard de phase en un point M de l'espace est aussi aléatoire.

On a donc trois échelles de temps différentes :
- la période de l'onde : $T = 10^{-15}$ s ;
- la durée d'un train d'onde : $\tau \approx 10^{-10}$ s ;
- le temps de réponse du détecteur : $\Delta t = 0,1$ s pour l'œil.

2.3.4 Éclairement et intensité

La grande différence entre les échelles de temps précédentes explique le fait que les capteurs lumineux sont sensibles à la puissance moyenne reçue.

✎ Pourquoi ?

L'absorption ou l'émission d'un photon par un atome est sensible à l'énergie. Donc les détecteurs vont être reliés à une grandeur énergétique. De plus, comme le temps de réponse est beaucoup plus grand que la durée des trains d'onde, ils vont moyenner, ils vont mesurer un flux lumineux. Les détecteurs sont donc sensibles à la valeur moyenne de la puissance.

> L'éclairement $\mathcal{E}$ est la puissance lumineuse surfacique moyenne reçue par une surface. Il est défini par : $\mathcal{E} = K < s(M,t)^2 >$ où K est une constante positive et <> désigne la valeur moyenne temporelle.

La constante K est indépendante du temps mais dépend de la géométrie de l'expérience (on verra plus tard que $K = \varepsilon_0 c \sin\theta$ où θ est l'angle entre la surface et le vecteur d'onde $\vec{k}$).

✎ Quelle est l'unité de $\mathcal{E}$?

L'éclairement s'exprime en $\mathrm{W \cdot m^{-2}}$.

✎ Rappeler la définition de $< s^2(M,t) >$.

On a

$$< s(M,t)^2 >= \frac{1}{T}\int_0^T s^2(M,t)\mathrm{d}t.$$

C'est la valeur moyenne d'une grandeur, ici $s^2(M,t)$.

✍ Calculer la valeur moyenne de $\cos(\omega t - \varphi(M))$ puis celle de $\cos^2(\omega t - \varphi(M))$ et enfin celle de $\cos(\omega_1 t - \varphi_1(M))\cos(\omega_2 t - \varphi_2(M))$.

On a

$$< \cos(\omega t - \varphi(M)) >= \frac{1}{T_d}\int_0^{T_d} \cos(\omega t - \varphi(M))\mathrm{d}t = 0.$$

Les fonctions cos et sin sont de valeur moyenne nulle.

Remarque : ici on calcule sur $T_{\text{detecteur}}$, même s'ils ne sont pas multiples, l'erreur commise est en $T_{\text{detecteur}} - NT_{onde}/T_{\text{détecteur}}$ soit 10^{-9}, négligeable. On a

$$< \cos^2(\omega t - \varphi(M)) >= \frac{1}{T_d}\int_0^{T_d} \frac{1+\cos(2\omega t - 2\varphi(M))}{2}\mathrm{d}t = \frac{1}{2}.$$

On a

$$\begin{aligned}
&< \cos(\omega_1 t - \varphi_1(M))\cos(\omega_2 t - \varphi_2(M)) > \\
&= \frac{1}{T_d}\int_0^{T_d} \frac{\cos((\omega_1+\omega_2)t - \varphi_1 - \varphi_2)}{2}\mathrm{d}t \\
&+ \frac{1}{T_d}\int_0^{T_d} \frac{\cos((\omega_1-\omega_2)t + \varphi_2 - \varphi_1)}{2}\mathrm{d}t = 0.
\end{aligned}$$

Ces résultats sont à connaître par cœur ou, au moins, à savoir retrouver très rapidement.

Exemples de calcul

On considère une vibration monochromatique (ou harmonique ou sinusoïdale) : $s(M,t) = A(M)\cos(\omega t - \varphi(M))$.

✎ Quelle est l'expression de l'éclairement ?

On a $\mathscr{E} = K < A(M)^2 \cos^2(\omega t - \varphi(M)) >= \dfrac{KA(M)^2}{2}$.

L'éclairement est donc proportionnel au carré de l'amplitude de la vibration.

✍ On considère maintenant la superposition de deux vibrations monochromatiques différentes $s_1(M,t) = A_1(M)\cos(\omega_1 t - \varphi_1(M))$ et $s_2(M,t) = A_2(M)\cos(\omega_2 t - \varphi_2(M))$. Quel est l'éclairement au point M ?

On a $\mathscr{E} = K < (A_1(M)\cos(\omega_1 t - \varphi_1(M)) + A_2(M)\cos(\omega_2 t - \varphi_2(M)))^2 >= \dfrac{K(A_1(M)^2 + A_2(M)^2)}{2}$.

En effet, on a $< \cos(\omega_1 t - \varphi_1(M))\cos(\omega_2 t - \varphi_2(M)) >= 0$.

L'éclairement total est la somme des éclairements lorsque les vibrations ont des pulsations différentes.

✎ Maintenant, on considère la superposition de deux vibrations monochromatiques de même pulsation. Quel est l'éclairement ?

On a $\mathscr{E} = K < (A_1(M)\cos(\omega t - \varphi_1(M)) + A_2(M)\cos(\omega t - \varphi_2(M)))^2 >$.

Or, on a

$$\cos(\omega t - \varphi_1(M))\cos(\omega t - \varphi_2(M)) = \frac{1}{2}(\cos(2\omega t - \varphi_1(M) - \varphi_2(M)) + \cos(\varphi_2(M) - \varphi_1(M)))$$

Le premier terme est de valeur moyenne nulle mais pas le deuxième.

On a donc : $\mathscr{E} = K(A_1(M)^2/2 + A_2(M)^2/2 + A_1(M)A_2(M)\cos(\varphi_2(M) - \varphi_1(M))$.

Lorsque les vibrations sont de même pulsation, alors l'éclairement total n'est plus la somme de chacun des éclairements : $\mathscr{E}_{\text{total}} \neq \mathscr{E}_1 + \mathscr{E}_2$!

On a $\boxed{\mathscr{E}_{\text{total}} = \mathscr{E}_1 + \mathscr{E}_2 + 2\sqrt{\mathscr{E}_1\mathscr{E}_2}\cos(\varphi_2(M) - \varphi_1(M))}$.

Ce résultat est à la base du phénomène d'interférences.

Remarque : on parle ici d'éclairement qui est normalement une grandeur liée à la puissance reçue au point d'observation. On parle d'intensité lumineuse pour une grandeur liée à la puissance émise par la source. Dans la suite du cours, on utilisera seulement le terme d'éclairement et on confondra les deux notions, qui sont proportionnelles.

On peut associer à une vibration monochromatique la notation complexe suivante (comme on l'a déjà fait en électrocinétique) : $\underline{s}(M,t) = A(M)\, e^{j(\omega t - \varphi(M))}$.

On a les relations suivantes : $s(M,t) = \Re(\underline{s}(M,t))$, $A(M) = |\underline{s}(M,t)|$ et $\varphi(M) = -\arg(\underline{s}(M,t))$.

✎ Comment s'obtient l'éclairement avec la notation complexe ?

On a $\mathscr{E} = \frac{1}{2}K|\underline{s}(M,t)|^2$ ou bien $\mathscr{E} = \frac{1}{2}k\underline{s}(M,t) \times \underline{s}(M,t)^*$ où $\underline{s}(M,t)^*$ désigne le conjugué de $\underline{s}(M,t)$.

2.3.5 Différence de phase entre deux points

On considère une vibration qui se propage entre 2 points M et N dans un milieu d'indice n.

La vibration est émise du point source S et s'écrit, si on prend une onde sphérique : $s(M,t) = \frac{A}{SM}\cos(\omega t - kSM)$ avec A une constante.

✎ Rappeler la définition de k en fonction de λ_0, longueur d'onde dans le vide associée à k_0.

On a $k = \frac{2\pi}{\lambda} = \frac{n\omega}{c} = \frac{n2\pi}{\lambda_0}$.

✎ Exprimer la variation de la phase entre deux points infiniment voisins M et N du rayon lumineux.

On a $\varphi(N) - \varphi(M) = k(SN - SM) = k \cdot MN$ soit

$$\varphi(N) - \varphi(M) = \frac{2\pi}{\lambda_0} n(M) \cdot MN$$

en supposant que les deux points sont infiniment voisins.

✎ En déduire la formule générale pour deux points A et B de l'espace, qui sont le long d'un même rayon lumineux.

On a

$$\varphi(B)-\varphi(A)=\frac{2\pi}{\lambda_0}\int_A^B n(M)\mathrm{d}l.$$

On a donc

$$\boxed{\varphi(B)-\varphi(A)=\frac{2\pi}{\lambda_0}\int_A^B n(M)\mathrm{d}l}.$$

2.3.6 Chemin optique

Soit un rayon lumineux qui passe par les points A et B, le chemin optique est défini par : $\boxed{(AB)=\int_A^B n(M)\mathrm{d}l=\delta_{AB}}$.

✎ Faire apparaître la célérité de la lumière. Interpréter.

On a $(AB)=\int_A^B n(M)\mathrm{d}l=\int_A^B \frac{c\mathrm{d}l}{v}=c\int_A^B \mathrm{d}t=c(t_B-t_A)$.

Le chemin optique est donc la distance qu'aurait parcourue la lumière pendant la durée (t_B-t_A) si elle se propageait dans le vide.

Ainsi, le chemin optique peut être vu comme la distance parcourue dans le vide pendant t_B-t_A par la lumière.

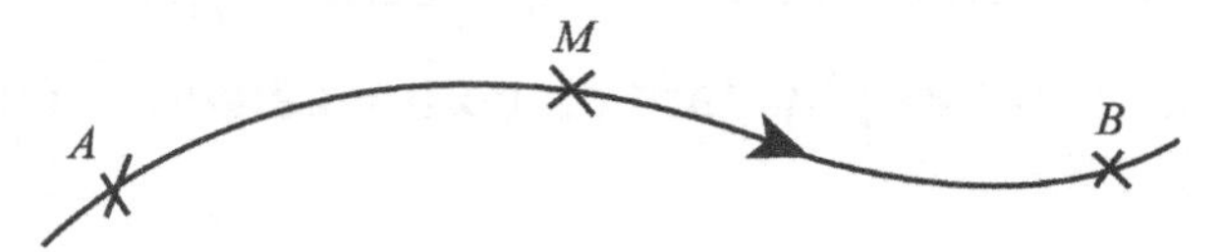

Remarque : la propagation de la lumière obéit au principe de Fermat, c'est-à-dire la lumière emprunte les chemins pour lesquels le temps de parcours est minimal (ou stationnaire). La quantité à minimiser correspond au chemin optique.

✍ Que vaut le chemin optique entre A et B pour un milieu homogène ? En déduire que la lumière se propage bien suivant une droite.

Dans un milieu homogène, on a $(AB) = \int_A^B n(M)dl = n\int_A^B dl = n \times AB$ où AB est la distance entre les points A et B. Le chemin est minimal pour la distance minimale entre A et B soit pour la ligne droite.

✎ **En déduire l'expression de la différence de phase en fonction du chemin optique.**

On a $\varphi(B) - \varphi(A) = \dfrac{2\pi}{\lambda_0}\delta_{AB}$.

On a donc les formules suivantes : $\boxed{\varphi(B) - \varphi(A) = \dfrac{2\pi}{\lambda_0}\delta_{AB} = \dfrac{2\pi}{\lambda_0}(AB)}$.

 Exceptions à connaître

Il existe trois cas où on va introduire un déphasage supplémentaire et qui sont à connaître !

1. Si un rayon lumineux subit une réflexion métallique, l'amplitude de l'onde réfléchie est opposée à celle de l'onde incidente, on a donc un déphasage de π supplémentaire à introduire.

2. De même, si un rayon lumineux subit une réflexion sur un milieu plus réfringent, il faut aussi introduire un déphasage de π.

3. Enfin, lorsque le rayon passe par un point de convergence du faisceau lumineux, il faut aussi ajouter un déphasage de π.

On démontrera ces résultats plus tard en cours d'électromagnétisme.

2.3.7 Surface d'onde

Soit une source ponctuelle S. On définit une surface d'onde comme l'ensemble des points M de l'espace tels que le chemin optique parcouru de S à M le long d'un rayon lumineux soit constant. On a donc $(SM) = \delta_{SM}$ =cste.

Une surface d'onde est un ensemble de points atteints simultanément par la lumière issue de S.

✍1. Quelle est la forme de surfaces d'onde pour une onde issue du point source S dans un milieu homogène ?
2. Quelle est la forme des surfaces d'onde pour une onde plane, dans un milieu homogène ?

1. Pour une onde issue du point S, les surfaces d'onde sont telles que (SM) =cste soit $(SM) = nSM$ =cste soit les sphères de centre S. C'est pour cela que ce type d'onde s'appelle une onde sphérique.

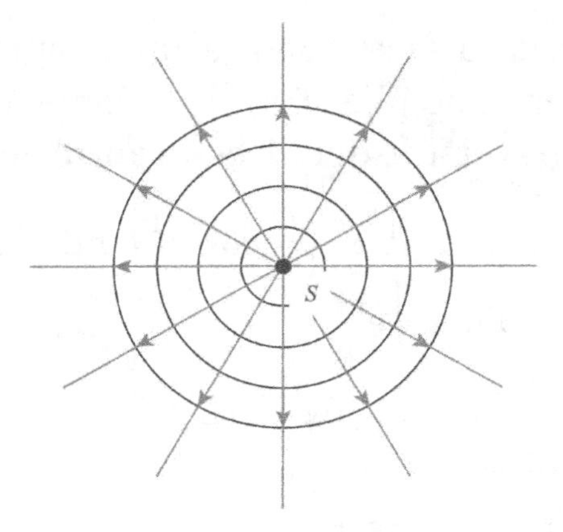

2. Pour une onde plane, les surfaces d'onde sont des plans. Ils peuvent être vus comme des sphères de rayon infini.

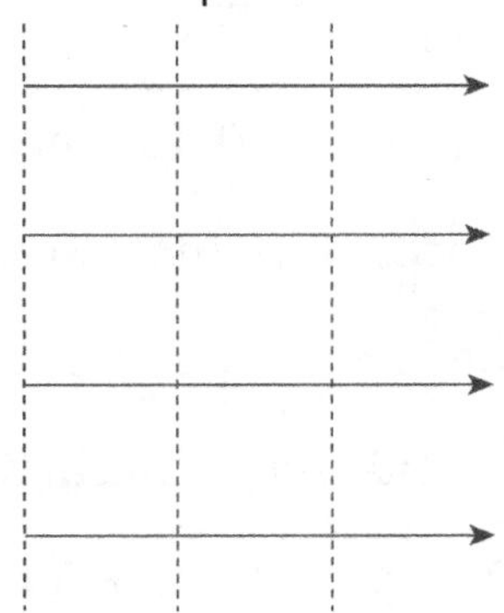

On en déduit donc que le chemin optique, entre deux surfaces d'onde, est constant quel que soit le rayon lumineux suivi.

✍ **Une onde plane arrive en incidence normale sur une lame présentant un défaut d'épaisseur.**

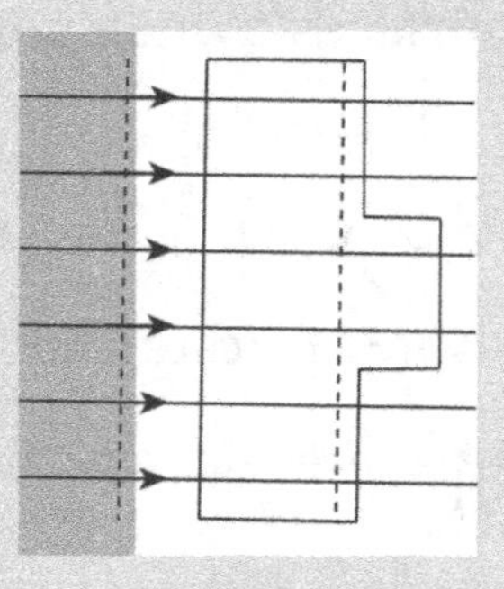

1. Donner la forme de la surface d'onde avant et après la lame.
2. Quelle est la différence de phase, après la lame à la même abscisse x, entre un rayon ayant traversé le défaut et un autre ne l'ayant pas traversé ?

1. Avant la lame, on a des plans. Après la lame, les surfaces d'onde ont la forme suivante.

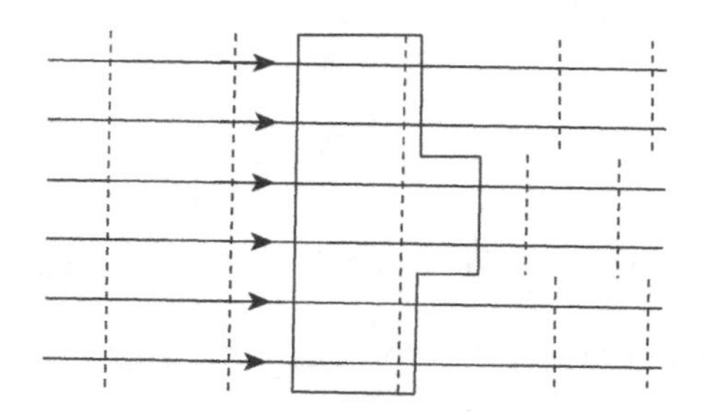

2. On choisit comme origine $x = 0$ la face avant de la lame. Un rayon qui a traversé le défaut a parcouru le chemin optique suivant : $\delta_1 = ne + x - e$. Pour ceux qui ne traversent pas le défaut, on a $\delta_2 = ne_0 + x - e_0$ soit une différence de marche entre les deux rayons de $\delta = (n-1)\Delta e$ où on a $e = e_0 + \Delta e$.
On retrouve le résultat précédent : pour un plan d'abscisse x fixé, les rayons qui ont traversé le défaut ont une différence de marche

supplémentaire et sont donc en retard par rapport aux autres. La différence de phase est donnée par : $\varphi = \frac{2\pi}{\lambda_0}\delta = \frac{2\pi(n-1)e}{\lambda_0}$.

Théorème de Malus : les surfaces d'onde relatives au point source S sont orthogonales aux rayons lumineux issus de S.

✎ **Vérifier le théorème de Malus sur les exemples des ondes sphériques puis des ondes planes.**

Pour une onde sphérique, les rayons lumineux sont les demi-droites issues du point O, les surfaces d'onde sont des sphères de centre O : les rayons d'un cercle sont bien orthogonaux au cercle, le théorème de Malus est bien vérifié.
Pour les ondes planes, les surfaces d'onde sont orthogonales aux rayons lumineux.

⚠ Le théorème de Malus ne s'applique qu'à des rayons issus d'une même source et qui appartiennent au même faisceau, continu. En effet, on va étudier dans la suite du cours avec les interférences la superposition de faisceaux différents issus d'une même source : le théorème de Malus n'est applicable qu'à un faisceau à la fois.

Le théorème de Malus est très utile pour le calcul de chemin optique (ou de différence de phase) : entre deux surfaces d'onde, la différence de chemin optique est la même pour tout rayon lumineux.

Cas d'une lentille mince

On considère deux points A et A' conjugués par le système optique $\mathscr{S}$.

✎ **Quelle est la forme des surfaces d'onde avant le système optique ? Après ?**

Avant le système optique, les surfaces d'onde sont des sphères de centre A. Après le système, les surfaces d'onde sont les sphères de centre A', en effet, les rayons lumineux sont concourants au point A'.

✎ Que peut-on dire du chemin optique entre deux rayons lumineux différents qui lient A et A' ?

On considère deux points K_1 et K_2 qui appartiennent à la même surface d'onde, après la traversée du système optique. Par définition, $(AK_1) = (AK_2)$. On a aussi $(A'K_1) = (A'K_2)$ car K_1 et K_2 appartiennent à la même sphère de centre A'.

On a ainsi égalité des chemins optiques pour n'importe quel rayon lumineux qui relie A et A' : c'est le stigmatisme rigoureux.

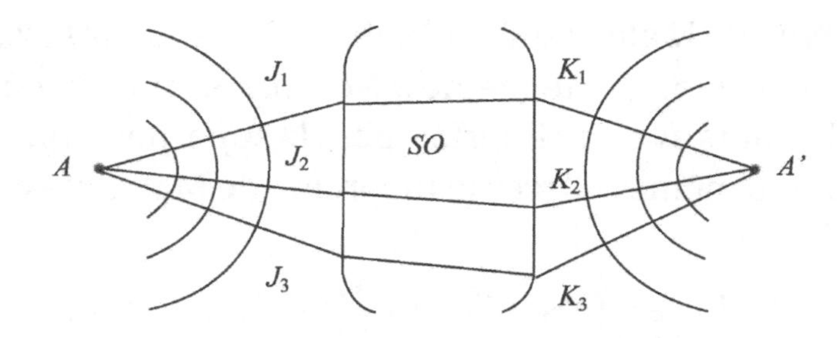

En réalité, les systèmes optiques réalisent le plus souvent le stigmatisme approché, c'est-à-dire que le chemin optique est à peu près constant. On peut montrer que, si le système admet un axe de symétrie de révolution, les termes qui apparaissent sont du quatrième ordre par rapport aux angles paraxiaux qui sont supposés petits dans le cadre de l'approximation de Gauss.

Ces raisonnements sont, bien évidemment, généralisables au cas où la source et/ou l'image sont à l'infini.

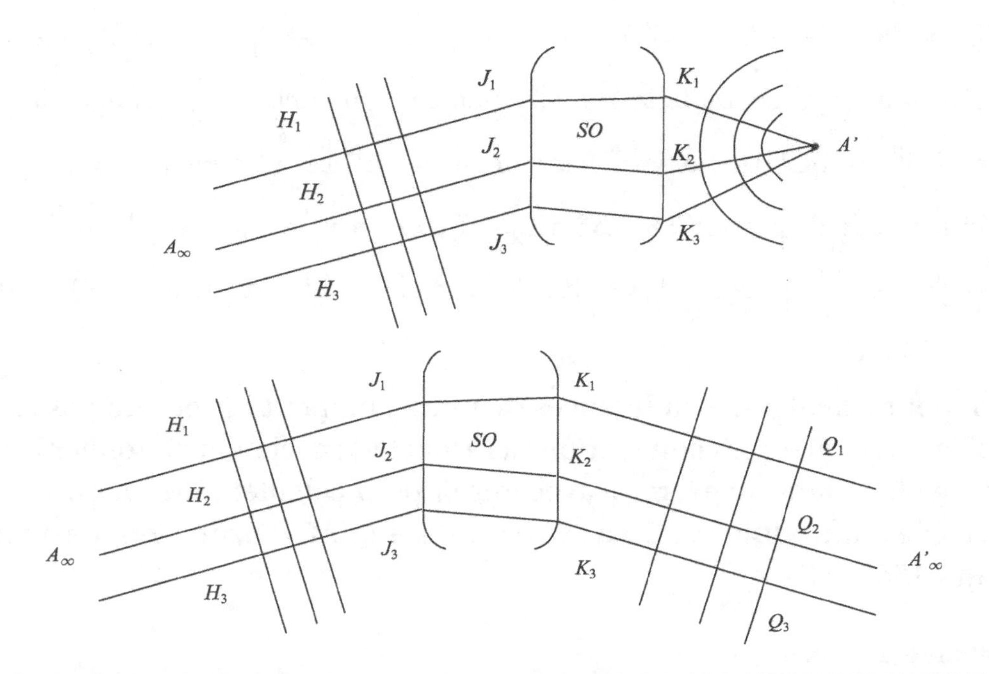

✍ Le miroir plan

On considère un miroir plan, une source lumineuse ponctuelle S et son image S' par le miroir. Calculer le chemin optique (SS').

On a la figure suivante :

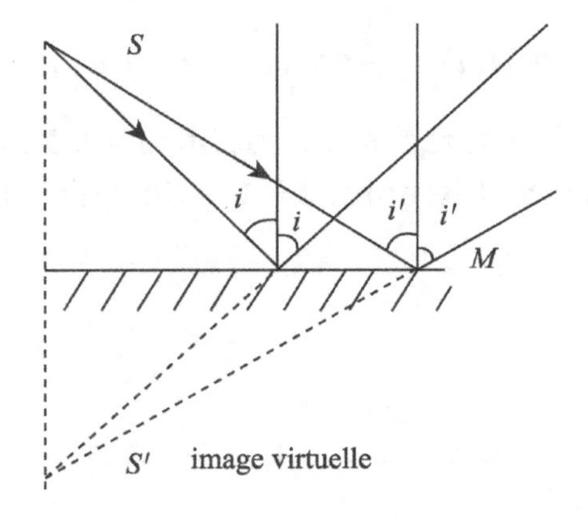

Le chemin optique est donné par $(SS') = (SI) + (IS')$. Or, par construction, $SI = IS'$. Le rayon se propage dans l'air d'indice n, on a $(SI) = nSI$. De plus, IS' est un rayon virtuel qui se propage dans l'air aussi (on considère que le rayon virtuel se propage dans le même milieu que le rayon réel dont il est le prolongement).

Le chemin optique de IS' est négatif car on le calcule dans le sens inverse de la propagation de la lumière. On a donc $(IS') = -nIS'$ soit $(SS') = 0$.

Ainsi, pour calculer des différences de phase, on peut introduire des rayons virtuels (avec quelques conventions à respecter) ; ceci peut simplifier les calculs. En effet, dans un exercice avec miroir pour calculer (SM), il est souvent plus facile d'introduire S'. On a $(SM) = (SS') + (S'M)$. Or, on vient de démontrer que $(SS') = 0$.

Cas d'une onde sphérique

Une onde sphérique est telle que les surfaces d'onde sont des sphères centrées sur S ou, de la même façon, les rayons lumineux sont des droites concourantes en S.

Une onde sphérique monochromatique, issue d'un point source S, qui se propage dans un milieu homogène se met sous la forme :

$$s(M,t) = \frac{A}{r}\cos(\omega t - kr + \varphi_0),$$

où A est l'amplitude à la source, φ_0, le déphasage à la source et $r = SM$, la distance entre la source S et le point M. On dit qu'on a une onde sphérique divergente.

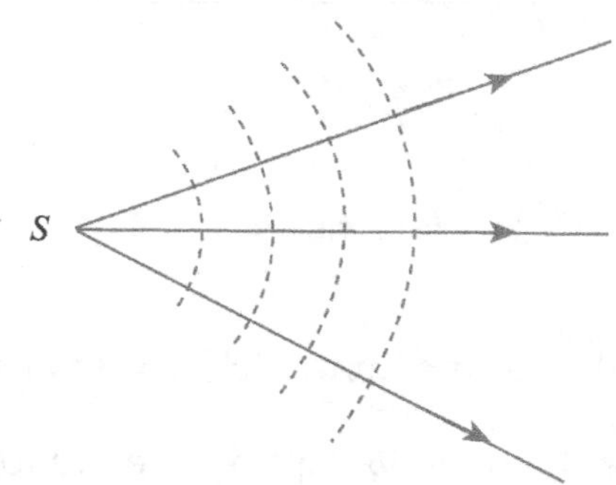

✎ **En déduire l'expression d'une onde sphérique convergente.**

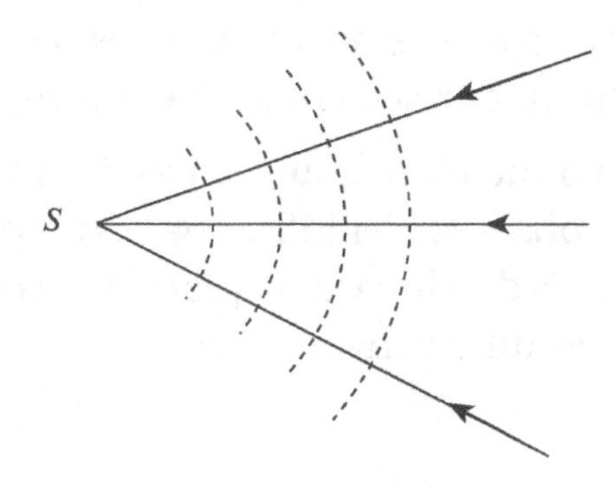

On change le sens de propagation (soit t en $-t$ ou k en $-k$), on a alors $s(M,t) = \frac{A}{r}\cos(\omega t + kr + \varphi_0)$.

✎ **Quelle est l'écriture complexe associée à ces deux ondes ?**

Pour une onde divergente, on a $\underline{s} = \frac{A}{r}e^{j(\omega t - kr + \varphi_0)}$ et pour une onde convergente, on a $\underline{s} = \frac{A}{r}e^{j(\omega t + kr + \varphi_0)}$.

✎ **En raisonnant sur l'énergie, justifier la décroissance en $\frac{1}{r}$ pour une onde sphérique.**

L'énergie est proportionnelle à l'éclairement. Or, l'énergie se conserve : la puissance à travers une sphère de centre S doit être indépendante du rayon R. Or, on a $\mathscr{P} = \iint_{\text{sphere}} \mathscr{E}\mathrm{d}S = \frac{KA^2}{R^2} \times 4\pi R^2$ qui est bien indépendant de R.

Remarque : l'amplitude de l'onde sphérique diverge au voisinage de S : dans le cas d'une onde divergente, c'est la modélisation mathématique de la source comme un point qui est un abus. Dans le cas d'une onde convergente, le modèle de l'onde sphérique n'est plus approprié car on a la diffraction qui apparait au voisinage du point de convergence du faisceau.

Cas d'une onde plane

Une onde plane correspond au cas où les surfaces d'ondes sont des plans ou bien encore les rayons lumineux sont parallèles entre eux.

En TP, on rencontre une onde plane dans le cas d'un faisceau laser ou d'une source quasi-ponctuelle observée à l'infini (par exemple, le Soleil) ou en sortie d'un collimateur, c'est-à-dire lorsqu'on place une source ponctuelle S dans le plan focal objet d'une lentille convergente.

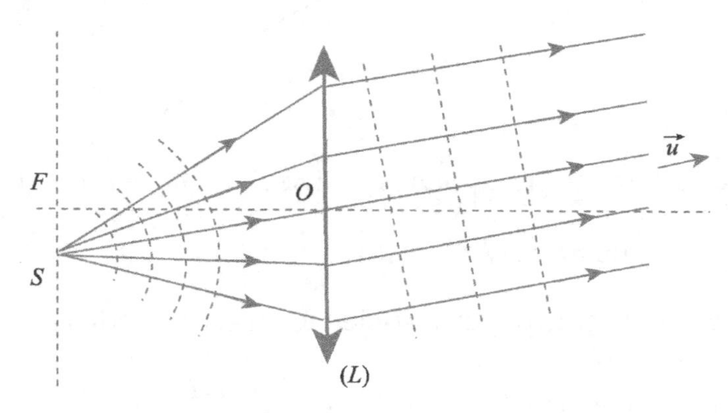

Ainsi, une onde plane est d'amplitude constante et de phase $\vec{k} \cdot \overrightarrow{OM}$:

$$s(M,t) = A\cos(\omega t - \varphi_0 - k\vec{u} \cdot \overrightarrow{OM}).$$

On introduit un point O de référence car la source est à l'infini. On note $\vec{k} = k\vec{u}$ le vecteur d'onde avec $\vec{u}$ vecteur unitaire, colinéaire à $\vec{k}$.

Chapitre 3

Interférences

Les interférences lumineuses qui ont été mises en évidence au XIXe siècle ont assuré le triomphe de la théorie ondulatoire face à la théorie corpusculaire qui dominait jusqu'alors.

3.1 Superposition d'ondes lumineuses

3.1.1 Éclairement

On considère la superposition de deux vibrations lumineuses monochromatiques issues de deux sources ponctuelles S_1 et S_2.

✎ On suppose dans un premier temps que les pulsations sont quelconques. Que vaut l'éclairement en un point M ?

On a donc $s_1(M,t) = s_1 \cos(\omega_1 t - \varphi_1(M))$ et $s_2(M,t) = s_2 \cos(\omega_2 t - \varphi_2(M))$.

$$\begin{aligned} \mathscr{E} &= K < (s_1(M,t) + s_2(M,t))^2 > \\ &= \mathscr{E}_1 + \mathscr{E}_2 + 2K s_1 s_2 < \cos(\omega_1 t - \varphi_1(M)) \cos(\omega_2 t - \varphi_2(M)) > . \end{aligned}$$

Le dernier terme qui apparait dans la formule précédente est le terme d'interférences

$$\boxed{2K s_1 s_2 < \cos(\omega_1 t - \varphi_1(M)) \cos(\omega_2 t - \varphi_2(M)) >} .$$

Si ce terme est non nul, on dit qu'on a des ondes cohérentes . À l'opposé, si ce terme est nul, on parle d'ondes incohérentes.

✎ Sachant que le temps de réponse des détecteurs est très grand devant la période de l'onde, à quelle condition les ondes sont-elles cohérentes ?

$2Ks_1s_2 < \cos(\omega_1 t - \varphi_1(M))\cos(\omega_2 t - \varphi_2(M)) >= Ks_1s_2 < \cos((\omega_1+\omega_2)t - \varphi_1(M) - \varphi_2(M)) > + < \cos((\omega_1 - \omega_2)t - (\varphi_1(M) - \varphi_2(M))) >$.

Comme le temps de réponse des détecteurs est très grand devant la période de l'onde, on a le terme d'interférence qui est non nul si et seulement si $\omega_1 = \omega_2$.

Ainsi, la première condition pour avoir des ondes cohérentes est d'avoir des ondes de même pulsation : $\boxed{\omega_1 = \omega_2}$.

Si on additionne des ondes de pulsations différentes, alors elles sont incohérentes et on a $\mathcal{E} = \mathcal{E}_1 + \mathcal{E}_2$.

Remarque : on se place dans le cadre de la description scalaire de la lumière. Si on adopte la description vectorielle du champ électrique, alors on a pour le terme d'interférences un produit scalaire entre $\vec{E}_1$ et $\vec{E}_2$ ce qui nous donne la deuxième condition d'interférences : les ondes ne doivent pas avoir des polarisations orthogonales; $\vec{E}_1 \cdot \vec{E}_2 \neq 0$ doit être non nul. Cet aspect sera traité plus tard dans le cours.

Le terme d'interférences se met alors sous la forme :

$$Ks_1s_2\cos(\varphi_1(M) - \varphi_2(M)) = 2\sqrt{\mathcal{E}_1\mathcal{E}_2}\cos(\Delta\varphi(M)).$$

C'est la formule de Fresnel des interférences :

$\boxed{\mathcal{E}(M) = \mathcal{E}_1 + \mathcal{E}_2 + 2\sqrt{\mathcal{E}_1\mathcal{E}_2}\cos(\Delta\varphi(M))}$, avec $\Delta\varphi(M)$ qui représente le retard de phase au point M d'une onde par rapport à l'autre.

Comme $\cos(\Delta\varphi(M))$ est compris entre -1 et 1, l'éclairement total peut être inférieur ou supérieur à la somme des éclairements des ondes. On parle :
- d'interférences constructives si $\mathcal{E} > \mathcal{E}_1 + \mathcal{E}_2$;
- d'interférences destructives si $\mathcal{E} < \mathcal{E}_1 + \mathcal{E}_2$.

✎ Tracer le graphe de $\mathcal{E} = f(\Delta\varphi)$.

On a le graphe suivant :

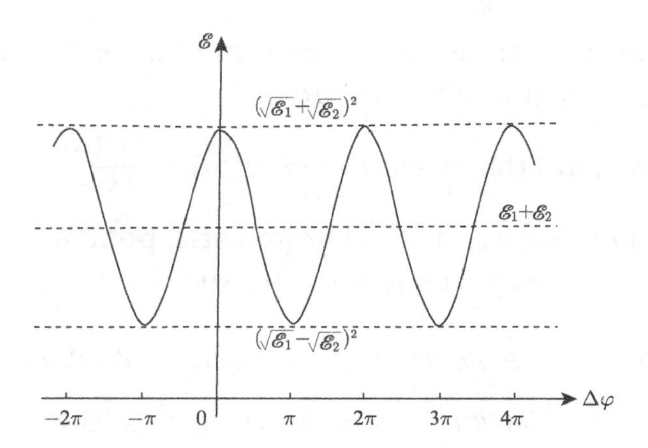

La valeur moyenne de l'éclairement est $\mathscr{E} = \mathscr{E}_1 + \mathscr{E}_2$. Ceci est en accord avec la conservation de l'énergie : les interférences changent seulement la répartition spatiale de l'énergie.

✎ Quand est-ce que l'éclairement est maximal ?

L'éclairement est maximal quand $\cos\Delta\varphi(M) = 1$ *soit* $\Delta\varphi = 2m\pi$ *où* m *est un entier relatif.*

Lorsque $\Delta\varphi = 2m\pi$, on dit que les interférences sont totalement constructives .

✎ Quand est-ce que l'éclairement est minimal ?

L'éclairement est minimal quand $\cos\Delta\varphi(M) = -1$ *soit* $\Delta\varphi = (2m+1)\pi$ *où* m *est un entier relatif.*

Lorsque $\Delta\varphi = (2m+1)\pi$, on dit que les interférences sont totalement destructives .

✎ Que devient cette formule si on étudie le cas de deux sources de même éclairement ?

On a alors une formule plus compacte :

$$\mathscr{E}(M) = 2\mathscr{E}_0(1+\cos(\Delta\varphi(M))).$$

Dans le cas de deux sources de même éclairement, on a $\boxed{\mathscr{E}(M) = 2\mathscr{E}_0(1+\cos(\Delta\varphi(M)))}$.

On peut alors avoir dans le cas d'interférences totalement destructives $\mathscr{E}(M) = 0$ soit "lumière+lumière=obscurité" !

On définit l'ordre d'interférences comme $p(M) = \dfrac{\Delta\varphi(M)}{2\pi}$.

✎ Quelles sont alors les valeurs de l'ordre correspondant aux interférences totalement constructives ou totalement destructives ?

On a les valeurs entières de p qui correspondent aux interférences totalement constructives et les valeurs demi-entières qui correspondent au cas totalement destructif.

3.1.2 Contraste

L'œil est sensible aux variations de contraste, on introduit alors le contraste ou facteur de visibilité : $C = \dfrac{\mathscr{E}_{\max} - \mathscr{E}_{\min}}{\mathscr{E}_{\max} + \mathscr{E}_{\min}}$.

Franges rectilignes équidistantes ; contraste constant

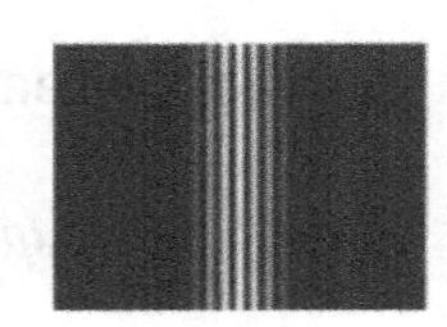

Franges rectilignes équidistantes ; contraste variable

Franges rectilignes non équidistantes ; contraste variable

Par construction, le contraste est compris entre 0 et 1.

✎ Quelle est l'expression du contraste dans le cas d'interférences à deux ondes ?

Dans le cas d'interférences à deux ondes, on a

$$C = \frac{2\sqrt{\mathscr{E}_1\mathscr{E}_2}}{\mathscr{E}_1 + \mathscr{E}_2}.$$

Le contraste est alors maximal dans le cas où $\mathscr{E}_1 = \mathscr{E}_2$: l'éclairement minimal est nul et l'éclairement maximal est égal à $4\mathscr{E}_1$.
Si on a une des sources qui a un éclairement beaucoup plus important que l'autre ($\mathscr{E}_1 \gg \mathscr{E}_2$ ou inversement), alors $C \approx 0$. Le contraste tend vers zéro et on ne peut observer le phénomène d'interférences.

La formule de Fresnel se réécrit comme

$$\mathscr{E}(M) = \mathscr{E}_{\text{moy}}(1 + \cos\Delta\varphi(M)).$$

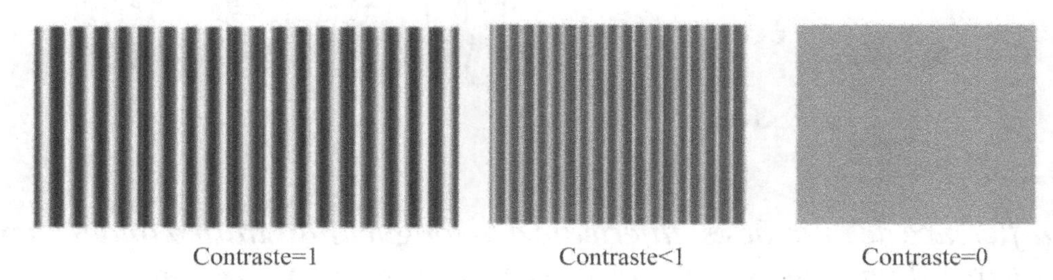

Il faut donc retenir que le meilleur contraste est obtenu quand deux sources de même éclairement interférent. Ceci sera une des raisons du choix des protocoles expérimentaux que vous allez faire en TP (pensez-y !).

3.1.3 Longueur de cohérence temporelle

On a vu précédemment que $\mathscr{E}(M) = \mathscr{E}_1 + \mathscr{E}_2 + 2\sqrt{\mathscr{E}_1\mathscr{E}_2}\cos(\Delta\varphi(M))$ où $\Delta\varphi(M) = \varphi_1 - \varphi_2 = \varphi_{1,0} + \dfrac{2\pi}{\lambda}(S_1M) - \varphi_{2,0} - \dfrac{2\pi}{\lambda}(S_2M)$ avec $\varphi_{1,0}, \varphi_{2,0}$ les déphasages à la source.

Si on a deux sources différentes, les déphasages à la source varient aléatoirement et indépendamment l'un de l'autre. Pour les détecteurs dont le temps de réponse est beaucoup plus grand que la période des ondes, la valeur moyenne est nulle, il n'y a plus d'interférences.

Deux sources ponctuelles distinctes quasi-monochromatiques n'interférent pas, on a des sources incohérentes. On a alors $\mathscr{E}(M) = \mathscr{E}_1(M) + \mathscr{E}_2(M)$.

Ainsi, pour observer des interférences, il faut créer deux sources fictives à partir d'une seule source : c'est le principe des dispositifs interférentiels qu'on étudiera dans la suite du cours. On a alors deux sources mutuellement cohérentes .

On se rend compte que la condition est en fait encore plus dure, ce sont les ondes issues du même train d'ondes qui doivent interférer au point M (c'est le modèle SNCF de la lumière). Ainsi, la différence de marche doit être inférieure à la longueur d'un train d'ondes $|(S_1M) - (S_2M)| < c\tau$.
C'est la longueur de cohérence temporelle $L_c = c\tau$.

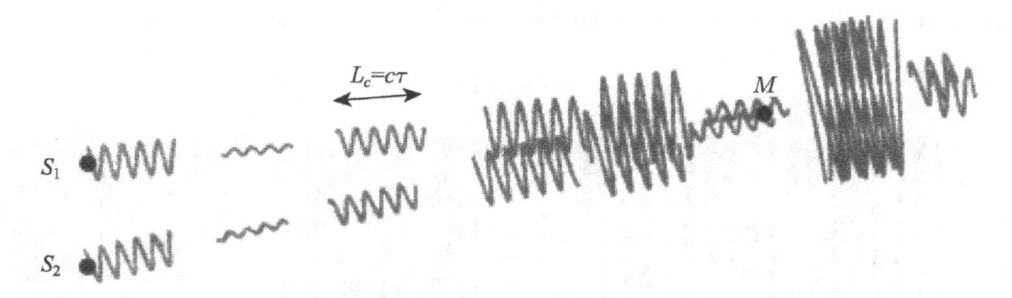

La différence de marche est inférieure à la longueur du train d'ondes : deux ondes issues du même train d'ondes se superposent en M, on peut observer des interférences, d'après Dunod, PC.*

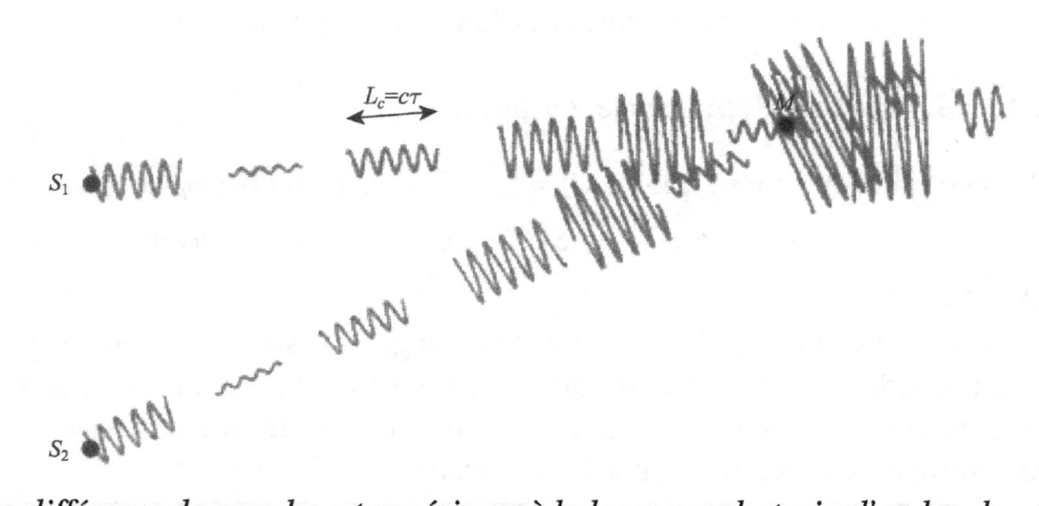

La différence de marche est supérieure à la longueur du train d'ondes : les ondes qui se superposent en M sont issues de deux trains d'ondes distincts, on ne peut pas observer d'interférences, d'après Dunod, PC.*

✎ Calculer les ordres de grandeur des longueurs de cohérence temporelle pour les principales sources lumineuses. Avec quelle source est-il le plus facile d'observer des interférences ?

Pour un laser, on a $L_c \approx 400$ m, pour une lampe au mercure, on a $L_c \approx 0{,}3$ mm et pour la lumière blanche, on a $L_c \approx 1\,\mu$m. Il est plus facile d'observer des interférences avec un laser qu'avec de la lumière blanche.

Ces valeurs numériques justifient les protocoles expérimentaux (cf TP interféromètre de Michelson).

3.1.4 Figure d'interférences

La modulation spatiale de l'éclairement a lieu dans une zone appelée champ d'interférences. Dans cette zone, on va utiliser un écran (ou un détecteur) pour obtenir la figure d'interférences où on observe des alternances de zones claires et de zones sombres, les franges d'interférences.

Une figure d'interférences permet de visualiser les surfaces d'égal éclairement, ce qui correspond à des surfaces équiphases. En effet, le terme d'interférences doit avoir la même valeur, on cherche donc à déterminer les surfaces telles que $\Delta\varphi(M)$ soit constante.

Or, on a déjà vu que, pour avoir des interférences, on doit avoir des ondes mutuellement cohérentes : $\Delta\varphi = \dfrac{2\pi}{\lambda}((S_1M) - (S_2M)) = \text{cste}$. En introduisant le vecteur d'onde, on a $\Delta\varphi = k(r_1 - r_2)$ si on note r_i la distance S_iM.
Ceci revient à trouver les surfaces telles que $r_1 - r_2$ soit constant. Ce sont les hyperboloïdes de révolution.

La nature de la figure observée dépend de la position de l'écran :
- si l'écran est parallèle à l'axe S_1S_2, on va observer des hyperboles ;
- si l'écran est perpendiculaire à l'axe S_1S_2, on va observer des cercles concentriques.

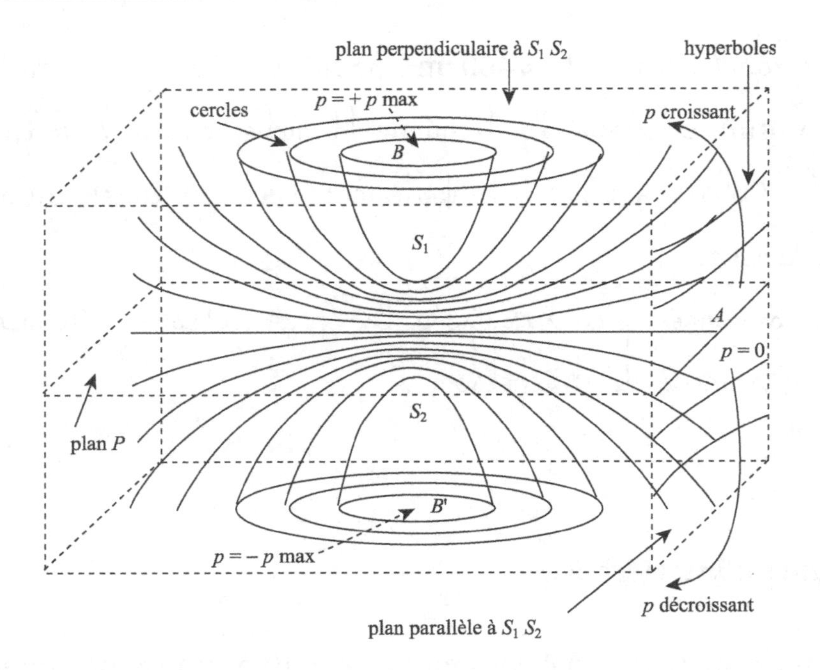

Pour obtenir des figures d'interférences bien contrastées, on a déjà vu qu'il était nécessaire de faire interférer des rayons de même éclairement.

Premier exemple

On considère deux sources ponctuelles cohérentes en phase (qui sont créées à partir de deux sources secondaires issues d'une même source) notées S_1 et S_2.

Ces deux sources sont placées dans un milieu homogène d'indice n et séparées d'une distance a.

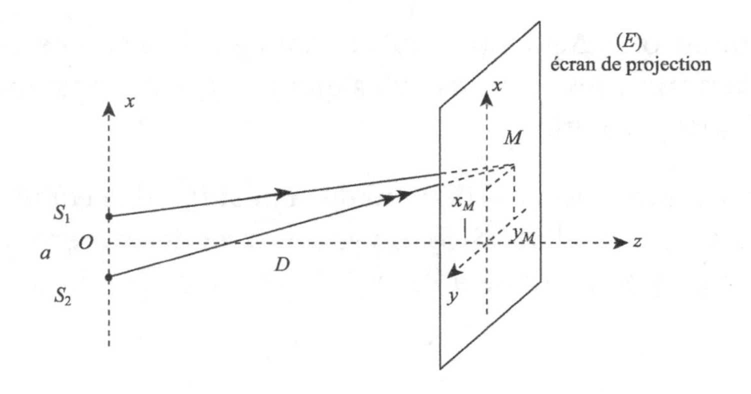

✎ **Où est situé le champ d'interférences ?**

Le champ d'interférences est constitué de tout l'espace. En effet, pour tout point M de l'espace, on a deux ondes qui arrivent, l'une de S_1 et l'autre de S_2.

On dit que les interférences sont non localisées .

L'écran est placé parallèlement à la direction S_1S_2, on note D la distance entre l'écran et le milieu de S_1S_2. On suppose que la distance D est très grande devant a, x et y (on observe loin des sources).

✎ **Exprimer la différence de phase au point M entre les 2 rayons qui interférent.**

On a $\varphi(M) = \dfrac{2\pi}{\lambda_0}((S_2M) - (S_1M)) = \dfrac{2\pi}{\lambda_0}\delta(M)$.

✎ **Calculer la différence de marche $\delta(M)$. On pourra faire un développement limité au premier ordre.**

On introduit les coordonnées des différents points, on a :

$M(x, y, D)$, $S_1(a/2, 0, 0)$, $S_2(-a/2, 0, 0)$.

Ainsi $S_1M = \sqrt{(x-a/2)^2 + y^2 + D^2}$ et $S_2M = \sqrt{(x+a/2)^2 + y^2 + D^2}$. En faisant un développement limité au premier ordre car $D \gg a, x, y$, on a :

$$S_1M = D\left(1 + \frac{1}{2}\frac{(x-a/2)^2 + y^2}{D^2}\right) \text{ et } S_2M = D\left(1 + \frac{1}{2}\frac{(x+a/2)^2 + y^2}{D^2}\right)$$

soit

$$\delta(M) = n(S_2M - S_1M) = \frac{nax}{D}.$$

Ainsi, les surfaces d'onde sont des franges rectilignes définies par $x =$cste.

✎ **Donner la répartition de l'éclairement $\mathscr{E}(M)$ si on suppose qu'on a le même éclairement pour les deux sources.**

On a alors

$$\mathscr{E}(M) = 2\mathscr{E}_0\left(1+\cos\left(\frac{2\pi}{\lambda_0}\frac{nax}{D}\right)\right).$$

✎ Rappeler la définition de l'ordre d'interférence. Donner son expression ici.

On a $p = \dfrac{\delta}{\lambda_0} = \dfrac{nax}{\lambda_0 D}$.

On observe sur l'écran (au premier ordre, c'est-à-dire au voisinage de l'axe), des franges rectilignes qui ne dépendent que de l'abscisse x. Ceci est indépendant de la position de l'écran (D peut varier).

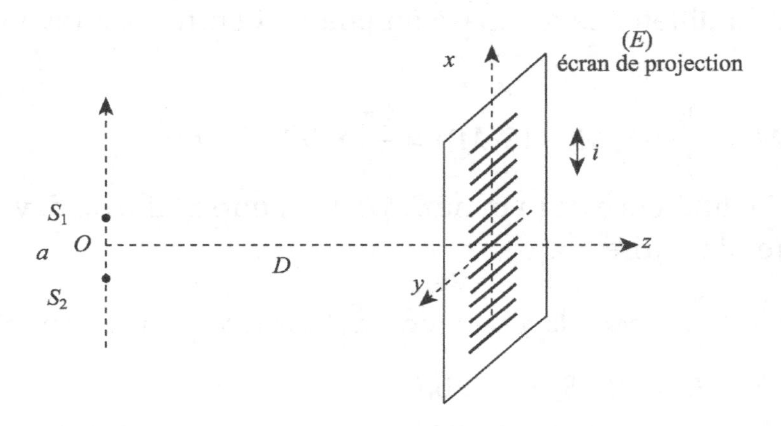

La figure d'interférences est périodique.

On définit l'interfrange i comme la distance qui sépare deux franges brillantes successives (ou deux franges sombres successives).

✎ Déterminer l'expression de l'interfrange i.

Entre deux franges brillantes successives, l'ordre a varié de 1, leurs positions sont données par $\delta = p\lambda_0$ avec p entier relatif, soit $i = \dfrac{\lambda_0 D}{na}$.

Ainsi, on a $\boxed{i = \dfrac{\lambda_0 D}{na}}$: plus l'écran est éloigné des sources, plus l'interfrange est grand. De même, plus les sources sont proches, plus l'interfrange est grand.

La variation de chemin optique lors du passage d'une frange donnée, située à x_0 (sombre ou brillante) à la frange suivante de même nature est donnée par $\Delta\delta = \lambda_0$, alors que la variation de l'abscisse donne $\Delta x = i$ soit $\Delta\delta = \Delta(nax/D) = nai/D = \lambda_0$. On retrouve donc $i = \lambda_0 D/na$.

Pour arriver à obtenir des interférences, on peut utiliser deux types de dispositifs :
- ceux à division du front d'onde : un même train d'onde issu de la source primaire se partage spatialement entre deux voies, une partie du train d'onde va suivre la voie 1, l'autre partie la voie 2. Ceci est équivalent au fait que les deux rayons qui interférent en M sont issus de deux rayons distincts qui émergent de la source ;

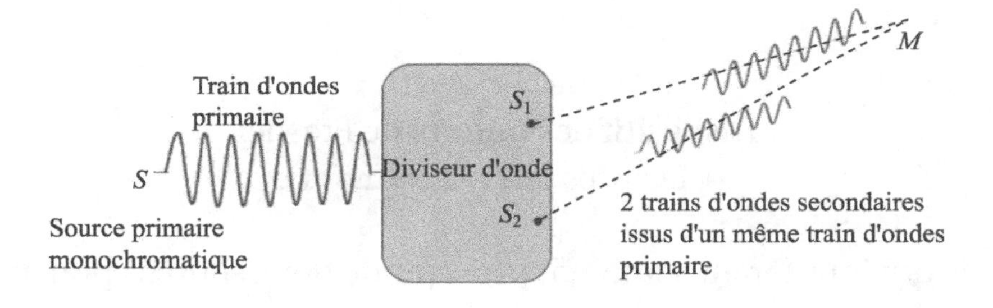

- ceux à division d'amplitude : il y a une lame semi-transparente ou séparatrice qui permet de diviser un rayon incident en deux rayons émergents d'éclairement $\mathscr{E}_0/2$. Il y a un unique rayon provenant de la source S.

3.2 Dispositifs à division du front d'onde

Dans cette partie, on va étudier quelques dispositifs classiques à division du front d'onde : les miroirs de Fresnel, les trous d'Young ou l'interféromètre de Michelson utilisé avec une source ponctuelle.

Dans ces dispositifs, le front d'onde est déformé : les interférences ont lieu entre des rayons issus de rayons incidents distincts mais d'un même front d'onde.

3.2.1 Miroirs de Fresnel

On a deux miroirs plans qui forment un dièdre d'angle α très faible ($\alpha \ll 1$). Le dispositif est éclairé par une source ponctuelle S placée à la distance $d = AS$ du miroir M_1. On observe sur un écran qui fait un angle proche de $\pi/2$ avec le plan des miroirs.

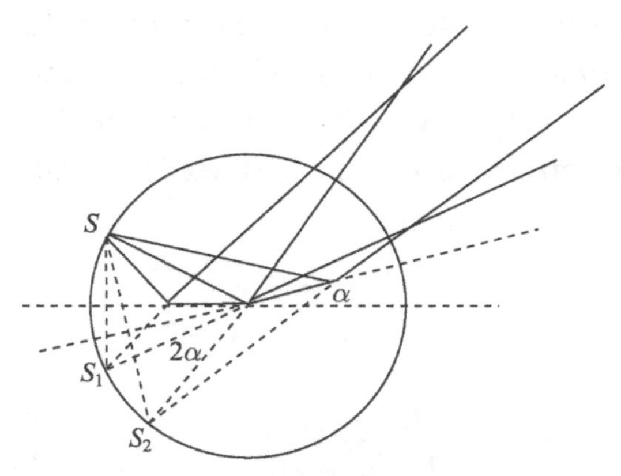

Dispositif des miroirs de Fresnel
* D'après `univ-lemans.fr`

Les rayons qui interfèrent semblent provenir de deux sources ponctuelles S_1 et S_2, images de S par les miroirs M_1 et M_2.

✎ Les sources S_1 et S_2 sont-elles cohérentes ? En phase ?

Les deux sources secondaires sont cohérentes et en phase. En effet, la réflexion sur un miroir entraîne un déphasage supplémentaire de π mais ceci est vrai pour les deux rayons. La différence de phase entre les deux rayons est donc inchangée.

✎ Décrire la forme de la figure d'interférences sur l'écran.

On observe parallèlement à l'axe des sources, au loin. On doit observer des branches d'hyperboles au loin soit des franges rectilignes.

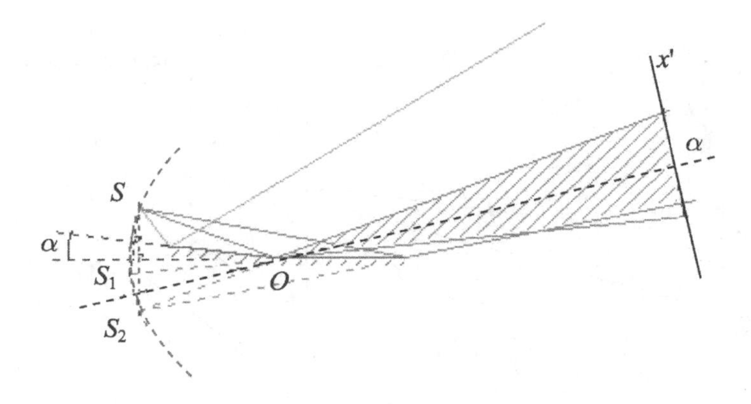

✎ Quelle est la différence de marche entre les deux rayons qui interférent en M ? On note l la distance entre l'écran et le point A.

On a $\delta = (S_2M) - (S_1M)$. On retrouve le calcul fait dans la partie précédente avec $\delta = \dfrac{nax}{D}$ où on doit adapter les notations à l'exercice. Ici, $S_1S_2 = 2d\alpha$. La distance entre les sources et l'écran est donnée par $l + d$. On a donc $\delta = (S_2M) - (S_1M) = \dfrac{2d\alpha x}{l+d}$.

✎ En déduire l'expression de l'éclairement sur l'écran.

On en déduit l'éclairement $\mathscr{E}(M) = 2\mathscr{E}_0\left(1 + \cos\dfrac{4\pi d\alpha x}{\lambda_0(l+d)}\right)$ en supposant que les rayons qui interfèrent ont le même éclairement.

3.2.2 Trous d'Young

On a déjà étudié précédemment ce dispositif. On va voir maintenant une deuxième méthode pour obtenir la différence de marche.

On rappelle les notations sur la figure suivante.

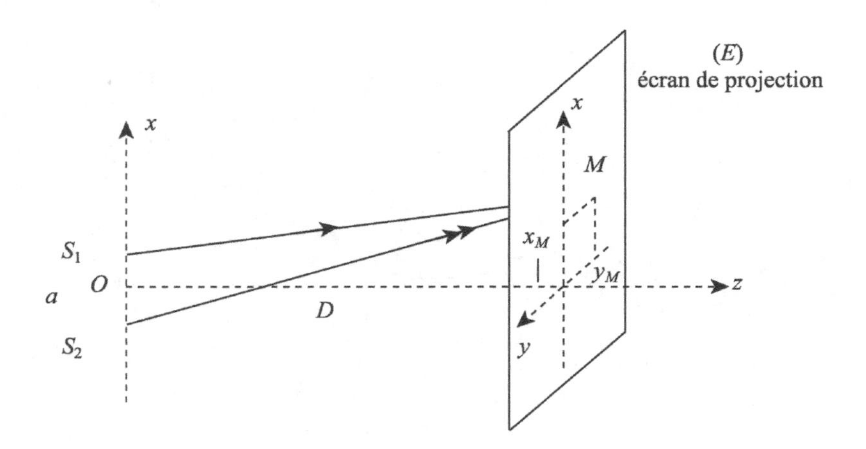

✎ **En considérant que le point M est à l'infini et que les deux ondes qui interfèrent au point M sont des ondes planes, déterminer la différence de marche $\delta(M)$.**

Les surfaces d'onde sont perpendiculaires aux rayons lumineux, on considère la surface d'onde contenant S_1, son intersection avec le rayon S_2M_∞ définit le point H. On a $\delta(M) = n \times S_2H$ car, par définition de la surface d'onde $(S_1M_\infty) = (HM_\infty)$.

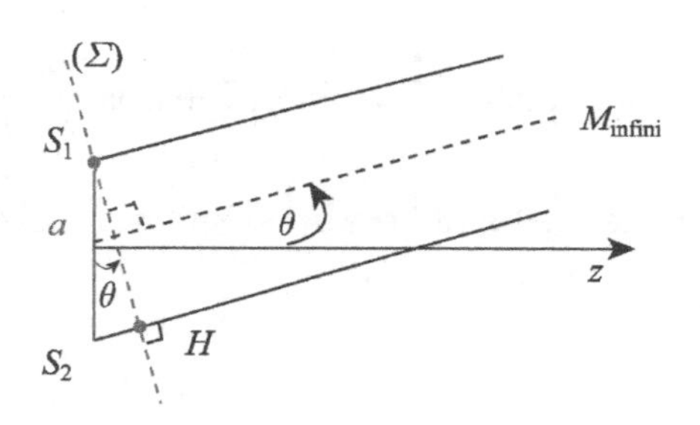

On a $\sin\theta = \dfrac{S_2H}{a}$ et d'autre part, $\tan\theta \approx \dfrac{x}{D}$. Or $\theta \ll 1$ car on a $D \gg a$.
On a donc $\sin\theta \approx \tan\theta \approx \theta$ soit $\dfrac{S_2H}{a} = \dfrac{x}{D}$.
On retrouve bien $\delta(M) = \dfrac{nax}{D}$.

Montage de Fraunhofer

Maintenant, on considère le dispositif des trous d'Young amélioré car les rayons qui interférent après passage par les trous d'Young n'ont aucune raison d'avoir la même intensité (car ils n'ont pas forcément la même direction) et le contraste n'est pas optimal. On utilise donc deux lentilles convergentes, les rayons qui interférent au point M ont alors la même intensité (car les rayons émergents après les trous d'Young sont parallèles).

✎ Comment doit-on placer la lentille $\mathscr{L}_1$ pour avoir une source à l'infini ? Comment doit-on placer la lentille $\mathscr{L}_2$ pour observer les interférences à l'infini (et donc entre rayons de même intensité) ?

On doit placer la source au foyer objet de la lentille $\mathscr{L}_1$ pour avoir un faisceau parallèle en sortie. On doit placer l'écran dans le plan focal image de $\mathscr{L}_2$ pour observer les interférences à l'infini.

On a alors le montage suivant :

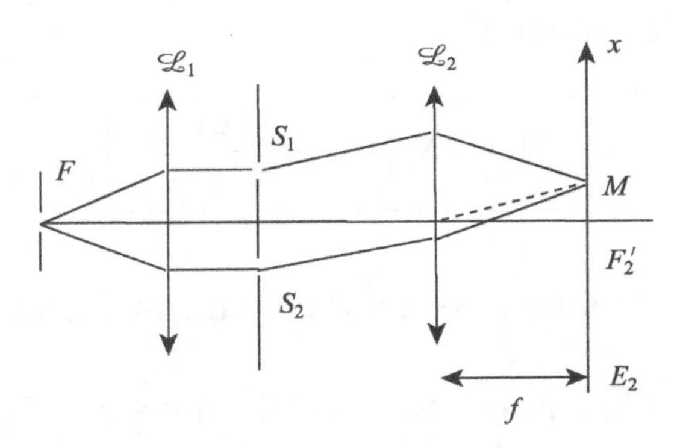

Ce montage permet d'observer sur l'écran une figure d'interférences beaucoup plus lumineuse que précédemment.

✎ Maintenant, exprimer la différence de marche entre deux rayons qui interférent.

On a $\delta = (FM)_2 - (FM)_1 = (FS_2) + (S_2M) - (FS_1) - (S_1M)$. Au foyer F, on a une onde sphérique qui est transformée par la lentille en onde plane : on a donc $(FS_1) = (FS_2)$.

✎ En utilisant le principe du retour inverse de la lumière, que vaut $(S_2M) - (S_1M)$?

On imagine qu'on a une source placée en M, elle émet une onde sphérique transformée par la lentille $\mathscr{L}_2$ en onde plane. D'après le théorème de Malus, les surfaces d'onde sont orthogonales aux rayons lumineux. On introduit le point H projeté orthogonal de S_1 sur S_2M. S_1 et H appartiennent à la même surface d'onde, on a donc $(S_2M) - (S_1M) = (S_2H)$.

Ce calcul a déjà été fait dans la partie précédente, on a, en supposant $n = 1$, $\delta = a\sin\theta = \dfrac{ax}{f_2'}$ car on se place toujours dans les conditions de Gauss pour avoir de belles images en optique géométrique.

On a alors pour l'éclairement :

$$\boxed{\mathscr{E}(M) = 2\mathscr{E}_0\left(1 + \cos\left(\frac{2\pi}{\lambda_0}\frac{ax}{f_2'}\right)\right)}.$$

✍ On considère le montage des trous d'Young avec lentilles (dit montage de Fraunhofer).
1. Quel est l'effet d'une translation en bloc des trous d'Young dans la direction $\overrightarrow{u_x}$?
2. Quel est l'effet d'une translation du point source dans la direction $\overrightarrow{u_y}$?
3. Quel est l'effet d'une translation du point source dans la direction $\overrightarrow{u_x}$ de la quantité x_0 ?

1. Si on translate en bloc les trous d'Young, il n'y a pas de modification de la figure d'interférences (à l'infini, seules les directions comptent).

2. Si on translate la source dans une direction orthogonale à l'axe des trous, de même la figure d'interférences est inchangée.
3. Si on translate la source de la quantité x_0, alors le calcul de la différence de marche est changé. On a $\delta_{\text{supp}} = HS_2 = a\theta \approx \dfrac{ax_0}{f'}$. On a alors $\delta = \dfrac{ax}{f'} + \dfrac{ax_0}{f'}$. La figure d'interférences est translatée de $-x_0$ suivant l'axe $\overrightarrow{u_x}$.

Source étendue spatialement : cohérence spatiale

Jusqu'à présent, on a considéré un dispositif éclairé par une source ponctuelle. Généralement, on va utiliser en pratique une source étendue spatialement pour avoir une figure plus lumineuse. On commence par étudier le cas d'une source constituée de deux points sources.

On considère deux sources ponctuelles P_1 et P_2 séparées d'une distance h.

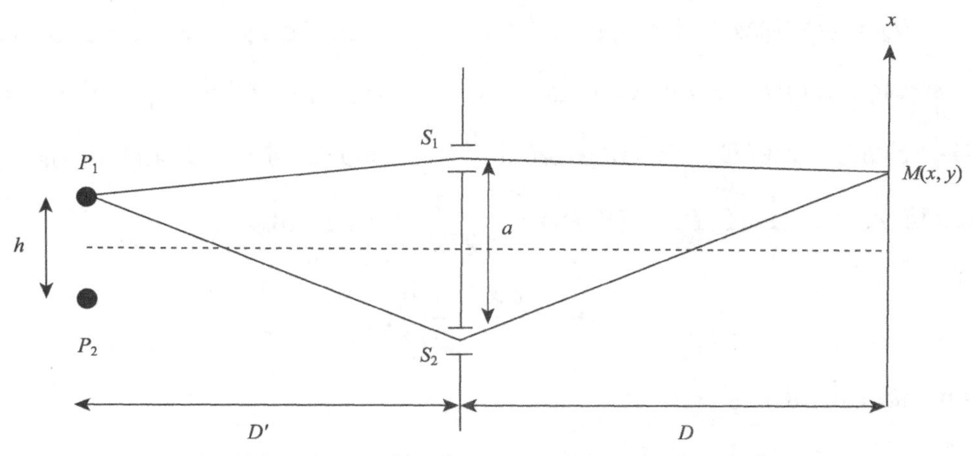

Expérience des trous d'Young avec source large
∗ D'après `ed.Lavoisier`

✎ Que peut-on dire de ces deux sources ? Quelle est la conséquence pour le calcul de l'éclairement total ?

Ces deux sources sont incohérentes. On somme donc les éclairements obtenus par chacune des sources pour obtenir l'éclairement total.

✎ **Quelle est l'expression de l'éclairement obtenu avec la source P_1 ?**

On a $\delta_1 = (P_1S_2M) - (P_1S_1M)$. On se place toujours dans le cadre de l'approximation de Gauss, on a donc D, $D' \gg h, x, a, y$. On a $(S_2M) - (S_1M) = ax/D$. En utilisant le principe du retour inverse de la lumière, on a $(S_2P_1) - (S_1P_1) = \dfrac{ah}{2D'}$. On a alors

$$\delta_1 = \frac{ax}{D} + \frac{ah}{2D'}.$$

On en déduit alors

$$\mathscr{E}_1(M) = 2\mathscr{E}_0\left(1 + \cos\frac{2\pi}{\lambda_0}\left(\frac{ax}{D} + \frac{ah}{2D'}\right)\right).$$

✎ **Quelle est l'expression de l'éclairement obtenu avec la source P_2 ?**

On a $\delta_2 = (P_2S_2M) - (P_2S_1M)$. On se place toujours dans le cadre de l'approximation de Gauss, on a donc D, $D' \gg h, x, a, y$. On a $(S_2M) - (S_1M) = ax/D$. En utilisant le principe du retour inverse de la lumière, on a $(S_2P_2) - (S_1P_2) = -\dfrac{ah}{2D'}$. On a alors

$$\delta_2 = \frac{ax}{D} - \frac{ah}{2D'}.$$

On en déduit alors

$$\mathscr{E}_2(M) = 2\mathscr{E}_0\left(1 + \cos\frac{2\pi}{\lambda_0}\left(\frac{ax}{D} - \frac{ah}{2D'}\right)\right).$$

On a alors l'éclairement total qui est la somme des deux éclairements (sources incohérentes), on a :

$$\mathscr{E}(M) = \mathscr{E}_1(M) + \mathscr{E}_2(M) = 2\mathscr{E}_0(M)\left(2 + \cos\frac{2\pi}{\lambda_0}\left(\frac{ax}{D} - \frac{ah}{2D'}\right) + \cos\frac{2\pi}{\lambda_0}\left(\frac{ax}{D} + \frac{ah}{2D'}\right)\right).$$

✎ Montrer que l'éclairement total se met sous la forme

$$\mathscr{E}(M) = 4\mathscr{E}_0(M)\left(1 + V\cos\frac{2\pi}{\lambda_0}\frac{ax}{D}\right).$$

On utilise la formule de trigonométrie suivante

$\cos p + \cos q = 2\cos\left(\frac{p+q}{2}\right)\cos\left(\frac{p-q}{2}\right)$. On en déduit alors

$$\mathscr{E}(M) = 4\mathscr{E}_0\left(1 + \cos\left(\frac{2\pi}{\lambda_0}\frac{ah}{2D'}\right)\cos\left(\frac{2\pi}{\lambda_0}\frac{ax}{D}\right)\right).$$

Le premier terme est indépendant du point d'observation, on le note V pour visibilité : $\boxed{V = \cos\left(\frac{2\pi}{\lambda_0}\frac{ah}{2D'}\right)}$. La visibilité est donc la même sur tout l'écran, elle y est uniforme. Elle peut être positive ou négative (le cas $V = -1$ correspond au cas où on a inversion du contraste, les franges brillantes sont devenues sombres).

Interprétation L'éclairement sur l'écran varie entre $4\mathscr{E}_0(1+|V|)$ et $4\mathscr{E}_0(1-|V|)$. Si $V \neq \pm 1$, alors les franges brillantes sont moins brillantes et les franges sombres sont moins sombres que dans le cas où on a deux points sources confondus (l'éclairement maximal est alors de $8\mathscr{E}_0$ et l'éclairement minimal est 0).

✎ Que vaut le contraste ?

Par définition, on a $C = \frac{\mathscr{E}_{\max} - \mathscr{E}_{\min}}{\mathscr{E}_{\max} + \mathscr{E}_{\min}} = |V|$.

Pourquoi le contraste a-t-il chuté ?

En fait, les systèmes de franges d'interférences obtenus pour chacune des sources sont similaires (même interfrange) mais décalés : si les franges sombres de l'un coïncident avec les franges brillantes de l'autre, alors la figure totale est très peu contrastée, on dit qu'on a brouillage de la figure d'interférences. Au contraire, si les franges brillantes de deux systèmes coïncident, alors la figure résultante sera très bien contrastée.

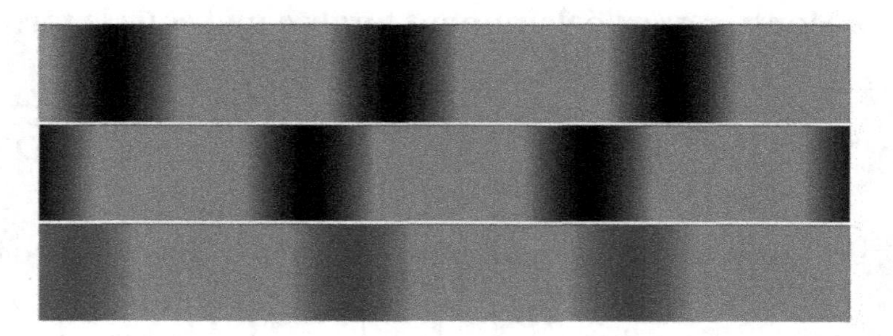

Principe de superposition des franges d'interférences obtenues pour deux points sources S et S'
* D'après E.Ouvrard

✍ On va essayer ici de justifier l'interprétation précédente.
1. Déterminer la position des franges brillantes de P_1 seule.
2. Déterminer la position des franges sombres de P_2 seule.
3. Exprimer la condition pour que le contraste s'annule. Comparer à l'expression de la visibilité. Conclusion.

1. Les franges brillantes sont obtenues pour $\delta_1 = p\lambda_0$ avec p entier relatif.

2. Les franges sombres sont obtenues pour $\delta_2 = (m+1/2)\lambda_0$ avec m entier relatif.

3. Le contraste s'annule si les franges sombres de P_2 sont confondues avec les franges brillantes de P_1 soit : $\delta_1 - \delta_2 = \dfrac{ah}{D'} = (q+1/2)\lambda_0$ avec q entier relatif. On a donc la condition suivante

$$\frac{2\pi}{\lambda_0}\frac{ah}{2D'} = \frac{\pi}{2} + q\pi,$$

où $q \in \mathbb{Z}$. Cette valeur est celle qui annule aussi le terme de visibilité. L'interprétation est donc correcte.

Si on introduit $\Delta p = \dfrac{ah}{\lambda_0 D'}$, on a $V = \cos(\pi \Delta p)$ et on obtient les figures suivantes :

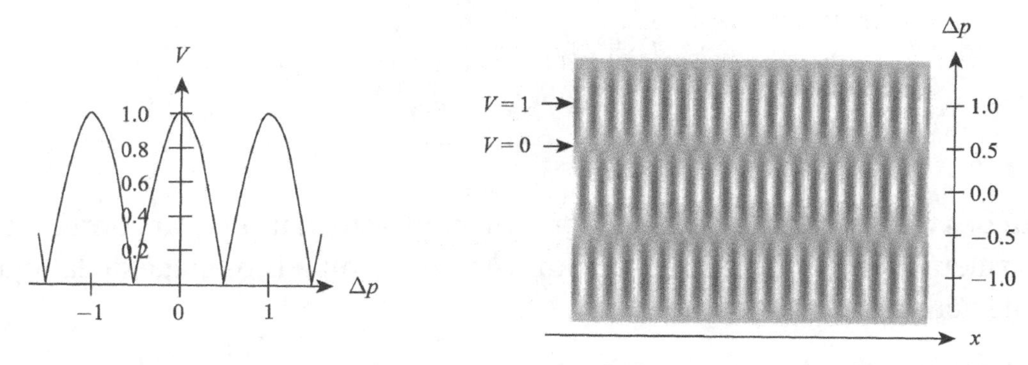

Évolution de V en fonction de Δp, puis pour un dispositif donné, V est le même pour tout x
∗ D'après Dunod

⚠ La visibilité est bien fixe pour un dispositif expérimental donné.

On déduit des figures précédentes un critère semi-quantitatif pour ne pas observer le brouillage des franges : les franges d'interférences sont visibles si $|\Delta p| \leqslant \dfrac{1}{2}$.

Source étendue Maintenant, on étudie le cas d'une source étendue spatialement entre $-h/2$ et $h/2$. On peut considérer cette source comme une superposition continue de sources ponctuelles élémentaires incohérentes.

Chaque source crée un système de franges d'interférences décalées...Le décalage maximal est obtenu pour les points sources situés aux extrémités soit $\Delta p_{\max} = \dfrac{ah}{\lambda_0 D'}$.

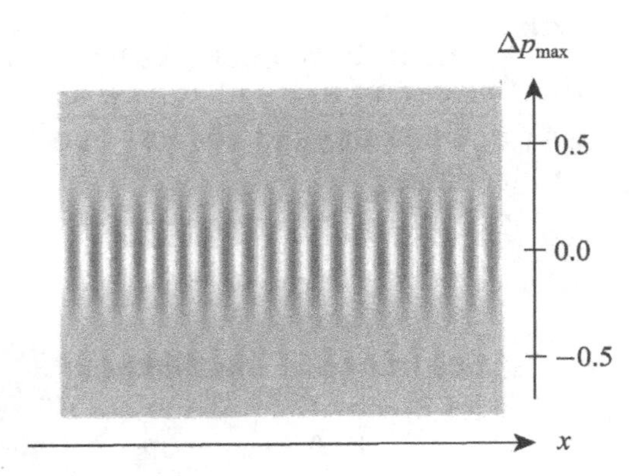

Pour des valeurs petites de Δp_{max}, on a un contraste marqué. Par contre, pour des valeurs élevées de Δp_{max}, le contraste chute, on a brouillage de la figure d'interférences.

Les franges sont observables pour $\Delta p_{max} \leqslant \frac{1}{2}$ soit si $a \leqslant \frac{\lambda_0 D'}{2h} = L_s$, longueur de cohérence spatiale . Si on introduit $\theta = h/D'$ qui est l'angle sous lequel on voit la source depuis O, alors, plus la source est vue sous un angle faible, plus la longueur de cohérence spatiale augmente et donc, plus il est facile d'obtenir des franges d'interférences visibles.

Approche quantitative On considère la source comme une distribution continue de sources ponctuelles élémentaires d'abscisse X, on a donc, en remplaçant dans l'expression obtenue précédemment $h/2$ par X et en introduisant la constante K définie par $\mathscr{E}_0 = K \times h$ (éclairement par unité de longueur).

$$\begin{aligned}\mathscr{E}(M) &= \int_{-h/2}^{h/2} 2K\left(1+\cos\frac{2\pi}{\lambda_0}\left(\frac{aX}{D'}+\frac{ax}{D}\right)\right)\mathrm{d}X \\ &= 2Kh\left(1+\frac{\lambda_0 D'}{2\pi ha}\left(\sin\frac{2\pi}{\lambda_0}\left(\frac{ah}{2D'}+\frac{ax}{D}\right)-\sin\frac{2\pi}{\lambda_0}\left(\frac{-ah}{2D'}+\frac{ax}{D}\right)\right)\right) \\ &= 2\mathscr{E}_0\left(1+\operatorname{sinc}\frac{\pi ah}{\lambda_0 D'}\cos\frac{2\pi}{\lambda_0}\frac{ax}{D}\right),\end{aligned}$$

où sinc (sinus cardinal) est la fonction définie par $\operatorname{sinc}(x) = \frac{\sin x}{x}$.

On a la courbe représentative suivante :

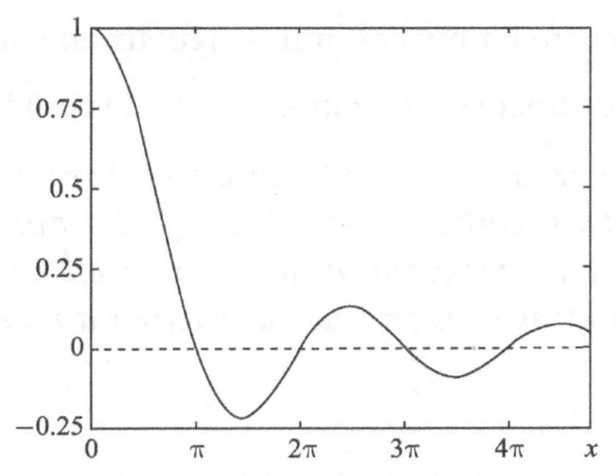

Courbe représentative de sinc(x).

On a une fonction paire, le maximum vaut 1 en $x = 0$, le second extremum vaut $-0,2$ en $x = 3\pi/2$. La fonction décroît très vite.

Si on compare avec la fonction obtenue précédemment pour deux sources ponctuelles, on voit aussi apparaître le facteur de visibilité :

$$V = \text{sinc}\left(\frac{\pi a h}{\lambda_0 D'}\right).$$

Comme la source est étendue spatialement, on retrouve le phénomène de chute du contraste. Ici, on représente le contraste $C = |V|$ en fonction de $u = \dfrac{\pi a h}{\lambda_0 D'}$.

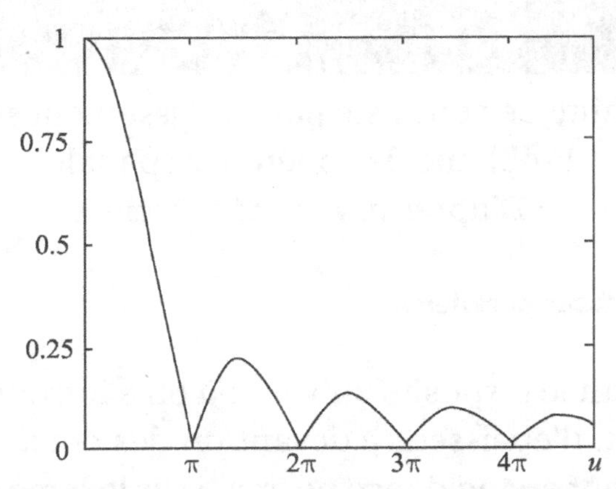

Courbe représentative du contraste en fonction de u

On peut faire apparaître à nouveau une longueur de cohérence spatiale : si $h \ll \frac{\lambda_0 D'}{a}$, alors le contraste est maximal ; sinon, le contraste est quasi-nul.

Remarque : ici, la condition est sur h car on s'intéresse ici à l'expérience en TP où on élargit la fente source, h variable, a fixé. Dans le cas précédent, on avait une inégalité sur a car c'est la variable : on est en astronomie et on étudie une étoile double (h est fixé) et on peut faire varier a pour avoir un contraste maximal.

Ordre de grandeur :

✎ En TP, on a souvent $D' = 0,5$ m, $a = 1,0$ mm, $\lambda = 500$ nm. Calculer L_s.

On a $L_s = 250$ µm. Cette longueur est très petite, le brouillage des interférences arrive très vite.

Ce résultat établi dans le cas des trous d'Young est généralisable à tout dispositif interférentiel à division du front d'onde : *l'élargissement spatial de la source provoque le brouillage des interférences.*

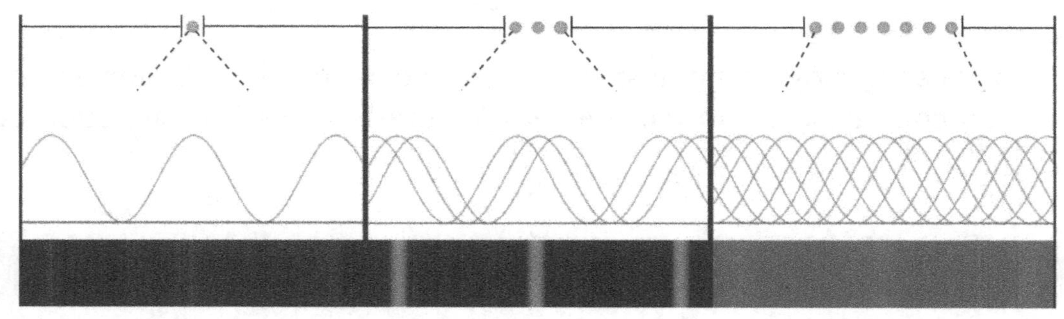

Principe de de la chute de contraste par élargissement spatial de la source.
Problème de cohérence spatiale
∗ D'après `wikimediacommons`

Influence d'une lame à faces parallèles

On étudie maintenant le dispositif suivant où on a introduit une lame à faces parallèles d'indice n, d'épaisseur e devant un des deux trous. On considère que les rayons arrivent en incidence normale sur la lame de verre.

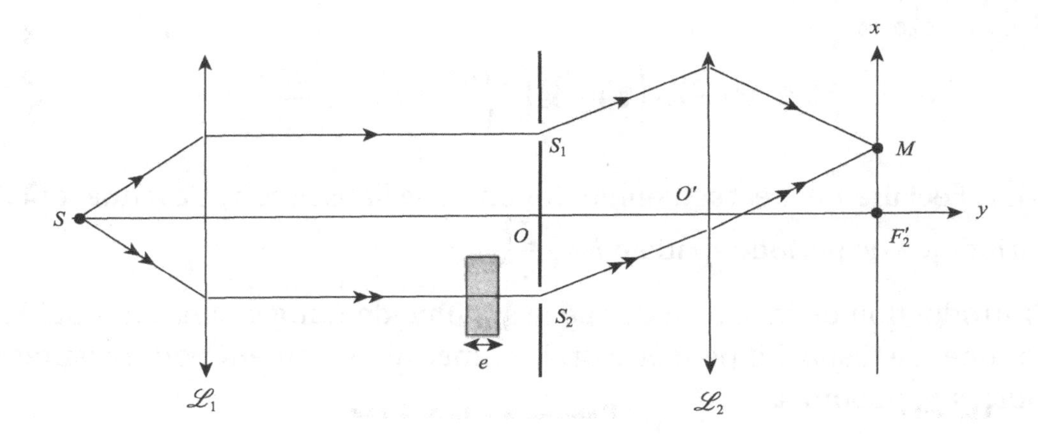

Il faut donc calculer la différence de marche entre deux rayons interférant en M.

✎ En prenant les notations de la figure ci-dessous, quelle est l'expression de la différence de marche entre deux rayons ?

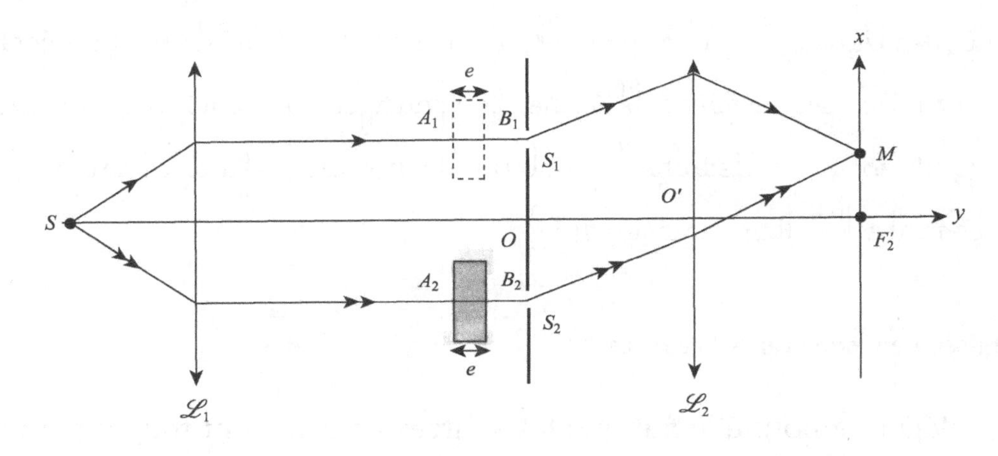

On a A_1A_2 qui est un plan d'onde d'après le théorème de Malus. On en déduit donc que $\delta = (A_2M) - (A_1M) = (A_2B_2) - (A_1B_1) + (S_2M) - (S_1M)$ car $(B_1S_1) = (B_2S_2)$. On a $(S_2M) - (S_1M) = \dfrac{ax}{f'}$ et $(A_2B_2) - (A_1B_1) = (n-1)e$. Finalement, on obtient $\delta = \dfrac{ax}{f'} + (n-1)e$.

✎ En déduire l'expression de l'éclairement $\mathscr{E}(M)$.

On a alors

$$\mathcal{E}(M) = \mathcal{E}_0\left(1+\cos\left(\frac{2\pi a x}{\lambda f'} + (n-1)\frac{2\pi e}{\lambda}\right)\right).$$

Ainsi, l'éclairement est seulement fonction de l'abscisse x, c'est une fonction périodique de période spatiale $i = \dfrac{\lambda f'}{a}$.

L'introduction de la lame a décalé le système de franges sans en modifier la période. Ce dispositif peut être utilisé expérimentalement pour mesurer des indices n inconnus.

✎ Quelle source doit-on utiliser expérimentalement pour pouvoir déterminer un indice n inconnu ?

On veut repérer un décalage du système de franges. Or, si on utilise une lumière monochromatique, toutes les franges sont strictement identiques, il est impossible de mesurer un quelconque décalage. Par contre, en lumière blanche, les franges ne sont pas identiques, on peut donc en déduire la valeur de n mais il faut aussi prendre en compte la dispersion ($n(\lambda)$).

Élargissement spectral de la source

On a déjà mentionné le fait que les sources présentaient toujours un élargissement spectral.

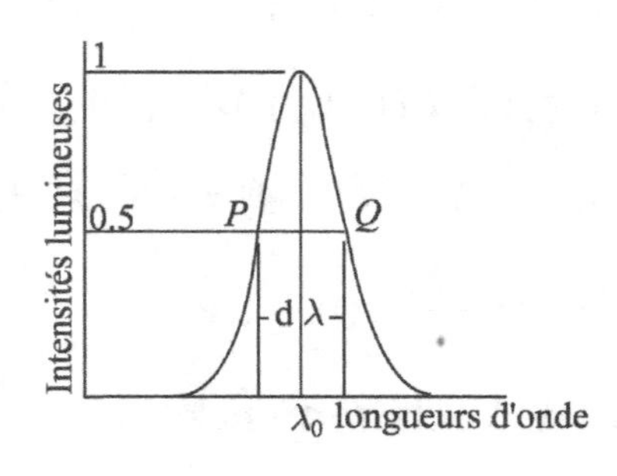

On modélise le profil de la source par un profil rectangulaire : éclairement non nul constant entre ν_1 et ν_2, nul ailleurs. On s'intéresse toujours au dispositif des trous d'Young et on cherche à déterminer l'éclairement pour une telle source, étendue spectralement.

✎ Quelle est l'expression de l'éclairement en un point M de l'écran ?

On somme les éclairements obtenus pour chaque fréquence car ce sont des sources incohérentes. On a, en introduisant l'éclairement élémentaire

$\mathrm{d}\mathscr{E}(M) = 2\mathrm{d}\mathscr{E}_{0,\nu}\left(1+\cos\frac{2\pi\nu}{c}\frac{ax}{D}\right)\mathrm{d}\nu$, où $d\mathscr{E}_{0,\nu}$ correspond à l'éclairement de la source à la fréquence ν qui arrive en M sur l'écran en passant par un seul trou.

$$\begin{aligned}\mathscr{E}(M) &= \int_{\nu_1}^{\nu_2} 2\mathrm{d}\mathscr{E}_{0,\nu}\left(1+\cos\frac{2\pi\nu}{c}\frac{ax}{D}\right)\mathrm{d}\nu\\ &= 2\mathrm{d}\mathscr{E}_{0,\nu}(\nu_2-\nu_1) + 2\mathrm{d}\mathscr{E}_{0,\nu}\frac{cD}{2\pi ax}\left(\sin\frac{2\pi\nu_2 ax}{cD} - \sin\frac{2\pi\nu_1 ax}{cD}\right).\end{aligned}$$

On peut faire apparaître un sinus cardinal, on a alors :

$$\mathscr{E}(M) = 2\mathrm{d}\mathscr{E}_{0,\nu}(\nu_2-\nu_1) + \mathrm{d}\mathscr{E}_{0,\nu}(\nu_2-\nu_1)\mathrm{sinc}\left(\frac{\pi ax\Delta\nu}{cD}\right)\cos\left(\frac{2\pi\nu_0 ax}{cD}\right).$$

$$\boxed{\mathscr{E}(M) = 2\mathscr{E}_0\left(1+\mathrm{sinc}\left(\frac{\pi ax\Delta\nu}{cD}\right)\cos\left(\frac{2\pi\nu_0 ax}{cD}\right)\right)}.$$

L'expression de l'éclairement fait apparaître le terme d'interférences modulé par la visibilité.

✎ Quelle est l'expression de la visibilité ?

On a $V(x) = \mathrm{sinc}\left(\frac{\pi ax\Delta\nu}{cD}\right)$.

Cette fois-ci, le terme de visibilité dépend de la position du point M sur l'écran.

✎ **Si la raie est très fine, que peut-on dire des périodes de la visibilité et du terme d'interférences ? En déduire la représentation graphique de $\mathscr{E}(M)$.**

Si la raie est très fine, on a $\Delta\nu \ll \nu_0$ soit la période de la visibilité qui est beaucoup plus grande que celle du terme d'interférences. On a alors la représentation suivante :

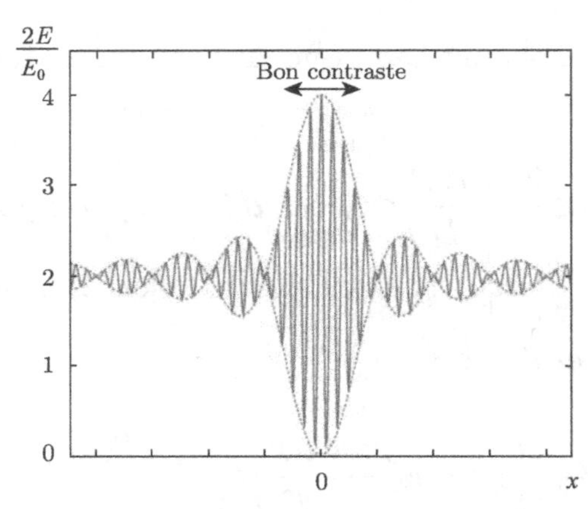

Représentation de l'éclairement pour une raie, cohérence temporelle

Le terme d'interférences strie le sinus cardinal : le contraste est bon dans le pic central mais chute rapidement en dehors de cette région. Dans les pics secondaires, l'éclairement est quasi-uniforme, on distingue peu les interférences.

On peut de nouveau introduire une longueur caractéristique appelée longueur de cohérence temporelle. En effet, les interférences sont visibles tant que l'argument du sinus cardinal est petit devant π soit, en faisant apparaître la différence de marche entre les deux rayons qui interfèrent au point M,

$\delta = \dfrac{ax}{D} \ll \dfrac{c}{\Delta\nu}$ qui est la longueur de cohérence temporelle, $\boxed{L_c = \dfrac{c}{\Delta\nu} = \dfrac{\lambda_0^2}{\Delta\lambda}}$.
(λ_0 est la longueur d'onde moyenne de la source).

On retrouve le modèle "SCNF" du train d'onde : pour que le contraste soit bon, les trains d'onde qui parcourent les deux chemins doivent bien se recouvrir au point M. La longueur de cohérence temporelle s'interprète alors comme la longueur d'un train d'onde.

On retrouve bien le cas limite idéal de la source monochromatique : $\Delta\lambda \to 0$, donc $L_c \to +\infty$.

Remarque : dans le calcul précédent, le contraste augmente à nouveau après la première annulation. Or, plus la différence de marche δ augmente, plus les trains d'onde sont décalés et on s'attend donc à avoir une fonction décroissante pour le contraste...Cet écart est dû au choix du profil spectral qui présente de fortes discontinuités. Dans la réalité, le profil est plus "doux" et le contraste est bien une fonction décroissante monotone.

Éclairage en lumière blanche ✎ Que vaut L_c pour la lumière blanche ?

On a $L_c = \dfrac{(600 \times 10^{-9})^2}{400 \times 10^{-9}} = 0{,}9\ \mu\text{m}$.

Cette longueur de cohérence est faible et correspond à un ordre d'interférences de 2 : $p = \dfrac{\delta}{\lambda} \leqslant \dfrac{L_c}{\lambda}$ soit $p \leqslant 2$.

En effet, à chaque longueur d'onde est associée une figure d'interférences et un interfrange différents. Les éclairements se superposent. Au centre, on observe la superposition de toutes les longueurs d'onde ($p = 0$ pour tout λ). On observe des premières franges d'interférences puis au-delà le blanc d'ordre supérieur qui est caractérisé par un spectre cannelé : si on étudie le spectre, on observe un spectre continu avec des raies noires qu'on appelle cannelures qui sont dues à des interférences destructives au point M, $\delta(M) = (m + 1/2)\lambda_0$ avec m entier.

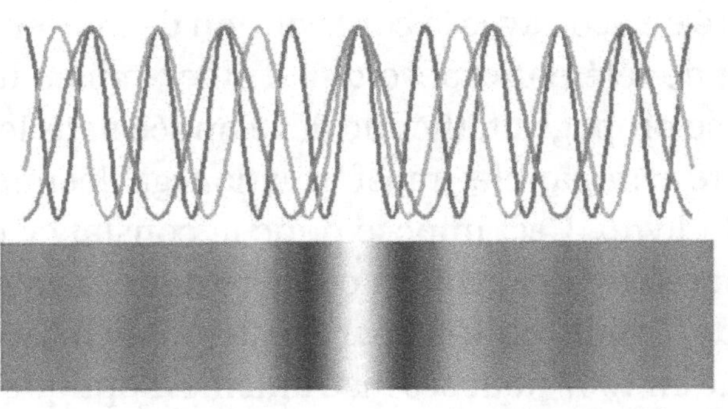

Superposition des figures d'interférences pour différentes longueurs d'onde et photographie de l'écran

∗ D'après `f-vandenbrouck.org`

Remarque : on ne voit pas les cannelures dans la figure d'interférences !

✍ On éclaire en lumière blanche le dispositif des trous d'Young. On se place en M et on suppose que $\delta(M) = 4\ \mu\text{m}$. On place en sortie un prisme. Combien de cannelures observe-t-on ?

On a $\lambda_{\min} \leqslant \dfrac{\delta}{m+1/2} \leqslant \lambda_{\max}$ soit $4{,}5 \leqslant m \leqslant 9{,}5$. On a donc 4 valeurs possibles pour m : 5,6,7 et 8 qui correspondent aux longueurs d'onde suivantes : 471, 533, 615 et 727 nm.

Cannelures observées après la traversée d'un milieu dispersif
∗ D'après `alain-lerillle.fr`

3.2.3 Interféromètre de Michelson

Nous allons maintenant étudier les dispositifs à division d'amplitude comme l'interféromètre de Michelson. Ce dispositif mis au point par Michelson en 1881 puis amélioré en 1887 avec la contribution de Morley a permis de montrer qu'il n'y avait de référentiel absolu ni d'éther, milieu hypothétique dans lequel la lumière se propageait, théorie développée dans les années 1880 qui cherchait à rendre compatible transformation galiléenne et équations de Maxwell (cf fin du livre). Ceci impose donc la constance de la vitesse de la lumière dans tout référentiel galiléen et ouvre donc la voie à la théorie de la relativité restreinte, établie en 1905 par Einstein. Michelson a obtenu le prix Nobel de physique en 1907 pour ses instruments d'optique de précision ainsi que les études spectroscopiques et métrologiques menées avec ceux-ci.
Cette expérience est très célèbre en physique et est un exemple d'expériences où c'est l'absence de résultat qui aboutit à des découvertes.

Présentation du dispositif

C'est un appareil constitué de deux miroirs M_1 et M_2, d'une lame semi-réfléchissante appelée séparatrice. Cette lame permet de séparer le rayon incident en deux rayons d'égales intensités, l'un ressort de la lame sans être dévié et l'autre est réfléchi suivant les lois de Snell-Descartes.

On a le schéma suivant :

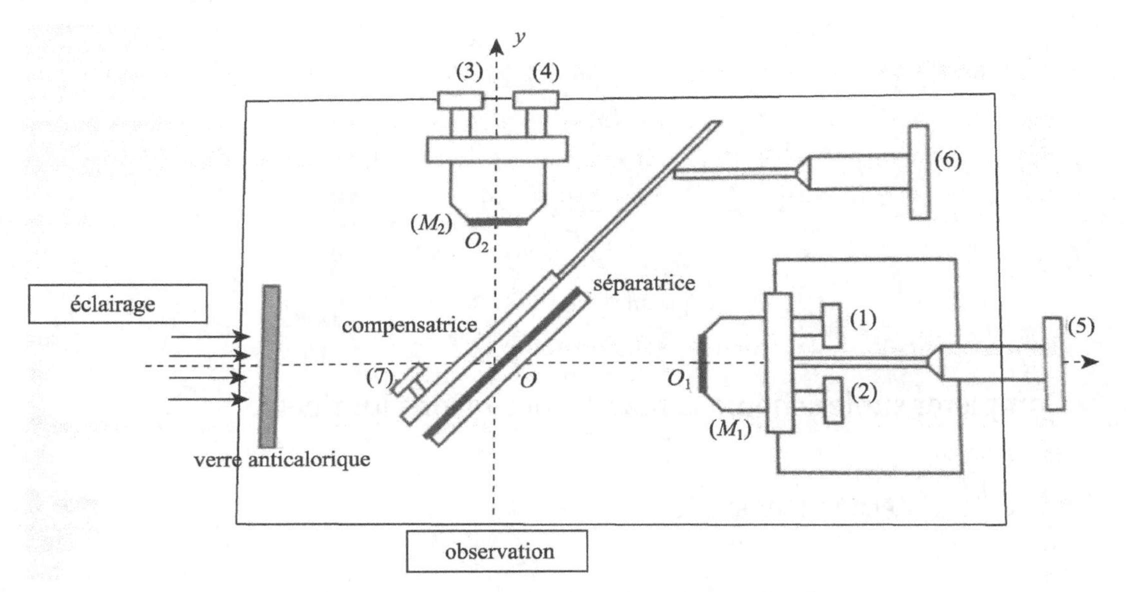

Schéma de l'interféromètre de Michelson
∗ D'après Dunod

La source de lumière est située avant le verre anti-calorique. L'écran d'observation est placé perpendiculairement à l'axe Oy.

Le miroir M_2 a une position fixe mais peut bouger en rotation, son orientation est réglée par les vis 3 et 4 de réglage fin.
Le miroir M_1 peut être translaté suivant x grâce à la vis 5, son orientation est réglée par les vis 1 et 2, réglage grossier.

On parle souvent des bras de l'interféromètre pour OO_1 et OO_2 (on peut aussi rencontrer le terme de voies).

Le verre anticalorique sert à supprimer le rayonnement infra-rouge pour éviter que les pièces de l'interféromètre ne chauffent trop.

Il y a aussi une autre lame appelée compensatrice dont l'orientation peut être réglée par les vis 6 et 7. Nous allons voir tout de suite son rôle.

Nécessité de la compensatrice S'il n'y a pas de compensatrice, on a le schéma de principe suivant.

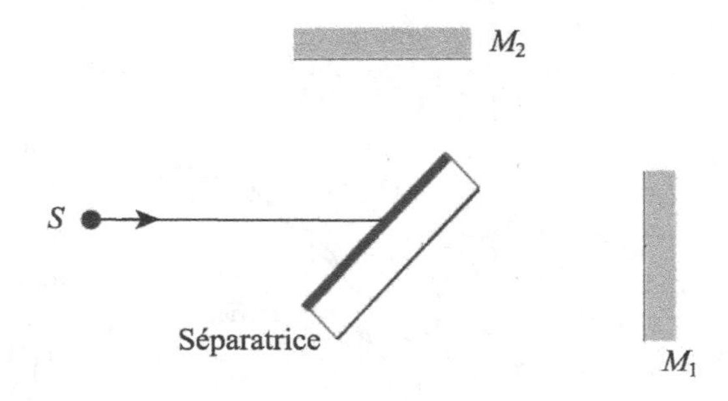

✎ Compléter sur le schéma la marche des rayons lumineux.

On a le schéma suivant.

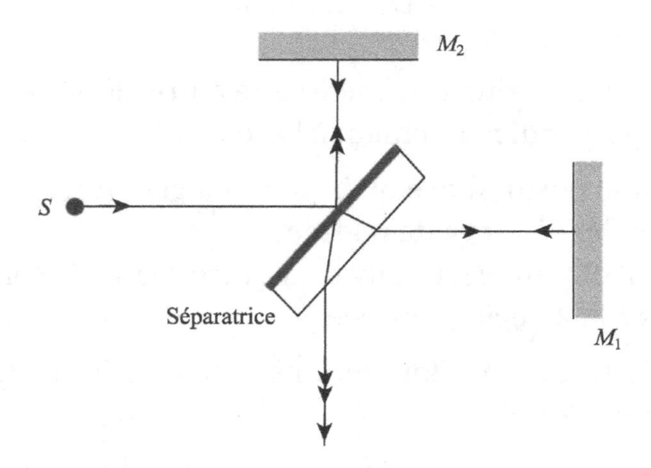

✎ Que peut-on dire de la différence de chemin optique entre les deux rayons ?

La séparatrice qui a une épaisseur introduit une différence de marche supplémentaire entre les deux rayons car le rayon 1 traverse 3 fois la lame tandis que le rayon 2 une seule fois.

Cette différence de marche est "parasite" pour les expériences étudiées, on introduit donc une deuxième lame, identique à la première dont le rôle est de compenser cette différence de marche.

Maintenant, si on introduit la compensatrice, on a cette fois-ci le schéma suivant :

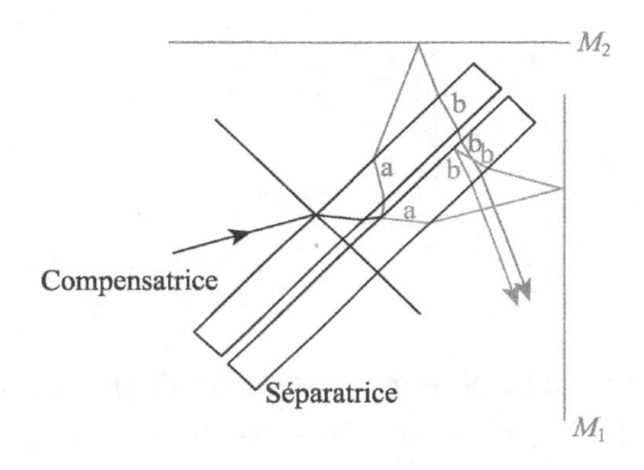

✎ Que peut-on dire maintenant de la différence de marche entre les deux rayons ?

Maintenant, chaque rayon traverse 4 fois les lames. Il n'y a plus de terme supplémentaire pour la différence de marche et l'éclairement est le même pour les deux rayons.

Cet ensemble permet donc de compenser les différences de marche introduites par la séparatrice. Dans la suite du cours, on les représentera par un simple trait situé suivant la première bissectrice.

On va étudier maintenant les deux configurations classiques de l'interféromètre de Michelson : la première dite en lame d'air et la seconde dite en coin d'air.

Montage en lame d'air avec S ponctuelle

On suppose que les miroirs M_1 et M_2 sont orthogonaux, les rayons sont issus de la source ponctuelle S et interfèrent au point M.

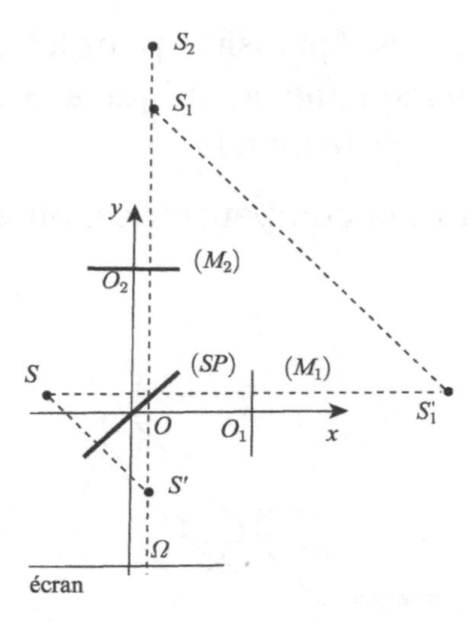

S_1' est l'image de S par M_1, S' est l'image de S par la séparatrice et S_2 est l'image de S par le miroir M_2. S_1 est l'image de S_1' par la séparatrice. On peut alors simplifier le montage en une unique direction de propagation en gardant S_1 et S_2.

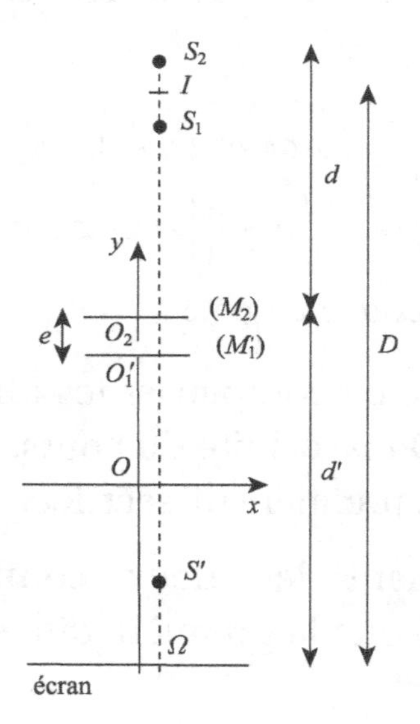

Remarque : on rappelle que, lors d'une réflexion, tout se passe comme si le rayon issu de S provenait du point S′ symétrique de S par rapport au miroir, le trajet S′M est une ligne droite de même longueur que le trajet réel suivi par la lumière.

On qualifie ce montage de lame d'air ou de lame à faces parallèles.

✎ Quelle est la forme de la figure d'interférences ?

On observe les interférences avec deux sources ponctuelles cohérentes. Le montage est invariant par rotation autour de l'axe Oy, on observe donc des anneaux de centre Ω si on place l'écran parallèlement aux miroirs.

On peut observer les interférences dans une grande partie de l'espace, on dit qu'elles sont non localisées.

Remarque : dans ce cas précis, l'interféromètre de Michelson est un dispositif à division du front d'onde car ce sont bien deux rayons, issus de deux rayons incidents distincts, qui interfèrent en M.

Expérimentalement, la distance entre les miroirs e est de l'ordre, au plus, du centimètre. La distance $S_1S_2 = 2e$ est donc au plus de quelques centimètres. La distance d'observation est de l'ordre du mètre (d ou D). Ainsi, on peut considérer qu'on observe les interférences à l'infini ($e \ll D$).

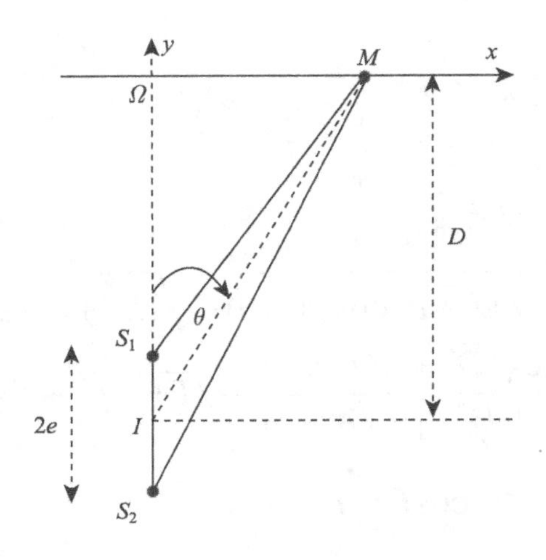

✎ Exprimer la différence de marche entre deux rayons qui interférent au point M. On note θ l'angle entre S_1S_2 et IM où I est le milieu de $[S_1S_2]$. On suppose qu'on a $\Omega M = \rho \ll D$.

On a $\delta = (S_2M) - (S_1M) = \vec{u} \cdot \overrightarrow{S_2S_1} = 2e\cos\theta$.

Or, on a $\tan\theta \approx \theta \approx \dfrac{\rho}{D}$ donc $\cos\theta \approx 1 - \dfrac{\theta^2}{2}$ et, finalement, $\delta = 2e\left(1 - \dfrac{\rho^2}{2D^2}\right)$.

Première méthode : développement limité "brutal"

On fait le dl à l'ordre 3 pour avoir des termes en $1/D^2$:

$$\delta = \sqrt{(D+d)^2+\rho^2} - \sqrt{D^2+\rho^2} = D\sqrt{1+\frac{2d}{D}+\frac{d^2+\rho^2}{D^2}} - D\sqrt{1+\frac{\rho^2}{D^2}}$$

$$= D\left(1+\frac{1}{2}\frac{\rho^2+d^2}{D^2}+\frac{d}{D}+\frac{1/2\times(1/2-1)}{2}\frac{4d^2}{D^2}+\frac{-1}{8}\frac{4d(d^2+\rho^2)}{D^3}\right)$$

$$+D\left(\frac{1/2(1/2-1)(1/2-2)}{3!}\frac{8d^3}{D^3}\right) - D\left(1-\frac{1}{2}\frac{\rho^2}{D^2}\right)$$

$$\delta = d(1-\rho^2/2D^2).$$

On fait le dl "intelligent" en factorisant par $D+d$ et D : on a : $\delta = \sqrt{(D+d)^2+\rho^2} - \sqrt{D^2+\rho^2} = (D+d)\left(1+\dfrac{1}{2}\dfrac{\rho^2}{(D+d)^2}\right) - D\left(1+\dfrac{\rho^2}{2D^2}\right) = d + \dfrac{\rho^2}{2}(1/(D+d)-1/D)$

$$\delta = d - \frac{\rho^2 d}{2D^2}.$$

Deuxième méthode : Al-Kashi

$$\delta = \sqrt{(D^2+\rho^2)+e^2-2e\sqrt{D^2+\rho^2}\cos(\pi-\theta)} - \sqrt{(D^2+\rho^2)+e^2-2e\sqrt{D^2+\rho^2}\cos\theta}$$

$$\delta = \sqrt{D^2+\rho^2+e^2}\left(1+\frac{2e\sqrt{D^2+\rho^2}\cos\theta}{2(D^2+\rho^2+e^2)}\right) - \sqrt{D^2+\rho^2+e^2}\left(1-\frac{2e\sqrt{D^2+\rho^2}\cos\theta}{2(D^2+\rho^2+e^2)}\right)$$

$$\delta = \frac{2e\sqrt{D^2+\rho^2}\cos\theta}{(D^2+\rho^2+e^2)} = 2e\cos\theta = d\cos\theta.$$

✎ En déduire l'expression de l'ordre d'interférence p. Comment évolue p à partir du centre Ω ?

On a $p = \dfrac{\delta}{\lambda} = \dfrac{2e}{\lambda}\left(1 - \dfrac{\rho^2}{2D^2}\right)$. L'ordre d'interférence décroit à partir du centre.

Ainsi, l'ordre d'interférence est maximal au centre Ω.

⚠ cela ne veut pas dire que le centre est brillant ! L'ordre au centre n'est pas forcément entier, on note $p(\Omega) = \dfrac{2e}{\lambda} = m + \varepsilon$ où m est la partie entière de $p(\Omega)$ et par définition, $\varepsilon \in [0; 1[$, c'est l'excédent fractionnaire.

On observe donc des anneaux dits anneaux d'égale inclinaison ou anneaux d'Haidinger.

✎ Comment varie le rayon des anneaux brillants ?

Si l'anneau est brillant, l'ordre d'interférence est un entier. L'ordre du premier anneau brillant est donc m, le suivant $m-1$ (l'ordre décroit). Si on s'intéresse au rayon du q-ième anneau, on a donc $p = m - q + 1 = m + \varepsilon - \dfrac{2e\rho_q^2}{2\lambda D^2}$ soit

$$\rho_q = D\sqrt{\frac{\lambda}{e}(q + \varepsilon - 1)}.$$

Ainsi, si le centre est brillant, c'est-à-dire que l'excédent fractionnaire est nul, alors le rayon des anneaux brillants varie comme la racine carrée des entiers successifs. Les anneaux sont de plus en plus resserrés.

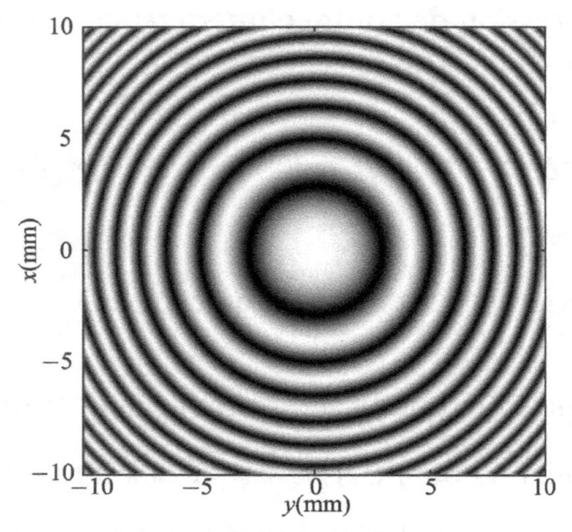

Anneaux d'égale inclinaison

Souvent, expérimentalement, on cherche à se rapprocher du contact optique défini par $e = 0$. On le détecte expérimentalement par l'obtention de la teinte plate. En effet, pour toutes les longueurs d'onde, on a $p = 0$ car $e = 0$, l'éclairement sur l'écran est uniforme.

⚠ Cette teinte uniforme sur l'écran n'est pas due à une chute du contraste mais bien à une différence de marche nulle pour tout point de l'écran..on observe une seule frange d'interférence !

✍ En TP, vous observez sur l'écran des anneaux, vous déplacez (chariotez) le miroir M_1 pour obtenir le contact optique. Comment savoir dans quel sens faut-il déplacer ce miroir ?

Pour obtenir le contact optique, on cherche à diminuer e. On s'intéresse à une frange donnée, c'est-à-dire une différence de marche fixée, on a donc $\delta = \text{cste}$. Or e diminue donc $\cos\theta$ augmente soit ρ qui diminue.

Ainsi, pour trouver le contact optique, le rayon des anneaux brillants doit diminuer et leur nombre doit aussi diminuer sur l'écran. On dit qu'on fait "rentrer" les anneaux au centre.

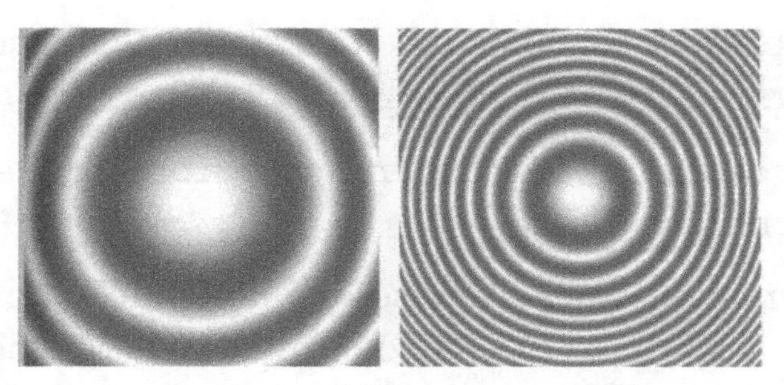

Anneaux d'égale inclinaison obtenus pour différentes valeurs de e

Montage en coin d'air avec S ponctuelle

On s'intéresse maintenant au montage en coin d'air, c'est-à-dire maintenant les miroirs M_1 et M_2 ne sont plus parallèles, il existe un angle α faible, non nul entre les miroirs (de l'ordre de 10^{-3} rad) et l'épaisseur e est voisine de 0 (cf montage ci-dessous).

On éclaire avec une source ponctuelle S. Les interférences sont non localisées. On peut placer l'écran n'importe où dans le champ d'interférences.

✎ Placer les sources ponctuelles secondaires S_1 et S_2 sur le schéma suivant.

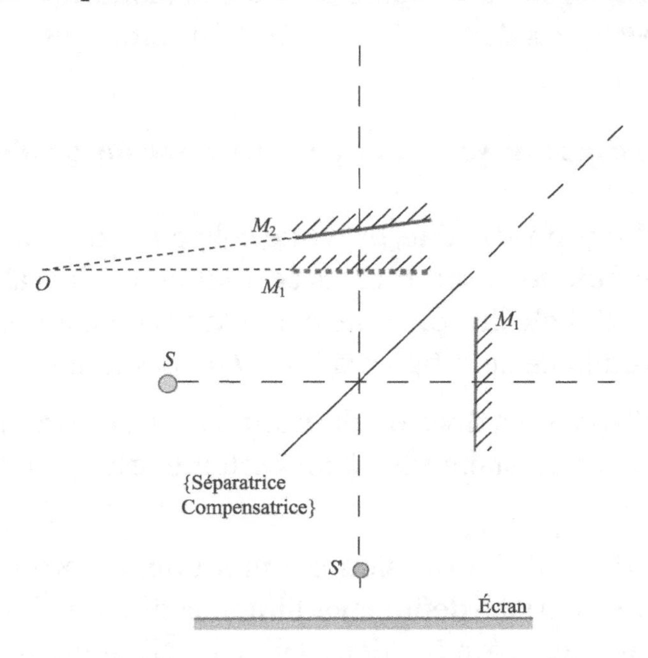

Sur un écran parallèle au miroir M_2 et donc quasiment parallèle au miroir M_1, la figure d'interférences est constituée de franges rectilignes (franges d'hyperboles de foyers S_1 et S_2 en toute rigueur).

`http://ressources.univ-lemans.fr/AccesLibre/UM/Pedago/physique/02/optiphy/michelson.html`

Dans ces deux montages avec une source ponctuelle, l'interféromètre de Michelson est un dispositif à division du front d'onde. On observe dans les 2 cas des interférences non localisées. Généralement, on cherche à augmenter la luminosité de la figure d'interférences et on travaille avec une source étendue ou source large. Nous allons voir maintenant ces dispositifs.

3.3 Dispositifs à division d'amplitude

On étudie maintenant le deuxième type de dispositif qui permet d'obtenir des interférences : les dispositifs à division d'amplitude.

C'est le cas de l'interféromètre de Michelson utilisé avec une source étendue, car souvent l'utilisation d'une source ponctuelle (comme on vient de le voir) ne donne pas des figures d'interférences assez lumineuses.

3.3.1 Montages avec une source large : théorème de localisation

Avec une source large ou étendue, on a une collection de sources ponctuelles incohérentes. On doit donc sommer les éclairements. Ceci aboutit généralement à une chute globale du contraste car on a superposition des différentes figures et on a brouillage de la figure d'interférences totale.

Si on étudie un dispositif à division du front d'onde, ce brouillage intervient partout sauf si la source est étendue dans certaines directions (cas des fentes d'Young).

Si on étudie un dispositif à division d'amplitude, ce brouillage intervient partout sauf sur une surface définie par l'intersection des deux rayons émergents issus d'un même rayon incident. On a localisation des interférences. Ce résultat est admis pour toute la suite du cours.

Montage en lame d'air avec source étendue

On est dans le cas où $\alpha = 0$ et $e \neq 0$.

On a alors le schéma suivant.

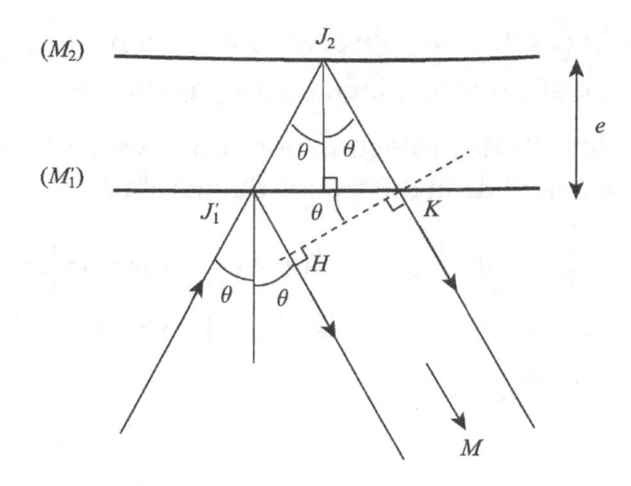

✎ Où sont localisées les interférences ?

Les interférences sont localisées à l'intersection des deux rayons émergents issus d'un même incident, c'est-à-dire ici à l'infini.

Les interférences sont localisées à l'infini .

✎ Où faut-il placer l'écran ?

On peut placer l'écran loin de l'interféromètre mais une meilleure solution consiste à le placer dans le plan focal image d'une lentille convergente de projection.

✎ Que vaut la différence de marche entre deux rayons ?

En appliquant le théorème de Malus, on a $\delta = (SM)_2 - (SM)_1 = (J_1'J_2) + (J_2K) - (J_1'H)$. Or, $(J_1'J_2) + (J_2K) = \dfrac{2e}{\cos\theta}$ et $(J_1'H) = (J_1'K) \times \sin\theta$. Par définition, $(J_1'K) = 2e\tan\theta$. On a donc

$$\delta = \frac{2e}{\cos\theta} - \frac{2e\sin^2\theta}{\cos\theta} = 2e\cos\theta.$$

On a donc $\boxed{\delta = 2e\cos\theta}$. On observe sur l'écran des franges d'égale inclinaison . On rappelle que le milieu de propagation est l'air d'indice unité.

✎ Si on utilise une lentille de projection pour observer les interférences, comment est modifié le calcul de la différence de marche ?

Il n'est pas modifié car la lentille conjugue l'infini et l'écran de projection. C'est le stigmatisme des lentilles minces dans le cadre de l'approximation de Gauss.

Montage en coin d'air avec source étendue

On a maintenant $\alpha \neq 0$ et $e \approx 0$.

On suppose de plus qu'on éclaire en incidence normale.

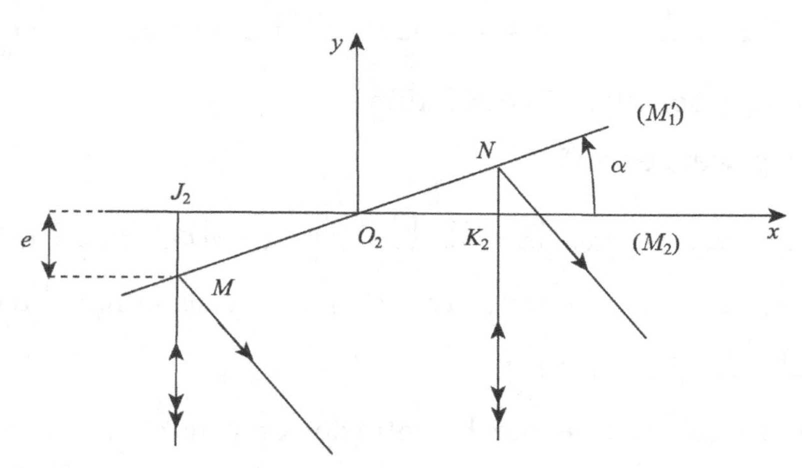

Cas d'un rayon d'incidence normale sur le miroir M_2

✎ Où sont localisées les interférences ?

Les interférences sont localisées sur la surface définie par l'intersection des deux rayons émergents associés à un rayon incident. Ici, c'est la surface du miroir M'_1.

Dans le cas général où le rayon incident arrive sur le miroir M_2 avec un angle quelconque, les interférences sont localisées sur un plan Π situé au voisinage des miroirs. Comme l'angle α est petit, il n'y a pas de grande différence entre les deux cas, on dit que les interférences sont localisées au voisinage des miroirs.

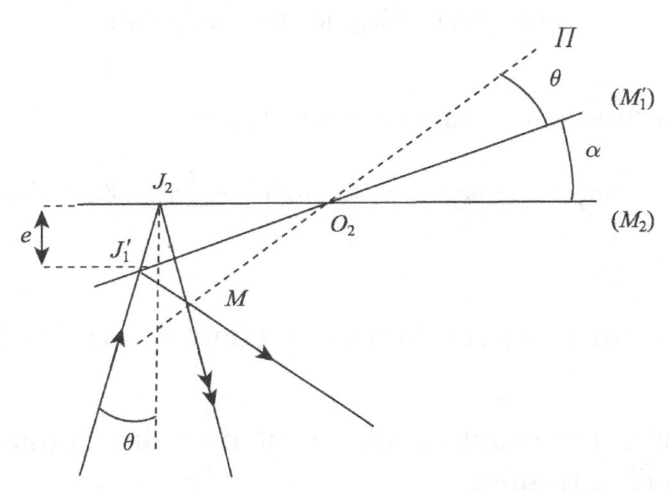

Cas d'un rayon d'incidence quelconque sur le miroir M_2

Expérimentalement, on éclaire avec une onde plane en incidence normale, on place donc la source dans le plan focal objet d'une lentille convergente.

✎ Exprimer la différence de marche entre deux rayons.

La différence de marche δ vaut $2(J'_1J_2)$. Si on introduit l'abscisse x, on a $\delta \approx 2e(x) = 2\alpha x$.

Ainsi, on observe des franges rectilignes, de direction parallèle à la direction de l'arête commune aux deux miroirs.

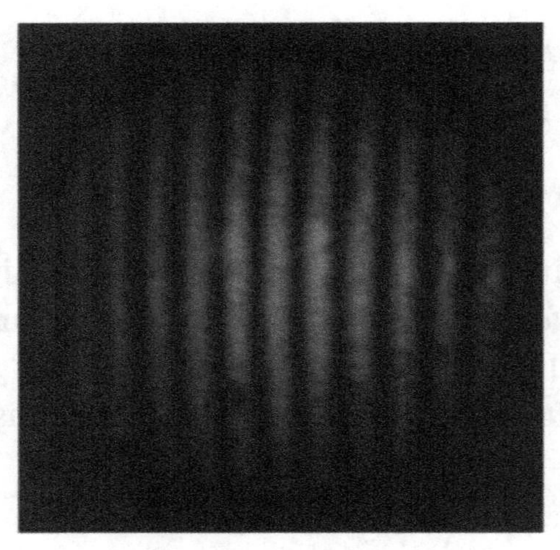

Franges rectilignes du coin d'air

✎ Quel est l'interfrange i au niveau des miroirs ?

Pour calculer l'interfrange, on revient à la définition $\Delta p = 1 = \dfrac{2\alpha i}{\lambda}$.
On a donc $i = \dfrac{\lambda}{2\alpha}$.

L'interfrange est constant pour un coin d'air donné, on a des franges d'égale épaisseur .

Pour se rapprocher de la configuration en lame d'air (et donc diminuer α), il faut augmenter l'interfrange.

Lorsque l'angle α tend vers zéro, alors la différence de marche est nulle pour tout point M de l'écran, c'est la teinte plate.

Vidéo sur l'application à l'OCT
`http://www.canal-u.tv/video/unittv/interferometre_de_michelson_applique_a_l_oct.7199`

3.3.2 Montages avec une source polychromatique

On s'intéresse maintenant au cas où on utilise l'interféromètre de Michelson avec une source étendue, polychromatique. On va d'abord étudier le cas d'un doublet puis le cas de la lumière blanche.

Cas d'un doublet de longueurs d'onde

On s'intéresse à une source modélisée par un doublet de longueurs d'onde.

✎ Citer un exemple d'une telle source.

C'est le cas de la lampe à vapeur de sodium caractérisée par un doublet pour la raie D : $\lambda_1 = 589{,}0$ nm et $\lambda_2 = 589{,}6$ nm.

On suppose que les deux longueurs d'onde sont émises avec la même puissance par la source : la source S est donc considérée comme la superposition de deux sources confondues et incohérentes. L'éclairement total est donc la superposition des deux éclairements obtenus pour chacune des sources.

✎ Rappeler la formule donnant l'éclairement en fonction de la différence de chemin optique δ.

On a $\mathscr{E}_1(M) = 2\mathscr{E}_0\left(1+\cos\left(\frac{2\pi\delta}{\lambda_1}\right)\right)$.

✎ Que peut-on dire de la différence de chemin optique au point M pour les deux sources ?

δ est le même pour les deux sources car les sources sont géométriquement confondues.

✎ En déduire l'éclairement total au point M. On pourra introduire $\lambda_m = \frac{\lambda_1+\lambda_2}{2}$ et $\Delta\lambda = \lambda_2 - \lambda_1$. On suppose $\Delta\lambda \ll \lambda_m$.

On a alors :

$$\mathscr{E}(M) = \mathscr{E}_1 + \mathscr{E}_2 = 2\mathscr{E}_0\left(1+\cos\left(\frac{2\pi\delta}{\lambda_1}\right)\right) + 2\mathscr{E}_0\left(1+\cos\left(\frac{2\pi\delta}{\lambda_2}\right)\right)$$

qu'on peut mettre sous la forme :

$$\mathscr{E}(M) = 4\mathscr{E}_0\left(1+\cos\left(\frac{2\pi\delta\Delta\lambda}{\lambda_m^2}\right)\cos\left(\frac{2\pi\delta}{\lambda_m}\right)\right).$$

Ainsi, on retrouve le phénomène de battements déjà rencontré en électrocinétique ou précédemment dans le cours avec le facteur de contraste ou terme de visibilité.

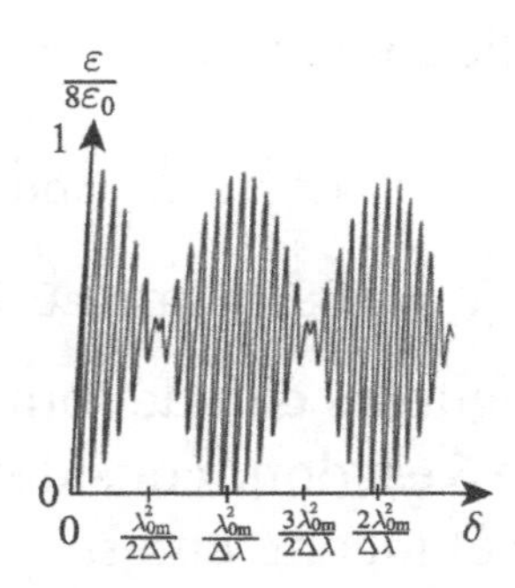

Répartition de l'éclairement pour le doublet du sodium

✎ Exprimer les deux périodes spatiales qui apparaissent. Les comparer.

Pour le terme de contraste, la période est $\frac{\lambda_m^2}{\Delta\lambda}$. Pour le terme d'interférences, on a une période de λ_m. Le rapport des deux périodes est égal à $\lambda_m/\Delta\lambda$.

Ainsi, pour une oscillation de la fonction contraste, on observe $2\lambda_m/\Delta\lambda$ oscillations du terme d'interférences.

Combien d'oscillations observe-t-on dans le cas du doublet du sodium ?

On a $\lambda_m = 589{,}3$ nm et $\Delta\lambda = 0{,}6$ nm. On a donc $2\lambda_m/\Delta\lambda = 1964$ oscillations qui sont contenues dans une seule oscillation de la courbe enveloppe qui correspond au terme de contraste.

On représente ci-dessous le contraste en fonction de δ. Si δ est un multiple de $\lambda_m^2/\Delta\lambda$, le contraste est maximal et vaut 1 ; les franges brillantes produites par chacune des deux sources coïncident. On dit que les systèmes de franges sont en coïncidence .

Si δ est un multiple demi-entier de $\lambda_m^2/\Delta\lambda$, le contraste est minimal et vaut 0 ; les franges brillantes produites par une source coïncident avec les franges sombres de l'autre. On a brouillage et on dit que les systèmes de franges sont en anti-coïncidence .

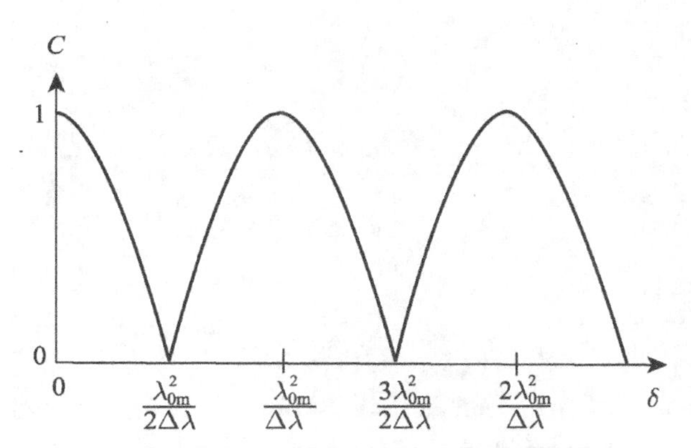

Fonction contraste ou visibilité

En mesurant les positions de brouillage successifs, on peut mesurer l'écart $\Delta\lambda$.

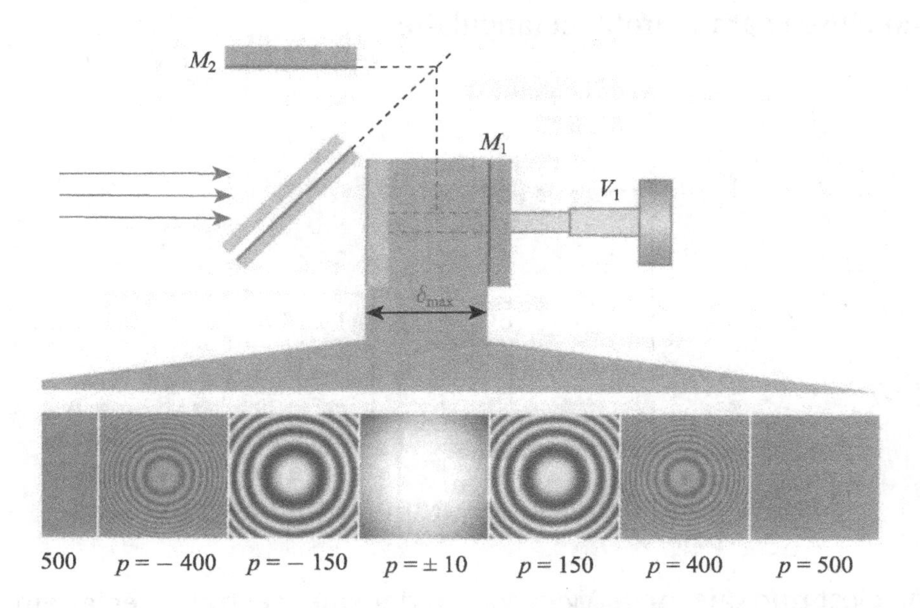

Principe de la mesure de $\Delta\lambda$ avec l'interféromètre de Michelson
* D'après Hprépa

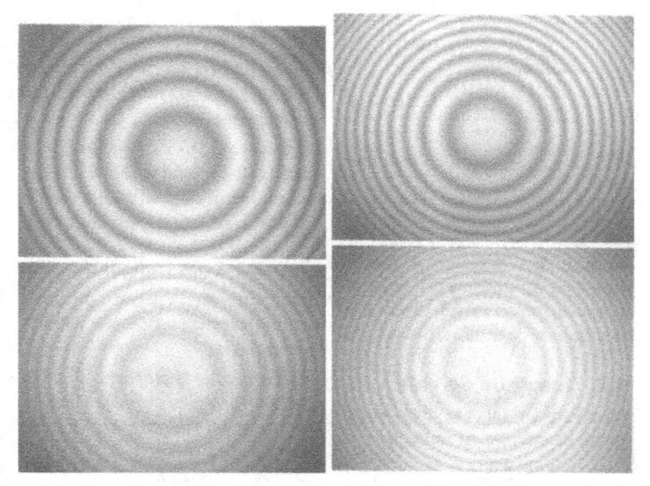

Évolution de la figure d'interférence quand e augmente pour un interféromètre de Michelson en lame d'air, éclairé par une lampe au sodium
∗ D'après Hprépa

Cas d'une source à profil rectangulaire

On considère une source polychromatique et plus précisément, une raie spectrale modélisée par un profil rectangulaire :

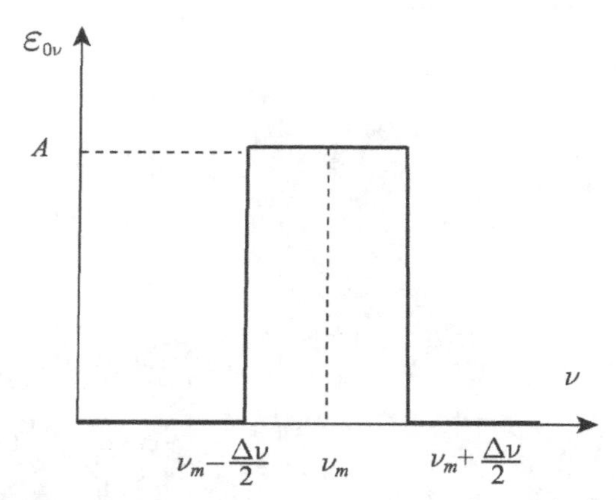

Modélisation d'une source par un profil rectangulaire

Comme c'est une raie, on a $\Delta\nu \ll \nu_m$. La densité spectrale d'éclairement $\mathcal{E}_{0,\nu}$ est supposée constante entre $\nu_m - \Delta\nu/2$ et $\nu_m + \Delta\nu/2$ égale à A, nulle en-dehors.

✎ Quel est le lien entre A et l'éclairement $\mathscr{E}_0$ obtenu lorsqu'on éclaire une seule voie de l'interféromètre ?

On a $\mathscr{E}_0 = \int \mathscr{E}_{0,\nu} \mathrm{d}\nu = A \times \Delta\nu$.

✎ Comment obtenir l'éclairement total en un point M de l'écran ?

On a une somme continue de sources mutuellement incohérentes, on va donc sommer les éclairements. On a donc

$$\mathscr{E}(M) = \int_{\nu_1}^{\nu_2} 2A\left(1 + \cos\frac{2\pi}{\lambda}\delta\right)\mathrm{d}\nu$$

avec $\dfrac{1}{\lambda} = \dfrac{\nu}{c}$.

✎ Montrer que $\boxed{\mathscr{E}(M) = 2\mathscr{E}_0\left(1 + \operatorname{sinc}\frac{\pi\delta\Delta\nu}{c}\cos(\frac{2\pi\delta\nu_m}{c})\right)}$.

On a

$$\begin{aligned}\mathscr{E}(M) &= \int_{\nu_1}^{\nu_2} 2A\left(1 + \cos\frac{2\pi\nu}{c}\delta\right)\mathrm{d}\nu \\ &= 2A\Delta\nu + 2A\frac{c}{2\pi\delta}\left(\sin\frac{2\pi\nu_2\delta}{c} - \sin\frac{2\pi\nu_1\delta}{c}\right) \\ &= 2\mathscr{E}_0 + 2\mathscr{E}_0\frac{c}{\pi\delta\Delta\nu}\sin\frac{\pi\delta\Delta\nu}{c}\cos\frac{2\pi\delta\nu_m}{c}.\end{aligned}$$

On a bien la formule demandée.

La visibilité est donc la fonction $\operatorname{sinc}\left(\dfrac{\pi\delta\Delta\nu}{c}\right)$. La période spatiale associée est $\dfrac{2c}{\Delta\nu}$.

Le terme d'interférence est donné par $\cos\left(\dfrac{2\pi\delta\nu_m}{c}\right)$. La période spatiale associée est $\dfrac{c}{\nu_m}$.

✎ Comparer ces deux périodes.

Par définition, on a $\Delta\nu \ll \nu_m$ donc $T_{\text{visibilité}} \gg T_{\text{interférences}}$. On a

$$\frac{T_{\text{visibilité}}}{T_{\text{interférences}}} = \frac{2\nu_m}{\Delta\nu} = N,$$

où N est le nombre d'oscillations du terme d'interférence pendant une oscillation de la fonction contraste.

On a la figure suivante pour l'éclairement.

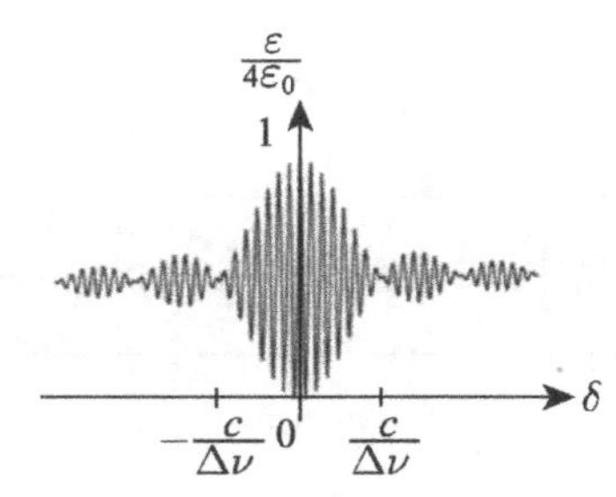

Éclairement : la courbe enveloppe correspond à la visibilité

Pour le contraste, on a la figure ci-dessous (on rappelle que $C = |\text{sinc}\frac{\pi\delta\Delta\nu}{c}|$).

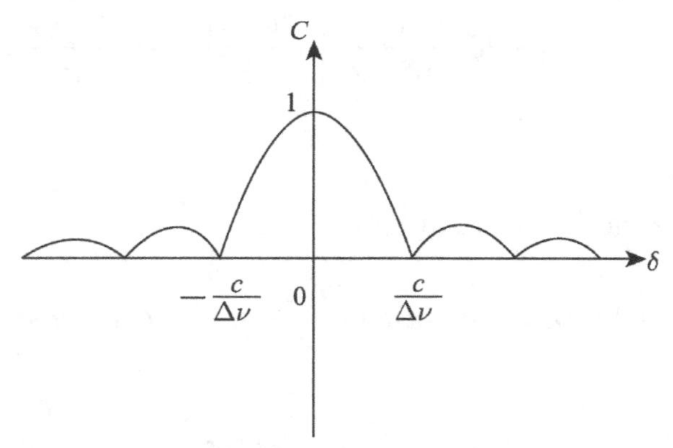

Contraste ou visibilité

✎ Quel est l'ordre de grandeur de N pour une lampe spectrale ? Pour le laser ?

Pour une lampe spectrale, on a N qui est de l'ordre de 10^3.
Pour le laser, on a N qui est de l'ordre de 10^8.

Le contraste diminue quand la différence de marche δ augmente.

Dans le cadre de la modélisation de la densité d'éclairement par une fonction porte, le contraste augmente à nouveau après une première annulation. Dans la réalité, le contraste est une fonction strictement décroissante de δ. On a brouillage de la figure d'interférences lorsque la différence de marche augmente.

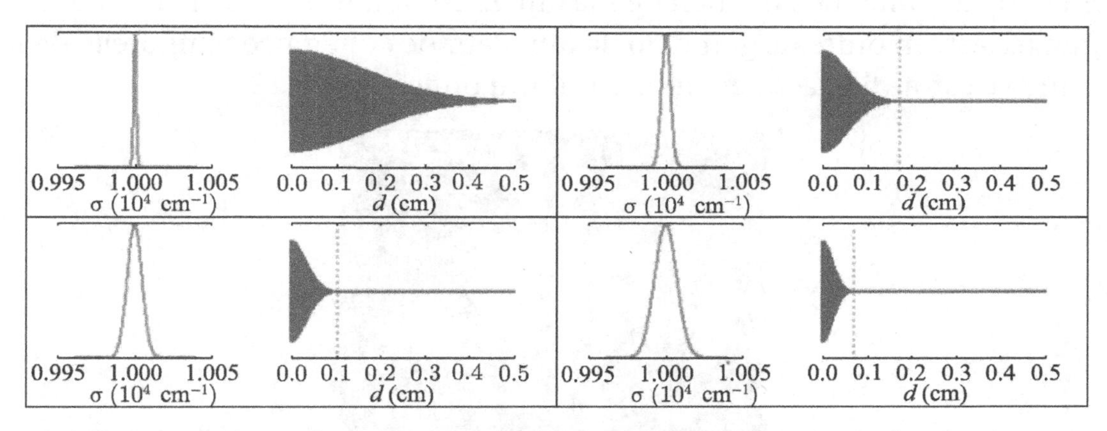

Interférogrammes obtenus avec différents profils de raies : plus la raie est large, plus le contraste chute rapidement, d'après Astrophysique sur mesure.

La chute de contraste a lieu sur la distance caractéristique $L_{\text{brouillage}} = \dfrac{c}{\Delta\nu}$.

✎ Relier $L_{\text{brouillage}}$ et L_c, longueur de cohérence temporelle.

On a pour un train d'onde $\Delta\nu \times \tau \approx 1$ soit $L_{\text{brouillage}} = L_c$.

On retrouve le modèle "SNCF" du train d'onde : si $\delta \leqslant L_c$, alors les mêmes trains d'onde se superposent au point M, sinon ce sont deux trains d'onde différents, il n'y a pas d'interférences.

Cas de la lumière blanche

✎ Que valent ν_1, ν_2 et $\Delta\nu$ dans le cas de la lumière blanche ?

Pour le visible, on a $\Delta\lambda = 0,4$ µm *et* $\lambda_m = 600$ nm *soit, en fréquences,* $\Delta\nu = 0,3 \times 10^{15}$ Hz, $\nu_1 = 3 \times 10^{14}$ Hz *et* $\nu_2 = 7 \times 10^{14}$ Hz.

✎ En déduire le nombre de franges visibles.

On doit avoir $\delta \leqslant L_c$ *soit* $\delta \leqslant 10^{-6}$ m.

L'ordre maximal d'interférence est donné par $p_{\max} = \dfrac{\delta}{\lambda_m}$ = qqes unités. Ainsi, avec une source de lumière blanche, on ne voit que quelques franges de part et d'autre de la frange centrale.

En effet, la différence de marche maximale compatible avec la visibilité des franges est, en ordre de grandeur, la longueur de cohérence temporelle de la source c'est-à-dire la longueur des trains d'onde.

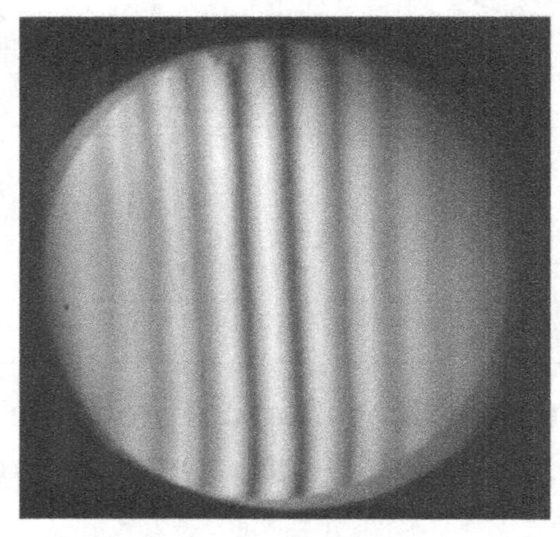

Interféromètre de Michelson en coin d'air avec une source de lumière blanche : frange centrale achromatique, teintes de Newton et blanc d'ordre supérieur

On observe la frange achromatique au centre (on définit la frange achromatique par $\dfrac{\mathrm{d}p}{\mathrm{d}\lambda} = 0$, dans la plupart des dispositifs usuels, elle est confondue avec la frange d'ordre zéro), des franges irisées de part et d'autre et ensuite des franges irisées de moins en moins contrastées, ce sont les teintes de Newton.

Voici le résultat d'une simulation numérique de l'éclairement obtenu pour un interféromètre de Michelson monté en coin d'air. Dans le premier cas, on éclaire avec une lampe spectrale, les franges sont uniformément contrastées. En lumière blanche, on observe la frange centrale brillante dite frange achromatique puis ensuite les teintes de Newton.

Simulation numérique avec une lampe spectrale (au-dessus) et lumière blanche (en-dessous)

✎ Justifier la couleur des irisations.

L'interfrange dépend de la longueur d'onde, on a $i = \lambda D/a$ donc le bleu et le violet ont un interfrange plus petit que le rouge. Leur intensité diminue donc plus vite quand on s'éloigne de la frange centrale. Le bord de la frange centrale apparaît donc rouge.

Ces teintes de Newton interviennent dans d'autres cas : les irisations observées sur un film de savon ou dans le cas de certains papillons comme le bleu électrique du morpho, papillon d'Amérique du Sud.

Irisations d'une bulle de savon et papillon Morpho
* D'après `futura-sciences`

Pour réviser

http://uel.unisciel.fr/physique/interf/interf_ch06/co/apprendre_ch6_01.html

http://ressources.univ-lemans.fr/AccesLibre/UM/Pedago/physique/02/optiphy/michelson.html

Chapitre 4

Diffraction

Le phénomène de diffraction apparaît à chaque fois qu'une onde rencontre un obstacle dont la taille est comprise entre 1 et 100 fois la longueur d'onde associée. On peut la rencontrer en optique mais aussi en mécanique des fluides ou pour les ondes sonores.

Quelques exemples de diffraction en mer Méditerranée
* D'après `eduscol.fr`

Nous allons commencer par étudier une théorie qui permet de décrire quantitativement la diffraction puis on étudiera ses applications.

4.1 Principe de Huygens-Fresnel

4.1.1 Mise en évidence

On réalise l'expérience suivante : on envoie un faisceau laser sur une fente et on place un écran à grande distance. Si la fente est suffisamment large, on observe un point sur l'écran, la fente n'a aucune influence. Maintenant, si on diminue la largeur de la fente, on observe sur l'écran une tache étalée dans la direction perpendiculaire à la fente. Cette tache présente une tache principale lumineuse et ensuite des zones sombres suivies de taches moins lumineuses et plus larges. Plus la largeur de la fente est petite, plus la taille des taches augmente.

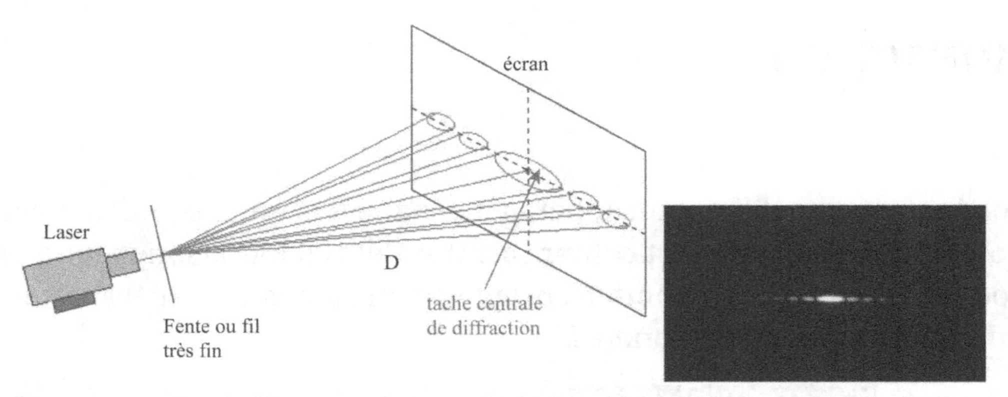

Diffraction par une fente, schéma du montage et photographie de l'écran

C'est la diffraction de Fraunhofer.

On peut aussi voir la diffraction avec la diffraction par un bord d'écran à distance finie. On place une lame de rasoir sur le chemin d'un laser, en incidence normale et on observe la figure sur un écran situé à environ 1 m. On obtient la photographie suivante.

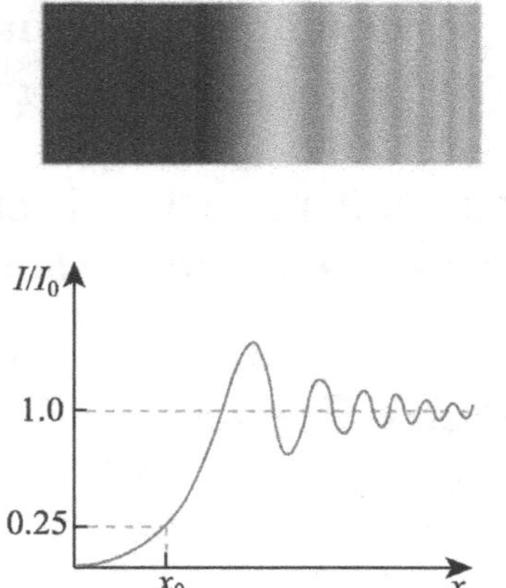

Diffraction par le bord d'une lame de rasoir

∗ D'après Cap prépa

On observe de la lumière là où "normalement" il ne devrait pas y en avoir. C'est la diffraction de Fresnel.

4.1.2 Énoncé

Huygens au XVIIe siècle a le premier eu l'idée des ondelettes, Fresnel au XIXe a formalisé ce modèle en appliquant la théorie des ondes électromagnétiques et en précisant exactement les conditions nécessaires.

Tout point P d'une surface Σ réelle ou fictive atteinte par la lumière issue d'une source ponctuelle monochromatique S peut être considéré comme une source secondaire qui émet une onde sphérique. L'amplitude de cette onde est proportionnelle à celle de l'onde incidente et à l'aire $d\Sigma_P$ autour de P, sa phase et sa pulsation étant celles de l'onde incidente. Ces différentes sources secondaires sont cohérentes entre elles. On a, en introduisant l'amplitude complexe de l'onde :

$$d\underline{s}(M) = K\underline{s}(P)\frac{e^{jk_0PM}}{PM}d\Sigma_P$$

avec K constante de proportionnalité, $k_0 = \dfrac{2\pi}{\lambda_0}$ le vecteur d'onde associé à l'onde incidente.

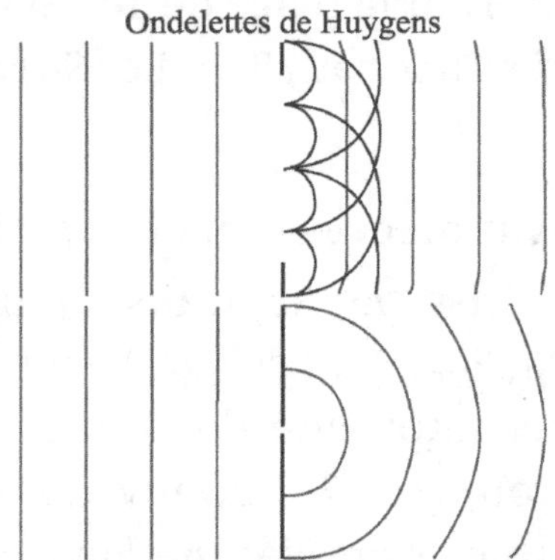

Si l'ouverture est large devant la longueur d'onde, l'onde sortante est plane. Si l'ouverture est petite, l'onde sortante est sphérique, Il y a diffraction.
Crédit: ASL/B. Mollior

Remarque : on voit apparaître dans la formule le terme caractéristique d'une onde sphérique de source P, l'amplitude de cette onde étant proportionnelle à *celle incidente et à la surface. Dans le cas de la diffraction de Fresnel, le calcul précis donne le déphasage de π après passage par un point de convergence du faisceau lumineux. Ceci est hors cadre du cours.*

Les ondelettes interfèrent entre elles et l'enveloppe constitue l'onde sortante. La diffraction est ainsi le résultat des interférences d'une infinité d'ondes.

Diffraction sur la plage de Tel-Aviv, Israël
∗ D'après `Thomson, Brooks/Cole, 2004`

L'obstacle rencontré par la lumière est appelé objet diffractant ou pupille diffractante. On le caractérise par sa transparence ou transmittance $\underline{t}(P)$ définie par $\underline{s}(P_{\text{apres}}) = \underline{t}(P)\underline{s}(P_{\text{avant}})$ où $\underline{s}(P_{\text{apres}})$ est l'amplitude de l'onde juste après l'objet, $\underline{s}(P_{\text{avant}})$ est l'amplitude de l'onde juste avant. Par exemple, $\underline{t}(P) = 1$ au niveau d'un trou, $\underline{t}(P) = 0$ au niveau d'un diaphragme opaque, généralement, $|\underline{t}(P)| \leqslant 1$ (par exemple une lame de verre introduit un déphasage complexe).

✎ Pour quel objet a-t-on $\underline{t}(P) = -1$?

Il s'agit du cas du miroir parfait.

Une mince couche d'épaisseur e est constituée de deux matériaux transparents d'indices n_1 et n_2, un premier cercle d'indice n_2 et la périphérie est d'indice n_1.
1. Donner l'expression de la transparence $\underline{t}(P)$ pour une onde plane progressive monochromatique en incidence normale. Les milieux ne sont pas absorbants. On note λ_0 la longueur d'onde.
2. De même en supposant cette fois que les milieux absorbent 50% du flux lumineux incident.

1. Le déphasage dû à la lame centrale est $\Delta\varphi = \frac{2\pi}{\lambda_0} n_2 e$. On en déduit la transparence $\underline{t}(P) = \exp\left(\frac{j2\pi}{\lambda_0} n_2 e\right)$ au centre et de la même façon, on a pour la périphérie : $\underline{t}(P) = \exp\left(\frac{j2\pi}{\lambda_0} n_1 e\right)$.
2. Si l'intensité est diminuée de moitié, alors l'amplitude est diminuée d'un facteur $\sqrt{2}$. On a donc $\underline{t}(P) = \frac{1}{\sqrt{2}} \exp\left(\frac{j2\pi}{\lambda_0} n_1 e\right)$ à la périphérie et $\underline{t}(P) = \frac{1}{\sqrt{2}} \exp\left(\frac{j2\pi}{\lambda_0} n_2 e\right)$ au centre.

Ainsi, un objet "mince" peut être un objet de phase.

4.2 Diffraction de Fraunhofer d'une onde plane

La formule obtenue par le principe de Huygens-Fresnel est, dans la plupart des cas, très difficile à utiliser car PM (présent au dénominateur) varie en fonction du point P sur la surface d'intégration. On va donc s'intéresser au cas plus simple de la diffraction à l'infini ou diffraction de Fraunhofer, qui a lieu quand la source et le point d'observation sont situés à l'infini.

4.2.1 Montage expérimental

✎ On utilise deux lentilles convergentes et l'objet diffractant. Comment placer la source et l'écran d'observation pour être dans le cas de la diffraction de Fraunhofer ?

La source S doit être dans le plan focal objet de la première lentille convergente. Après traversée de la lentille, on a une onde plane qui arrive sur l'objet diffractant. En sortie, on veut observer à l'infini, on place donc l'écran dans le plan focal image de la deuxième lentille. L'objet diffractant peut être placé n'importe où, entre les deux lentilles.

On a le montage suivant.

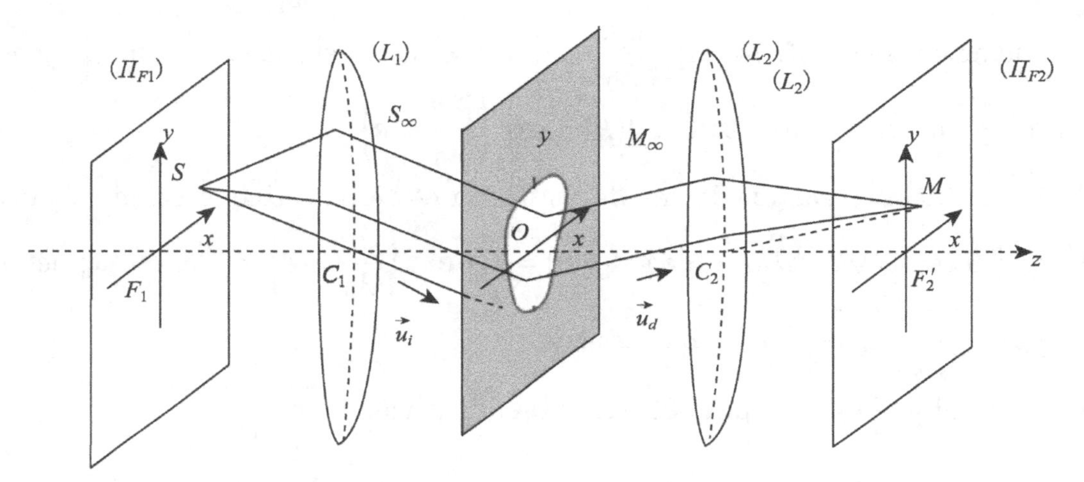

Montage pour observer la diffraction de Fraunhofer

4.2.2 Amplitude de l'onde diffractée

On cherche à déterminer l'amplitude au point M.

✎ Que peut-on dire des rayons qui interfèrent au point M ?

Les rayons qui interfèrent au point M sont parallèles entre eux avant la traversée de la lentille L_2. Le vecteur d'onde associé est $\overrightarrow{k_d}$.

On choisit un point O origine sur l'objet diffractant (ou pupille). On note $\overrightarrow{k_i}$ le vecteur d'onde associé à l'onde plane incidente sur l'objet diffractant.

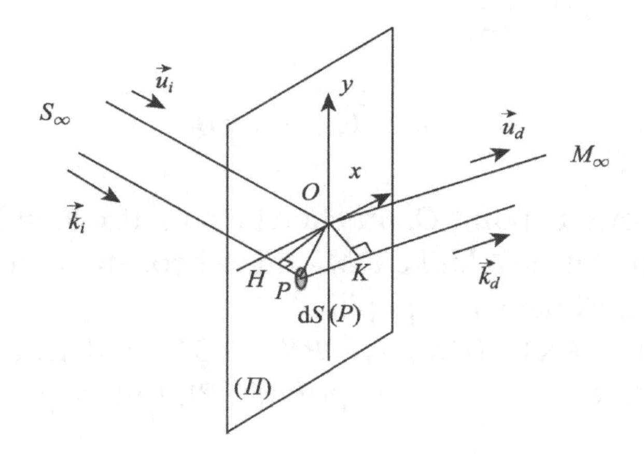

✎ En appliquant le principe d'Huygens-Fresnel, exprimer $\underline{s}(M)$.

On a

$$\underline{s}(M) = K \iint_{\text{pupille}} \underline{s}(P) \frac{\exp(\mathrm{j}k_d(PM))}{PM} \mathrm{d}\Sigma_P = K' \iint_{\text{pupille}} \underline{t}(P) \underline{s_0} \exp(\mathrm{j}k_d(PM)) \mathrm{d}\Sigma_P$$

avec $K' = K/PM$, nouvelle constante.

On peut introduire la nouvelle constante K' car PM ne varie pas beaucoup avec le choix du point P. Par contre, pour le calcul de la phase, on ne peut pas négliger ses variations. Pour calculer le déphasage dû à la propagation, on introduit le point O.

✎ Exprimer la différence de phase en M entre le rayon qui passe par O et celui qui passe par P.

En appliquant le théorème de Malus à l'onde plane incidente, on a $(S_\infty O) = (S_\infty H)$ donc $\delta_{\text{avant}} = (HP)$. En l'appliquant à nouveau à l'onde plane émergente, on a $(M_\infty O) = (M_\infty K)$ donc $\delta_{\text{après}} = (PK)$. On a donc

$$\Delta\varphi = \frac{2\pi}{\lambda_0}((HP) + (PK))$$

En introduisant les vecteurs d'onde, on a $\vec{k_i} \cdot \overrightarrow{HP} = \vec{k_i} \cdot \overrightarrow{OP}$ et

$\overrightarrow{k_d} \cdot \overrightarrow{PK} = \overrightarrow{k_d} \cdot \overrightarrow{PO} = -\overrightarrow{k_d} \cdot \overrightarrow{OP}$.

$$\Delta\varphi = (\overrightarrow{k_i} - \overrightarrow{k_d}) \cdot \overrightarrow{OP}.$$

Ainsi, si on introduit le point O, on cherche à mettre la différence de phase sous la forme d'un terme relatif à OM - qui est constant- et d'un autre relatif à OP qu'on sait exprimer sur la pupille.
Ainsi, on a $(PM) = (PK) + (KM_\infty) = (PK) + (OM_\infty)$, dernier terme indépendant de P. De même, on a $\underline{s}_0 = s_0 \times \exp(\mathrm{j}k_i(S_\infty P))$ soit $(S_\infty P) = (S_\infty H) + (HP) = (S_\infty O) + (HP)$.

On a alors

$$\underline{s}(M) = K' \times \mathrm{e}^{\mathrm{j}k_i(S_\infty O)} \times \mathrm{e}^{\mathrm{j}k_d(OM_\infty)} \iint_{\text{pupille}} \underline{t}(P)\, s_0 \exp(\mathrm{j}k_i(HP)) \exp(\mathrm{j}k_d(PK))\, \mathrm{d}\Sigma_P$$

$$\boxed{\underline{s}(M) = K'' \iint_{\text{pupille}} \underline{t}(P)\, s_0 \exp\left(\mathrm{j}(\overrightarrow{k_i} - \overrightarrow{k_d}) \cdot \overrightarrow{OP}\right) \mathrm{d}\Sigma_P}.$$

Cette dernière formulation permet de calculer l'amplitude de l'onde diffractée par la pupille au point M.

Si on introduit les coordonnées des vecteurs d'onde, on a l'expression analytique de $\underline{s}(M)$.
On pose $\overrightarrow{k_i} = \dfrac{2\pi}{\lambda_0}(\alpha_0 \overrightarrow{e_x} + \beta_0 \overrightarrow{e_y} + \gamma_0 \overrightarrow{e_z})$ et $\overrightarrow{k_d} = \dfrac{2\pi}{\lambda_0}(\alpha \overrightarrow{e_x} + \beta \overrightarrow{e_y} + \gamma \overrightarrow{e_z})$, on a, si on suppose l'objet diffractant situé dans le plan Oxy et la propagation suivant Oz :

$$\boxed{\underline{s}(M) = K'' \iint_{\text{pupille}} \underline{t}(x,y)\, s_0 \exp\left(\frac{2\mathrm{j}\pi}{\lambda_0}((\alpha_0 - \alpha)x + (\beta_0 - \beta)y)\right) \mathrm{d}x\mathrm{d}y}.$$

4.2.3 Diffraction par une fente rectangulaire

On s'intéresse ici à la diffraction par une fente rectangulaire de largeur a suivant x, b suivant y et centrée en O.

✎ Donner sa transparence.

On a

$$\underline{t}(x,y) = \begin{cases} 1 & \text{si } (x,y) \in [-a/2;a/2] \times [-b/2;b/2] \\ 0 & \text{sinon} \end{cases}$$

On utilise l'expression établie précédemment. On a :

$$\underline{s}(M) = K'' \int_{-a/2}^{a/2} \int_{-b/2}^{b/2} s_0 \exp\left(\frac{2\mathrm{j}\pi}{\lambda_0}((\alpha_0 - \alpha)x + (\beta_0 - \beta)y)\right) \mathrm{d}x\mathrm{d}y.$$

L'intégration sur x ou sur y se fait de la même façon :

$$\begin{aligned}
\underline{s}(M) &= K'' s_0 \times \frac{\lambda_0}{2\mathrm{j}\pi(\alpha_0 - \alpha)} \times \left(\mathrm{e}^{\frac{2\mathrm{j}\pi(\alpha_0-\alpha)a}{2\lambda_0}} - \mathrm{e}^{-\frac{2\mathrm{j}\pi(\alpha_0-\alpha)a}{2\lambda_0}}\right) \\
&\times \frac{\lambda_0}{2\mathrm{j}\pi(\beta_0 - \beta)} \times \left(\mathrm{e}^{\frac{2\mathrm{j}\pi(\beta_0-\beta)b}{2\lambda_0}} - \mathrm{e}^{-\frac{2\mathrm{j}\pi(\beta_0-\beta)b}{2\lambda_0}}\right) \\
&= K'' s_0 \times \frac{\lambda_0}{2\pi(\alpha_0 - \alpha)} \times 2\sin\left(\frac{2\pi(\alpha_0 - \alpha)a}{2\lambda_0}\right) \\
&\times \frac{\lambda_0}{2\pi(\beta_0 - \beta)} \times 2\sin\left(\frac{2\pi(\beta_0 - \beta)b}{2\lambda_0}\right) \\
\underline{s}(M) &= K'' s_0 \times ab \times \operatorname{sinc}\left(\frac{\pi a}{\lambda_0}(\alpha_0 - \alpha)\right) \times \operatorname{sinc}\left(\frac{\pi b}{\lambda_0}(\beta_0 - \beta)\right).
\end{aligned}$$

Ainsi, l'éclairement est obtenu en prenant le carré du module de l'amplitude $\underline{s}(M,t) = \underline{s}(M)\mathrm{e}^{-\mathrm{j}\omega t}$. On a $\boxed{\mathscr{E}(M) = \mathscr{E}_0 \operatorname{sinc}^2\left(\frac{\pi a}{\lambda_0}(\alpha_0 - \alpha)\right) \times \operatorname{sinc}^2\left(\frac{\pi b}{\lambda_0}(\beta_0 - \beta)\right)}$.

On pose souvent $\mu = \dfrac{\alpha_0 - \alpha}{\lambda_0}$ et $\nu = \dfrac{\beta_0 - \beta}{\lambda_0}$ appelées fréquences spatiales, par analogie avec la fréquence temporelle qui apparaît dans la fonction $\exp(2\mathrm{j}\pi\nu t)$.

Remarques :

- le résultat est indépendant de la convention choisie pour l'onde, $\exp(\mathrm{j}(\omega t - kx))$ *ou* $\exp(\mathrm{j}(kx - \omega t))$.

- le maximum est obtenu dans la direction de l'optique géométrique qui correspond à $\alpha = \alpha_0$ *et* $\beta = \beta_0$.

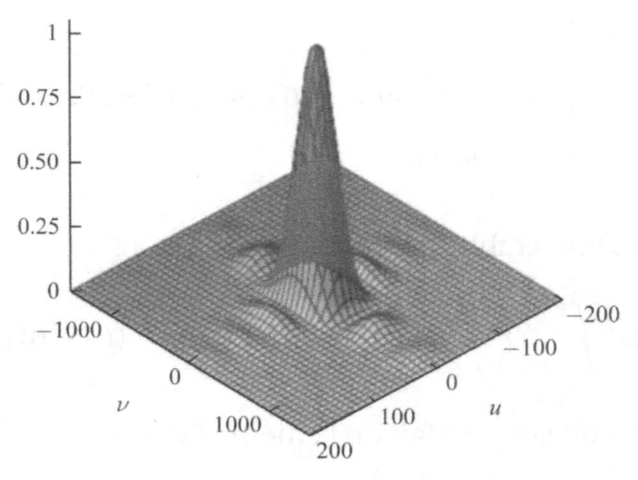

Visualisation de la fonction éclairement

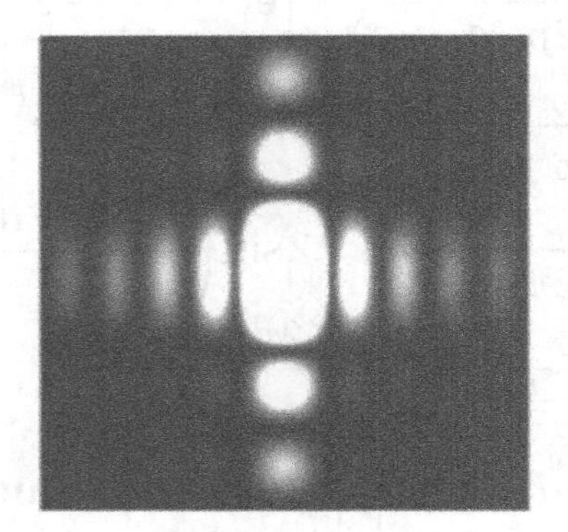

Croix de diffraction sur l'écran

✎ Que peut-on dire si les dimensions de la pupille sont infiniment grandes (c'est-à-dire plus grandes que λ_0) ?

Si les dimensions de la pupille sont infiniment grandes, alors la fonction sinc est nulle partout sauf en zéro (c'est-à-dire α_0 et β_0) ce qui correspond à la direction de l'optique géométrique. C'est rassurant.

D'après la figure ci-dessous, on a

$\overrightarrow{k_d} = \dfrac{2\pi}{\lambda_0}\left(\dfrac{x}{\sqrt{x^2+y^2+f^2}}\overrightarrow{u_x} + \dfrac{y}{\sqrt{x^2+y^2+f^2}}\overrightarrow{u_y} + \dfrac{f}{\sqrt{x^2+y^2+f^2}}\overrightarrow{u_z}\right)$. Si on se place

dans les conditions de Gauss (c'est-à-dire des rayons peu inclinés, au voisinage de l'axe optique), on a $\frac{x}{\sqrt{x^2+y^2+f^2}} \approx \frac{x}{f}$ et $\frac{y}{\sqrt{x^2+y^2+f^2}} \approx \frac{y}{f}$.
Si on introduit les angles θ_x et θ_y définis sur la figure ci-dessous et φ l'angle que fait le rayon diffracté avec l'axe Oz, on a : $\tan\theta_x = \frac{x}{f}$ et $\tan\theta_y = \frac{y}{f}$.

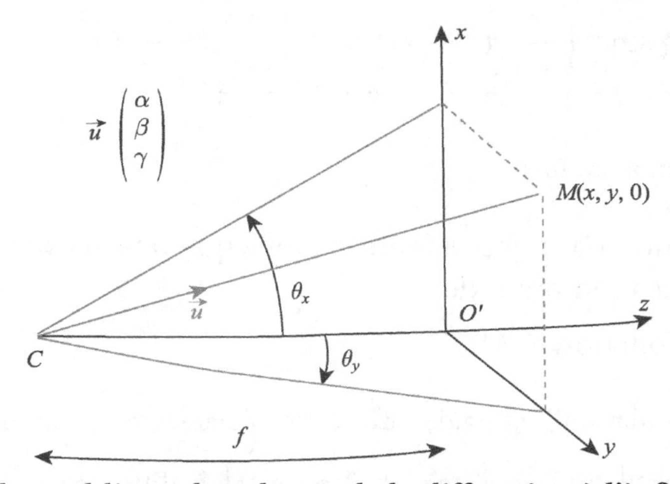

Paramétrage du problème dans le cas de la diffraction à l'infini, c'est-à-dire observation en un point $M(x, y)$ de l'écran situé dans le plan focal image d'une lentille convergente, d'après Cap prépa

✎ Dans le cadre de l'approximation de Gauss, exprimer les fréquences spatiales μ et ν en fonction de θ_x, θ_y et φ.

Dans les conditions de Gauss, les angles sont faibles (ici, cela équivaut à $|x| \ll f$ et $|y| \ll f$). On a alors $\tan\theta_x \approx \theta_x = \frac{x}{f}$, $\tan\theta_y \approx \theta_y = \frac{y}{f}$ et $\tan\varphi \approx \varphi = 1$.
On a alors $\mu = \frac{\theta_{x0} - \theta_x}{\lambda_0} \approx \frac{x_0 - x}{\lambda_0 f}$ et $\nu = \frac{\theta_{y0} - \theta_y}{\lambda_0} \approx \frac{y_0 - y}{\lambda_0 f}$.

✎ Dans le cas du montage de diffraction à l'infini avec les lentilles, exprimer $\mathscr{E}(x, y)$ où (x, y) sont les coordonnées du point M d'observation.

Dans le cas du montage à l'infini avec les lentilles (en supposant

que les deux lentilles ont les mêmes focales), on a alors :

$$\mathscr{E}(M(x,y)) = \mathscr{E}_0 \operatorname{sinc}^2\left(\frac{\pi a}{\lambda_0 f'}(x_0 - x)\right) \operatorname{sinc}^2\left(\frac{\pi b}{\lambda_0 f'}(y_0 - y)\right).$$

Ainsi, on peut aussi écrire l'éclairement sous la forme :

$$\boxed{\mathscr{E}(M(x,y)) = \mathscr{E}_0 \operatorname{sinc}^2\left(\frac{\pi a}{\lambda_0 f_2'}(x_0 - x)\right) \operatorname{sinc}^2\left(\frac{\pi b}{\lambda_0 f_2'}(y_0 - y)\right)}.$$

Cas de la fente infiniment fine

On suppose maintenant que la fente est telle que $b \gg a$ avec a de l'ordre de λ (ou de quelques centaines de λ).

✎ Exprimer la fonction $\mathscr{E}(M)$.

Si b est infiniment grand, alors la fonction sinc qui dépend de b est nulle partout sauf en zéro, c'est-à-dire pour $\beta = \beta_0$. Seule la droite parallèle à l'axe Ox, d'ordonnée β_0 est éclairée. On a

$$\boxed{\mathscr{E}(M(\alpha,\beta_0)) = \mathscr{E}_0 \operatorname{sinc}^2\left(\frac{\pi a}{\lambda_0}(\alpha_0 - \alpha)\right)}.$$

Sur la figure ci-dessous, on a représenté la fonction $\mathscr{E}(M)$.

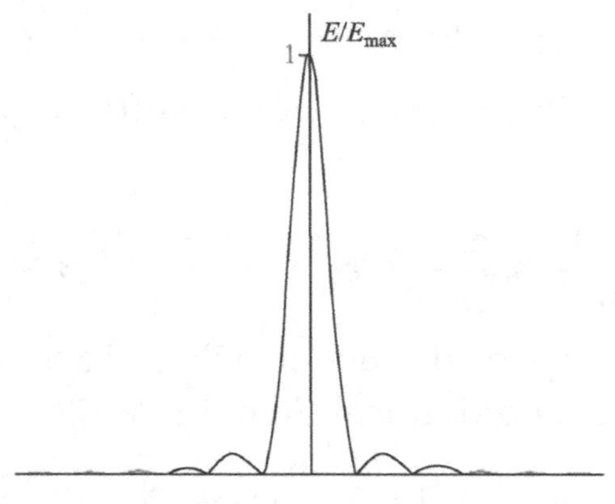

Cas d'une fente infiniment fine

✎ **Compléter le graphique avec les valeurs des annulations. Que vaut la largeur angulaire de la tache centrale ? Celle des taches secondaires ?**

On a la fonction sinc qui s'annule pour $\frac{m\lambda_0}{a}$ *avec* m *entier relatif. On en déduit donc immédiatement que la largeur angulaire de la tache centrale est* $\frac{2\lambda_0}{a}$ *et celle des taches secondaires est* $\frac{\lambda_0}{a}$.

La tache centrale est deux fois plus large que les autres taches.

✎ **Dans le cas du montage de diffraction à l'infini avec les lentilles, exprimer la largeur des taches (mesurée sur l'écran).**

Dans le cas du montage à l'infini avec les lentilles, on en déduit donc immédiatement que la largeur de la tache centrale est $\frac{2\lambda_0 f_2'}{a}$ *et celle des taches secondaires est* $\frac{\lambda_0 f_2'}{a}$.

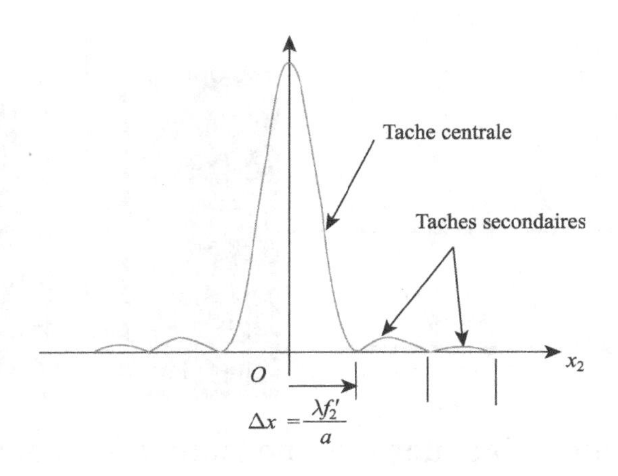

La fonction $\text{sinc}^2(x)$ s'atténue très vite :

pics	central	1	2	3	4
$\mathscr{E}/\mathscr{E}_0$ en %	100	4,5	1,6	0,8	0,5

Ainsi, la majeure partie de la lumière se trouve dans la direction de l'optique géométrique.

Étude des déplacements

• On s'intéresse pour commencer à une translation de la source. Si on translate la source dans le plan focal objet de la lentille L_1, l'image de la source sur l'écran se translate aussi dans la direction opposée (si S se déplace vers le haut, S′ se déplace vers le bas). La figure de diffraction reste centrée sur l'image géométrique et se translate en bloc.

✎ Application : passage à une fente source. Quel est l'éclairement sur l'écran si maintenant au lieu d'avoir une source ponctuelle, on utilise une fente source parallèle à la fente diffractante ?

Chaque point source S_i crée une figure de diffraction centrée sur l'image géométrique d'axe orthogonal à la direction de la fente. Toutes ces sources sont incohérentes, on somme les éclairements. On obtient donc la figure ci-dessous.

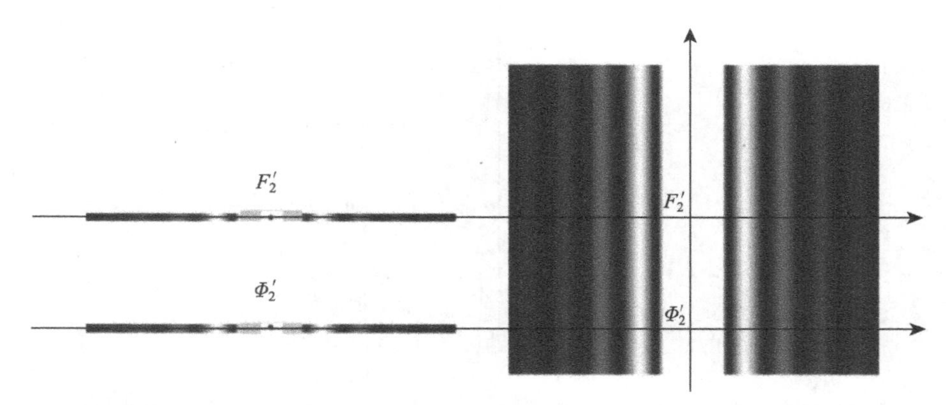

Figure de diffraction obtenue pour une fente source, parallèle à la fente diffractante

• Maintenant, on étudie une rotation de la fente source. On fait tourner la fente source autour de l'axe optique. Comment la figure de diffraction évolue-t-elle sur l'écran ?

L'image géométrique subit aussi la même rotation : toute la figure de diffraction effectue la même rotation que la fente source.

• Finalement, on s'intéresse à la translation de la fente diffractante dans son plan. Comment la figure de diffraction évolue-t-elle sur l'écran ?

Lorsque la fente diffractante est translatée, l'image géométrique de la source ne change pas. La figure de diffraction n'est pas changée.

4.2.4 Diffraction par un trou circulaire

La diffraction par une pupille circulaire est très fréquente dans les instruments d'optique car ceux-ci ont presque tous un diaphragme circulaire.

On présente ici les résultats. Une onde monochromatique éclaire une pupille circulaire de diamètre $d = 2R$. La tache d'Airy est le nom donné à la figure de diffraction obtenue.

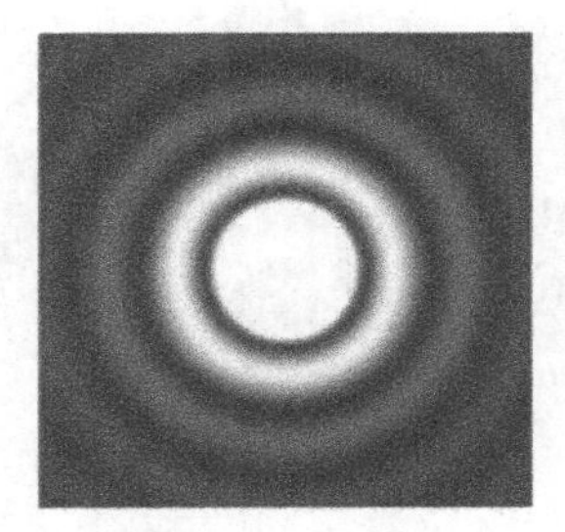

Tache d'Airy

Elle est constituée d'un centre lumineux et d'une série d'anneaux concentriques, non équidistants dont l'intensité décroît rapidement. Le premier minimum est obtenu pour la direction angulaire $\boxed{\theta = \dfrac{1,22\lambda}{d} = \dfrac{1,22\lambda}{2R}}$ soit de rayon sur l'écran (placé dans le plan focal image d'une lentille convergente de focale f') $\boxed{\rho = \dfrac{1,22\lambda f'}{d}}$.

Le calcul de l'éclairement (hors programme) fait intervenir la fonction de Bessel d'ordre 1 définie par $J_1(\pi u) = 2u \displaystyle\int_0^1 \sqrt{1-t^2}\cos(2\pi u t)\mathrm{d}t$, fonction implicite dont voici le tracé.

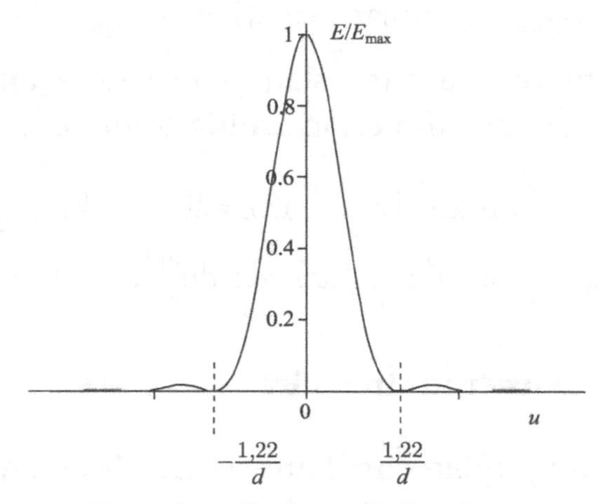

Fonction de Bessel d'ordre 1

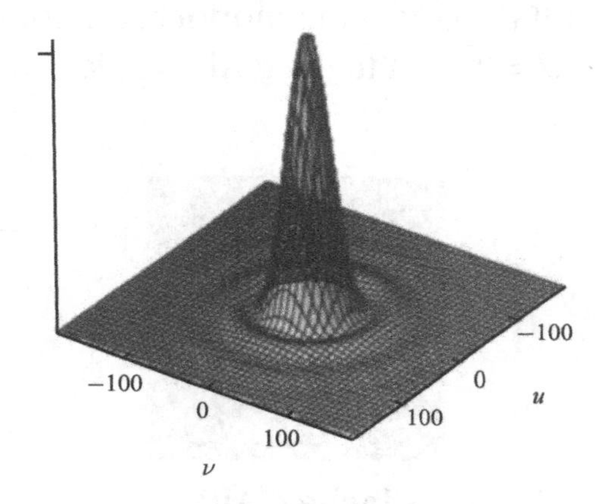

Représentation de l'éclairement pour une pupille circulaire

La décroissance est encore plus rapide que pour une fente rectangulaire.

pics	central	1	2	3
$\mathscr{E}/\mathscr{E}_0$ en %	100	1,75	0,42	0,16

4.2.5 Propriétés de la figure de diffraction

• Translation de la pupille diffractante

Dans cette partie, on considère une translation de la pupille diffractante dans son propre plan et on va démontrer le lien entre l'éclairement avant translation et celui après.

On choisit de translater la pupille de x_0 suivant la direction Ox. Ainsi, la transparence de la nouvelle pupille est donnée par $\underline{t}'(x, y) = \underline{t}(x - x_0, y)$.

✎ Comment s'exprime l'amplitude de l'onde diffractée au point M ?

D'après le principe d'Huygens-Fresnel, on a

$$\underline{s}(M) = K\underline{s_0}\int_{-\infty}^{\infty}\int_{-\infty}^{\infty}\underline{t}'(x, y)\exp\left(\frac{2\mathrm{j}\pi}{\lambda}((\alpha_0 - \alpha)x + (\beta_0 - \beta)y)\right)\mathrm{d}x\mathrm{d}y.$$

On peut intégrer pour toutes les valeurs de x et y en prenant une transparence nulle en-dehors de la pupille.

On effectue alors le changement de variable $x' = x - x_0$, on a :

$$\underline{s}(M) = K\underline{s_0}\exp\left(\frac{2\mathrm{j}\pi}{\lambda}((\alpha_0 - \alpha)x_0)\right)\int_{-\infty}^{\infty}\int_{-\infty}^{\infty}\underline{t}(x', y)$$
$$\exp\left(\frac{2\mathrm{j}\pi}{\lambda}((\alpha_0 - \alpha)x' + (\beta_0 - \beta)y)\right)\mathrm{d}x'\mathrm{d}y.$$

Ainsi, on a la même amplitude à un terme de phase près. Or, lorsqu'on calcule l'éclairement, ce terme disparaît (on prend le carré du module).

La translation de la pupille diffractante dans son propre plan ne change pas la figure de diffraction.

Remarque : c'est normal car à l'infini, seules les directions comptent ! Or, la direction des rayons incidents ne change pas, donc rien ne doit changer...

• **Dilatation de la pupille diffractante**

On choisit de dilater la pupille d' un facteur μ suivant la direction Ox. Ainsi, la transparence de la nouvelle pupille est donnée par $\underline{t}'(x, y) = \underline{t}\left(\frac{x}{\mu}, y\right)$.

Remarque : on peut aussi traiter le cas de la contraction de la pupille en prenant $\mu < 1$.

✎ Comment s'exprime l'amplitude de l'onde diffractée au point M ?

D'après le principe d'Huygens-Fresnel, on a

$$\underline{s}(M) = K\underline{s_0}\int_{-\infty}^{\infty}\int_{-\infty}^{\infty}\underline{t}'(x,y)\exp\left(\frac{2j\pi}{\lambda}((\alpha_0-\alpha)x+(\beta_0-\beta)y)\right)dxdy.$$

On peut intégrer pour toutes les valeurs de x et y en prenant une transparence nulle en-dehors de la pupille.
On effectue alors le changement de variable $x' = x/\mu$ et donc $dx' = dx/\mu$, on a :

$$\underline{s}(M) = K\underline{s_0}\mu\int_{-\infty}^{\infty}\int_{-\infty}^{\infty}\underline{t}(x',y)\exp\left(\frac{2j\pi\mu}{\lambda}((\alpha_0-\alpha)x'+(\beta_0-\beta)y)\right)dx'dy.$$

Ainsi, on observe l'amplitude diffractée initialement mais dans la direction $\mu\alpha$. De plus, on a un facteur multiplicatif μ présent devant qui traduit le fait que plus la pupille est dilatée, plus il y a de la lumière qui passe.

Ainsi, si on se place dans le cadre de l'approximation de Gauss (et on a donc proportionnalité entre α, β et x,y), une dilatation de la pupille d'un facteur μ suivant Ox s'accompagne d'une contraction d'un facteur μ suivant cette même direction.

La dilatation de la pupille diffractante s'accompagne d'une contraction de la figure de diffraction.

✎ **Vérifier ce résultat dans le cas de la diffraction par une pupille circulaire.**

La taille de la tache de diffraction est inversement proportionnelle au rayon de la pupille : si on multiplie le rayon de la pupille par 2, on divise par 2 la taille de la tache. C'est cohérent.

• **Théorème de Babinet ou des écrans complémentaires**

On va commencer par définir des pupilles complémentaires.

Deux pupilles sont dites complémentaires si leurs transparences complexes vérifient
$\forall P \in \Sigma, \underline{t}_1(P) + \underline{t}_2(P) = 1$.

✎ Citer des exemples de pupilles complémentaires.

On peut donner l'exemple d'une fente et d'un fil, d'un écran percé d'un trou circulaire et d'un cercle identique...

Théorème 4.2.5.1 *Théorème de Babinet : la figure de diffraction produite par deux pupilles complémentaires est la même, sauf dans la direction de l'optique géométrique.*

Preuve :

Tout d'abord, on remarque qu'on a linéarité entre la transparence complexe et l'amplitude complexe de l'onde diffractée. Ainsi, si on somme $\underline{t}_1 + \underline{t}_2$, l'amplitude totale est la somme des amplitudes complexes obtenues pour chacune des transparences $\underline{s}_1 + \underline{s}_2$.

Or, si les écrans sont complémentaires, pour tout point P, la transparence est égale à 1. Il n'y a pas de diffraction, on a un point lumineux qui correspond à la direction de l'optique géométrique. En-dehors de ce point, l'amplitude diffractée est nulle, on a donc $\underline{s}_1 + \underline{s}_2 = 0$ soit des amplitudes opposées mais donc des éclairements identiques.

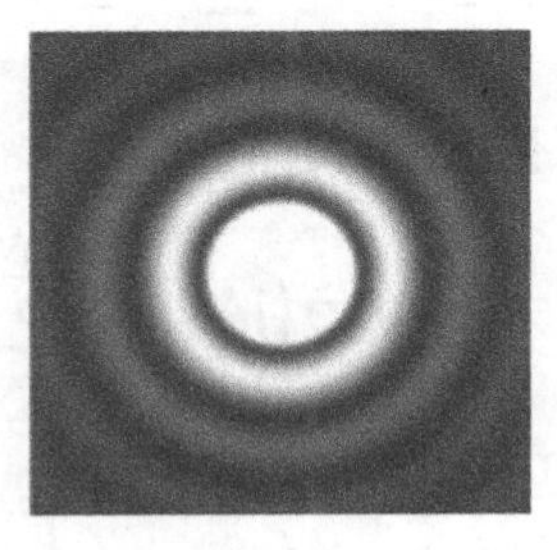

Diffraction par une pupille circulaire ou par une tête d'épingle de même taille

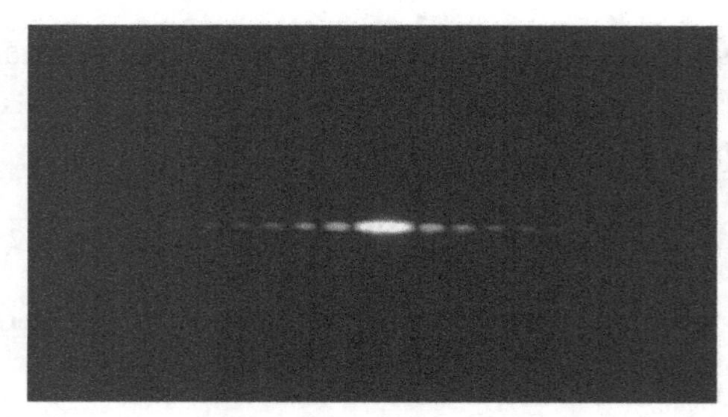

Diffraction par une fente ou par un fil de même taille

• **Répartition aléatoire de pupilles identiques**

On considère un ensemble de N pupilles identiques réparties aléatoirement dans l'espace (c'est le cas par exemple du brouillard constitué de fines gouttelettes d'eau).

✎ En utilisant les résultats précédents, exprimer l'amplitude diffractée par la pupille i en fonction de l'amplitude diffractée par une pupille choisie comme référence au point O.

Les pupilles sont obtenues par translation dans l'espace de la pupille choisie comme référence. On a donc

$$\underline{s}_i(M) = \exp\left(\mathrm{j}\Delta\varphi_i\right)\underline{s}_0(M).$$

L'amplitude totale est alors obtenue en faisant la somme :

$$\underline{s}(M) = \underline{s}_0(M) \times \sum_{i=1}^{N} \exp\left(\mathrm{j}\Delta\varphi_i\right).$$

On en déduit l'expression de l'éclairement :

$$\mathscr{E}(M) = \mathscr{E}_0(M) \times \sum_{i=1}^{N} \exp\left(\mathrm{j}\Delta\varphi_i\right) \times \sum_{i=1}^{N} \exp\left(-\mathrm{j}\Delta\varphi_i\right),$$

ce qu'on peut mettre sous la forme suivante :

$$\mathscr{E}(M) = \mathscr{E}_0(M) \times \left(N + \sum_{i=1}^{N} \sum_{q=1, q\neq i}^{N} \exp\left(\mathrm{j}\Delta\varphi_i\right) \exp\left(-\mathrm{j}\Delta\varphi_q\right)\right),$$

soit encore

$$\mathscr{E}(M) = \mathscr{E}_0(M) \times \left(N + \sum_{i=1}^{N} \sum_{q=1, q\neq i}^{N} \exp\left(\mathrm{j}(\Delta\varphi_i - \Delta\varphi_q)\right) \right).$$

En introduisant $\Delta\varphi_{iq} = \Delta\varphi_i - \Delta\varphi_q$ et en remarquant que $\Delta\varphi_{iq} = -\Delta\varphi_{qi}$, on a :

$$\mathscr{E}(M) = \mathscr{E}_0(M) \times \left(N + \sum_{i=1}^{N} \sum_{q=1, q>i}^{N} (\exp(\mathrm{j}\Delta\varphi_{iq}) + \exp(-\mathrm{j}\Delta\varphi_{iq})) \right).$$

On a donc

$$\mathscr{E}(M) = \mathscr{E}_0(M) \times \left(N + 2\sum_{i=1}^{N} \sum_{q=1, q>i}^{N} \cos\Delta\varphi_{iq} \right).$$

Dans la direction de l'optique géométrique, tous les déphasages sont nuls, on a donc

$$\mathscr{E}(M) = N^2\mathscr{E}_0(M).$$

Si on n'est pas dans la direction de l'optique géométrique, le deuxième terme est une somme de cosinus d'orientation aléatoire, $\Delta\varphi_{iq}$ prend de façon équiprobable toutes les valeurs possibles donc cette somme est nulle. On a donc

$$\mathscr{E}(M) = N\mathscr{E}_0(M).$$

C'est la diffusion incohérente de la lumière.

Diffusion incohérente de la lumière par les gouttelettes d'eau en suspension
* D'après `elementaryos-fr.org`

4.2.6 Limite de résolution spatiale d'un instrument d'optique

Le phénomène de diffraction limite souvent la résolution des instruments d'optique.

En effet, on a vu, dans le cadre de l'optique géométrique, que pour améliorer la qualité des images, il faut se placer dans les conditions de Gauss (pour avoir stigmatisme approché). On utilise donc des instruments de petite dimension (lentilles, montures, miroirs...). Les aberrations géométriques sont alors minimes. Cependant, la diffraction rentre en jeu et devient importante.

On va essayer de dégager un critère quantitatif pour qualifier le pouvoir de résolution d'un instrument d'optique.

On considère deux étoiles à l'infini, ce sont des sources incohérentes, on va avoir superposition des éclairements obtenus pour chaque étoile-source. Comme la majorité des instruments ont une monture circulaire, la figure de diffraction obtenue pour chaque source est une tache d'Airy.

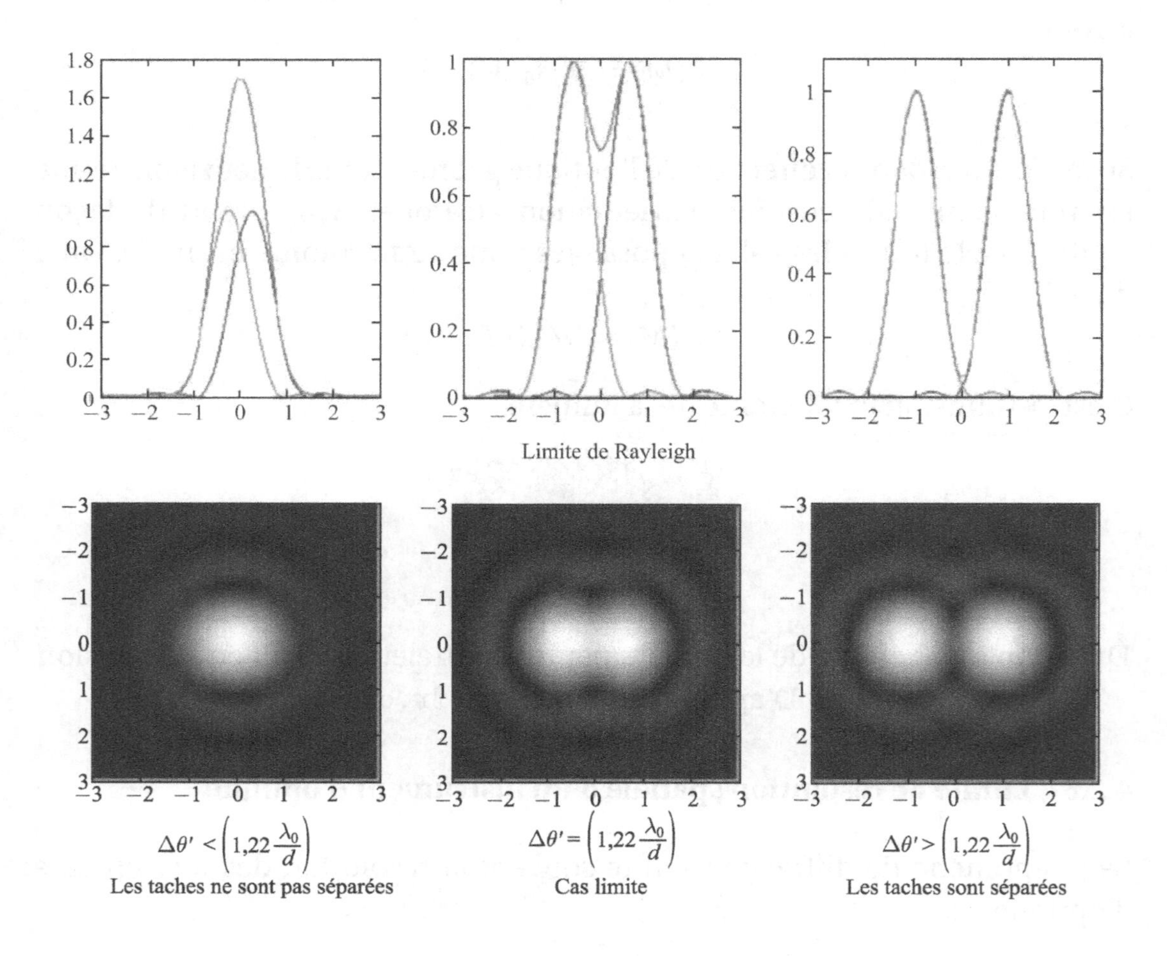

Critère de Rayleigh : si la distance entre deux images est inférieure au rayon du premier anneau noir de la tache d'Airy, alors les images ne sont plus séparées. À la limite de résolution, le premier minimum nul de l'une des taches d'Airy correspond au maximum principal de l'autre. On a ainsi, pour l'écart angulaire $\Delta\theta = 1,22\dfrac{\lambda_0}{d}$.

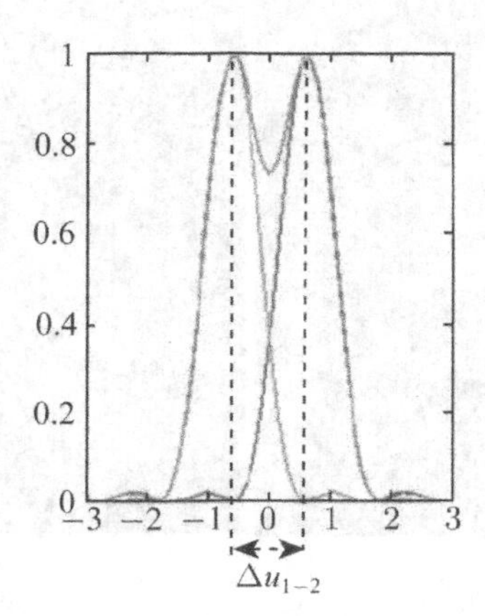

Limite de résolution

Pour l'astronomie, on arrive à des pouvoirs de résolution théoriques de 0,2" à 0,006" pour les télescopes de 10 m de diamètre. Ce pouvoir de résolution peut être amélioré si on fait intervenir des méthodes interférentielles.

Cependant, il existe d'autres phénomènes qui limitent la résolution d'un télescope :
- les perturbations atmosphériques : en pratique, un télescope de 5 m de diamètre a la même résolution qu'un de 30 cm de diamètre. Le seul avantage est qu'en ayant une ouverture plus grande, cela permet de recevoir plus de puissance lumineuse et donc de voir plus d'étoiles et de détecter des étoiles peu lumineuses. Ce problème peut être, en partie, résolu si le télescope est muni d'optique adaptative (technique développée par le français Antoine Labeyrie) ;
- la structure granulaire des récepteurs (œil, plaque photographique ou capteur CCD). Si la tache d'Airy est sur plusieurs pixels, c'est l'instrument d'optique qui fixe la limite de résolution, si la tache est sur un seul pixel, alors c'est le récepteur qui impose la limite de résolution. Or, cette limite de résolution doit être imposée par l'instrument d'optique. En astronomie, on utilise

des capteurs CCD qui ont une plus grande sensibilité que les plaques photographiques et qui permettent un traitement informatisé des données.

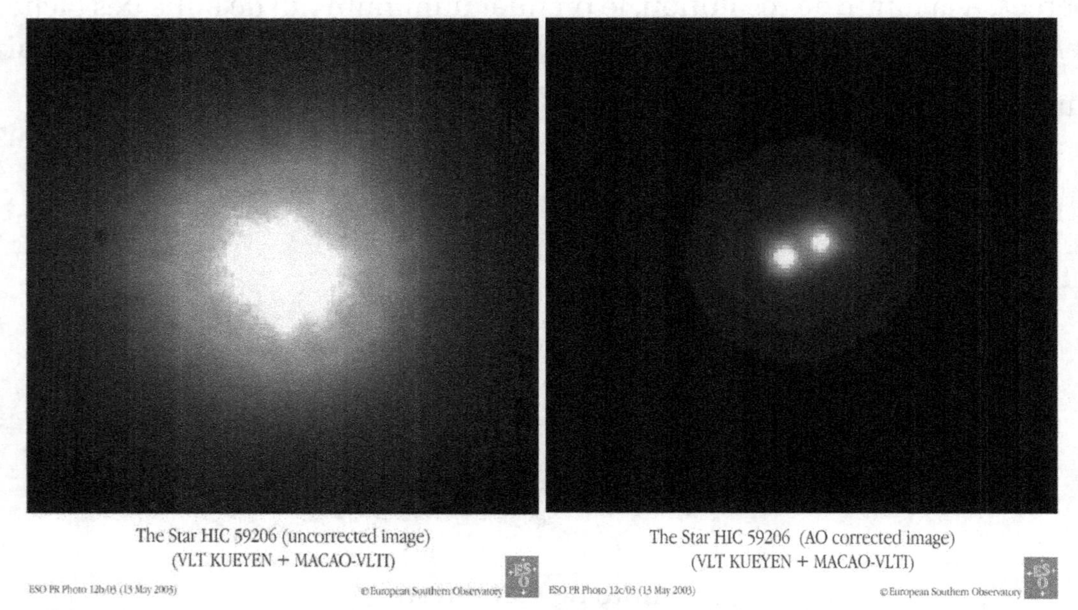

Images non corrigée et corrigée par optique adaptative au VLT, étoile HIC59206 d'après `eso.fr`

4.2.7 Apodisation

L'apodisation consiste à modifier la transparence d'une pupille de fonction unité (type tout ou rien) par une pupille de même forme géométrique mais de fonction de transmission décroissante de 1 au centre à 0 aux bords.

On a alors une concentration de lumière dans le pic central de diffraction, les maxima secondaires étant nettement atténués.

✎ Citer un exemple où l'apodisation est utile.

En astronomie, si on observe deux étoiles voisines mais d'éclairements différents. Le maximum de diffraction de l'étoile la moins lumineuse est noyé dans le pic de diffraction de l'étoile plus lumineuse. Avec l'apodisation, on perd en résolution mais on gagne en luminosité, les deux pics sont visibles.

4.3 Étude des fentes d'Young

4.3.1 Éclairement

On considère maintenant le dispositif des fentes d'Young : deux fentes identiques de dimensions ε et L avec $L \gg \varepsilon$ sont espacées de la distance a.

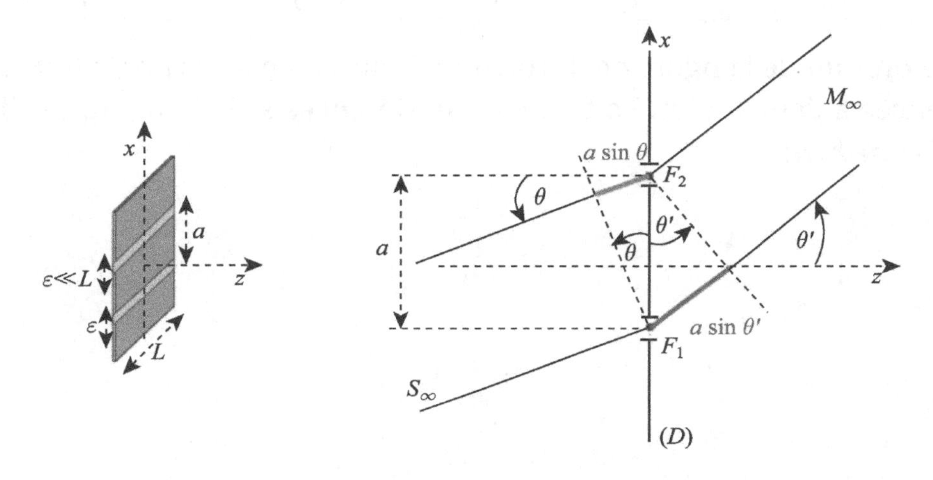

Pour mener rapidement les calculs, on considère que les fentes ont été translatées de $\pm a/2$.

✎ Rappeler l'expression de l'amplitude diffractée par une seule fente.

On a

$$\underline{s}(M) = K'' s_0 \times L\varepsilon \times \operatorname{sinc}\left(\frac{\pi\varepsilon}{\lambda_0}(\alpha_0 - \alpha)\right).$$

✎ En déduire l'expression de l'amplitude diffractée par la fente située en $+a/2$ et celle située en $-a/2$.

Si on translate la pupille diffractante, on doit rajouter un terme de déphasage :

$$\underline{s}_1(M) = \underline{s}(M) \times \exp\left(\frac{\mathrm{j}\pi a\alpha}{\lambda}\right) \text{ et } \underline{s}_2(M) = \underline{s}(M) \times \exp\left(\frac{-\mathrm{j}\pi a\alpha}{\lambda}\right).$$

Ainsi, l'amplitude totale est la somme. On a donc

$$\underline{s}_{\text{total}}(M) = \underline{s}(M) \times 2\cos\frac{\pi\alpha a}{\lambda}.$$

L'éclairement est alors donné par :

$$\boxed{\begin{aligned}\mathscr{E}(M) &= 4\mathscr{E}_{1\text{fente}} \times \cos^2\frac{\pi\alpha a}{\lambda} = 2\mathscr{E}_{1\text{fente}}\left(1+\cos\frac{2\pi a\alpha}{\lambda}\right)\\ &= 2\mathscr{E}_0 \operatorname{sinc}^2\left(\frac{\pi\varepsilon\alpha}{\lambda}\right)\left(1+\cos\frac{2\pi a\alpha}{\lambda}\right).\end{aligned}}$$

On a le produit de la figure de diffraction d'une seule fente par le terme d'interférences à deux ondes. La figure d'interférences strie la figure de diffraction ($\lambda/\varepsilon \gg \lambda/a$).

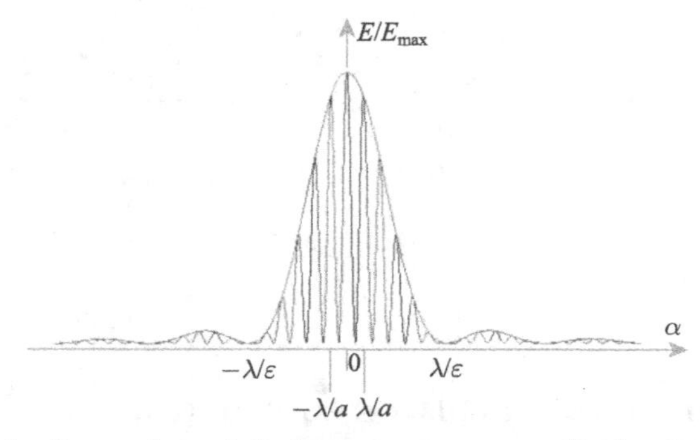

Représentation de la fonction éclairement normalisée dans le cas des fentes d'Young

Photographie de l'écran

✎ Combien observe-t-on de franges d'interférences dans le pic central ?

On a N oscillations dans le pic central avec $N = \dfrac{2\lambda}{\varepsilon} \times \dfrac{a}{\lambda} = \dfrac{2a}{\varepsilon}$.

Si on considère le cas de deux fentes infiniment fines, le terme de diffraction tend vers un, les franges sont alors toutes de la même intensité. On retrouve le cas traité dans le chapitre précédent.

Remarque : ainsi, on peut "oublier" la diffraction quand on observe la répartition de l'éclairement sur l'écran alors que c'est là où elle est la plus importante.

4.3.2 Fente source et critère de cohérence

Souvent, en pratique, on utilise une fente source pour augmenter la luminosité de la figure observée sur l'écran. On suppose que la fente source est de même orientation que les fentes d'Young et on note b sa largeur.

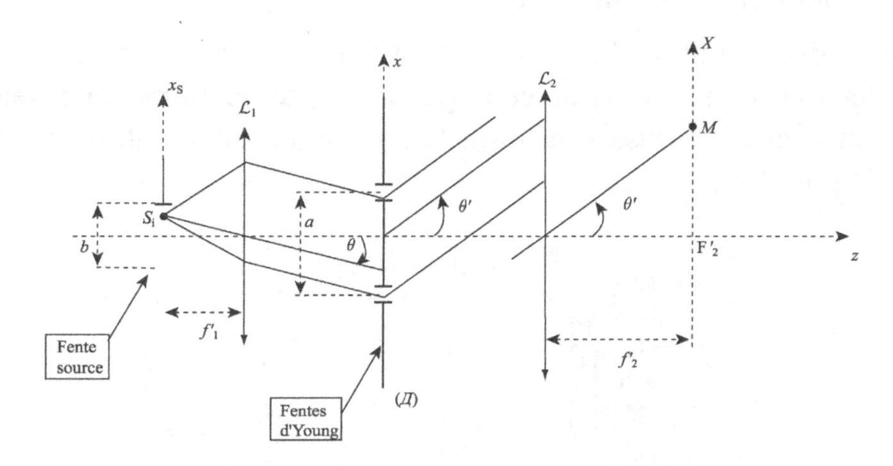

✎ Que peut-on dire des éclairements produits par chaque point source S_i élémentaire ?

Tous les points sources S_i sont incohérents, on somme donc les éclairements obtenus pour chacun des points sources sur l'écran.

Comme chaque point source va créer son propre système de franges centré sur l'image géométrique S'_i, on va avoir un contraste élevé si on a coïncidence des différents systèmes de franges. Ceci a lieu pour une bande très fine, parallèle aux fentes d'Young.

Un critère possible de coïncidence (sans calcul) est d'affirmer que les franges seront visibles si le premier minimum de l'un coïncide avec le maximum de l'autre. On retrouve le critère de cohérence spatiale : la largeur b de la fente doit être inférieure à $\lambda f'_1 / a$, longueur de cohérence spatiale.

On peut faire un calcul minimal en supposant les fentes infiniment fines et on superpose les éclairements obtenus par une source en $-b/2$ et une placée en $b/2$. On a alors un terme en $\text{sinc}(\pi ab/\lambda f'_1)$ qui apparaît.

4.4 Réseaux

On va s'intéresser maintenant à la diffraction de la lumière par un ensemble de pupilles diffractantes identiques régulièrement disposées dans un plan, c'est-à-dire on peut définir une période pour le motif diffractant. C'est la diffusion cohérente de la lumière.

L'ensemble des pupilles diffractantes constitue un réseau plan de diffraction. On va voir dans la suite de cette partie les applications des réseaux à la spectroscopie et des utilisations dans la nature (certaines plumes d'oiseaux ou ailes de papillons).

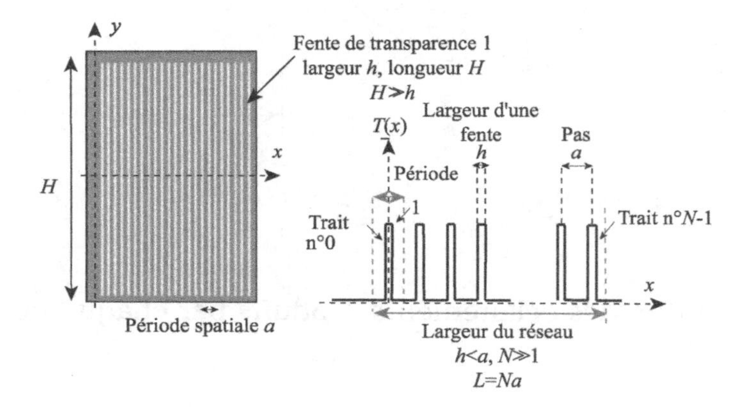

4.4.1 Différence de marche

On adopte les notations suivantes : on utilise le montage de Fraunhofer avec une source ponctuelle située à l'infini qui éclaire, dans l'air, un réseau plan constitué de N motifs diffractants espacés de a. On observe la diffraction dans le plan focal image d'une lentille convergente.

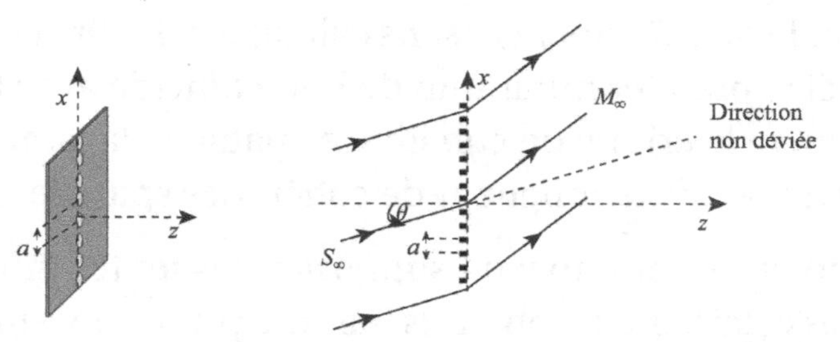

Schéma d'un réseau et transparence (ou transmittance) associée

✎ Calculer la différence de marche entre deux rayons passant par deux trous voisins différents notés H_m et H_{m+1}.

On a, en appliquant le théorème de Malus à la surface d'onde issue de S_∞ puis à celle issue de la source fictive placée en M_∞, $\delta = a(\sin\theta' - \sin\theta)$.

Cette dernière relation peut se mettre sous la forme scalaire $\delta = (\vec{u}' - \vec{u}) \cdot \overrightarrow{H_{m+1}H_m}$, l'avantage de cette expression est d'être indépendante des coordonnées et valable aussi bien pour un réseau en réflexion qu'un réseau en transmission.

On en déduit la différence de phase

$$\boxed{\Delta\varphi = \frac{2\pi a}{\lambda}(\sin\theta' - \sin\theta)}.$$

4.4.2 Éclairement

Pour obtenir l'éclairement, on somme les amplitudes complexes obtenues pour chaque source car on a des sources cohérentes.

On a, en choisissant le premier motif comme origine

$$\underline{s}(M) = \underline{s}_0 + \underline{s}_0 e^{j\Delta\varphi} + \underline{s}_0 e^{2j\Delta\varphi} + \ldots + \underline{s}_0 e^{j(N-1)\Delta\varphi}.$$

On reconnaît une suite géométrique de raison $\exp(j\Delta\varphi)$.

✎ En déduire l'expression de l'amplitude totale puis de l'éclairement.

On a

$$\underline{s}(M) = \frac{\underline{s}_0 - \underline{s}_0 e^{jN\Delta\varphi}}{1 - e^{j\Delta\varphi}} = \underline{s}_0 e^{j(N-1)\Delta\varphi/2} \times \frac{e^{-jN\Delta\varphi/2} - e^{jN\Delta\varphi/2}}{e^{-j\Delta\varphi/2} - e^{j\Delta\varphi/2}}.$$

On a donc

$$\underline{s}(M) = \underline{s}_0 e^{j(N-1)\Delta\varphi/2} \times \frac{\sin(N\Delta\varphi/2)}{\sin(\Delta\varphi/2)}.$$

On en déduit immédiatement l'éclairement au point M :

$$\mathscr{E}(M) = \mathscr{E}_0 \times \frac{\sin^2(N\Delta\varphi/2)}{\sin^2(\Delta\varphi/2)}.$$

On a donc $\boxed{\mathscr{E}(M) = N^2\mathscr{E}_{\text{diff,1motif}} \times \dfrac{\sin^2(N\Delta\varphi/2)}{N^2\sin^2(\Delta\varphi/2)}}$.

$E_{\text{diff,1motif}}$ est l'éclairement obtenu par diffraction par un seul motif.

$\dfrac{\sin^2(N\Delta\varphi/2)}{N^2\sin^2(\Delta\varphi/2)}$ est la fonction réseau.

On a une fonction paire qui s'annule pour $\Delta\varphi = \dfrac{2\pi m}{N}$ où m est un entier entre 1 et $N/2$ si N est pair et 1 et $(N-1)/2$ si N impair, car il ne faut pas que le dénominateur s'annule aussi.

Les maxima sont obtenus quand les interférences sont totalement constructives ce qui correspond à un ordre entier p d'interférence ou encore $\boxed{\sin\theta'_p - \sin\theta = \dfrac{p\lambda}{a}}$.

On a la figure suivante :

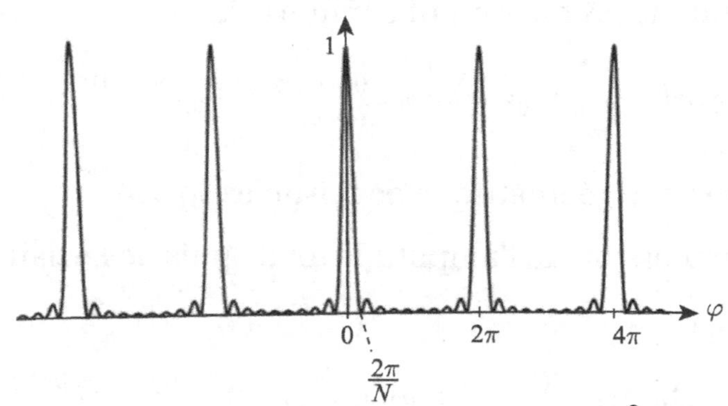

Tracé de la fonction réseau définie par $\dfrac{\sin^2(N\Delta\varphi/2)}{N^2\sin^2(\Delta\varphi/2)}$.

Si N est grand, l'éclairement est nul en-dehors des directions θ'_p définies précédemment.

On introduit la finesse des pics comme la largeur du pic central, on a $\Delta\varphi = \dfrac{4\pi}{N}$ soit, en raisonnant avec $\Delta \sin\theta$, $\boxed{\Delta \sin\theta = \dfrac{2\lambda}{Na}}$.
Plus le nombre de motifs diffractant est important, plus les pics sont fins.

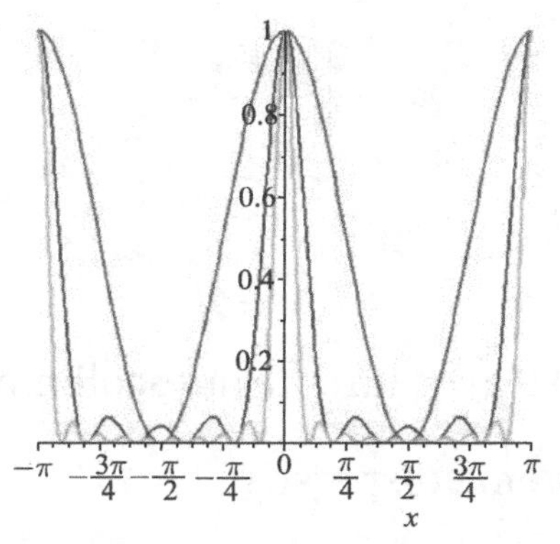

Fonction réseau en fonction de $\Delta\varphi/2$ pour $N = 2$ en rouge, $N = 5$ en bleu et $N = 10$ en vert.

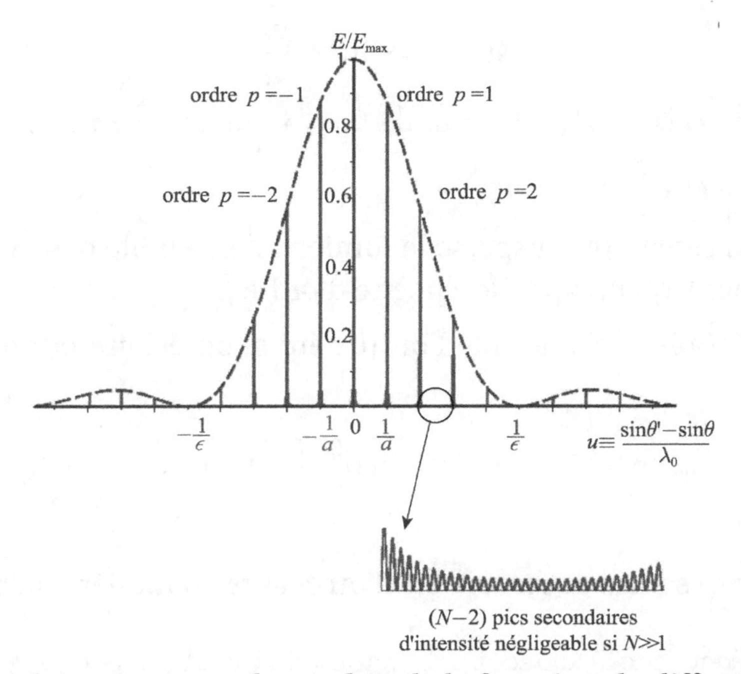

Fonction éclairement avec le produit de la fonction de diffraction par la fonction réseau

4.4.3 Utilisation en lumière polychromatique

En TP, vous allez utiliser les réseaux pour faire de la spectroscopie avec le montage suivant.

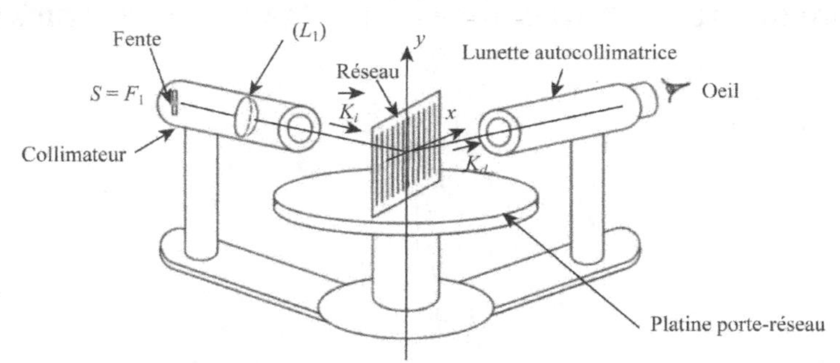

Montage utilisé en TP avec lunette autocollimatrice et goniomètre.

✎ Le réseau est-il un système dispersif ?

D'après le calcul de la différence de marche précédent, on a, pour un ordre p donné :

$$\sin\theta'_p = \sin\theta + \frac{p\lambda}{a}.$$

Ainsi, la direction θ'_p dépend de la longueur d'onde λ : on a un système dispersif.

On a donc un réseau qui disperse la lumière, l'ensemble des raies d'ordre p forme un spectre qu'on appelle spectre d'ordre p.

✎ De quelle couleur est la raie d'ordre zéro si on éclaire par de la lumière blanche ?

Seul l'ordre zéro est non dispersif, la raie d'ordre zéro est donc blanche.

✎ Quel ordre des raies observe-t-on si on éclaire en lumière blanche ?

La déviation croît avec la longueur d'onde : on va d'abord observer en s'éloignant de la raie centrale le bleu puis ensuite, de façon continue, la couleur va évoluer jusqu'au rouge.

C'est l'inverse du prisme !!

On introduit, pour caractériser le réseau, le pouvoir dispersif défini par $\boxed{\dfrac{\mathrm{d}\theta'_p}{\mathrm{d}\lambda}}$.

✎ Que vaut-il dans le cas du réseau ?

On a $\dfrac{\mathrm{d}\theta'_p}{\mathrm{d}\lambda} = \dfrac{p}{a\cos\theta'_p}$. Cette fonction est une fonction croissante de λ.

On remarque que plus l'ordre $|p|$ est grand, plus le pouvoir dispersif est grand, c'est-à-dire plus le spectre est étalé.

Ainsi, on peut observer parfois le recouvrement de spectres : la raie rouge d'ordre p est plus déviée que la raie bleu d'ordre $p+1$.

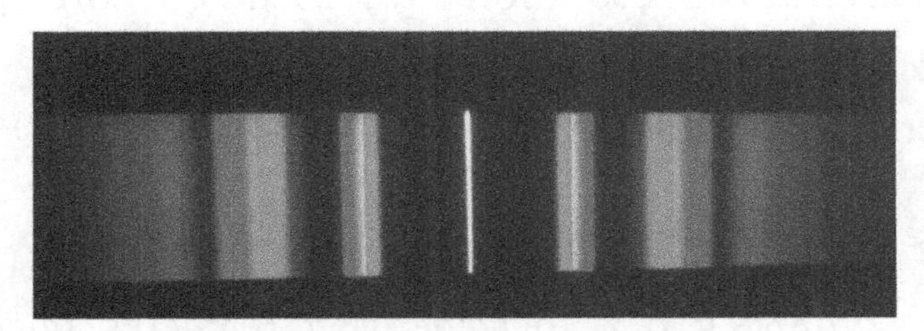

Recouvrement des spectres en lumière blanche

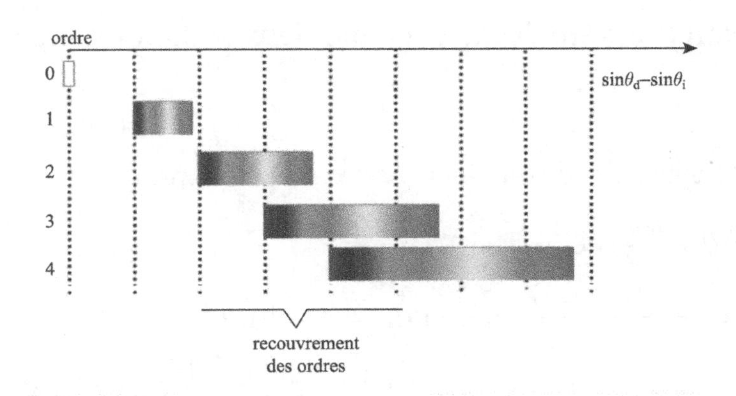

Principe des recouvrements de spectre
∗ D'après alain-lerille.free.fr

✎ À partir de quel ordre p peut-on observer le recouvrement de spectre si on considère une source avec $\lambda_1 = 450$ nm et $\lambda_2 = 620$ nm qui éclaire en incidence normale le réseau ?

On doit donc avoir $\theta'_p(2) \geqslant \theta'_{p+1}(1)$ soit, $\dfrac{p}{p+1} \geqslant \dfrac{\lambda_1}{\lambda_2} = 0,73$. On a ainsi $p > 3$.

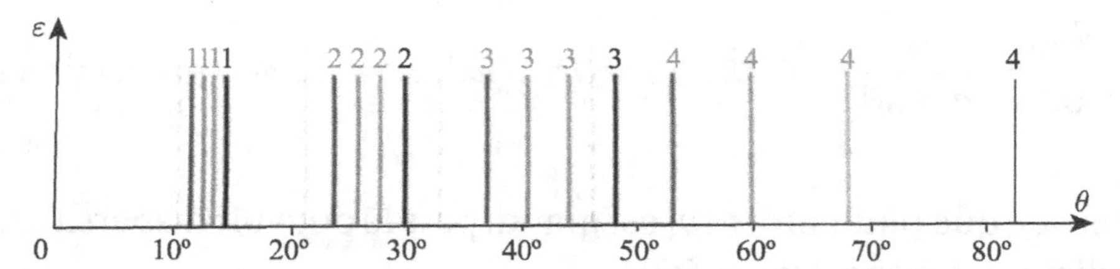

Recouvrement des spectres à partir de l'ordre 3 pour une lampe spectrale ayant 5 raies entre λ_1 et λ_2, d'après Cap Prépa

On définit aussi la limite de résolution d'un réseau qui correspond au critère de résolution de Rayleigh.

✎ Rappeler le critère de Rayleigh.

La limite de résolution est obtenue quand le maximum du pic central d'ordre p associé à λ coïncide avec les deux premiers minima adjacents au pic d'ordre p associé à $\lambda + \mathrm{d}\lambda$.

✎ En traduisant le critère de Rayleigh par deux équations, montrer que $\mathrm{d}\lambda = \dfrac{\lambda}{Np}$.

Les deux angles de déviation sont donnés par :

- $\sin\theta'_{p1} = \sin\theta + \dfrac{p\lambda}{a}$ et
- $\sin\theta'_{p2} = \sin\theta + \dfrac{p(\lambda + \mathrm{d}\lambda)}{a}$ soit $p\mathrm{d}\lambda = a\Delta\sin\theta'_p$.

La deuxième équation correspond à $\Delta\varphi = \dfrac{2\pi a}{\lambda}(\sin\theta' - \sin\theta) \geqslant \dfrac{2\pi}{N}$.

En différentiant, on a $\Delta\sin\theta'_{p,\text{limite}} = \dfrac{\lambda}{Na}$. On a donc séparation si

$$\frac{p\mathrm{d}\lambda}{a} \geqslant \frac{\lambda}{Na} \text{ soit } \mathrm{d}\lambda = \frac{\lambda}{Np}.$$

On peut donc bien séparer si la limite de résolution est faible. On préfère donc introduire un nombre qui sera d'autant plus grand que la résolution est bonne, c'est

le pouvoir de résolution défini par $\mathscr{R} = \dfrac{\lambda}{\mathrm{d}\lambda} = pN.$

4.4.4 Applications

Diffraction de Bragg

On applique les résultats précédents à la diffraction des rayons X par un cristal. On a alors transmission ou diffusion du faisceau incident.

On considère la réflexion sur deux plans réticulaires parallèles distants de d.

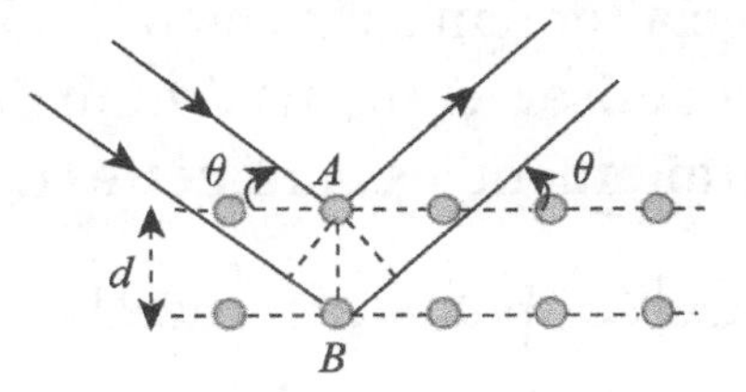

✎ À quelle condition sur d les interférences sont-elles constructives ?

On a $\delta = 2d\sin\theta$. Les interférences sont constructives si $\delta = p\lambda = 2d\sin\theta$.

Ainsi, on peut déterminer expérimentalement la distance d entre deux plans en détectant les rayons diffractés pour un ordre p fixé. C'est l'équation de Bragg.

Réseau blazé

On étudie ici le réseau échelette par réflexion. Il est constitué de N longues bandes réfléchissantes identiques de longueur L et de largeur a avec $a \ll L$. On éclaire le réseau avec une onde monochromatique, sous incidence normale.

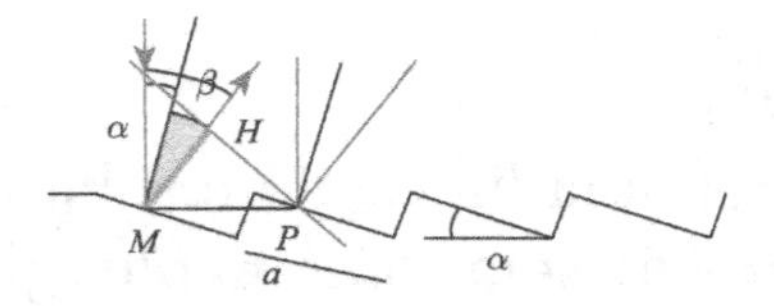

L'intérêt de ce réseau est de permettre d'avoir le maximum d'intensité en un ordre différent de zéro car, en zéro, toutes les radiations se superposent.

✍ 1. Sans calcul, dire dans quelle direction β_d l'éclairement de la lumière diffractée par une facette est maximal. Les ondes envoyées par deux facettes successives dans cette direction sont-elles obligatoirement en phase ?
2. Sans calcul, préciser dans quelle direction β_0 les interférences entre facettes successives conduisent à l'ordre $p = 0$. Quelle est la particularité de cet ordre ? Comment est la diffraction dans cet ordre ?
3. Donner la fonction éclairement sans calcul.
4. En déduire qu'on peut observer un maximum de l'éclairement à l'ordre p_0 en choisissant arbitrairement les paramètres du réseau.

1. L'amplitude diffractée par une facette est maximale dans la direction de l'optique géométrique soit pour $\beta_d = \alpha$. Dans cette direction, on a une différence de marche entre deux ondes issues de facettes successives qui est donnée par $\delta = 2a\sin(\alpha)$. On peut donc avoir des interférences constructives ou destructives.

2. Il n'y a pas de différence de marche entre les rayons si ceux-ci repartent dans la direction initiale. On a alors aucune dispersion. Mais cette direction ne correspond pas à celle de l'optique géométrique.

3. L'éclairement est obtenu comme le produit de la figure de diffraction due à un miroir par la fonction réseau à N ondes. On a

$$\mathscr{E}(M) = \mathscr{E}_0 \text{sinc}^2\left(\frac{2\pi a}{\lambda}(\sin\alpha - \sin\beta)\right) \times \frac{\sin^2(N\Delta\varphi/2)}{\sin^2(\Delta\varphi/2)},$$

avec $\Delta\varphi = \dfrac{2\pi a}{\lambda\cos\alpha}(\sin\beta + \sin\alpha)$.

4. On veut donc avoir le maximum de diffraction dans la direction de l'ordre p_0. Le maximum de diffraction correspond à $\beta = \alpha$, on a donc pour la condition d'interférences $2\sin\alpha = \dfrac{p_0\lambda}{Na}$.

Ainsi, si on choisit p_0 élevé ce qui est souvent le cas car la dispersion est d'autant plus grande que l'ordre est grand, on peut faire des mesures précises de longueur d'onde.

4.4.5 Filtrage spatial

Rappels sur la décomposition en série de Fourier

En électrocinétique (cf livre sur le sujet), on a vu qu'on pouvait décomposer tout signal physique en somme de cosinus et sinus, c'est-à-dire $f(t) = a_0 + \sum_{n=1}^{\infty} C_n \cos(n\omega_0 t + \varphi_n)$ avec ω_0 qui est le fondamental et $\omega_n = n\omega_0$ l'harmonique de rang n. La représentation des C_n en fonction des ω constitue le spectre du signal.

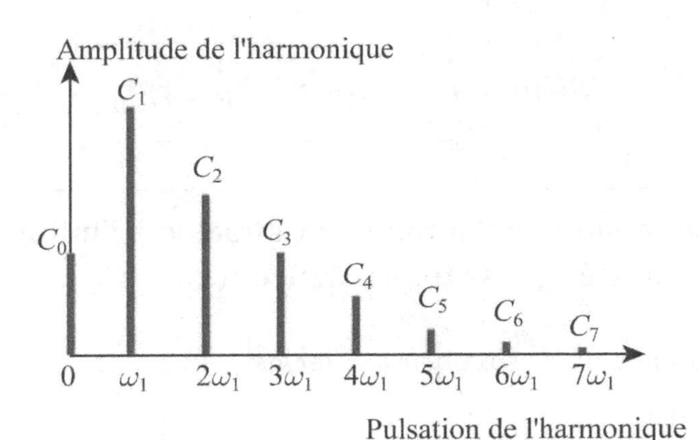

Spectre de fréquences d'une fonction f

Comme les circuits sont linéaires (et donc les équations), quand on fait du filtrage de la fonction $e(t)$, on la décompose en série de Fourier, puis, pour chaque composante, on peut calculer la composante de sortie grâce à la fonction de transfert (calculée en RSF). Le signal de sortie total est obtenu comme la superposition de toutes les composantes d'entrée filtrées.

$$s(t) = G(0)a_0 + \sum_{n=1}^{\infty} c_n G(n\omega)\cos(n\omega t + \varphi_n + \varphi(n\omega))$$

Cet outil très puissant qu'on a vu sur les fonctions périodiques en temps peut aussi être utilisé pour les fonctions périodiques en espace : on parle alors de fréquences spatiales et de filtrage spatial. Dans la suite du cours, on raisonne en espace. On va aussi voir qu'on peut étendre cet outil aux fonctions non périodiques, c'est la transformée de Fourier qu'on va voir juste après.

Passage à l'espace

Les applications de la diffraction mettent souvent en jeu du filtrage spatial. On va mettre en évidence le lien entre espace réel et espace fréquentiel (ce que vous verrez plus tard en cours de cristallographie avancée avec la notion d'espace réciproque) et, pour cela, définir la transformée de Fourier spatiale.

En supposant une fonction unidimensionnelle, la transformée de Fourier spatiale de $\underline{t}(x)$ est donnée par :

$$\boxed{\mathscr{F}(u) = \int_{-\infty}^{\infty} \underline{t(x)}\exp(-2\mathrm{j}\pi ux)\mathrm{d}x}.$$

✎ Rappeler l'expression de l'amplitude diffractée à l'infini par une pupille diffractante caractérisée par sa transparence $\underline{t(x)}$.

D'après le principe d'Huygens-Fresnel, on a :

$$\underline{s}(M) = K \times \underline{s_0} \int_{-\infty}^{\infty} \underline{t(x)} \exp\left(\frac{2\mathrm{j}\pi}{\lambda}(\alpha' - \alpha)x\right)\mathrm{d}x.$$

Si on pose $u = \dfrac{\alpha - \alpha'}{\lambda}$, on a :

$$\underline{s}(M) = K \times \underline{s_0} \int_{-\infty}^{\infty} \underline{t(x)} \exp\left(-2\mathrm{j}\pi u x\right) \mathrm{d}x.$$

On a donc fait apparaître la transformée de Fourier spatiale de $\underline{t}(x)$.

✎ Comment s'interprète alors la figure de diffraction de Fraunhofer ?

La figure de diffraction à l'infini n'est rien d'autre que le carré du module de la transformée de Fourier spatiale de la transparence de la pupille diffractante. On visualise donc sur l'écran l'image du module de la transformée de Fourier spatiale de la pupille diffractante (mais attention on n'a pas d'information sur la phase !). On voit le spectre fréquentiel de l'objet diffractant.

Ainsi, les propriétés de la figure de diffraction déjà rencontrées (translation, rotation, dilatation) se déduisent des propriétés mathématiques de la transformée de Fourier. On retrouve aussi les résultats du réseau en supposant que la fonction $\underline{t}(x)$ est périodique.

On va appliquer ces résultats au filtrage spatial.

Dans le montage de Fraunhofer, le plan focal image de la lentille L_1 constitue le plan de Fourier de la transparence de la pupille. On va agir dans ce plan pour faire du filtrage. On visualise l'image réelle filtrée grâce à la lentille L_2 qui conjugue la pupille diffractante avec l'écran.

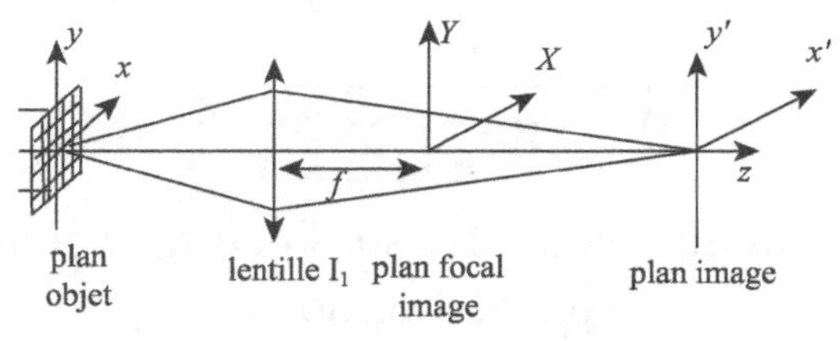

Montage pour le filtrage spatial

✎ Dans le plan de Fourier, où se situent les hautes fréquences ? les basses

fréquences ? Citer alors un exemple de filtre passe-haut et un de filtre passe-bas.

La fréquence spatiale est donnée par u. Or, u est proportionnel à α donc les basses fréquences sont situées proches de l'axe optique, au voisinage de F' (de l'image géométrique de la source si celle-ci est sur l'axe).

Les hautes fréquences sont pour les régions situées loin de F'.

Pour réaliser un filtre passe-bas, il faut couper les hautes fréquences, on place donc dans le plan de Fourier un cache percé d'un trou circulaire situé au voisinage de F'.

Pour réaliser un filtre passe-haut, il faut couper les basses fréquences, on peut placer une tête d'épingle en F'.

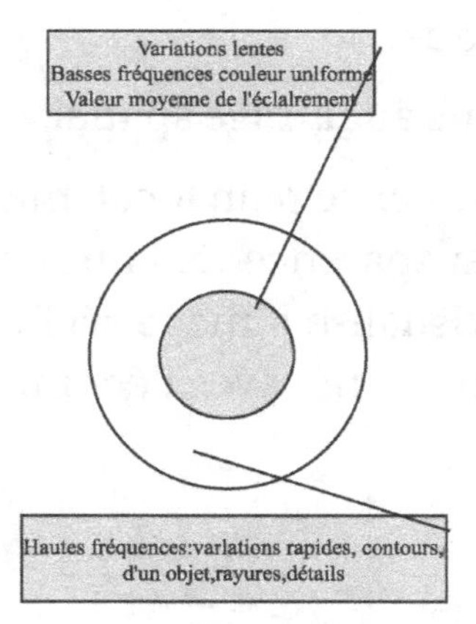

Répartition des fréquences spatiales sur l'écran, le centre correspond au point origine O

Voici des exemples de filtrage :

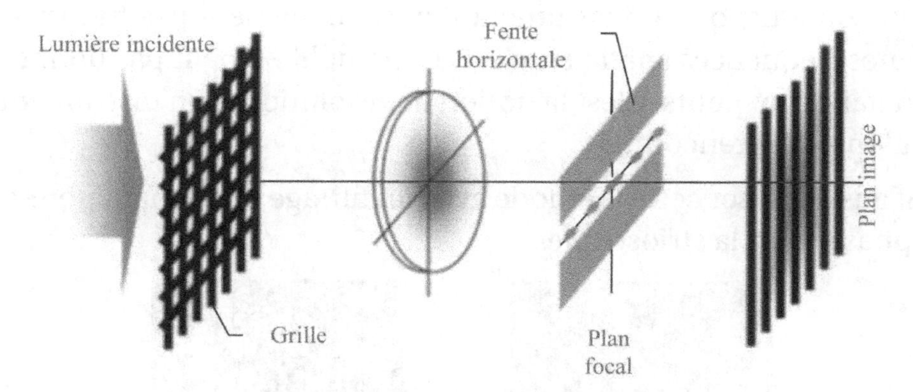

Principe de l'expérience d'Abbe
* D'après `optique-ingenieur.org`

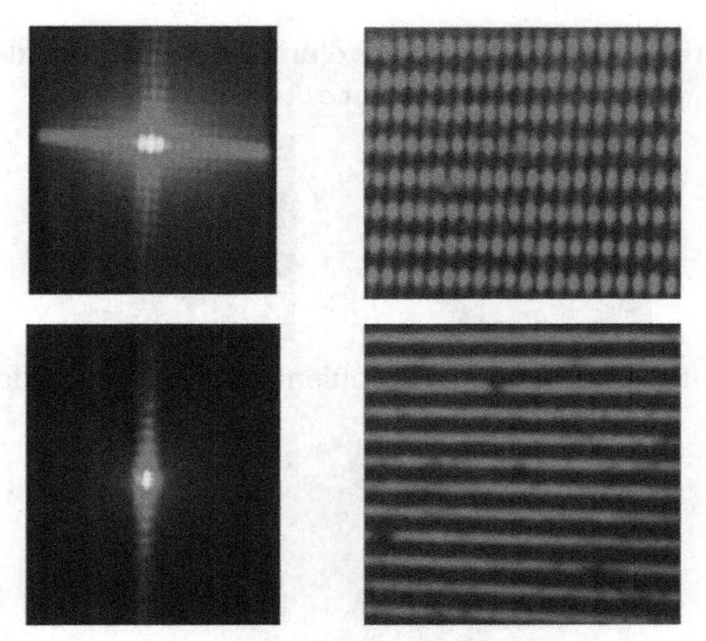

Filtrage spatial dans le cas d'un réseau : visualisation de la transformée de Fourier à gauche et de l'image obtenue à droite. La pupille diffractante est constituée de deux réseaux accolés perpendiculairement, crédits : université Joseph Fourier, Grenoble

Si la lentille de projection a une taille finie, elle peut couper involontairement les "hautes" fréquences : il n'y a qu'une seule tache lumineuse au foyer image de la lentille, c'est un filtre passe-bas involontaire (caractère intégrateur). On voit ainsi qu'un instrument d'optique ne peut pas transmettre de trop hautes fréquences spatiales, c'est-à-dire qu'il ne peut pas donner d'image de détails trop petits. C'est la notion de résolution d'un instrument d'optique qu'on a déjà rencontrée.

On peut aussi utiliser cette méthode avec un filtrage passe-haut pour des objets de phase, c'est la strioscopie.

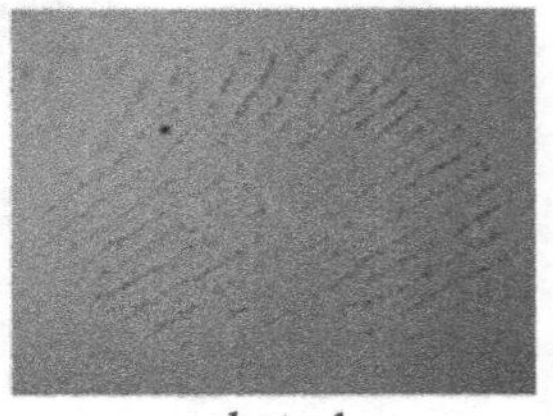

photo 1

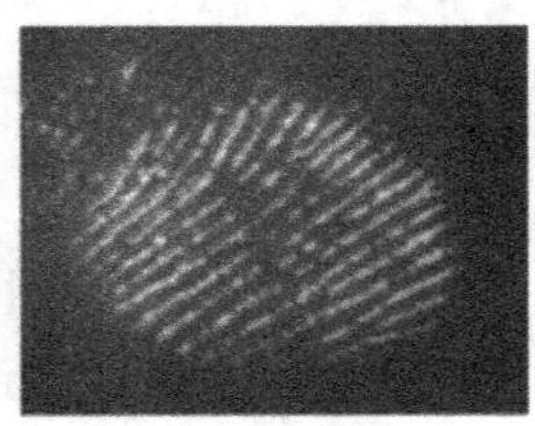

photo 2

Strioscopie : visualisation d'une empreinte digitale
∗ D'après `intellego.fr`

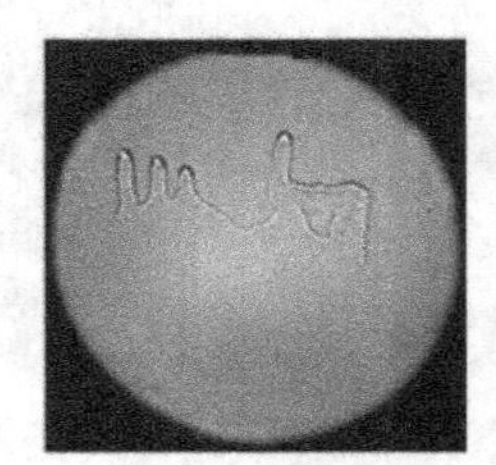

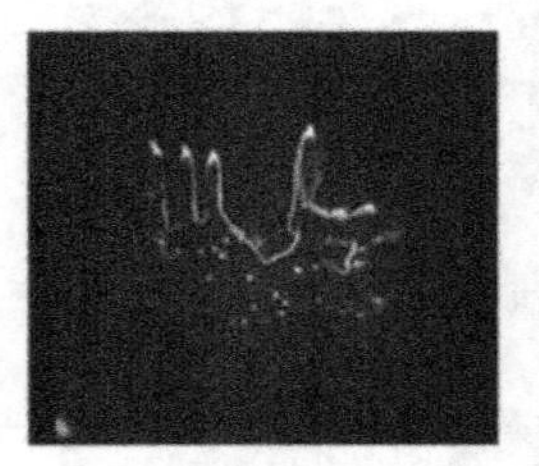

Strioscopie : visualisation de l'écoulement d'une goutte de glycérol

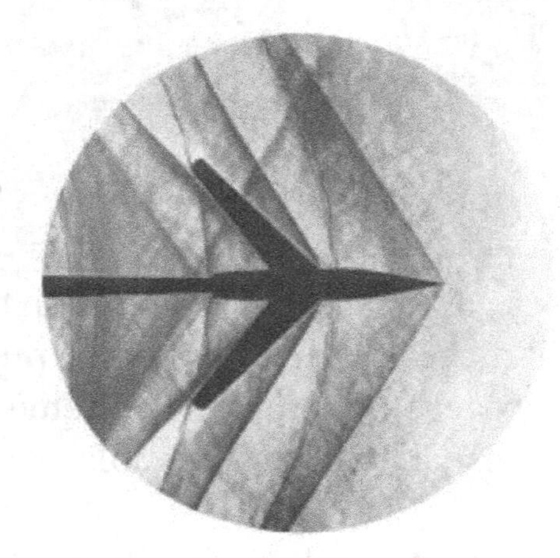

Technique du Schlieren : visualisation du cône de Mach
∗ D'après `wikipedia.fr`

Chapitre 5

Polarisation

Les ondes lumineuses sont des ondes vectorielles. Or, jusqu'à présent, nous avons utilisé une représentation scalaire. Nous allons finalement étudier, dans ce chapitre, la polarisation de la lumière en adoptant un modele vectoriel de celle-ci. Nous allons tout d'abord définir la polarisation pour ensuite voir comment obtenir une lumière polarisée.

5.1 Propagation de la lumière dans le vide

La lumière est une onde électromagnétique, c'est-à-dire elle est associée à la propagation du champ électrique et du champ magnétique dans l'espace.

On va voir dans la suite du cours les équations de Maxwell qui gouvernent la propagation des champs électromagnétiques. Celles-ci impliquent des relations fortes sur le champ électromagnétique et notamment une structure en onde plane progressive harmonique.

Le champ électrique est un champ vectoriel qui peut se mettre sous la forme $\overrightarrow{E}(M,t) = E_x(M,t)\overrightarrow{e_x} + E_y(M,t)\overrightarrow{e_y} + E_z(M,t)\overrightarrow{e_z}$. Si on note $\overrightarrow{k}$ le vecteur d'onde, on a les composantes qui vérifient :

$$E_i(M,t) = E_{i0}\cos(\omega t - \overrightarrow{k}\cdot\overrightarrow{r} + \varphi_i)$$

$\overrightarrow{r}$ est le vecteur position du point considéré et φ_i est la phase à l'origine du temps et de l'espace.

✎ En déduire l'expression des composantes du champ complexe $(\underline{E}, \underline{B})$.

On a donc

$$\underline{E_i}(M,t) = E_{i0}\exp(\mathrm{j}(\omega t - \overrightarrow{k}\cdot\overrightarrow{r} + \varphi_i)) = \underline{E_{i0}}\exp(\mathrm{j}(\omega t - \overrightarrow{k}\cdot\overrightarrow{r}))$$

$$\underline{B_i}(M,t) = B_{i0}\exp(\mathrm{j}(\omega t - \overrightarrow{k}\cdot\overrightarrow{r} + \varphi_i)) = \underline{B_{i0}}\exp(\mathrm{j}(\omega t - \overrightarrow{k}\cdot\overrightarrow{r}))$$

On a la relation supplémentaire dans le vide (déduite des équations de Maxwell) :

$\boxed{\overrightarrow{k}\cdot\overrightarrow{E}(M,t) = 0 \text{ et } \overrightarrow{k}\cdot\overrightarrow{B}(M,t) = 0}$.

Les champs électrique et magnétique sont dits transverses : ils sont perpendiculaires à la direction de propagation de l'onde. La direction de $\overrightarrow{k}$ représente la direction de propagation du rayon lumineux.

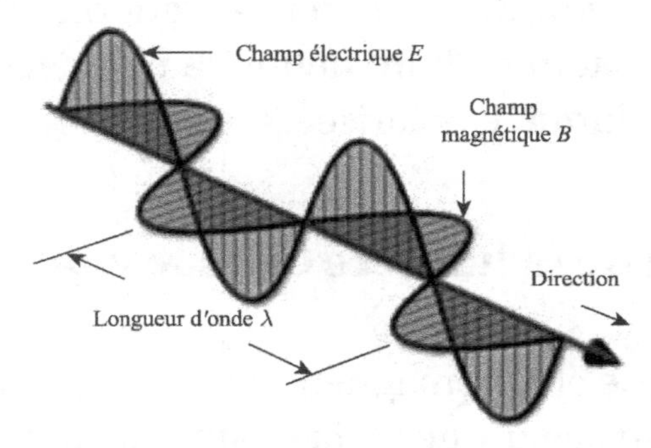

Structure d'onde plane transverse de la lumière

On a une onde plane progressive harmonique qu'on note OPPH dans la suite du cours. Les champs électrique et magnétique sont en phase, ils sont orthogonaux et le trièdre $(\overrightarrow{k}, \overrightarrow{E}(M,t), \overrightarrow{B}(M,t))$ est direct.

De plus, on a une relation supplémentaire entre les normes des champs électrique et magnétique : $\boxed{||\overrightarrow{B}(M,t)|| = \dfrac{||\overrightarrow{E}(M,t)||}{c}}$.

Ces relations peuvent être généralisées au cas d'une onde plane progressive quelconque en utilisant l'analyse de Fourier : cette onde plane progressive peut être décomposée en somme d'OPPH. Chacun des termes de la somme vérifie les propriétés précédentes, les équations sont linéaires, il en est de même pour la somme.

On utilise alors pour décrire l'onde la notation suivante, si $\overrightarrow{k} = k\overrightarrow{e_x}$,

$$\overrightarrow{E} = \begin{bmatrix} 0 \\ E_{0y}\cos(\omega t - kx + \varphi_y) \\ E_{0z}\cos(\omega t - kx + \varphi_z) \end{bmatrix} \quad \text{soit } \underline{\overrightarrow{E}} = \begin{bmatrix} 0 \\ E_{0y}e^{j(\omega t - kx + \varphi_y)} \\ E_{0z}e^{j(\omega t - kx + \varphi_z)} \end{bmatrix}$$

$$\underline{\overrightarrow{E}} = \underline{E_{0y}}e^{j(\omega t - kx)} \begin{bmatrix} 0 \\ 1 \\ \dfrac{E_{0z}}{E_{0y}}e^{j\varphi} \end{bmatrix}$$

On pose $\varphi = \varphi_z - \varphi_y$ et $\rho = \dfrac{E_{0z}}{E_{0y}}$. C'est la notation des matrices de Jones, utile pour résoudre les problèmes d'optique en utilisant les matrices, c'est l'optique matricielle.

5.2 États de polarisation des OPPH

> La direction du champ électrique d'une OPPH dans le plan d'onde définit la direction de polarisation de cette onde. L'évolution de cette direction au cours du temps en un point donné définit l'état de polarisation de l'onde.

Ainsi, l'état de polarisation d'une onde est étudié en décrivant la trajectoire suivie par l'extrémité du champ électrique dans le plan d'onde passant par M quand l'observateur voit arriver l'onde vers lui.

⚠ L'observateur doit voir l'onde arriver vers lui ! Dans ce cas-là, une rotation du champ électrique dans le sens horaire est dite droite et une rotation dans le sens anti-horaire est dite gauche .

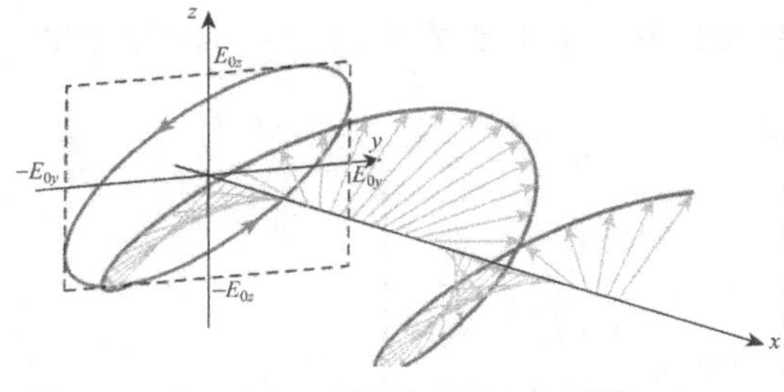

Exemple de polarisation elliptique
∗ D'après Cap Prépa

5.2.1 Polarisation rectiligne

On suppose que $\varphi = 0$ ou π.

On a alors, en formalisme de Jones :

$$\underline{\vec{E}} = \underline{E_{0y}} e^{j(\omega t - kx)} \begin{bmatrix} 0 \\ 1 \\ \dfrac{E_{0z}}{E_{0y}} = \rho \end{bmatrix}$$

✎ Quelle est l'équation en coordonnées cartésiennes ?

On a donc $\vec{E}(M,t) = E_{0y}\cos(\omega t - kx + \varphi_0)\vec{e_y} + E_{0z}\cos(\omega t - kx + \varphi_0)\vec{e_z}$.

C'est l'équation d'une droite dans le plan Oyz qui fait un angle θ par rapport à Oy tel que $\tan\theta = \rho$. On a une polarisation rectiligne. Le champ électrique garde une direction fixe dans le plan d'onde.

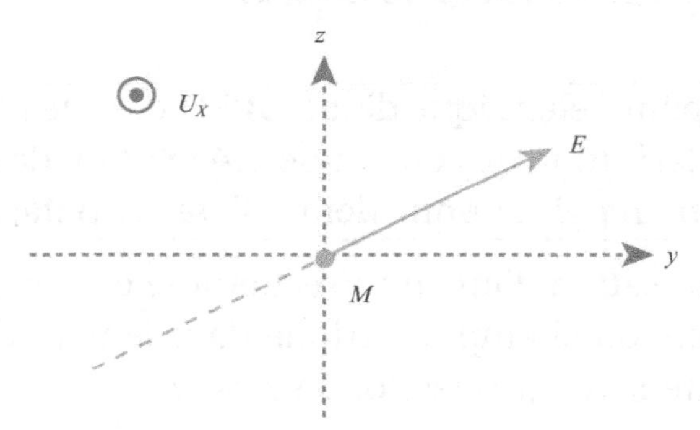

Exemple de polarisation rectiligne

5.2.2 Polarisation circulaire

Maintenant, on suppose que $\varphi = \pm\pi/2$ et $\rho = 1$. On a alors, si on suppose ici $+\pi/2$:

$$\underline{\vec{E}} = \underline{E_{0y}} e^{j(\omega t - kx)} \begin{bmatrix} 0 \\ 1 \\ \dfrac{E_{0z}}{E_{0y}} \times (\pm j) = \pm j \end{bmatrix}$$

On a donc une polarisation circulaire. Deux cas se présentent suivant le sens de parcours du cercle :

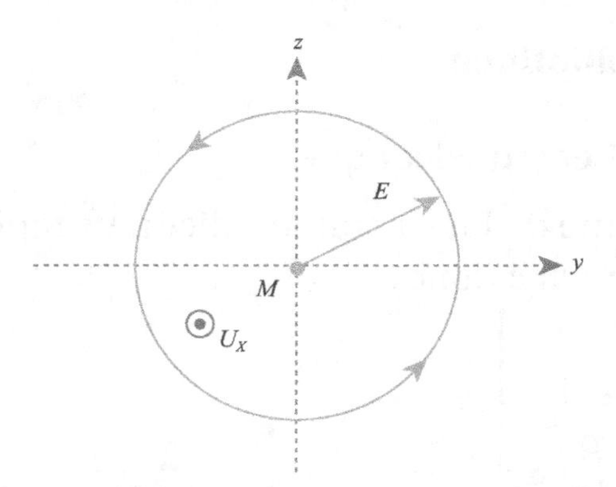

Exemple de polarisation circulaire gauche, $\varphi = -\pi/2$

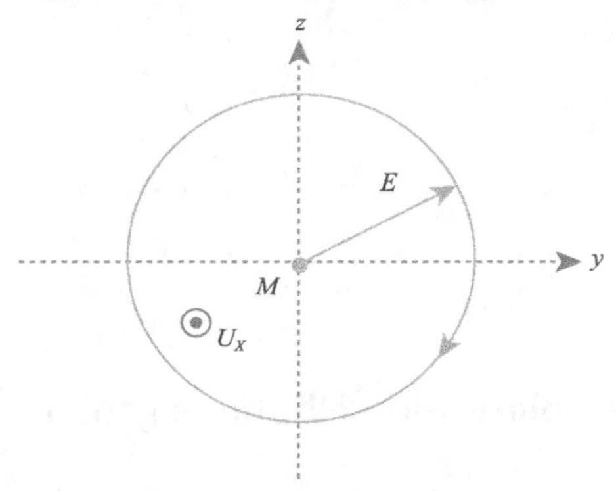

Exemple de polarisation circulaire droite, $\varphi = +\pi/2$

En effet, dans un cas, on a

$$\vec{E} = E_{0y}\begin{bmatrix} 0 \\ \cos(\omega t - kx) \\ \sin(\omega t - kx) \end{bmatrix} \text{ et dans l'autre } \vec{E} = E_{0y}\begin{bmatrix} 0 \\ \cos(\omega t - kx) \\ -\sin(\omega t - kx) \end{bmatrix}$$

✎ Associer chaque cas à la polarisation correcte.

Dans le premier cas, imaginons qu'on parte de $(\omega t - kx) = 0$, la composante suivant Oy diminue tandis que la composante suivant Oz augmente. Le sens de parcours est trouvé, on va vers la gauche. Inversement, dans le second cas, quand on part de $(\omega t - kx) = 0$, la composante suivant Oy diminue mais c'est pareil pour celle suivant Oz, le sens de parcours est vers la droite.

5.2.3 Polarisation elliptique

On suppose que $\rho \neq 1$ et φ quelconque.

On utilise le formalisme de Jones pour étudier plus rapidement l'état de polarisation d'une onde. On a donc :

$$\underline{\vec{E}} = \underline{E_{0y}} e^{j(\omega t - kx)} \begin{bmatrix} 0 \\ 1 \\ \rho e^{j\varphi} \end{bmatrix}$$

On a alors une onde polarisée elliptiquement.

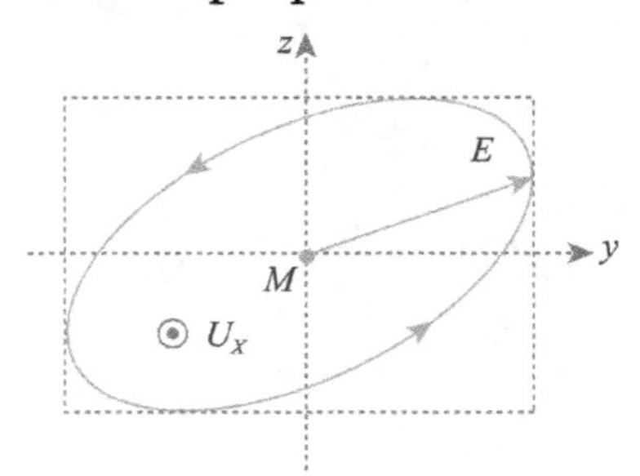

Exemple de polarisation elliptique gauche, $\pi < \varphi < 2\pi$

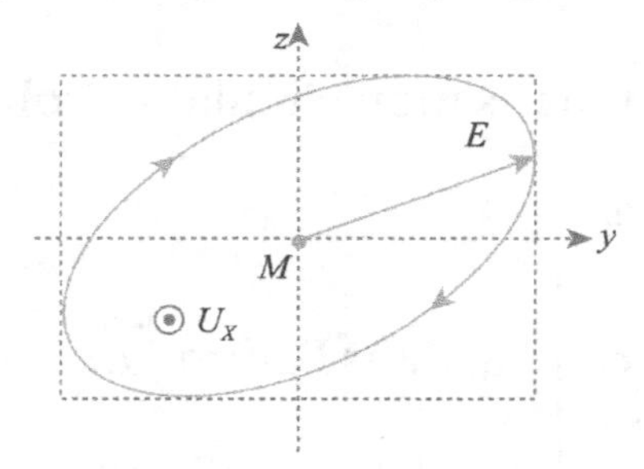

Exemple de polarisation elliptique droite, $0 < \varphi < \pi$

✎ Quelle est l'équation en coordonnées cartésiennes ?

On a donc $\vec{E}(M,t) = E_{0y}\cos(\omega t - kx)\vec{e_y} + E_{0z}\cos(\omega t - kx + \varphi)\vec{e_z}$.

On voit que c'est la superposition de deux ondes polarisées rectilignement, de même pulsation, cohérentes entre elles mais de polarisations orthogonales. En un point donné (x fixé), l'extrémité du vecteur $\vec{E}$ décrit une ellipse.

Ainsi, généralement, une onde monochromatique est polarisée elliptiquement. Le cas $\varphi = 0$ (modulo π) correspond au cas de la polarisation rectiligne, le cas où $\varphi = \pi/2$ (modulo π) et les amplitudes E_{0y} et E_{0z} sont égales, correspond au cas de la polarisation circulaire.

5.2.4 Décomposition

✎ Montrer que toute OPPH peut se décomposer sous la forme de deux ondes polarisées rectilignement, de direction de polarisation perpendiculaire.

Toute OPPH *peut se mettre sous la forme*

$$\overrightarrow{E} = \overrightarrow{E}_{0y}\cos(\omega t - kx)\overrightarrow{e_y} + E_{0z}\cos(\omega t - kx - \varphi)\overrightarrow{e_z}$$

CQFD.

✎ Montrer que toute OPPH peut se décomposer sous la forme de deux polarisations circulaires, l'une droite et l'autre gauche.

En utilisant le résultat précédent, on a

$$\underline{\overrightarrow{E}} = \underline{E_{0y}}e^{j(\omega t - kx)}\begin{bmatrix}0\\1\\0\end{bmatrix} + \underline{E_{0z}}e^{j(\omega t - kx)}\begin{bmatrix}0\\0\\1\end{bmatrix}$$

$$= \underline{E_{0y}}e^{j(\omega t - kx)}\left(\begin{bmatrix}0\\1/2\\j/2\end{bmatrix} + \begin{bmatrix}0\\1/2\\-j/2\end{bmatrix}\right) + \underline{E_{0z}}e^{j(\omega t - kx)}\left(\begin{bmatrix}0\\j/2\\1/2\end{bmatrix} + \begin{bmatrix}0\\-j/2\\1/2\end{bmatrix}\right)$$

CQFD.

Ainsi, les deux états de polarisation circulaire constituent une base pour l'ensemble des états de polarisation.

5.3 Production d'une lumière polarisée

Nous allons maintenant voir comment produire de la lumière polarisée.
En effet, si on prend une source de lumière normale, les atomes qui la constituent émettent, suite aux nombreuses collisions, de la lumière polarisée de façon indépendante et aléatoire. Or, le temps de détection est très supérieur à l'intervalle séparant deux collisions, le détecteur effectue une moyenne temporelle sur $T_{\text{détecteur}}$ et comme les polarisations sont aléatoires, la lumière émise est non polarisée.

On peut aussi parler de lumière partiellement polarisée.

5.3.1 Polarisation par dichroïsme

Un polariseur est un filtre qui transforme une onde quelconque en onde polarisée rectilignement, selon une direction $\vec{u}$ caractéristique du polariseur.

C'est un dispositif dichroïque : il absorbe une direction de polarisation de l'onde incidente.

On peut utiliser une grille métallique dont le pas est de l'ordre de la longueur d'onde du rayonnement. On va voir dans le cours d'électromagnétisme que l'onde parallèle à la direction de la grille est absorbée tandis que la composante perpendiculaire la traverse sans atténuation.

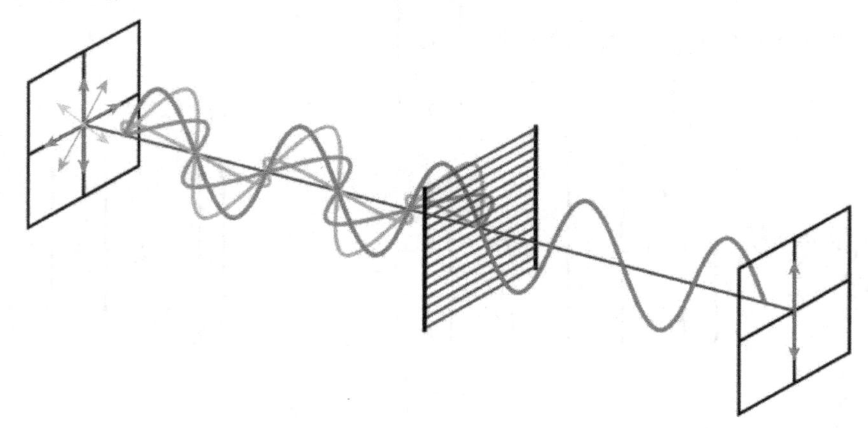

Utilisation d'une grille métallique pour obtenir une onde polarisée rectilignement
∗ D'après wikimedia.org

http://uel.unisciel.fr/physique/vibrapropa/vibrapropa_ch02/co/simuler_ch2_01.html

Généralement, on utilise des feuilles polarisantes (inventées en 1938) qui sont des feuilles plastiques recouvertes d'un matériau organique qui se comporte comme une grille métallique, c'est-à-dire la composante du champ électrique suivant l'axe de la grille est absorbée tandis que celle perpendiculaire est transmise.

Il existe aussi des cristaux dichroïques comme la tourmaline mais on préfère souvent utiliser d'autres dispositifs.

Le polariseur apparaît ainsi comme un opérateur de projection : il permet de créer une vibration rectiligne à partir de la lumière naturelle

Remarque : en TP, on utilise deux polariseurs, celui en sortie est appelé analyseur. La vibration analysée est rectiligne si la lumière transmise peut être éteinte en tournant l'analyseur.

5.3.2 Polarisation par réflexion

La polarisation de la lumière par réflexion a été découverte en 1808 par Malus. On démontrera ce résultat en cours d'électromagnétisme. On considère deux milieux diélectriques d'ondes n_1 et n_2. Si l'angle d'incidence de l'onde électromagnétique est égal à l'incidence de Brewster, alors seule la composante du champ électrique perpendiculaire au plan d'incidence est réfléchie. On a $\boxed{\tan i_B = \dfrac{n_2}{n_1}}$.

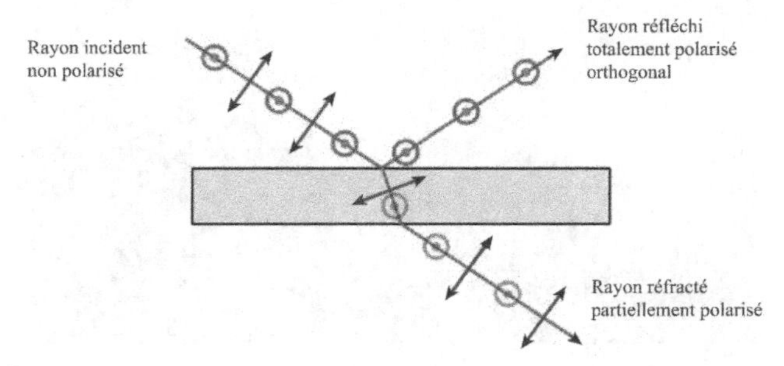

Lame de verre éclairée sous incidence de Brewster
∗ D'après wikipedia.org

✎ Quelle est l'incidence de Brewster pour l'interface air-verre ?

On a $\tan i_B = \dfrac{n_2}{n_1} = \dfrac{1,5}{1}$ soit $i_B = 56°19'$.

✎ Sous cette incidence particulière, quel est le lien entre l'angle du rayon réfracté et celui du rayon réfléchi ?

On a $\tan i_B = \dfrac{n_2}{n_1}$. Or, d'après les lois de la réfraction de Snell-Descartes, on a $n_1 \sin i_B = n_2 \sin r$ donc on a $\cos i_B = \sin r$ soit

$i_B + r = \pi/2$.

Ceci est utilisé dans les lunettes de glacier, pour minimiser au maximum l'intensité lumineuse réfléchie par la surface du glacier ou encore en photographie, pour réaliser la photo d'un objet situé derrière une vitre, un polariseur placé devant l'objectif permet d'éliminer autant que possible les rayons réfléchis.

5.3.3 Polarisation par diffusion

La lumière diffusée par des particules en suspension acquiert une polarisation partielle. On va le démontrer dans le cours d'électromagnétisme avec le modele du dipôle oscillant. On peut le voir avec l'expérience du soleil couchant (diffusion Rayleigh) : le bleu du ciel est partiellement polarisé. Ceci est utilisé en photographie pour rendre le bleu du ciel encore plus bleu avec des filtres polarisants.

Comparaison de deux images avec et sans polariseur
∗ D'après `wikimedia.org`

5.3.4 Polarisation par biréfringence

Il existe des cristaux qui sont biréfringents, c'est-à-dire qu'ils présentent deux indices de propagation différents pour des polarisations différentes. Un faisceau incident donne naissance à deux rayons émergents, le rayon ordinaire qui suit les lois de la réfraction de Snell-Descartes et le rayon extraordinaire. C'est le cas de la calcite ou du quartz. Ces deux faisceaux sont polarisés de directions de polarisation orthogonales.

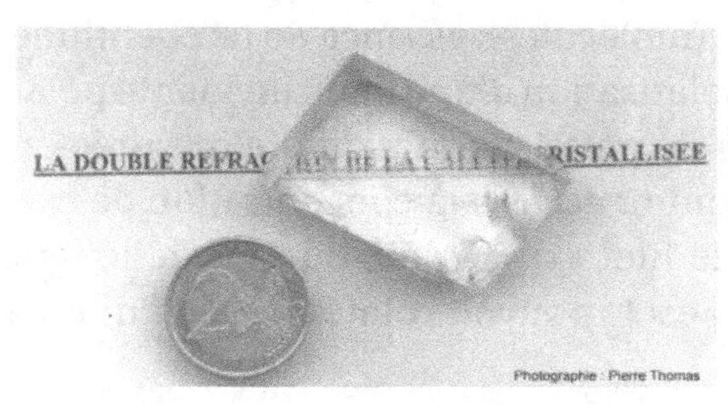

Visualisation des deux images avec un cristal de calcite
* D'après Pierre Thomas , ENS Lyon

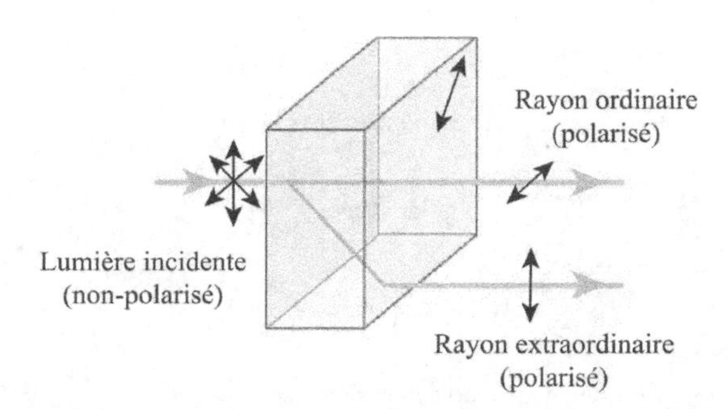

Polarisation des rayons ordinaire et extraordinaire

http://planet-terre.ens-lyon.fr/image-de-la-semaine/Img71-2004-02-16.xml

La polarisation est souvent utilisée dans l'industrie pour contrôler les déformations, les contraintes subies par des matériaux. C'est la photoélasticimétrie.

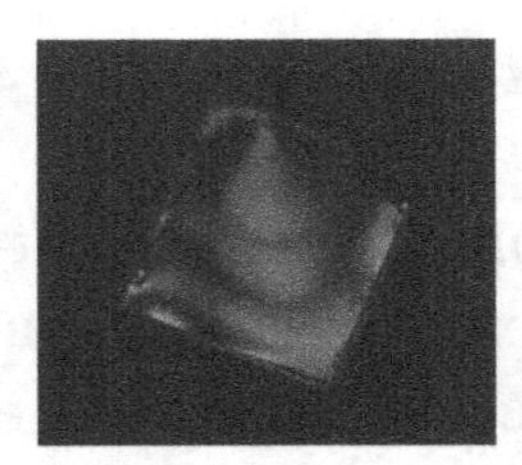

Visualisation des contraintes sur un morceau de Plexiglas
* D'après `wikimedia.org`

On peut aussi définir l'activité optique pour certains composés : quartz (solide), saccharose (molécules), essence de térébenthine (liquide)... qui font tourner le plan de polarisation d'une onde incidente polarisée rectilignement. La rotation du plan de polarisation peut êre mesurée et pour les molécules organiques, peut donner accès à la concentration de ces molécules en solution grâce à la loi de Biot : $\alpha = [\alpha]CL$ où L est la longueur de la cuve, C la concentration et $[\alpha]$ est le pouvoir rotatoire spécifique, caractéristique d'une molécule donnée.

Ces propriétés de rotation du plan de polarisation sont utilisées dans les écrans à cristaux liquides. Dans la phase nématique, les cristaux liquides présentent une biréfringence.

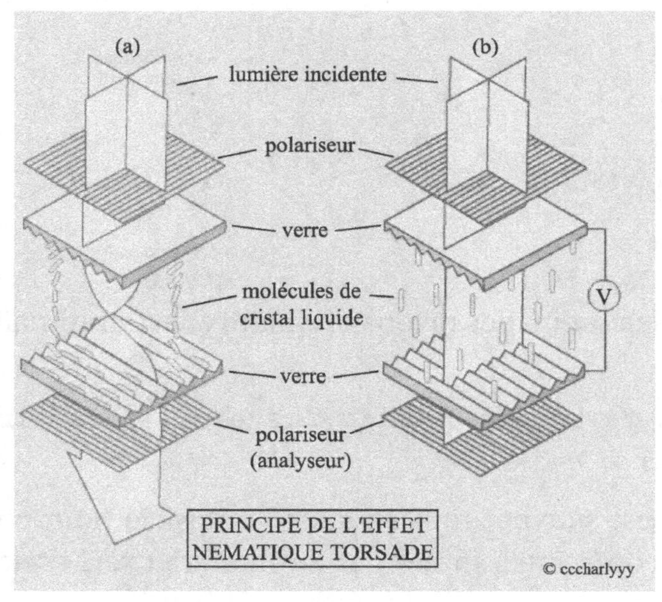

Principe de fonctionnement d'un écran à cristaux liquides

Deux surfaces de verre sont recouvertes d'un film conducteur afin de créer une différence de potentiel. On peut alors appliquer un champ électrique ou non.
On dépose sur la paroi intérieure un surfactant afin d'orienter les molécules, et les "ancrer" suivant une certaine direction.
On accole un polariseur à l'extérieur de chaque surface de verre, puis on fait tourner la plaque inférieure de 90° afin que le polariseur et l'analyseur soient placés perpendiculairement.
On introduit ensuite entre les deux surfaces un cristal liquide nématique.
On obtient donc un nématique dont l'orientation des molécules tourne d'un quart de tour (90°) entre l'électrode du haut et celle du bas (schéma a). La lumière est guidée par ces molécules, elle ressort donc librement de la cellule, suivant la direction de l'analyseur. La cellule est allumée.
Lorsque l'on applique un champ électrique entre les électrodes, les molécules s'alignent progressivement suivant la direction du champ (schéma b). La lumière n'est plus déviée par les molécules, elle est donc stoppée par l'analyseur car celui-ci est perpendiculaire au polariseur. La cellule est éteinte.
Si on coupe le champ électrique, la structure en hélice des molécules se reforme, et la cellule se rallume.
On a obtenu un affichage à cristaux liquides : cellule éteinte ou allumée.

Pour terminer, nous sommes insensibles à la polarisation de la lumière mais, par exemple, les abeilles et les fourmis y sont sensibles et s'en servent pour se repérer.

Abeille et fourmi

Deuxième partie

Électromagnétisme

Chapitre 6

Sources du champ électromagnétique

L'électromagnétisme a été étudié dès l'Antiquité avec des faits expérimentaux surprenants : la pierre de Magnésie, trouvée en Thessalie, qui attire le fer et qui est à l'origine de l'étude du magnétisme, il y a aussi l'ambre (electron en grec) qui, une fois frottée, attire des corps légers (des bouts de papier ou des brins de paille), c'est le début de l'étude de l'électrostatique (et plus tard de l'électricité). Ces phénomènes expérimentaux ont mis en évidence l'existence de nouvelles forces. Il faut attendre le XVIIIème siècle avec le physicien français Charles-Augustin de Coulomb pour avoir une loi phénomènologique sur les interactions électrostatiques. L'invention de la première pile par Volta en 1800 met en évidence que le courant est dû à un déplacement de charges. À la fin du XIXe siècle, Maxwell unifie l'électricité et le magnétisme et prédit l'existence d'ondes électromagnétiques, que nous allons étudier au prochain semestre.

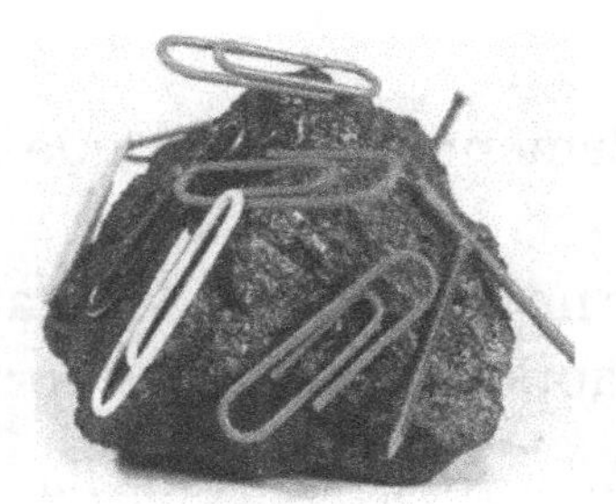

Pierre de Magnésie ou magnétite
∗ D'après `physique.vije.fr`

Ambre jaune

Nous allons commencer l'étude de cette partie avec les sources de champ électromagnétique avant de passer à l'étude des champs.

6.1 Charge et distribution de charges

6.1.1 Définition

On considère 3 petits objets électrisés (par exemple par frottement) et l'action successive de l'objet 1 placé en M sur les objets 2 et 3 placés successivement au même point M'.

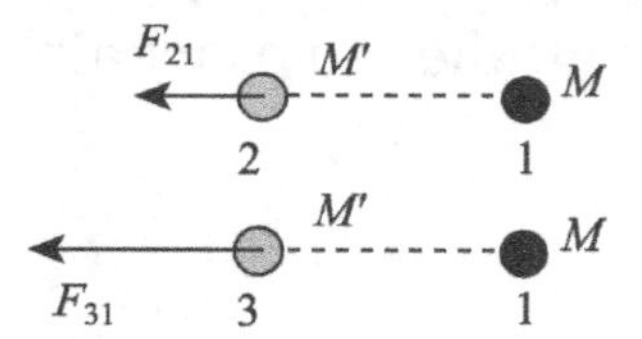

On constate expérimentalement que, quels que soient M et M', F_{21}/F_{31} = cste.

Cette constante algébrique ne dépend que de l'état d'électrisation des objets, elle permet de définir le rapport des charges portées par les objets successivement placés au point M' : $\dfrac{F_{21}}{F_{31}} = \dfrac{q_2}{q_3}$ = cste. Par choix d'une charge étalon, $q_0 = 1$ unité, on peut ainsi attribuer une charge q à tout objet électrisé.

Dans le système international (SI), l'unité de charge est le coulomb, charge transportée par un courant d'intensité 1 A pendant 1 s.

6.1.2 Propriétés

Depuis l'expérience de Millikan en 1911, on sait que la charge est quantifiée. Toute charge libre est un multiple de la charge élémentaire e qui est définie par $e = 1,602189 \times 10^{-19}$ C (coulombs).

Remarque : les constituants des protons et des neutrons, les quarks, présentent des charges fractionnaires, $2e/3$ et $-e/3$ mais on ne peut observer un seul quark libre...

La charge peut donc être positive ou négative.

✎ Donner des exemples de particules chargées. Préciser le signe.

On a l'électron de charge $-e$, le proton de charge $+e$, les anions chlorure Cl^-, les cations calcium Ca^{2+}....

La charge est invariante par changement de référentiel : elle a la même valeur quel que soit le référentiel dans lequel on la mesure.

La charge est extensive : la charge d'un système constitué de N particules de charge q_i est donnée par $Q_{\text{total}} = \sum_{i=1}^{N} q_i$.

La charge d'un système électrique isolé est constante. Ceci est vérifié dans le cas des réactions chimiques (acido-basique, oxydo-réduction) ou dans le cas des réactions entre particules élémentaires.

6.1.3 Cas d'une distribution de charge

Si on observe la matière à une échelle très grande devant la taille d'un atome, on peut considérer que la charge est continue.

✎ Quelles sont les 3 échelles utilisées en physique ? Rappeler leurs définitions.

Les trois échelles présentes en physique sont les suivantes :

- l'échelle atomique ou microscopique, la taille caractéristique l est de l'ordre du nm;

- l'échelle mésoscopique ou échelle intermédiaire, déjà rencontrée en thermodynamique. l est de l'ordre du µm. Cette échelle permet de découper un système macroscopique en plusieurs systèmes élémentaires pour lesquels la matière peut toujours être vue comme continue (un volume élémentaire mésoscopique contient un très grand nombre d'atomes);
- l'échelle macroscopique, l'ordre de grandeur est $l \approx 1\text{m}$.

On se place au voisinage d'un point M, on définit $d\tau(M)$ un volume élémentaire autour du point M, très grand devant le volume d'un atome. Soit $\mathrm{d}q$ la charge portée par $\mathrm{d}\tau(M)$.On définit alors une densité volumique de charge ρ en M :

$$\boxed{\rho = \frac{\mathrm{d}q}{\mathrm{d}\tau}}.$$

✎ Quelle est l'unité de ρ dans le système international?

L'unité de ρ est le coulomb par mètre cube, $\mathrm{C}\cdot\mathrm{m}^{-3}$.

⚠ Il ne faut pas confondre la densité volumique de charge avec la masse volumique!

La charge totale d'un volume $\mathcal{V}$ est définie par :

$$\boxed{Q = \iiint_{M\in\mathcal{V}} \rho(M)\mathrm{d}\tau(M)}.$$

✍ Soit une distribution de charges caractérisée par une densité volumique de charge ρ_0 constante pour $r \leqslant R$ et nulle sinon. Quelle est la charge totale contenue dans la sphère de rayon R?

Par définition, la charge contenue dans la sphère de rayon R est donnée par :

$$Q = \iiint_{\text{sphere}} \rho \mathrm{d}r \times r\mathrm{d}\theta \times r\sin\theta \mathrm{d}\varphi = \rho_0 \int_0^R r^2 \mathrm{d}r \int_0^{\pi} \sin\theta \mathrm{d}\theta \int_0^{2\pi} \mathrm{d}\varphi$$

$$Q = \rho_0 \frac{R^3}{3} \times 2 \times 2\pi = \frac{4\pi}{3}\rho_0 R^3,$$

résultat qui est bien homogène.

Remarque : pour le calcul de cette intégrale triple, on utilise le théorème de Fubini. Quand les variables d'intégration et les domaines d'intégration sont indépendants, alors on peut intégrer séparément.

⚠ Il ne faut pas confondre ρ avec la densité volumique de charges n qui est le nombre de porteur de charges d'un type donné par unité de volume. En effet, on peut définir pour un système :

$$n = \frac{\mathrm{d}N}{\mathrm{d}\tau}.$$

Il y a un "s" final ! Attention à l'orthographe...

Dans le cas d'un seul type de porteur de charge, de charge Q, on a :

$$\rho = \frac{\mathrm{d}q}{\mathrm{d}\tau} = \frac{\mathrm{d}(NQ)}{\mathrm{d}\tau} = Qn.$$

Dans le cas de plusieurs porteurs de charge, on a :

$$\rho = \frac{\mathrm{d}q}{\mathrm{d}\tau} = \sum_i \frac{\mathrm{d}(Q_i N_i)}{\mathrm{d}\tau} = \sum_i Q_i n_i.$$

Ainsi, la densité volumique de charge peut être nulle localement même s'il y a des charges : localement, il y a autant de charges positives que négatives. C'est la neutralité électrique locale .

La masse volumique du cuivre est $\mu = 8{,}96 \times 10^3\ \mathrm{kg{\cdot}m^{-3}}$, sa masse molaire est $M = 63{,}5\ \mathrm{g{\cdot}mol^{-1}}$. Quelle est la densité volumique de porteurs de charges ? En déduire la densité volumique de charge.

On a $n = \frac{\mu \mathcal{N}_A}{M}$ soit $n = 8,49 \times 10^{28}$ électrons par mètre-cube. On a alors $\rho = -en = -13,6 \times 10^9$ C·m^{-3}.

6.1.4 Modélisations

Souvent, en physique, une ou deux des dimensions de la distribution de charges est négligeable devant les autres, on peut alors modéliser la distribution par une surface ou par une ligne.

Distribution surfacique

Par exemple, dans le cas d'un métal, matériau conducteur, les électrons sont localisés en surface. Si on a $e \ll L_x, L_y$, alors on peut modéliser le volume par une "nappe".

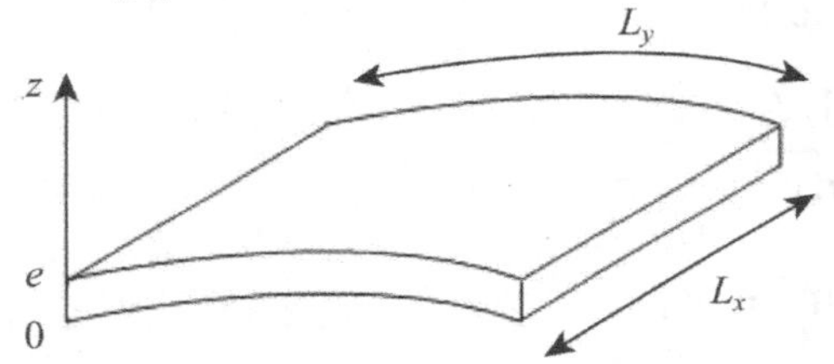

On peut alors définir une densité surfacique de charge σ telle que :

$$Q = \iint_{M \in S} \sigma(M) \mathrm{d}S(M).$$

✎ Quelle est l'unité de σ ?

L'unité de σ est le coulomb par mètre carré, C·m^{-2}.

⋆ Relation entre ρ et σ :

La distribution de charges réelle est toujours volumique : $Q = \iiint_{\mathcal{V}} \rho \mathrm{d}\tau$. On a donc par identification :

$$\iiint_{\mathcal{V}} \rho \mathrm{d}x\mathrm{d}y\mathrm{d}z = \iint_S \sigma \mathrm{d}x\mathrm{d}y.$$

De plus, souvent, la distribution volumique de charge dépend très peu de z :

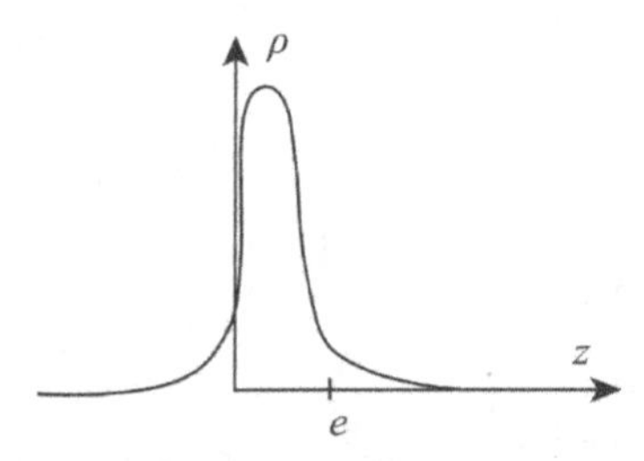

Allure de la densité volumique de charge en fonction de z

✎ Quelle est la relation entre σ et ρ dans le cas d'une densité volumique de charge constante suivant z ?

On a $Q = \iint_S \rho(x,y)\mathrm{d}x\mathrm{d}y \times \int_0^e \mathrm{d}z = \iint_S \sigma(x,y)\mathrm{d}x\mathrm{d}y$ soit $\sigma = \rho \times e$.

✎ Quelle est la relation générale entre σ et ρ si la distribution n'est pas uniforme ?

Si la distribution n'est pas uniforme, on a alors : $\sigma(x,y) = \int_0^{e(x,y)} \rho(x,y,z)\mathrm{d}z$.

✍ Soit une demi-sphère de rayon R de densité surfacique de charge σ_0 uniforme. Calculer la charge totale portée par cette sphère.

Par définition, la charge portée par la sphère de rayon R est donnée par :

$$Q = \iint_S \sigma R\mathrm{d}\theta R\sin\theta\mathrm{d}\varphi = \sigma_0 R^2 \int_0^{\pi} \sin\theta\mathrm{d}\theta \int_0^{2\pi} \mathrm{d}\varphi = \sigma_0 R^2 \times 2 \times 2\pi = 4\pi\sigma_0 R^2,$$

résultat qui est bien homogène.

Distribution linéique

Dans le cas où c'est un fil fin qui porte les charges, on modélise la distribution de charges par une distribution linéique caractérisée par $\lambda(M)$, densité linéique de charge ou charge linéique.

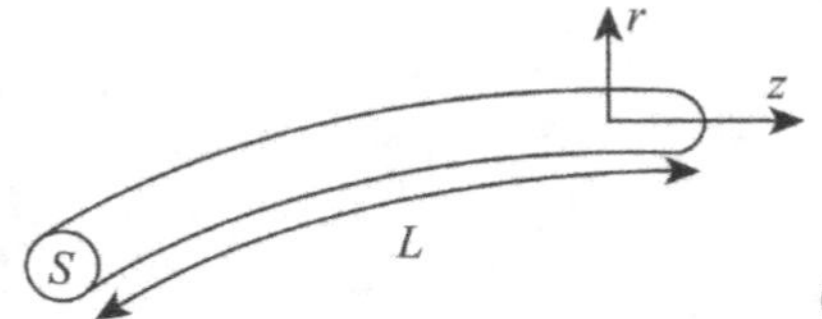

On a $r \ll L$.

On a $Q = \displaystyle\int_{M \in L} \lambda(M)\mathrm{d}l(M)$.

✎ Quelle est l'unité de λ dans le système international ?

Dans le système international, on a λ qui est en coulomb par mètre, soit $\mathrm{C \cdot m^{-1}}$.

✎ Quelle est la relation entre ρ et λ ?

On a, en coordonnées cartésiennes par exemple :
$Q = \displaystyle\iiint_{\mathcal{V}} \rho \mathrm{d}\tau = \int \lambda \mathrm{d}x$ soit $\lambda = \displaystyle\iint \rho(x,y,z)\mathrm{d}y\mathrm{d}z$ et si ρ est indépendant de y et z, $\lambda = \rho \times S$ où $S = L_y \times L_z$.

✍ Soit un fil de densité linéique λ_0 uniforme, de forme circulaire de rayon R. Quelle est la charge totale portée par le fil ?

La charge totale portée par le fil est définie par $Q = \displaystyle\int_0^{2\pi} \lambda_0 R \mathrm{d}\theta$, $Q = 2\pi R \lambda_0$. Ce résultat est bien homogène.

6.1.5 Vocabulaire

Le vide ne contient aucune charge.

Un conducteur contient des charges libres, c'est-à-dire des charges qui peuvent se déplacer sur des distances macroscopiques. Dans le cas d'un métal conducteur solide, on a des ions positifs qu'on peut considérer comme fixes, les noyaux des atomes, et les électrons qui sont libres.

Un électrolyte est une solution constituée d'ions : c'est également un conducteur.

Les diélectriques ou isolants sont constitués de charges fixes (leurs déplacements sont très faibles).

Un champ uniforme est un champ qui a la même valeur en tout point de l'espace M.

Un champ constant est un champ qui ne dépend pas du temps.

6.2 Charges en mouvement

Dans cette partie, on s'intéresse aux mouvements d'ensemble des charges électriques. En effet, pour rappel, à température T non nulle, toutes les particules sont animées d'un mouvement désordonné, aléatoire correspondant à l'énergie d'agitation thermique ou mouvement brownien (voir cours de thermodynamique).

Remarque : comme on s'intéresse au mouvement des particules, il faut faire attention au choix du référentiel...la notion de mouvement est relative.

6.2.1 Intensité du courant électrique

• **Définition :** L'intensité du courant à travers une surface mesure le débit de charge électrique à travers cette surface. L'unité est l'ampère noté A défini comme 1 ampère est égal à un débit de 1 coulomb par seconde.

C'est une grandeur algébrique. Il faut toujours préciser l'orientation choisie pour les circuits électriques mais aussi pour l'orientation des surfaces choisies pour le calcul mésoscopique.

6.2.2 Densité de courant

On considère une surface $\mathrm{d}S$ orientée, à l'échelle mésoscopique. On note n la densité volumique de charges c'est-à-dire le nombre de porteurs de charges par unité de volume, q la charge d'un porteur de charge et $\overrightarrow{v}$ la vitesse moyenne d'un porteur de charge.

Il nous faut maintenant calculer le débit de charge à travers la section $\mathrm{d}S$ pendant $\mathrm{d}t$.

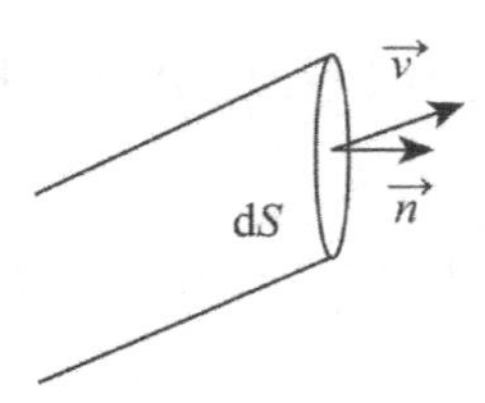

✎ **Où se trouvent les charges qui vont traverser dS pendant dt ?**

Elles se trouvent dans le cylindre oblique qui s'appuie sur dS *et de longueur* vdt.

✎ **Déterminer l'expression du volume associé. En déduire l'expression de l'intensité électrique.**

On note θ *l'angle entre* $\overrightarrow{v}$ *et* $\overrightarrow{\mathrm{d}S}$, *on a :*

$$V = \mathrm{d}S \times v\mathrm{d}t\cos\theta = \overrightarrow{v} \cdot \overrightarrow{\mathrm{d}S}\mathrm{d}t.$$

On en déduit la quantité de charge contenue dans ce cylindre :

$$\mathrm{d}q = nq\overrightarrow{v} \cdot \overrightarrow{\mathrm{d}S}\mathrm{d}t,$$

et donc l'expression de l'intensité élémentaire du courant électrique qui traverse dS :

$$\mathrm{d}I = \frac{\mathrm{d}q}{\mathrm{d}t} = nq\overrightarrow{v} \cdot \overrightarrow{\mathrm{d}S}.$$

On définit $\boxed{\overrightarrow{j}(P) = nq\overrightarrow{v}}$ le vecteur densité de courant volumique qui s'exprime en A·m^{-2}.

On a alors d$I = \overrightarrow{j} \cdot \overrightarrow{\mathrm{d}S}$ et on retrouve $\boxed{I = \iint_{\mathcal{S}} \overrightarrow{j} \cdot \overrightarrow{\mathrm{d}S}}$.

L'intensité du courant électrique est le flux de $\overrightarrow{j}$ à travers la surface S.

Le signe de l'intensité algébrique dépend du choix du sens de la normale $\overrightarrow{n}$ à la surface. Par convention, le sens conventionnel du courant est le sens de

déplacement des charges positives ou le sens contraire de déplacement des charges négatives.
Si les charges sont positives, le vecteur $\vec{j}$ a le sens du vecteur vitesse et donc le sens conventionnel du courant.
Si les charges sont négatives, $\vec{j}$ a le sens opposé à celui du vecteur vitesse et donc encore une fois le sens conventionnel du courant.
L'intensité algébrique I est donc positive si le sens positif de $\vec{n}$ et le sens conventionnel du courant sont identiques.

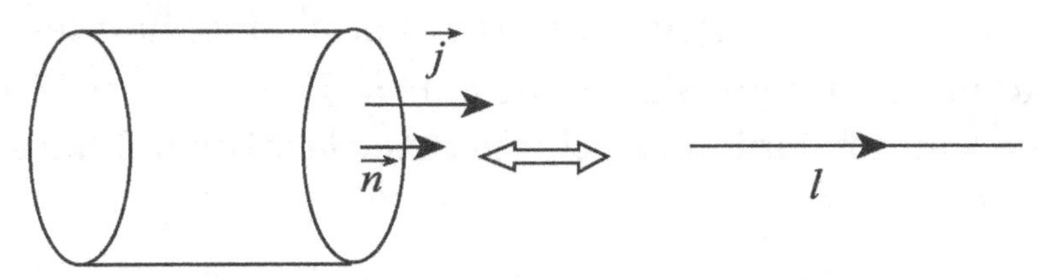

Équivalence entre la vision mésoscopique et macroscopique d'un câble électrique par le choix de l'orientation de $\vec{n}$

⚠ $\vec{j}$ est défini en un point, il n'est pas forcément uniforme (car n ou $\vec{v}$ peuvent varier dans le milieu) !

⚠ Même si $\vec{j}$ s'appelle vecteur densité de courant volumique, son unité est $\text{A}\cdot\text{m}^{-2}$ et non $\text{A}\cdot\text{m}^{-3}$!

✍ 1. Donner un ordre de grandeur de $\vec{j}$ pour un câble électrique usuel de section $s = 1{,}5\ \text{mm}^2$ parcouru par un courant de 1 A.
2. On admet que le cuivre possède un électron libre par atome. En déduire la densité volumique de charges n.
3. Donner alors un ordre de grandeur de la vitesse d'ensemble des électrons libres.
4. Commenter.
Données : $m_{e-} = 9{,}1 \times 10^{-31}$ kg, $\rho(\text{Cu}) = 9{,}8 \times 10^3\ \text{kg}\cdot\text{m}^{-3}$, $M(\text{Cu}) = 63\ \text{g}\cdot\text{mol}^{-1}$, $k_B = 1{,}38 \times 10^{-23}\ \text{J}\cdot\text{K}^{-1}$.

1. On a $I = \iint_S \vec{j}\cdot\vec{dS}$, on suppose que $\vec{j}$ est uniforme sur la section du fil : $j \approx 6{,}7 \times 10^5\ \text{A}\cdot\text{m}^{-2}$.

2. La densité volumique de charges n est donnée par $n = \rho \times \dfrac{N_A}{M(\mathrm{Cu})} = 8{,}5 \times 10^{28}\ \mathrm{m}^{-3}$.

3. On a alors $v = \dfrac{j}{nq} \approx 0{,}07\ \mathrm{mm/s}$.

4. Cette vitesse est beaucoup plus faible que la vitesse d'agitation thermique : $v_T = \sqrt{\dfrac{3k_B T}{m}} \approx 10^5\ \mathrm{m/s}$.

Si, dans le milieu, il y a plusieurs types de porteurs de charge, alors les vecteurs densités de courant volumique s'ajoutent : $\vec{j} = \sum_k \vec{j}_k$. C'est le cas par exemple dans une solution ionique en chimie, avec la loi de Kohlrausch déjà rencontrée précédemment.

6.3 Conservation de la charge

On considère le problème unidimensionnel suivant : un conducteur cylindrique d'axe Ox où des porteurs de charge, de charge q, sont animés d'une vitesse moyenne $\vec{v}(x) = v(x)\vec{u_x}$.

On s'intéresse à la charge électrique contenue dans une portion de longueur dx et qui définit une surface fermée $\mathcal{S}$. La variation de charge de ce volume $\mathcal{V}$ est due à :
- la variation temporelle $\Delta Q = Q(t_2) - Q(t_1)$;
- la quantité de charges ayant traversée $\mathcal{S}$ entre t_1 et t_2 : q_{sortie}.

On a alors $\Delta Q = -q_{\text{sortie}}$ (attention aux conventions d'orientation, on choisit d'orienter la surface avec la normale sortante, d'où le signe $-$ dans l'équation).

Or, $\dfrac{\Delta Q}{\mathrm{d}t} = \iiint_{\mathcal{V}} \rho(M, t_2)\mathrm{d}\tau - \iiint_{\mathcal{V}} \rho(M, t_1)\mathrm{d}\tau$. Si on considère les instants t_1 et t_2 infiniment proches, on a :

$$\frac{\Delta Q}{\mathrm{d}t} = \frac{\mathrm{d}}{\mathrm{d}t}\left(\iiint_{\mathcal{V}} \rho(M, t)\mathrm{d}\tau\right) = \iiint_{\mathcal{V}} \frac{\partial \rho(M, t)}{\partial t}\mathrm{d}\tau$$

car les variables temporelle et spatiales sont indépendantes.

Pour le membre de droite, on a :

$$\delta q_{\text{sortant}} = \oiint_{\mathscr{S}} \overrightarrow{j} \cdot \overrightarrow{\mathrm{d}S} = \iint_{S_2} \overrightarrow{j}(x+\mathrm{d}x) \cdot \overrightarrow{\mathrm{d}S} - \iint_{S_1} \overrightarrow{j}(x) \cdot \overrightarrow{\mathrm{d}S} = \iiint \frac{\partial j}{\partial x} \mathrm{d}x\mathrm{d}S$$

On a alors en identifiant les deux termes :

$$\frac{\partial \rho(M,t)}{\partial t} + \frac{\partial j}{\partial x} = 0.$$

Cette relation démontrée dans le cas unidimensionnel peut être généralisée sous la forme suivante : $\boxed{\dfrac{\partial \rho(M,t)}{\partial t} + \operatorname{div} \overrightarrow{j} = 0}$ où div est l'opérateur divergence. Il s'applique à un champ vectoriel et donne un résultat scalaire. $\operatorname{div} \overrightarrow{j} = \dfrac{\partial j_x}{\partial x} + \dfrac{\partial j_y}{\partial y} + \dfrac{\partial j_z}{\partial z}$ en coordonnées cartésiennes. Pour l'expression dans d'autres systèmes de coordonnées, vous pouvez aller voir l'annexe d'analyse vectorielle.

L'équation précédente est l'équation locale de conservation de la charge.

6.3.1 Conséquences en régime permanent

On se place dans le cas du régime permanent (ou stationnaire), c'est-à-dire le régime où les grandeurs sont indépendantes du temps.

On a alors $\operatorname{div} \overrightarrow{j} = 0$: $\overrightarrow{j}$ est à divergence nulle. Ceci est équivalent à $\overrightarrow{j}$ est à flux conservatif. En effet, on a

$$\boxed{\oiint_{\mathscr{S}} \overrightarrow{j} \cdot \overrightarrow{\mathrm{d}S} = 0}.$$

Ce résultat a déjà été rencontré dans le livre d'électrocinétique sous d'autres formes.

⋆ Loi des nœuds

Choisissons une surface fermée $\mathscr{S}$ qui entoure un nœud dans un circuit électrique en régime permanent : le débit entrant de charges doit être égal au débit sortant, c'est la loi des nœuds.

★ Conservation de l'intensité le long d'une branche

On choisit maintenant comme surface fermée une surface qui s'appuie sur un tube de courant c'est-à-dire le vecteur $\overrightarrow{j}$ est tangent sur les parois. On choisit deux sections S_1 et S_2 de ce tube de courant orientées comme sur le schéma ci-dessous.

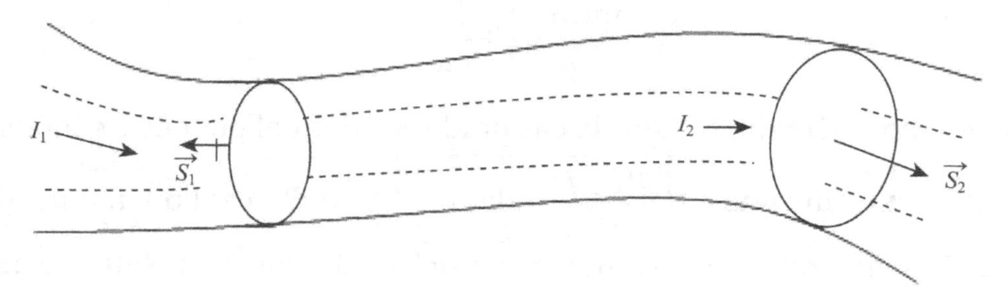

On a

$$\oiint \overrightarrow{j}\cdot\overrightarrow{\mathrm{d}S} = \iint_{S_1} \overrightarrow{j}\cdot\overrightarrow{\mathrm{d}S_1} + \iint_{S_2} \overrightarrow{j}\cdot\overrightarrow{\mathrm{d}S_2} + \iint_{S_{\mathrm{lat}}} \overrightarrow{j}\cdot\overrightarrow{\mathrm{d}S_{\mathrm{lat}}}$$

soit $-I_1 + I_2 = 0$. L'intensité électrique est constante le long d'une branche de courant en régime permanent : $\boxed{I_1 = I_2}$.

Ceci a pour conséquence que les lignes de courant de $\overrightarrow{j}$ se resserrent dans les zones où la norme de $\overrightarrow{j}$ augmente et, au contraire, elles s'écartent dans les zones où la norme de $\overrightarrow{j}$ diminue.

De plus, les lignes de courant de $\overrightarrow{j}$ ne peuvent pas être ouvertes en régime permanent : elles sont nécessairement fermées. Une branche ouverte d'un circuit électrique ne peut pas transporter de courant électrique permanent.

✎ Le prouver.

On raisonne par l'absurde. On suppose qu'il existe un tube de courant qui se finit en une section S_{fin}. On choisit comme surface fermée une surface qui s'appuie sur le tube de courant, qui entoure S_{fin} et qui coupe le tube de courant une seule fois. Le flux à travers cette surface fermée est nul, or le flux latéral est nul par construction ainsi que le flux à l'extérieur du tube de courant. Il reste seulement un terme : le flux entrant mais qui est non nul...ce n'est pas possible. Il n'existe donc pas de tube de courant ouvert.

6.4 Conduction électrique dans un conducteur ohmique

6.4.1 Loi d'Ohm locale

Dans un milieu conducteur, la densité volumique de courant et le champ électrique sont reliés par la loi suivante, appelée loi d'Ohm locale : $\overrightarrow{j} = \gamma \overrightarrow{E}$, γ est la conductivité du milieu en siemens par mètre, $\mathrm{S \cdot m^{-1}}$.

Ordre de grandeur (à 300 K, en $\mathrm{S{\cdot}m^{-1}}$) :
$\gamma_{\text{verre}} = 1{,}0 \times 10^{-17}$, $\gamma_{\text{eaupure}} = 1{,}0 \times 10^{-9}$, $\gamma_{\text{cuivre}} = 5{,}9 \times 10^{7}$.

Remarque : les semi-conducteurs n'obéissent pas à la loi d'Ohm, la relation entre $\overrightarrow{j}$ et $\overrightarrow{E}$ est non linéaire.

6.4.2 Modèle de Drüde

On étudie le mouvement d'un porteur de charge q et de masse m qui se déplace dans un conducteur. On applique un champ électrique $\overrightarrow{E}$ et on modélise les interactions avec le réseau cristallin par une force de frottement fluide $\overrightarrow{f} = -\alpha \overrightarrow{v}$.

✎ Quelle est l'équation différentielle qui régit le mouvement du porteur de charge ?

Dans le référentiel galiléen lié au conducteur, le principe fondamental de la dynamique appliqué au porteur de charge nous donne :

$$m\overrightarrow{a} = q\overrightarrow{E} - \alpha\overrightarrow{v} + m\overrightarrow{g}.$$

✎ Que peut-on dire du poids devant les autres forces ?

On peut négliger le poids de l'électron devant les deux autres forces. On a alors :

$$\frac{\mathrm{d}\vec{v}}{\mathrm{d}t} + \frac{\alpha}{m}\vec{v} = \frac{q}{m}\vec{E}.$$

✎ Résoudre cette équation différentielle en introduisant τ, temps caractéristique d'évolution du système.

On introduit $\boxed{\tau = \frac{m}{\alpha}}$, temps caractéristique d'évolution du système.

Les solutions sont de la forme :

$$\vec{v}(t) = \frac{q\tau}{m}\vec{E} + \vec{A}\mathrm{e}^{-t/\tau}.$$

Au bout de quelques τ, le régime permanent est atteint, $\vec{v}_{\text{lim}} = \frac{q\tau}{m}\vec{E}$.

✎ En déduire l'expression de $\vec{j}$.

On a alors $\boxed{\vec{j} = nq\vec{v}_{\text{lim}} = \frac{nq^2\tau}{m}\vec{E} = \gamma\vec{E}}$.

✎ Estimer l'ordre de grandeur de τ.

On a $\gamma = \frac{nq^2\tau}{m}$. Or $\gamma \approx 6 \times 10^7$ S/m, $n \approx 8{,}5 \times 10^{28}$ électrons par mètre-cube et $m = 9{,}1 \times 10^{-31}$ kg soit $\tau \approx 2{,}5 \times 10^{-14}$ s.

τ est habituellement de l'ordre de 10^{-14} s. C'est pour cela que l'on considère que le déplacement des électrons dans un conducteur est immédiat ou instantané.

Pour des champs électriques usuels, la vitesse de déplacement des électrons est de l'ordre du millimètre par seconde. La force de Lorentz complète est donnée par $\vec{F} = q(\vec{E} + \vec{v} \wedge \vec{B})$. On a négligé le terme d'origine magnétique dans le modèle précédent.

✎ Le justifier.

On compare donc E et vB. Pour un fil de cuivre de rayon $r = 1$ mm et parcouru par un courant $I = 1$ A. On a $j = \dfrac{I}{\pi r^2} \approx 3 \times 10^5$ A·m^{-2}. On en déduit alors l'ordre de grandeur de $E = \dfrac{j}{\gamma} \approx 5 \times 10^{-3}$ V/m et celui de la vitesse de déplacement des électrons : $v = \dfrac{j}{ne} \approx 2 \times 10^{-5}$ m/s. On doit donc avoir pour que les deux termes soient comparables un champ magnétique $B \approx \dfrac{E}{v} \approx 250$ T...Ceci justifie parfaitement le fait qu'on néglige la composante magnétique de la force de Lorentz.

De plus, pour un champ électromagnétique, on va voir plus tard que les normes de E et B sont liées par $B = \dfrac{E}{c}$ donc on doit comparer ici 1 et v/c.
Dans le cadre de la mécanique classique, $v/c \ll 1$, on peut donc bien négliger le terme associé au champ magnétique.
Attention, en relativité, ce n'est pas possible.

6.4.3 Forme intégrale de la loi d'Ohm

On considère une portion de conducteur, de conductivité γ, de géométrie cylindrique d'axe Ox, de section S, de longueur L placé dans un champ électrique stationnaire et uniforme $\vec{E} = E_0\vec{u_x}$.

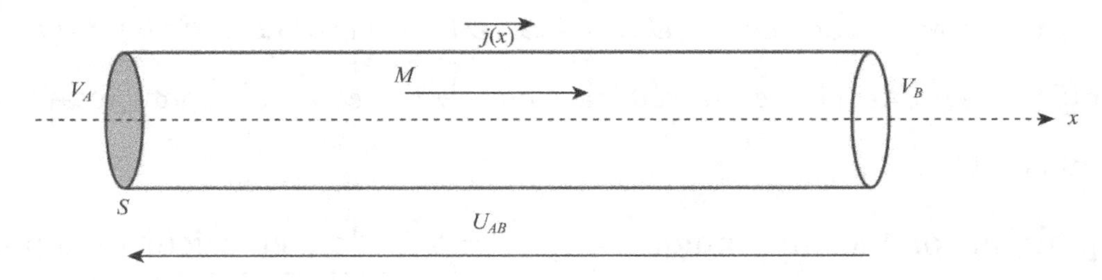

On a $I = \iint_S \vec{j} \cdot \vec{\mathrm{d}S} = jS = \gamma E_0 S$ car $\vec{j}$ est uniforme, d'après la loi d'Ohm locale.

De plus, si on admet pour le moment que $\mathrm{d}V = -\vec{E} \cdot \vec{\mathrm{d}l}$, alors on a
$U_{AB} = V(A) - V(B) = E_0 L$.

On a alors $I = \gamma S \frac{U_{AB}}{L} = \frac{U_{AB}}{R}$ où R est la résistance électrique, $\boxed{R = \frac{L}{\gamma S}}$.

On avait précédemment une relation locale entre $\overrightarrow{j}$ et $\overrightarrow{E}$, maintenant, on a une relation entre grandeurs mesurables, "macroscopiques" : U et I.

✎ Pour un fil de cuivre de rayon $r = 1$ mm et de longueur $l = 50$ cm, donner l'ordre de grandeur de la résistance. Commenter.

On a $R_l = \frac{1}{\gamma_0 S}$ avec $\gamma_0 = 5,9 \times 10^7$ S/m. On a alors $R_l \simeq 5$ mΩ·m^{-1} soit pour un fil de longueur $l = 50$ cm, $R = 3$ mΩ : cette résistance est bien très faible devant les autres résistances d'un circuit, c'est pour cela qu'on néglige la résistance des fils devant les autres résistances dans un circuit, en TP ou dans les exercices.

6.4.4 Bilan énergétique - effet Joule

Une particule chargée qui se déplace dans un conducteur est soumise à la force de Lorentz : $\overrightarrow{F} = q(\overrightarrow{E} + \overrightarrow{v} \wedge \overrightarrow{B})$.

✎ Quelle est la puissance associée à cette force ?

La puissance associée à cette force est donnée par $\mathscr{P}(\overrightarrow{F}) = q\overrightarrow{v} \cdot \overrightarrow{E}$, la puissance associée à la partie magnétique est nulle par propriété du produit vectoriel.

Or, pour un conducteur ohmique, on a $\overrightarrow{j} = \gamma \overrightarrow{E}$ d'où, en calculant la puissance par unité de volume de conducteur : $\boxed{\mathscr{P}(\overrightarrow{F}) = \gamma E^2 = \frac{j^2}{\gamma}}$. Ceci est la puissance fournie aux charges par le champ électromagnétique.

En régime stationnaire, toute cette puissance est fournie à l'extérieur sous forme de puissance thermique : c'est l'effet Joule.

6.5 Effet Hall

En 1879, Edwin Herbert Hall remarqua expérimentalement qu'une différence de potentiel (c'est-à-dire une tension) apparaissait aux bornes d'un fil électrique parcouru par un courant I, placé dans un champ magnétostatique uniforme $\overrightarrow{B}$. C'est ce qu'on appelle l'effet Hall.

On se place dans le cas suivant : un ruban rectangulaire est plongé dans un champ magnétostatique $\overrightarrow{B} = -B\overrightarrow{u_z}$ uniforme. À l'instant initial $t = 0$, on ferme le circuit : un courant d'intensité I uniforme est mesuré.

Les porteurs de charge sont soumis à la force de Lorentz magnétique : $q\overrightarrow{v} \wedge \overrightarrow{B}$, comme $q\overrightarrow{v}$ est dans la même direction que I, les porteurs de charge sont tous déviés vers $-x$.

On a donc une différence de potentiel qui apparaît entre les 2 faces : c'est le champ électrique de Hall noté $\overrightarrow{E}_{\text{hall}}$. Ce champ croît jusqu'à ce que la force de Lorentz soit nulle. En régime permanent, les porteurs de charge ont bien une vitesse suivant $\overrightarrow{u_y}$.

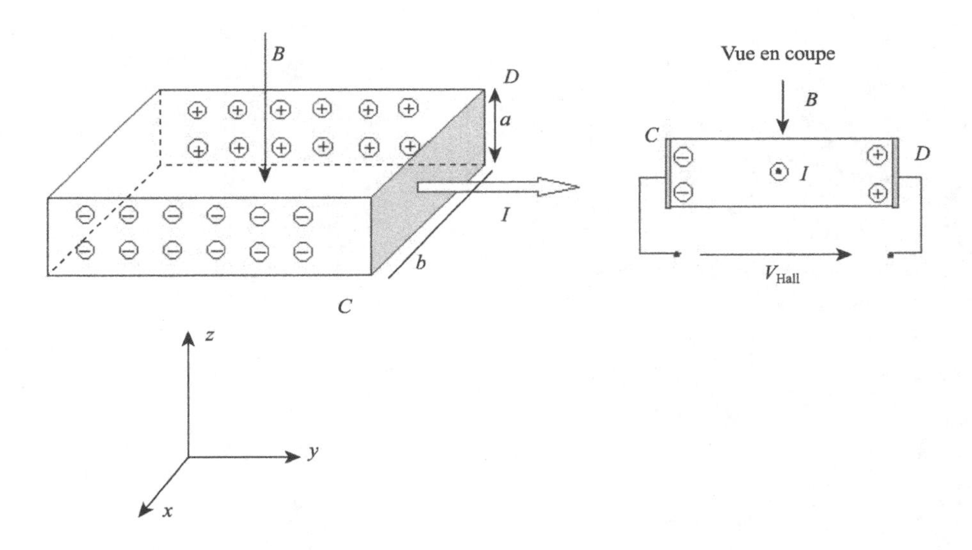

On a $\overrightarrow{F}_L = \overrightarrow{0} = q(\overrightarrow{E}_{\text{hall}} + \overrightarrow{v} \wedge \overrightarrow{B})$ soit $\overrightarrow{E}_{\text{hall}} = -\overrightarrow{v} \wedge \overrightarrow{B}$ ou bien encore $\boxed{\overrightarrow{E}_{\text{hall}} = -\dfrac{\overrightarrow{j} \wedge \overrightarrow{B}}{nq}}$.

On mesure la différence de potentiel $U_H = V(D) - V(C)$, on a

$$U_H = \int_C^D \mathrm{d}V = -\int_C^D \vec{E}_{\text{hall}} \cdot \overrightarrow{\mathrm{d}l} = \int_C^D \frac{jB}{nq}\mathrm{d}x = \frac{jBb}{nq}.$$

Si on fait apparaître l'intensité du courant I, on a $I = jab$ soit $\boxed{U_H = \frac{IB}{nqa}}$.

Expérimentalement, on peut, en fixant ou mesurant I, B et U_H, déduire la valeur de nq et donc caractériser le milieu avec le signe des porteurs de charge q et n.

Cette relation est utilisée dans les capteurs à effet Hall qui permettent de mesurer l'intensité d'un champ magnétostatique.

Cet effet est nettement plus visible dans les semi-conducteurs pour lesquels la densité de porteurs de charge est plus faible.

http://www.sciences.univ-nantes.fr/sites/genevieve_tulloue/Meca/Charges/hall.html

Chapitre 7

Champ électrostatique

Dans toute cette partie, on considère des charges immobiles ou des distributions de charge constantes, c'est-à-dire indépendantes du temps. C'est l'électrostatique.

7.1 Loi de Coulomb

Suite à de nombreuses expériences, le physicien Charles-Augustin de Coulomb énonça la loi suivante :

• **Définition :** loi de Coulomb :
La force électrostatique exercée par une charge ponctuelle q_1 située en un point M_1 et une charge ponctuelle q_2 située en un point M_2 est donnée par :

$$\overrightarrow{F_{1\to 2}} = \frac{1}{4\pi\varepsilon_0}\frac{q_1 q_2}{r^2}\overrightarrow{u_{12}}$$

où ε_0 est la permittivité diélectrique du vide, égale à environ $8,85 \times 10^{-12}$ F·m^{-1} et $\overrightarrow{u_{12}}$ est le vecteur unitaire dirigé de M_1 vers M_2.

On peut retenir pour la suite du cours $\dfrac{1}{4\pi\varepsilon_0} = 9 \times 10^9$ SI.

✍ Quel est l'ordre de grandeur de la force électrostatique entre le noyau et l'électron dans l'atome d'hydrogène ? Quel est l'ordre de grandeur du poids de l'électron ?

La force électrostatique entre le noyau et l'électron dans l'atome d'hydrogène est donnée par

$$F = \frac{e^2}{4\pi\varepsilon_0}\frac{1}{d^2}$$

avec $e = 1{,}6 \times 10^{-19}$ C et $d = 0{,}59$ nm. Ceci nous donne $F = 1{,}6^2 \times 10^{-38} \times 9 \times 10^9 \times \frac{10^{20}}{6^2}$ soit $F \approx 0{,}6 \times 10^{-9}$ N . L'ordre de grandeur est de 10^{-10} N.

Le poids de l'électron est donné par $P = mg = 9{,}1 \times 10^{-31} \times 9{,}81$ soit un ordre de grandeur de 10^{-29} N.

Les forces électrostatiques sont toujours très supérieures aux interactions gravitationnelles, y compris au poids qui correspond à l'interaction gravitationnelle avec la Terre.
Pourquoi l'interaction gravitationnelle domine à notre échelle ?
C'est dû au fait que la force gravitationnelle est toujours attractive, si on considère un ensemble de points, on a un effet cumulatif tandis que les forces électrostatiques tendent plutôt à se compenser car souvent la matière est globalement électriquement neutre.

La force de Coulomb se met sous la forme $\overrightarrow{F_{1\to 2}} = q_2 \vec{E}_1(M_2)$ où $\vec{E}_1(M)$ est le champ électrostatique créé par la charge ponctuelle q_1 au point M_2.

• **Définition :** Le champ électrostatique créé en un point M par une charge ponctuelle q qui est située en un point P est donné par :

$$\vec{E}(M) = \frac{1}{4\pi\varepsilon_0}\frac{q}{PM^2}\overrightarrow{u_{PM}}$$

où $\overrightarrow{u_{PM}}$ est le vecteur unitaire dirigé de P vers M.
L'unité du champ électrique dans le système SI est $\text{V}\cdot\text{m}^{-1}$.

Le champ électrostatique est radial (c'est-à-dire porté par le vecteur $\overrightarrow{u_{PM}}$), en $1/r^2$. Suivant le signe de q, il peut être convergent ou divergent.

✍ Quel est l'ordre de grandeur du champ électrique créé par le noyau sur l'électron dans l'atome d'hydrogène ?

D'après le calcul précédent, on a $E = F/q = 0{,}4 \times 10^{10}$ V/m.

Pour un ensemble de charges ponctuelles, on a le principe de superposition qui s'applique : le champ électrostatique total est la somme des champs électriques créés par chaque charge ponctuelle.

Principe de superposition : soient N charges ponctuelles de charge q_i situées en des points de l'espace notés P_i. Le champ créé au point M est donné par :

$$\vec{E}(M) = \frac{1}{4\pi\varepsilon_0} \sum_{i=1}^{N} \frac{q_i}{P_iM^2} \overrightarrow{u_{P_iM}}$$

⚠ *Il s'agit d'une somme vectorielle ! La norme du champ résultant total n'est, en général, pas égale à la somme des normes des différents champs (c'est seulement le cas si tous les champs sont colinéaires, de même sens).*

✍ On considère deux charges q positives identiques ponctuelles placées en deux points M_1 et M_2 distants de $2a$.
On cherche à calculer le champ électrostatique en tout point de la médiatrice de M_1 et M_2 situé à une distance x du milieu O du segment M_1M_2.
1. Déterminer par construction géométrique les champs créés en M et M', symétrique de M par rapport à M_1M_2. Que peut-on dire de ces 2 champs ?
2. On pose $\vec{E} = E(x)\vec{u_x}$. Que peut-on dire de la fonction $E(x)$ et de son intervalle d'étude ?
3. Déterminer la fonction $E(x)$ et la représenter.
4. Comment se comporte $E(x)$ quand $x \to \infty$? Interpréter physiquement ce résultat.

1. On a la figure suivante :
Les champs électriques en M et M' sont opposés.

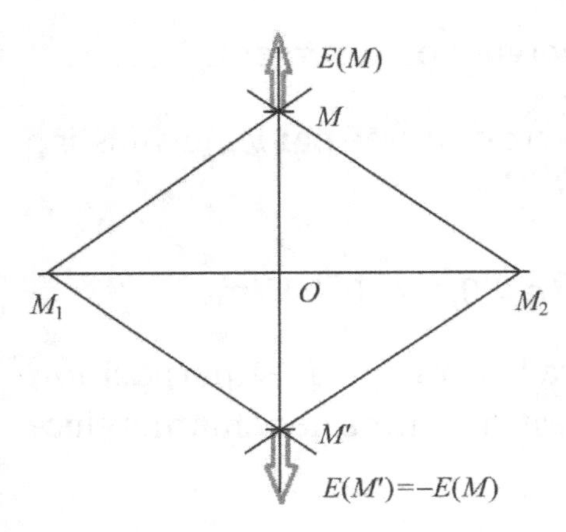

2. La fonction $E(x)$ est alors impaire, on peut donc réduire son intervalle d'étude à $\mathbb{R}^+$.

3. La fonction $E(x)$ est définie par :

$$E(x) = \frac{q}{4\pi\varepsilon_0}\frac{2x}{(a^2 + x^2)^{3/2}}$$

On a la représentation suivante :

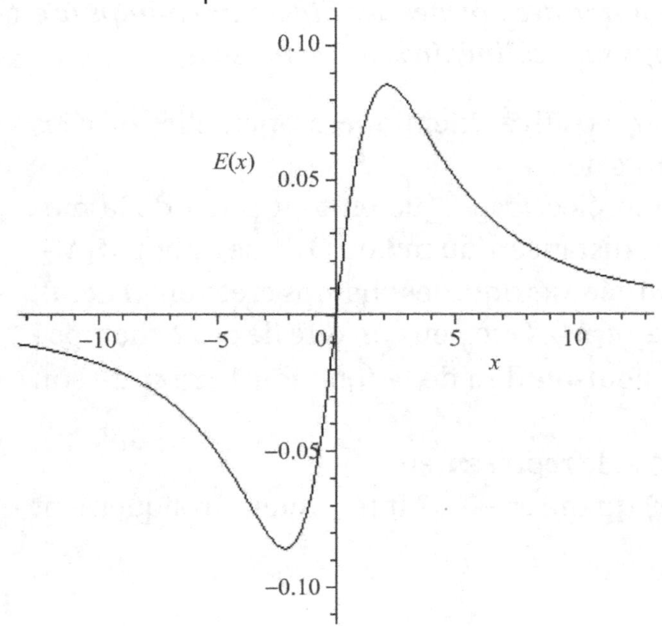

4. Quand x tend vers l'infini, on a $E(x) = \dfrac{2q}{4\pi\varepsilon_0}\dfrac{1}{x^2}$ $(a \ll x)$. Tout

se passe comme si on avait à l'origine O une charge ponctuelle de charge $+2q$.

7.2 Cas d'une distribution continue de charges

On peut généraliser la formule précédente dans le cas d'une distribution continue de charges en passant de la somme discrète à la somme continue.

Pour une distribution volumique de charge, on a :

$$\vec{E}(M) = \frac{1}{4\pi\varepsilon_0}\iiint_{P\in\mathcal{V}} \rho(P)\frac{\overrightarrow{u_{PM}}}{PM^2}\mathrm{d}\tau(P) = \frac{1}{4\pi\varepsilon_0}\iiint_{P\in\mathcal{V}} \rho(P)\frac{\overrightarrow{PM}}{PM^3}\mathrm{d}\tau(P).$$

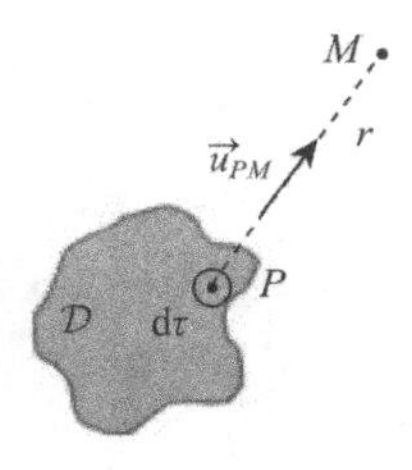

Pour une distribution surfacique, on a :

$$\vec{E}(M) = \frac{1}{4\pi\varepsilon_0}\iint_{P\in\mathcal{S}} \sigma(P)\frac{\overrightarrow{u_{PM}}}{PM^2}\mathrm{d}S(P) = \frac{1}{4\pi\varepsilon_0}\iint_{P\in\mathcal{S}} \sigma(P)\frac{\overrightarrow{PM}}{PM^3}\mathrm{d}S(P).$$

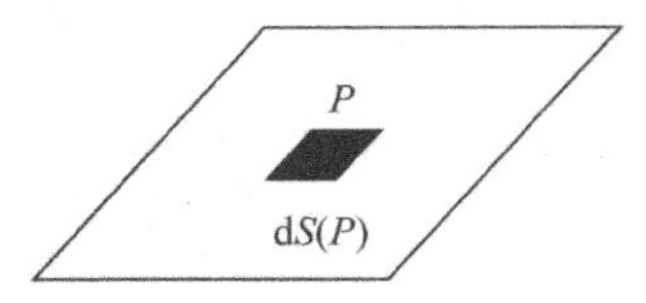

Pour une distribution linéique de charge, on a :

$$\vec{E}(M) = \frac{1}{4\pi\varepsilon_0}\int_{P\in\mathcal{L}} \lambda(P)\frac{\overrightarrow{u_{PM}}}{PM^2}\mathrm{d}l(P) = \frac{1}{4\pi\varepsilon_0}\int_{P\in\mathcal{L}} \lambda(P)\frac{\overrightarrow{PM}}{PM^3}\mathrm{d}l(P).$$

7.3 Symétries et invariances

Dans le cas où les distributions de charge présentent des invariances ou symétries, le calcul du champ électrostatique peut être simplifié, comme on a pu déjà le voir dans l'exercice sur la médiatrice de 2 charges ponctuelles.

On dit qu'un plan $\mathscr{P}$ est un plan de symétrie d'une distribution de charge si lorsque deux points P et P' sont symétriques par rapport à ce plan, alors $\rho(P) = \rho(P')$. On note que le plan $\mathscr{P}$ est PS.

✎ Représenter les champs $\mathrm{d}\overrightarrow{E}$ et $\mathrm{d}\overrightarrow{E'}$ créés en M par $\mathrm{d}q$ et $\mathrm{d}q'$. Montrer que la somme appartient au plan π.

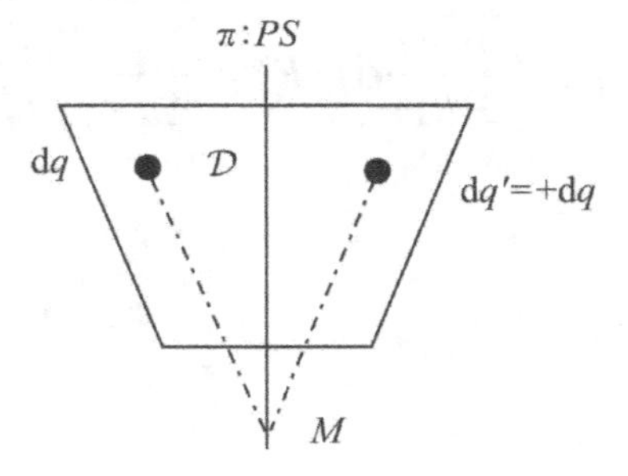

On a la figure suivante : la somme appartient bien au plan π.

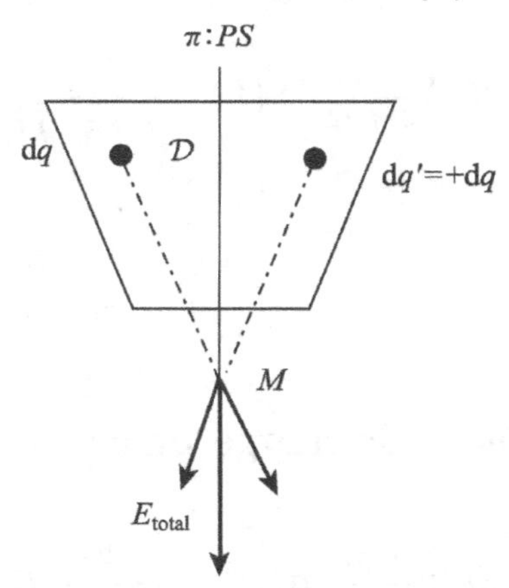

> Le champ électrostatique $\overrightarrow{E}$ créé en un point M d'un plan de symétrie PS de la distribution de charge appartient à ce plan.

Remarques : cette règle permet de savoir, avant de faire les calculs, si des composantes du champ électrostatiques sont nulles. De plus, si on trouve deux plans de symétrie distincts de la distribution de charge qui contiennent le point M, alors le champ électrostatique créé en M appartient à l'intersection de ces deux plans : il n'y a qu'une seule composante à calculer !

⚠ Le point M doit appartenir au plan de symétrie de la distribution de charges !

On dit d'un plan $\mathscr{P}$ qu'il est plan d'antisymétrie d'une distribution de charge de densité volumique ρ si, pour deux points P et P' symétriques par rapport à ce plan, on a $\rho(P) = -\rho(P')$. On note ce plan PAS.

✎ Représenter les champs $\mathrm{d}\vec{E}$ et $\mathrm{d}\vec{E'}$ créés en M par $\mathrm{d}q$ et $\mathrm{d}q'$. Montrer que la somme est orthogonale au plan π.

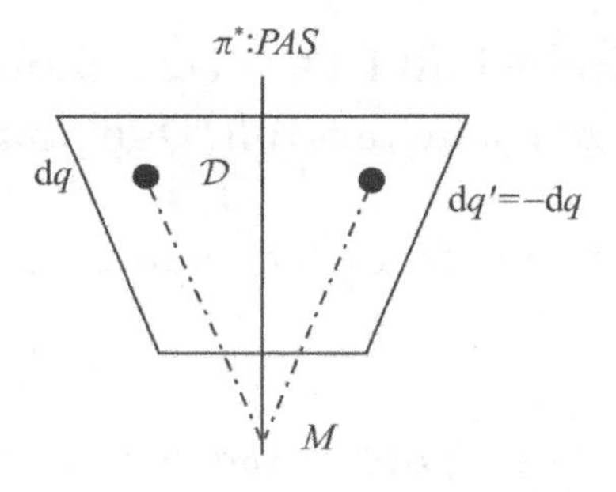

On a la figure suivante : la somme est bien orthogonale au plan  π.

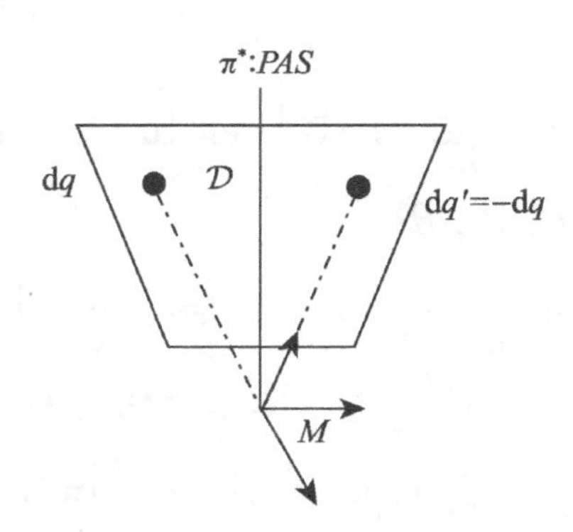

Le champ électrostatique $\overrightarrow{E}$ créé en un point M d'un plan d'antisymétrie PAS de la distribution de charge est orthogonal à ce plan.

Remarques : ces deux règles donnent des informations précieuses sur la direction du champ $\overrightarrow{E}$ au point M. Il faut donc faire une analyse des symétries ou antisymétries avant de faire les calculs !

⚠ Le point M doit toujours appartenir au PS ou au PAS. Sinon, les conclusions sont fausses !!!

Si la distribution de charge ne dépend pas d'une coordonnée ou de façon équivalente, la distribution de charge est invariante par rapport à cette coordonnée, alors, le champ électrostatique est aussi indépendant de cette coordonnée. C'est le principe de Curie : les effets ont au moins les mêms symétries que les causes.

✍ On considère un cylindre infini d'axe Oz uniformément chargé de densité volumique de charge ρ_0, de rayon R. Que pouvez-dire de $\overrightarrow{E}(M)$?

On se place en coordonnées cylindriques. A priori, on a $\overrightarrow{E}(M) = \overrightarrow{E}(r,\theta,z)$.

Analysons les invariances pour essayer de simplifier le problème.
La distribution est invariante par translation suivant l'axe Oz : ρ_0 est indépendant de z donc le champ E est aussi indépendant de z.
Elle est aussi invariante par rotation autour de l'axe Oz : le champ E est donc indépendant de θ.
La distribution de charge, par contre, n'est pas invariante par translation suivant r : pour $r > R$, $\rho = 0$, pour $r \leqslant R$, $\rho = \rho_0$. Ainsi, le champ électrostatique E dépend de r. On a $\overrightarrow{E}(M) = \overrightarrow{E}(r)$.

Maintenant, intéressons-nous aux symétries. Le plan qui contient le point M et qui est perpendiculaire à l'axe Oz est plan de symétrie de la distribution de charge. Il en est de même pour le plan qui contient le point M et l'axe Oz. $\vec{E}(M)$ appartient à l'intersection de ces deux plans de symétrie : on a $\vec{E}(M) = E(M)\vec{u_r}$.
Au final, sans avoir fait de calculs, on sait que $\vec{E}(M) = E(r)\vec{u_r}$.

✍ **Déterminer l'expression du champ électrostatique créé par un disque de rayon R uniformément chargé en surface, en un point M de son axe principal, à une distance z de celui-ci.**

On se place en coordonnées cylindriques. A priori, on a $\vec{E}(M) = \vec{E}(r,\theta,z)$.
Analysons les invariances pour essayer de simplifier le problème.
La distribution est invariante par rotation autour de l'axe Oz : $\sigma_0 = \dfrac{Q}{\pi R^2}$ est indépendant de θ donc le champ E est aussi indépendant de θ.
De plus, on se place en un point de l'axe : $r = 0$ donc $\vec{E}(M) = \vec{E}(z)$.
Maintenant, intéressons-nous aux symétries. Tout plan qui contient l'axe OM est plan de symétrie de la distribution de charge. $\vec{E}(M)$ appartient à l'intersection de ces plans de symétrie : on a $\vec{E}(M) = E(M)\vec{u_z}$.
Au final, sans avoir fait de calculs, on sait que $\vec{E}(M) = E(z)\vec{u_z}$ pour un point M de l'axe Oz.

D'après la définition de $\overrightarrow{E}$, on a :

$$\overrightarrow{E} = \frac{1}{4\pi\varepsilon_0}\iint_{P\in\mathscr{S}} \frac{\sigma_0\overrightarrow{PM}\mathrm{d}S(P)}{PM^3}$$

qui est une intégrale vectorielle. Or, on a montré que $\overrightarrow{E}$ est suivant $\overrightarrow{u_z}$ donc, en prenant le produit scalaire avec $\overrightarrow{u_z}$, on a :

$$E(z) = \frac{1}{4\pi\varepsilon_0}\iint_{P\in\mathscr{S}} \frac{\sigma_0 z\mathrm{d}r \times r\mathrm{d}\theta}{\sqrt{z^2+r^2}^3} = \frac{1}{4\pi\varepsilon_0}\sigma_0 2\pi z\int_0^R \frac{r\mathrm{d}r}{\sqrt{z^2+r^2}^3}$$

$$E(z) = \frac{\sigma_0 z}{2\varepsilon_0}\left[\frac{-1}{\sqrt{r^2+z^2}}\right]_0^R = -\frac{\sigma_0}{2\varepsilon_0}\left(\frac{z}{\sqrt{R^2+z^2}} - \frac{z}{|z|}\right).$$

Au voisinage du disque chargé, on trouve que $\overrightarrow{E} = \pm\frac{\sigma}{2\varepsilon_0}\overrightarrow{e_z}$. On retrouve ainsi l'expression du champ électrostatique créé par un plan infini.

On a bien une discontinuité à la traversée du disque qui correspond à la modélisation choisie pour la distribution de charges.

7.4 Propriétés structurelles du champ électrostatique

On définit les lignes de champ électrostatique comme les lignes de l'espace tangentes à $\overrightarrow{E}$ en tout point.

Remarque : dans le livre de mécanique du point, on avait défini les lignes de champ de vitesse. On peut définir des lignes de champ pour tout champ de vecteur $\overrightarrow{C}$.

Elles sont orientées dans la direction du champ.

✎ Tracer les lignes de champ d'une charge ponctuelle positive et négative.

On a les schémas suivants :

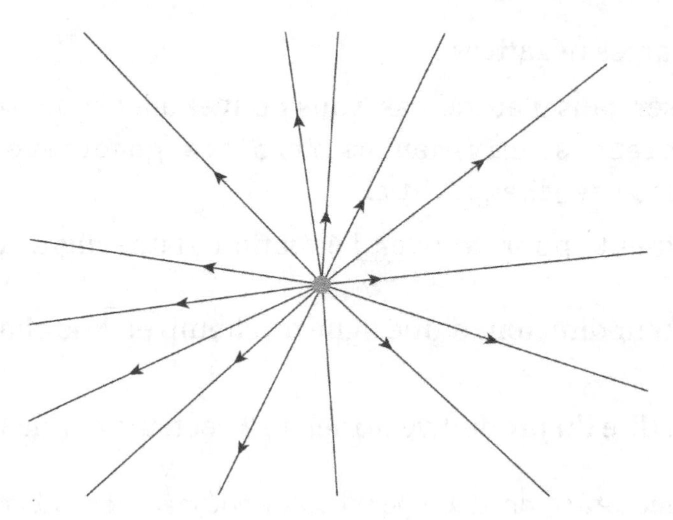

Lignes de champ d'une charge ponctuelle positive : elles divergent à partir de celle-ci

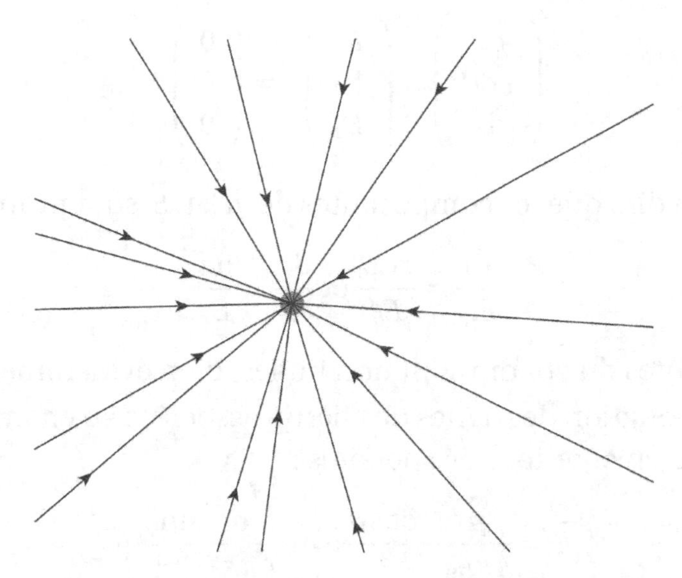

Lignes de champ d'une charge ponctuelle négative : elles convergent vers celle-ci

Ainsi, les lignes de champ divergent à partir des charges positives et conver-

gent vers les charges négatives.

Pour en visualiser dans d'autres cas, vous pouvez aller sur le site suivant : `http://www.sciences.univ-nantes.fr/sites/genevieve_tulloue/Elec/Champs/lignes_champE.html`

Mathématiquement, pour trouver l'équation d'une ligne de champ, on procède ainsi.
Soient $\overrightarrow{u}$ le vecteur directeur d'une ligne de champ et $\overrightarrow{E}$ le champ électrostatique.

✎ Que peut-on dire du produit vectoriel de 2 vecteurs colinéaires $\overrightarrow{u} \wedge \overrightarrow{E}$?

Le produit vectoriel de deux vecteurs colinéaires est nul. On en déduit que l'équation des lignes de champ peut être obtenue en écrivant $\overrightarrow{u} \wedge \overrightarrow{E} = \overrightarrow{0}$.

Par exemple, en coordonnées polaires, on a :

$$\begin{pmatrix} \mathrm{d}r \\ r\mathrm{d}\theta \\ \mathrm{d}z \end{pmatrix} \wedge \begin{pmatrix} E_r \\ E_\theta \\ E_z \end{pmatrix} = \begin{pmatrix} 0 \\ 0 \\ 0 \end{pmatrix}$$

Ceci équivaut à dire que les composantes de $\overrightarrow{u}$ et $\overrightarrow{E}$ sont proportionnelles :

$$\frac{\mathrm{d}r}{E_r} = \frac{r\mathrm{d}\theta}{E_\theta} \text{ et } \frac{\mathrm{d}r}{E_r} = \frac{\mathrm{d}z}{E_z}$$

si les composantes du champ sont non nulles, bien évidemment.

✍ Donner l'équation des lignes de champ associées au champ électrostatique suivant, en coordonnées polaires :

$$\overrightarrow{E} = \frac{p}{4\pi\varepsilon_0}\frac{2\cos\theta}{r^3}\overrightarrow{u_r} + \frac{p}{4\pi\varepsilon_0}\frac{\sin\theta}{r^3}\overrightarrow{u_\theta}$$

où p est le moment dipolaire déjà rencontré en chimie.

On a donc

$$\frac{\mathrm{d}r}{E_r} = \frac{r\mathrm{d}\theta}{E_\theta}$$

soit encore

$$\frac{\mathrm{d}r}{r} = 2\frac{\cos\theta}{\sin\theta}\mathrm{d}\theta.$$

Les variables sont indépendantes, on peut intégrer membre à membre. On trouve : $\ln r = 2\ln(\sin\theta) + K$ soit les courbes suivantes

$$\boxed{r = A\sin^2\theta \text{ avec } A \text{ constante}}$$

Graphiquement, on a la représentation suivante, ce sont des lobes symétriques par rapport à l'axe Ox :

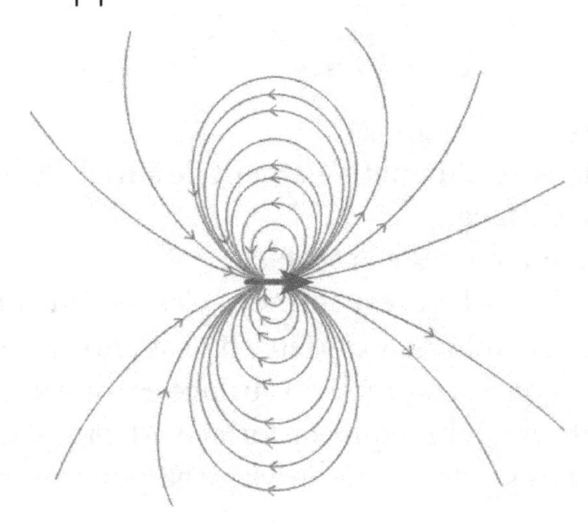

★ Quelques propriétés des lignes de champ :

Si deux lignes de champ se coupent en un point, alors le champ électrostatique est nul en ce point.

Si le champ électrostatique est défini et non nul en un point, alors il passe seulement une seule ligne de champ par ce point.

Les lignes de champ sont des lignes ouvertes.

Si $\overrightarrow{A}$ est un champ vectoriel et C un contour fermé (c'est-à-dire une courbe fermée orientée dans l'espace), on appelle tube de champ de $\overrightarrow{A}$ la surface constituée par l'ensemble des lignes de champ de $\overrightarrow{A}$ s'appuyant sur C.

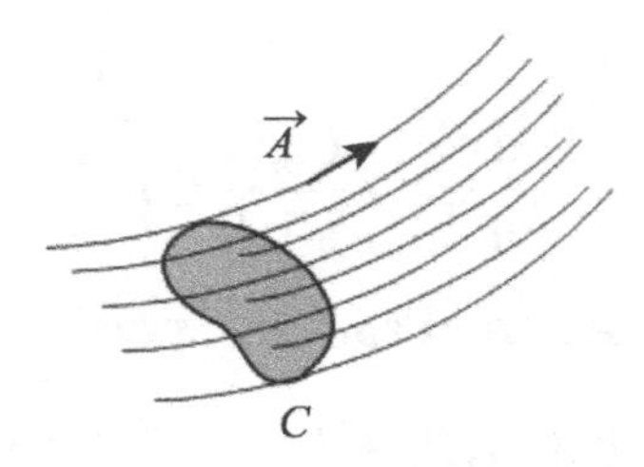

7.5 Flux de $\vec{E}$ et théorème de Gauss

Pour un champ de vecteurs, on peut définir le flux d'un vecteur $\vec{A}$ à travers une surface orientée $\mathscr{S}$:

$$\iint_{P\in\mathscr{S}} \vec{A}\cdot\vec{\mathrm{d}S}$$

$\vec{\mathrm{d}S}$ vérifie les propriétés suivantes :

- il a pour norme dS, aire d'un petit élément de surface centré au point P, il a la dimension d'une surface ;
- il est dirigé orthogonalement à la surface ;
- il est orienté. Si la surface est fermée, c'est-à-dire on peut définir un volume intérieur et un volume extérieur, $\vec{\mathrm{d}S}$ est choisi orienté de l'intérieur vers l'extérieur (normale sortante). Si la surface est ouverte, il faut choisir une orientation du contour $\mathscr{C}$ sur lequel la surface ouverte s'appuie. Puis, on applique la règle de la main droite ou de Maxwell pour définir l'orientation de la surface. ⚠ Ce choix est arbitraire mais il doit être fait une seule fois par problème !

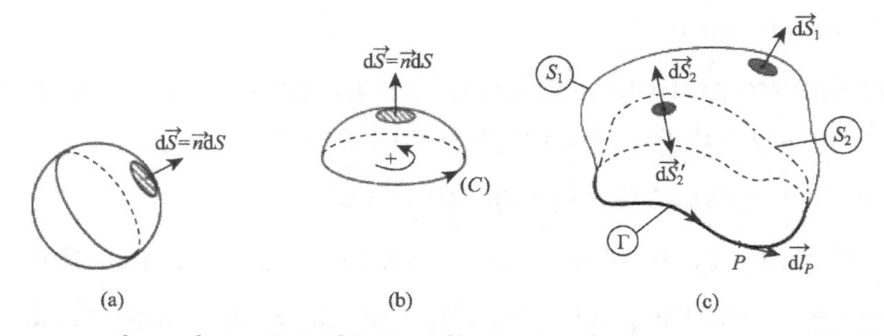

(a) Cas d'une surface fermée ; (b)Cas d'une surface ouverte ; (c) Cas de deux surfaces distinctes s'appuyant sur le même contour fermé

Le flux en physique est généralement compté positivement quand c'est le flux sortant. Cette notion de flux sera revue en mécanique des fluides mais elle peut aussi être utilisée en géographie (flux migratoire qui exprime le nombre de personnes qui entrent ou qui sortent d'un pays, la surface fermée étant les frontières de celui-ci)...

On définit le flux à travers une surface fermée comme $\oiint_{P\in\mathscr{S}} \overrightarrow{E}(P)\cdot\overrightarrow{\mathrm{d}S}$

On a alors le théorème de Gauss :

Le flux du champ électrostatique $\overrightarrow{E}$ à travers une surface fermée quelconque $\mathscr{S}$ est égal à la charge électrique contenue dans le volume $\mathscr{V}$ intérieur à cette surface, divisé par ε_0 :

$$\oiint_{P\in\mathscr{S}} \overrightarrow{E}(P)\cdot\overrightarrow{\mathrm{d}S} = \frac{Q_{\mathrm{int}}}{\varepsilon_0}$$

✍ Calculer le flux de $\overrightarrow{E}$ à travers une sphère de rayon R dans le cas où une charge ponctuelle $+q$ est placée à l'origine O.

On a $\oiint \overrightarrow{E}\cdot\overrightarrow{\mathrm{d}S} = \oiint \frac{q}{4\pi\varepsilon_0 R^2}\overrightarrow{u_r}\cdot(R^2\mathrm{d}\theta\sin\theta\mathrm{d}\varphi\overrightarrow{u_r}) = \frac{q}{\varepsilon_0}$.

Le théorème de Gauss est bien vérifié.

7.6 Formulation locale du théorème de Gauss

On considère un petit élément de volume en coordonnées cartésiennes.

L'expression du flux sortant de $\overrightarrow{E}$ de cet élément est :

$$\begin{aligned}\mathrm{d}\Phi = &\left(E_x(x+\mathrm{d}x,y,z)-E_x(x,y,z)\right)\mathrm{d}y\mathrm{d}z\\ &+\left(E_y(x,y+\mathrm{d}y,z)-E_y(x,y,z)\right)\mathrm{d}x\mathrm{d}z\\ &+\left(E_z(x,y,z+\mathrm{d}z)-E_z(x,y,z)\right)\mathrm{d}x\mathrm{d}y\end{aligned}$$

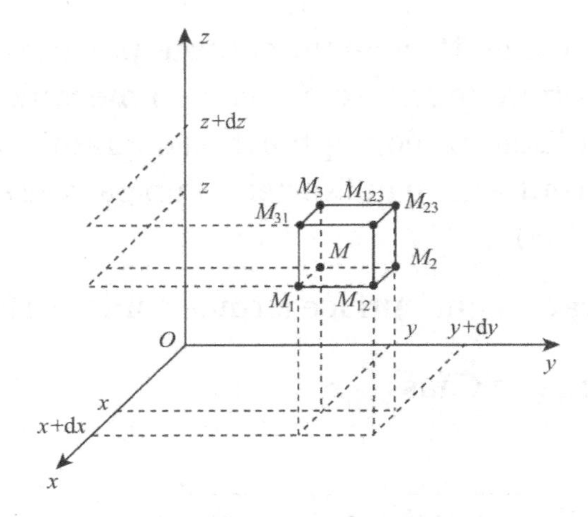

Comme $\mathrm{d}\tau = \mathrm{d}x\mathrm{d}y\mathrm{d}z$, l'équation précédente se réécrit sous la forme :

$$\mathrm{d}\Phi = \left(\frac{\partial E_x}{\partial x} + \frac{\partial E_y}{\partial y} + \frac{\partial E_z}{\partial z}\right)\mathrm{d}\tau.$$

On a aussi $Q_{\text{int}} = \iiint \rho \mathrm{d}\tau$. En appliquant le théorème de Gauss à ce volume élémentaire, on a :

$$\frac{\partial E_x}{\partial x} + \frac{\partial E_y}{\partial y} + \frac{\partial E_z}{\partial z} = \frac{\rho}{\varepsilon_0}.$$

On introduit l'opérateur divergence noté div qui s'applique à un champ vectoriel $\mathrm{div}\overrightarrow{E}$ et qui donne un résultat scalaire.

En coordonnées cartésiennes, on a $\mathrm{div}\overrightarrow{E} = \dfrac{\partial E_x}{\partial x} + \dfrac{\partial E_y}{\partial y} + \dfrac{\partial E_z}{\partial z}$.

Cette équation, valable en un point M, est appelée équation locale. On a alors alors :

$\boxed{\mathrm{div}\overrightarrow{E} = \dfrac{\rho}{\varepsilon_0}}$, équation de Maxwell-Gauss

Les expressions de l'opérateur div dans les autres systèmes de coordonnées sont :
- en coordonnées cylindriques : $\mathrm{div}\overrightarrow{A} = \dfrac{1}{r}\dfrac{\partial(rA_r)}{\partial r} + \dfrac{1}{r}\dfrac{\partial A_\theta}{\partial \theta} + \dfrac{\partial A_z}{\partial z}$;

- en coordonnées sphériques : $\mathrm{div}\overrightarrow{A} = \dfrac{1}{r^2}\dfrac{\partial(r^2 A_r)}{\partial r} + \dfrac{1}{r\sin\theta}\dfrac{\partial(A_\theta \sin\theta)}{\partial\theta} +$

$\dfrac{1}{r\sin\theta}\dfrac{\partial A_\varphi}{\partial \varphi}$.

✍ Déterminer la densité volumique de charge $\rho(x)$ correspondant au champ électrique suivant :

$$\vec{E} = E_0\frac{x}{a}\vec{u_x} \text{ pour } -a \leqslant x \leqslant a, \vec{E} = E_0\vec{u_x} \text{ pour } x > a$$

$$\text{et } \vec{E} = -E_0\vec{u_x} \text{ pour } x < -a.$$

Ici, le problème est unidimensionnel, $\mathrm{div}\vec{E} = \dfrac{\partial E_x}{\partial x} = \dfrac{\mathrm{d}E}{\mathrm{d}x}$, on a $\rho(x) = \dfrac{\frac{1}{4\pi\varepsilon_0}E_0}{a}$ pour $-a \leqslant x \leqslant a$, $\rho(x) = 0$ pour $|x| > a$. Ceci correspond à une distribution volumique de charge uniforme entre les deux plans d'équation $x = a$ et $x = -a$.

La démonstration de l'équation de Maxwell-Gauss est un cas particulier du théorème de Green-Ostrogradski que vous allez voir en mathématiques au semestre 6.

Soit un champ vectoriel $\vec{A}$, on a pour toute surface fermée $\mathscr{S}$ délimitant un volume intérieur $\mathscr{V}$, $\oiint_{\mathscr{S}} \vec{A}\cdot\vec{\mathrm{d}S} = \iiint_{\mathscr{V}} \mathrm{div}\vec{A}\,\mathrm{d}\tau$.

Remarque : dans ce théorème et généralement en physique, c'est toujours le flux sortant du vecteur que l'on considère.

On a donc l'équivalence suivante entre les deux formulations locale et intégrale :

formulation intégrale	formulation locale
$\oiint_{\mathscr{S}} \vec{E}\cdot\vec{\mathrm{d}S} = \dfrac{Q_{\mathrm{int}}}{\varepsilon_0}$	$\mathrm{div}\vec{E}(M) = \dfrac{\rho(M)}{\varepsilon_0}$

En une région vide de charge, le champ $\vec{E}$ ne diverge pas.

7.7 Conséquences du théorème de Gauss

∗ Carte de champ

Le théorème de Gauss nous donne une indication sur la géométrie des lignes de champ dans une région vide de charges. En effet, on choisit comme surface fermée une portion d'un tube de champ. On note $\mathscr{S}_1$ la surface d'entrée et $\mathscr{S}_2$ la surface de sortie. D'après le théorème de Gauss, on a :

$$\oiint_{\mathscr{S}} \vec{E} \cdot \overrightarrow{\mathrm{d}S} = \iint_{\mathscr{S}_1} \vec{E} \cdot \overrightarrow{\mathrm{d}S_1} + \iint_{\mathscr{S}_2} \vec{E} \cdot \overrightarrow{\mathrm{d}S_2} + \iint_{\mathscr{S}_{\mathrm{lat}}} \vec{E} \cdot \overrightarrow{\mathrm{d}S_{lat}} = 0.$$

Or, la dernière intégrale est nulle car $\vec{E}$ est parallèle au tube de champ en tout point de la surface latérale. On a donc :

$$\iint_{\mathscr{S}_1} \vec{E} \cdot \overrightarrow{\mathrm{d}S_1} + \iint_{\mathscr{S}_2} \vec{E} \cdot \overrightarrow{\mathrm{d}S_2} = 0.$$

Le flux de $\vec{E}$ à travers $\mathscr{S}_1$ est le même qu'à travers $\mathscr{S}_2$: si $\mathscr{S}_2$ est plus petite que $\mathscr{S}_1$, alors le champ électrostatique doit être plus intense au niveau de $\mathscr{S}_2$.

> Dans une région vide de charge, les lignes de champ de $\vec{E}$ se resserrent dans les zones où la norme de $\vec{E}$ augmente. De la même façon, elles s'écartent dans les zones où la norme de $\vec{E}$ diminue.

∗ Discontinuité de la composante normale lors de la traversée d'une surface chargée

On considère une surface quelconque chargée de densité surfacique de charge $\sigma(M)$ qui sépare deux milieux 1 et 2. On note $\vec{n}_{12}$ la normale unitaire dirigée de 1 vers 2.

On définit M_1 et M_2 points infiniment proches de M qui appartiennent respectivement au milieu 1 et 2. Les champs électriques sont notés respectivement $\vec{E}(M_1) = \vec{E}_1$ et $\vec{E}(M_2) = \vec{E_2}$.

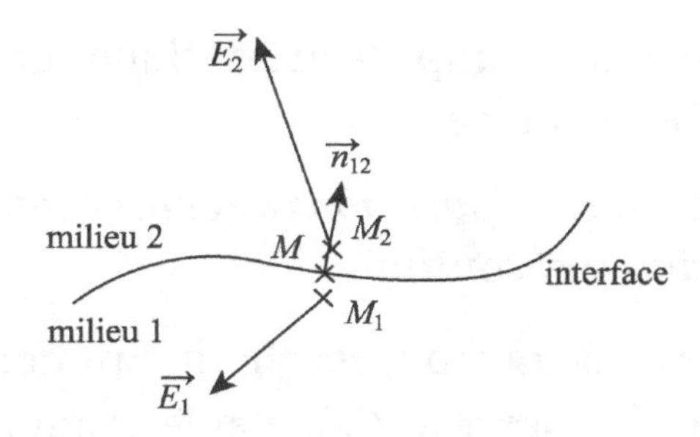

On choisit comme surface de Gauss un cylindre de section dS, de hauteur h qui coupe la surface chargée au voisinage de M.

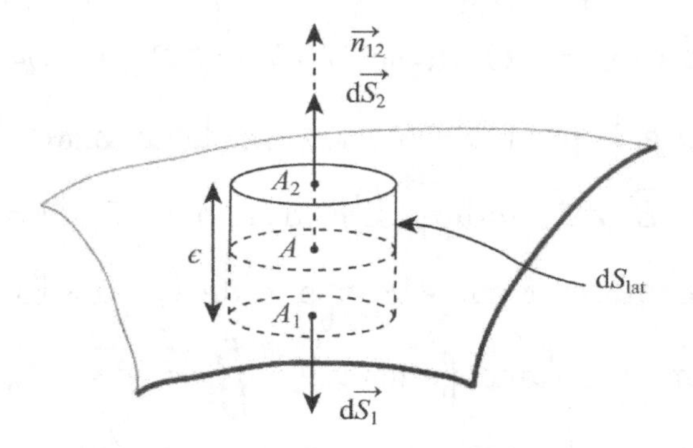

On a, en introduisant les deux bases et la surface latérale :

$$\mathrm{d}\Phi = \mathrm{d}\Phi_1 + \mathrm{d}\Phi_2 + \mathrm{d}\Phi_{\text{lat}}.$$

On fait alors tendre la hauteur h vers 0, comme $\mathrm{d}\Phi_{\text{lat}}$ est proportionnel à h, on a alors $\mathrm{d}\Phi_{\text{lat}}$ qui tend aussi vers 0 et peut être considéré comme négligeable et donc

$$\mathrm{d}\Phi_1 + \mathrm{d}\Phi_2 + 0 = \iint \vec{E}_1 \cdot \overrightarrow{\mathrm{d}S_1} + \iint \vec{E}_2 \cdot \overrightarrow{\mathrm{d}S_2}.$$

Or, $\overrightarrow{\mathrm{d}S_1} = -\mathrm{d}S\vec{n}_{12}$ et $\overrightarrow{\mathrm{d}S_2} = \mathrm{d}S\vec{n}_{12}$. On a alors :

$$\iint (\vec{E}_2 - \vec{E}_1) \cdot \mathrm{d}S\vec{n}_{12} = \frac{Q_{\text{int}}}{\varepsilon_0} = \frac{\displaystyle\iint \sigma \mathrm{d}S}{\varepsilon_0}.$$

On a donc

$$\boxed{(\vec{E}_2 - \vec{E}_1) \cdot \vec{n}_{12} = \frac{\sigma}{\varepsilon_0}}.$$

La composante normale du champ électrostatique subit une discontinuité à la traversée d'une surface chargée.

Remarque : dans la réalité, les répartitions de charge sont toujours volumiques et le champ électrostatique est continu.

✍ Une sphère creuse $\mathscr{S}$ de rayon R est chargée uniformément en surface, de densité surfacique de charge σ. Calculer le champ $\overrightarrow{E}$ de part et d'autre de l'interface chargée.

Soit M un point du plan. La distribution de charge est invariante par rotation autour de O donc $\overrightarrow{E}(M) = \overrightarrow{E}(r)$. De plus, tout plan contenant M et O est plan de symétrie de la distribution de charge : on en déduit que $\overrightarrow{E}$ est radial. On a donc $\overrightarrow{E}(M) = E(r)\overrightarrow{u_r}$.
Maintenant, on choisit comme surface de Gauss la sphère de rayon OM (c'est bien une surface fermée) : $\oiint \overrightarrow{E}\cdot\overrightarrow{\mathrm{d}S} = 4\pi r^2 E(r)$.
Si M est intérieur à la sphère, alors $4\pi r^2 E(r) = 0$, le champ $\overrightarrow{E}$ est nul en tout point intérieur à la sphère.
Si M est en-dehors de la sphère, alors $4\pi r^2 E(r) = \dfrac{\sigma}{\varepsilon_0} 4\pi R^2$.
On a alors $\overrightarrow{E}(R^+) - \overrightarrow{E}(R^-) = \dfrac{\sigma}{\varepsilon_0}\overrightarrow{u_r} = \dfrac{\sigma}{\varepsilon_0}\overrightarrow{n}_{12}$.

On retrouve la discontinuité de $\overrightarrow{E}$ pour une modélisation surfacique.

∗ Théorème des extrema

En un point de l'espace vide de charge, le potentiel n'admet ni minimum ni maximum.

✎ Le prouver.

On raisonne par l'absurde. On suppose qu'il existe un maximum de potentiel au point M vide de charges. Il existe des surfaces équipotentielles fermées qui entourent le point M car le long des demi-droites qui partent du point M, le potentiel diminue.

On applique le théorème de Gauss à une telle surface, le flux de $\vec{E}$ est non nul et strictement positif car le potentiel ne fait que diminuer. Or, le flux doit être nul par application du théorème de Gauss car il n'y a pas de charges. C'est impossible.

On peut faire le même raisonnement avec un minimum du potentiel au point M.

Il n'existe pas d'extremum du potentiel en un lieu vide de charges.

7.8 Exemples de calculs

7.8.1 Plan infini uniformément chargé en surface

On considère un plan infini uniformément chargé en surface, de densité surfacique de charge σ_0. Ce plan est choisi comme le plan xOy. On choisit pour étudier ce modèle de répartition de charges les coordonnées cartésiennes.

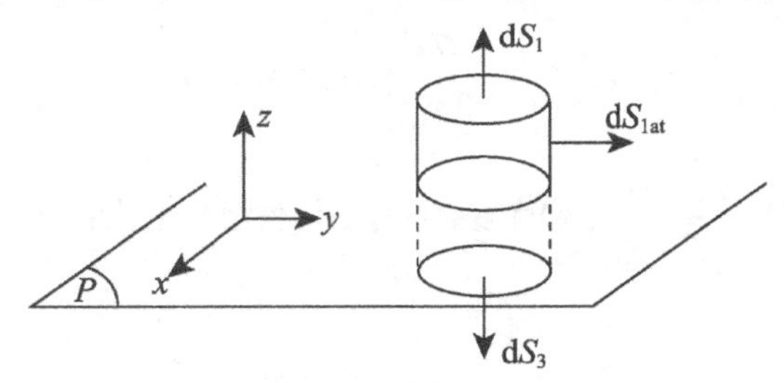

On commence tout d'abord par étudier les symétries et invariances.

⋆ Symétries et invariances :

✎ Étudier les symétries et invariances de la distribution de charges.

La distribution de charge est invariante par translation suivant $\vec{u_x}$ et $\vec{u_y}$: le champ électrostatique ne dépend donc pas de x et y. On a $\vec{E}(M) = \vec{E}(z)$.

Soient M et M' deux points symétriques par rapport au plan chargé, alors $\vec{E}(M) = -\vec{E}(M')$. Il suffit d'étudier la fonction $E(z)$ sur $\mathbb{R}^+$.

Soit un point M du plan, les plans Mxz et Myz sont des plans de symétrie de la distribution de charge. Le point M appartient bien à ces deux plans, le champ électrostatique est donc suivant l'intersection de ces deux plans : $\vec{E}(M) = E(M)\vec{u_z}$.

En conclusion, on a $\boxed{\vec{E}(M) = E(z)\vec{u_z}}$.

⋆ Choix de la surface de Gauss et calculs :

On choisit un point de cote $z > 0$, un cylindre de hauteur $2z$ et de section S, on a :

$$\oiint \vec{E}\cdot\vec{\mathrm{d}S} = \iint_{S(z)} E(z)\mathrm{d}S + \iint_{S(-z)} -E(-z)\mathrm{d}S + \iint_{S_{\mathrm{lat}}} E(z)\vec{u_z}\cdot\mathrm{d}S_{\mathrm{lat}}\vec{u_r} = 2E(z)S$$

$Q_{\mathrm{int}} = \sigma S$ donc, d'après le théorème de Gauss, on a :

$$E(z) = \frac{\sigma}{2\varepsilon_0} \text{ pour } z > 0.$$

Pour $z < 0$, on a $E(z) = -\dfrac{\sigma}{2\varepsilon_0}$. On a bien discontinuité de $\vec{E}$ à la traversée du plan. On peut noter

$$\vec{E}(M) = \frac{\sigma}{2\varepsilon_0}\text{signe}(z)\vec{u_z}.$$

7.8.2 Condensateur plan

Dans le livre d'électrocinétique, on a déjà rencontré les condensateurs, dipôles caractérisés par la relation $q = CU$ où C est la capacité en farads (F).

Un condensateur plan est constitué de deux surfaces planes parallèles qui portent des densités surfaciques de charge opposées, ces plans sont parallèles à xOy et séparés de la distance e suivant l'axe Oz.

On néglige les effets de bord, c'est-à-dire qu'on considère que les extrémités du système sont assez éloignées du point étudié pour ne pas avoir d'influence : tout se passe comme si le système avait une taille infinie pour l'étude des symétries.

On a alors invariance de la distribution de charge par translation suivant Ox et Oy. D'après le principe de superposition, le champ $\overrightarrow{E}$ total est égal à la somme du champ $\overrightarrow{E}$ créé par chaque plan, qui est considéré comme infini.

✎ Déduire de l'étude précédente la valeur du champ électrostatique créé par le condensateur.

D'après le paragraphe précédent, on a :

$$\overrightarrow{E} = \overrightarrow{E}_1 + \overrightarrow{E}_2 = \frac{\sigma}{2\varepsilon_0}\overrightarrow{u_z} + \frac{(-\sigma)}{2\varepsilon_0}(-\overrightarrow{u_z}) = \frac{\sigma}{\varepsilon_0}\overrightarrow{u_z}$$

à l'intérieur du condensateur. Il est nul à l'extérieur.

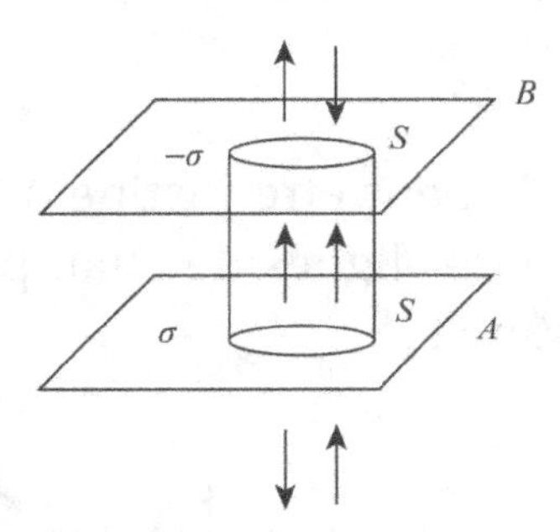

Champ électrostatique créé par une condensateur plan

En électrostatique, on utilise les condensateurs pour avoir des champs uniformes.

✎ Quelle est la différence de potentiel aux bornes du condensateur ?

On calcule la différence de potentiel aux bornes du condensateur :

$$U = V(A) - V(B) = \int_A^B -\mathrm{d}V = \int_A^B \overrightarrow{E} \cdot \overrightarrow{\mathrm{d}l} = \frac{\sigma e}{\varepsilon_0}.$$

✎ En déduire l'expression de la capacité C du condensateur.

Si on introduit la charge $Q = \sigma S$, on a $U = \dfrac{Qe}{S\varepsilon_0} = \dfrac{Q}{C}$. On retrouve la loi utilisée en électrocinétique : $\boxed{Q = CU \text{ avec } C = \dfrac{\varepsilon_0 S}{e}}$.

La capacité du condensateur est toujours positive et dépend seulement des caractéristiques géométriques de celui-ci.

∗ Ordre de grandeur :

✎ Calculer la capacité d'un condensateur plan formé par deux carrés de 10 cm de côté, séparés par une distance de 1 mm.

On a $C = \dfrac{\varepsilon_0 S}{e} = \dfrac{8,85 \times 10^{-12} \times (10 \times 10^{-2})^2}{10^{-3}} = 8,85 \times 10^{-11}$ F. En travaux pratiques, les condensateurs ont des capacités de l'ordre du nanofarad. Il faut de gros condensateurs non plans pour avoir des capacités de l'ordre du farad.

∗ Visualisation des effets de bord

Le fait de négliger les effets des bords peut être justifié à l'aide de simulations numériques ou de visualisation des lignes de champ pour différentes configurations, c'est-à-dire e et S distincts.

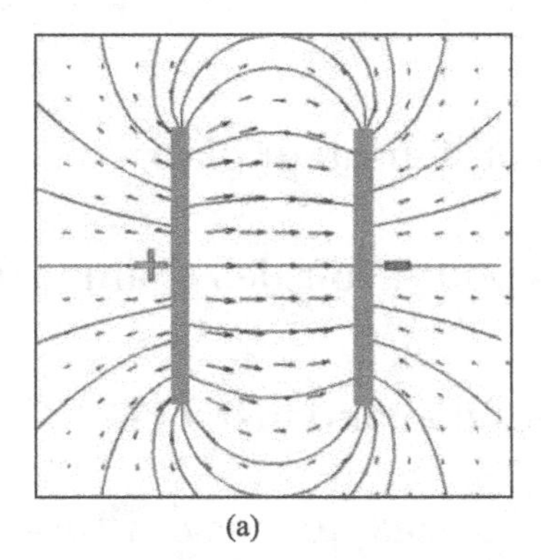

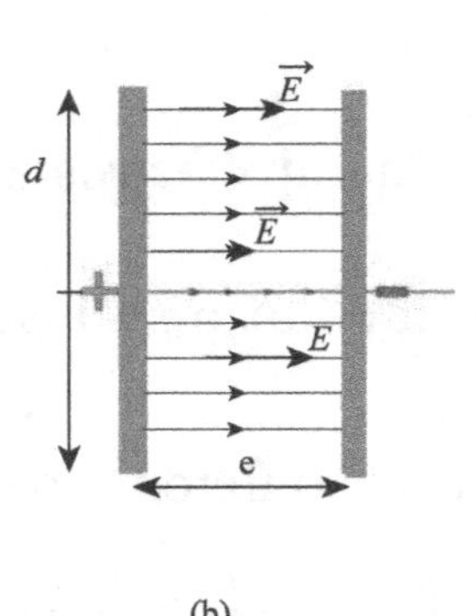

(a) Lignes de champ du condensateur réel ; (b) Lignes de champ du condensateur idéal

Cette modélisation est valable quand le rapport $d/e > 10$ où d est le diamètre des armatures en regard comme indiqué sur le schéma.

* Champ disruptif de l'air :

Pour l'air sec, il faut une différence de potentiel de 36000 V pour faire une étincelle entre deux armatures séparées de 1 cm. Le condensateur est alors détruit.

7.8.3 Noyau atomique : modèle d'une boule uniformément chargée en volume

On modélise le noyau atomique d'un atome ${}_{Z}^{A}X$ par une boule uniformément chargée en volume de densité volumique de charge ρ_0, de rayon R.

✎ Déterminer l'expression de la densité volumique de charge ρ_0 en fonction de R et Z.

On a, par définition, $Q_{\text{noyau}} = Ze = \iiint_{P \in \mathcal{V}} \rho_0 \mathrm{d}\tau(P) = \rho_0 \times \frac{4\pi}{3} R^3$ soit $\boxed{\rho_0 = \frac{3Ze}{4\pi R^3}}$.

✎ Déterminer l'expression du champ électrostatique créé en un point M quelconque de l'espace.

Tout plan qui contient l'axe OM est plan de symétrie de la distribution de charges : $\vec{E}$ appartient à tous ces plans, $\vec{E}(M) = E(M)\vec{e_r}$. De plus, la distribution de charges est invariante par rotation autour du point O : $\vec{E}$ ne dépend que de la variable r.

Au final, on a $\vec{E}(M) = E(r)\vec{e_r}$.

Appliquons le théorème de Gauss à une sphère de rayon OM, on a :

$$\oiint \vec{E} \cdot \overrightarrow{\mathrm{d}S} = 4\pi r^2 E(r) = \frac{Q_{\text{int}}}{\varepsilon_0}.$$

Si le point M est à l'extérieur de la sphère, on a :

$$\boxed{E_{\text{ext}} = \frac{Ze}{4\pi\varepsilon_0 r^2}}.$$

Si le point M est à l'intérieur de la sphère, on a :

$$\boxed{E_{\text{int}} = \frac{\rho_0 4\pi r^3}{3 \times 4\pi\varepsilon_0 r^2} = \frac{\rho_0 r}{3\varepsilon_0} = \frac{Zer}{4\pi\varepsilon_0 R^3}}.$$

On vérifie bien l'homogénéité des formules.

✎ **Que peut-on dire du champ électrostatique à la traversée du noyau ?**

Le champ électrostatique est continu : $E_{\text{int}}(R^-) = E_{\text{ext}}(R^+)$, ce qui est normal car la distribution de charges est volumique.

Vu de loin, la distribution est équivalente à une charge ponctuelle $+Ze$ située à l'origine, c'est logique.

Chapitre 8

Potentiel électrostatique

Dans ce chapitre, nous allons introduire un nouveau champ scalaire V qui va permettre de caractériser les interactions entre distributions de charges fixes.

8.1 Définition

• **Définition :** Le potentiel électrostatique V est donné par $\boxed{\overrightarrow{E} = -\overrightarrow{\text{grad}}\, V}$. Le potentiel électrostatique en M est donc défini par le choix d'une origine O de potentiel choisi arbitrairement nul et par l'expression suivante : $V(M) = \int_O^M -\overrightarrow{E} \cdot \overrightarrow{\mathrm{d}l}$.

L'opérateur $\overrightarrow{\text{grad}}$ agit sur un champ scalaire et donne pour résultat un champ vectoriel. En coordonnées cartésiennes, on a :

$$\overrightarrow{\text{grad}}\, V = \frac{\partial V}{\partial x}\overrightarrow{e_x} + \frac{\partial V}{\partial y}\overrightarrow{e_y} + \frac{\partial V}{\partial z}\overrightarrow{e_z}.$$

Pour son expression dans les autres systèmes de coordonnées, vous pouvez aller consulter l'annexe d'analyse vectorielle.

✎ Quelle est l'unité du potentiel électrostatique dans le système international ?

E est en V/m. On en déduit donc que le potentiel V est en volts, il est à relier à la tension U aussi appelée différence de potentiel...

8.1.1 Cas d'une charge ponctuelle

✎ Rappeler l'expression du champ électrostatique créé par une charge ponctuelle q.

On a $\vec{E} = \dfrac{q}{4\pi\varepsilon_0 r^2}\vec{e_r}$ si on choisit de placer la charge ponctuelle à l'origine du repère, notée A.

✎ En déduire l'expression du potentiel électrostatique créé par une charge ponctuelle q.

On en déduit, en notant O l'origine des potentiels (qui n'a aucune raison d'être confondue avec le point A),

$$V(M) = -\int_O^M \vec{E}\cdot\vec{\mathrm{d}l} = -\int_O^M \frac{q}{4\pi\varepsilon_0 r^2}\vec{e_r}\cdot(\mathrm{d}r\vec{e_r}) = \frac{1}{4\pi\varepsilon_0}\left(\frac{1}{r}-\frac{1}{r_O}\right).$$

Si on choisit l'origine des potentiels à l'infini, on a $V(M) = \dfrac{q}{4\pi\varepsilon_0 r}$.

On a donc le résultat suivant pour une charge ponctuelle q :

$$\boxed{V(M) = \frac{q}{4\pi\varepsilon_0 r} \text{ avec } \lim_{r\to\infty} V(r) = 0}.$$

Remarque : le potentiel n'est pas défini au point où est placé la charge ponctuelle. Il ne faut pas confondre origine des potentiels et origine du repère !

Dans le cas de plusieurs charges ponctuelles, on a le principe de superposition qui s'applique : le potentiel électrostatique total au point M est la somme des potentiels créés par chaque charge ponctuelle q_k :

$$V(M) = \sum_k V_k(M) = \frac{1}{4\pi\varepsilon_0}\sum_k \frac{q_k}{r_k} \text{ où } r_k = P_k M.$$

8.1.2 Cas d'une distribution continue de charges

Dans le cas d'une distribution de charges qui peut être considérée comme continue, on a dans le cas volumique :

$$\boxed{V(M) = \frac{1}{4\pi\varepsilon_0}\iiint_{P\in\mathcal{V}} \frac{\rho(P)}{PM}\mathrm{d}\tau(P)}.$$

Dans le cas d'une modélisation surfacique, on a :

$$\boxed{V(M) = \frac{1}{4\pi\varepsilon_0}\iint_{P\in\mathcal{S}} \frac{\sigma(P)}{PM}\mathrm{d}S(P)}.$$

Dans le cas d'une modélisation linéique, on a :

$$\boxed{V(M) = \frac{1}{4\pi\varepsilon_0}\int_{P\in\mathcal{L}} \frac{\lambda(P)}{PM}\mathrm{d}l(P)}.$$

8.2 Équation de Poisson

On définit l'opérateur laplacien scalaire Δ tel que : $\Delta V = \mathrm{div}(\overrightarrow{\mathrm{grad}}\, V)$.
Il agit sur un champ scalaire et donne un résultat scalaire.

En coordonnées cartésiennes, on a :

$$\Delta V = \frac{\partial^2 V}{\partial x^2} + \frac{\partial^2 V}{\partial y^2} + \frac{\partial^2 V}{\partial z^2}.$$

Pour les expressions dans les autres systèmes de coordonnées, vous pouvez aller consulter l'annexe d'analyse vectorielle.

✎ Montrer que $\boxed{\Delta V = -\frac{\rho}{\varepsilon_0}}$, c'est l'équation de Poisson de l'électrostatique.

On a l'équation locale de Maxwell-Gauss : $\mathrm{div}\vec{E} = \frac{\rho}{\varepsilon_0}$ et par définition, on a $\vec{E} = -\overrightarrow{\mathrm{grad}}\, V$ soit $\mathrm{div}(-\overrightarrow{\mathrm{grad}}\, V) = -\Delta V = \frac{\rho}{\varepsilon_0}$.

✍ Piège électrostatique

En un région vide de charges, on a le potentiel suivant : $V(x,y,z) = \frac{V_0}{a^2}(x^2 + y^2 - 2z^2)$ où V_0 est une constante positive et a la longueur caractéristique du problème.

1. Vérifier l'équation de Poisson.
2. Sur l'axe Ox, quelle est la loi de variation du potentiel avec l'abscisse ? Que représente $\frac{\partial^2 V}{\partial x^2}$? Commenter son signe et comparer à celui obtenu pour $\frac{\partial^2 V}{\partial z^2}$.
3. Déterminer le champ électrique à l'origine du repère. Si on place une particule de charge q_0 en ce point est-elle en équilibre stable ?

1. On a $\Delta V = 0$ ce qui est bien en accord avec l'équation de Poisson car il n'y a pas de charges.

2. Sur l'axe Ox, on a $V(x,0,0) = \frac{V_0 x^2}{a^2}$ qui est l'équation d'une parabole. La dérivée seconde représente la courbure qui est positive : le point O est un minimum suivant la direction Ox. Pour la dérivée seconde suivant z, la dérivée seconde est négative : le point O est alors un maximum de potentiel pour l'axe Oz.

3. À l'origine du repère, on a $\vec{E}(O) = \vec{0}$. Si on place une particule en ce point, la force électrostatique y est nulle : la particule est à l'équilibre.

Pour étudier la stabilité, étudions les déplacements au voisinage de O. Sur l'axe Ox, on a $F_x = -\frac{2q_0V_0}{a^2}x$: c'est une force de rappel si $q_0 > 0$. Sur l'axe Oz, on a $F_z = \frac{2q_0V_0}{a^2}z$: c'est instable si $q_0 > 0$.

On a ainsi un piège suivant une direction de l'espace.

Dans le cas $\rho(M) = 0$, l'équation devient $\Delta V(M) = 0$, c'est l'équation de

Laplace.

Cette équation de Laplace est présente dans beaucoup de domaines de la physique : mécanique des fluides, diffusion thermique....

8.3 Énergie potentielle

8.3.1 Travail des forces électrostatiques

Soit une charge ponctuelle q se déplaçant dans un champ électrostatique $\overrightarrow{E}(r)$ de A vers B.

✎ Quelle est l'expression du travail de la force associée ?

On a, par définition, $\delta W = \overrightarrow{F} \cdot \overrightarrow{\mathrm{d}l} = q\overrightarrow{E} \cdot \overrightarrow{\mathrm{d}l}$ soit sous forme intégrale, $W_{AB} = \int_A^B \overrightarrow{F} \cdot \overrightarrow{\mathrm{d}l} = q\int_A^B \overrightarrow{E} \cdot \overrightarrow{\mathrm{d}l}$. On a donc, en introduisant le potentiel électrostatique $W_{AB} = q(V(A) - V(B))$.

Le travail de la force électrostatique ne dépend pas du chemin suivi pour aller de A vers B. C'est une force conservative.

L'unité dérivée, l'électron-volt, correspond au travail électrostatique fourni lors du déplacement d'un électron entre deux points soumis à une différence de potentiel de 1 V : 1 eV= $1,6 \times 10^{-19}$ J.

On remarque que le travail de la force électrostatique fait intervenir la circulation de $\overrightarrow{E}$.

8.3.2 Énergie potentielle d'une charge dans un champ extérieur

La force électrostatique est une force conservative. On associe l'énergie potentielle E_p d'une charge placée dans un champ électrostatique extérieur, définie par :

$\overrightarrow{F} = -\overrightarrow{\mathrm{grad}}\, E_\mathrm{p}$ soit $E_\mathrm{p} = qV + K$ où K est une constante.

Remarque : cette énergie potentielle est définie dans le référentiel où les charges sont au repos.

On choisit d'avoir E_p nulle quand $V(r) = 0$ soit $\boxed{E_\text{p} = qV(r)}$.

Pour un déplacement élémentaire, on a $\boxed{\mathrm{d}E_\text{p} = -\delta W = q\mathrm{d}V}$.

8.3.3 Énergie potentielle de constitution d'un système de charges

On commence par étudier un système formé de deux charges ponctuelles q_1 et q_2. On note $\vec{r} = \overrightarrow{M_1M_2} = r\vec{u}$, $\overrightarrow{OM_1} = r_1\vec{u}_{r1}$, $\overrightarrow{OM_2} = r_2\vec{u}_{r2}$. Le travail élémentaire des forces électrostatiques entre les deux charges est donné par :

$$\delta W = \vec{F}_{21}\cdot\overrightarrow{dr_1} + \vec{F}_{12}\cdot\overrightarrow{dr_2}.$$

✎ Montrer que $W = \dfrac{q_1q_2}{4\pi\varepsilon_0}\left(\dfrac{1}{r_\text{ini}} - \dfrac{1}{r_\text{final}}\right)$.

On a, en faisant apparaître M_1M_2 et en utilisant le principe des actions réciproques, $W = \displaystyle\int_{r_\text{ini}}^{r_\text{final}} \vec{F}_{12}\cdot\overrightarrow{\mathrm{d}r} = \int_{r_\text{ini}}^{r_\text{final}} \frac{q_1q_2}{4\pi\varepsilon_0}\frac{\mathrm{d}r}{r^2}$ d'où le résultat demandé.

Ce travail ne dépend pas du chemin suivi, il ne dépend que de l'état initial et de l'état final. On l'associe à la diminution d'une fonction $E_\text{p}(r)$ prise nulle quand les charges sont à l'infini l'une de l'autre, c'est l'énergie potentielle d'interaction entre q_1 et q_2 : $\boxed{E_\text{p,int} = \dfrac{q_1q_2}{4\pi\varepsilon_0 r}}$.

On peut interpréter cette énergie potentielle de différentes manières :
- c'est l'énergie potentielle d'une charge placée dans le champ électrostatique de l'autre : $E_\text{p,int} = q_2V_1(M_2) = q_1V_2(M_1)$ ou de façon symétrique $E_\text{p,int} = \dfrac{1}{2}\left(q_2V_1(M_2) + q_1V_2(M_1)\right)$;
- c'est le travail que doit fournir un opérateur extérieur pour amener réversiblement les charges de l'infini, pris comme origine des potentiels.

✎ Exprimer le travail fourni par l'opérateur.

En effet, l'opérateur doit compenser la force électrostatique qui s'exerce entre les deux charges : $W_\text{op} = -q_2(0 - V_1(M_2))$.

On retrouve bien que $E_{\text{p,int}} = W_{\text{op}}$.

Pour un système de N charges ponctuelles, on a la formule suivante :

$$E_{\text{p,int}} = \frac{1}{2}\sum_i q_i V_i$$

où V_i est le potentiel créé par toutes les autres charges au point M_i.

Pour une distribution volumique de charges, on a :

$$E_{\text{p}} = \frac{1}{2}\iiint_{P\in\mathcal{V}} \rho(P)V(P)\mathrm{d}\tau(P).$$

8.3.4 Application au cas du noyau atomique

On reprend la modélisation déjà vue précédemment d'une boule de rayon R chargée uniformément en volume.

✎ Exprimer l'énergie potentielle de constitution du noyau à un facteur numérique près par analyse dimensionnelle.

Par analyse dimensionnelle, on a $[E_{\text{p}}] = M\cdot L^2\cdot T^{-2}$ qu'on doit construire à partir de ρ, ε_0, R. On a $[\rho] = C\cdot L^{-3} = I\cdot T\cdot L^{-3}$, $[\varepsilon_0] = F\cdot L^{-1} = I\cdot T\cdot L^{-1}[V]^{-1} = I^2T^4L^{-3}M^{-1}$. On a donc $[\rho^2/\varepsilon_0] = M\cdot L^{-3}\cdot T^{-2}$. Il faut donc avoir $E_{\text{p}} \propto \dfrac{\rho^2R^5}{\varepsilon_0}$ ou encore $E_{\text{p}} \propto \dfrac{Q^2}{4\pi\varepsilon_0 R}$.

✎ On considère qu'un opérateur apporte réversiblement les charges depuis l'infini, où elles sont supposées à l'infini les unes des autres, jusqu'à leurs positions finales. Établir alors l'expression de l'énergie potentielle de constitution du noyau atomique.

On construit peu à peu la boule par apport réversible de charges de l'infini jusque dans leur position définitive, c'est-à-dire on construit la boule très lentement et le travail fourni ne sert pas à la modification de l'énergie cinétique des charges que l'on suppose à chaque instant à l'équilibre sous l'action de l'opérateur qui construit la boule et de l'interaction électrostatique avec la portion de boule déjà créée. Pour augmenter le rayon de $\mathrm{d}r$, il faut apporter la quantité de charges $\rho 4\pi r^2 \mathrm{d}r$ (volume de la couronne comprise entre r et $r+\mathrm{d}r$).

Cette quantité de charges voit son potentiel passer de 0 à l'infini à $V(r)$, potentiel à la surface de la boule de rayon r $\left(Q(r)=\rho_0 \frac{4\pi}{3} r^3\right)$.

On a donc à fournir le travail suivant : $\delta W = -\mathrm{d}q(0 - V(r))$ soit

$$\delta W = \frac{4\pi\rho_0 r^3}{3}\frac{1}{4\pi\varepsilon_0 r} \times 4\pi\rho_0 r^2 \mathrm{d}r = \rho_0^2 r^5 \mathrm{d}r \frac{4\pi}{3\varepsilon_0}.$$

On intègre de $r=0$ à R, on a $\boxed{E_\mathrm{p} = \int \delta W = \frac{4\pi}{15\varepsilon_0}\rho_0^2 R^5 = \frac{3Q^2}{20\pi\varepsilon_0 R}}$.

<u>Ordre de grandeur :</u>

Dans le cas de l'atome d'hydrogène, on a $R = 1$ fm, E_p est de l'ordre de 10^{-14} J soit 0,1 MeV. Cette énergie est positive : les nucléons condensés sont moins stables que les nucléons infiniment éloignés. Il faut donc avoir une autre force pour assurer la cohésion du noyau : c'est l'interaction forte.
Pour d'autres atomes, on a $R = R_0 A^{1/3}$ où $R_0 = 1{,}3 \times 10^{-15}$ m et A est le numéro atomique.

8.4 Conséquences pour $\overrightarrow{E}$

8.4.1 Circulation de $\overrightarrow{E}$

On a $\overrightarrow{E} = -\overrightarrow{\mathrm{grad}}\, V$. On définit la circulation d'un vecteur de A à B comme $\mathscr{C} = \int_A^B \overrightarrow{E} \cdot \overrightarrow{\mathrm{d}l}$ (voir livre de mécanique du point).

On dit qu'un champ de vecteurs est à circulation conservative si sa circulation est nulle le long de toute courbe fermée orientée : $\oint_C \overrightarrow{E} \cdot \overrightarrow{\mathrm{d}l} = 0$.

✎ Montrer que le champ électrostatique est à circulation conservative.

On a, pour une courbe fermée C qui va donc de A à A,

$$\vec{E}\cdot\mathrm{d}\vec{l} = \oint_C (-\overrightarrow{\text{grad}}\,V)\cdot\mathrm{d}\vec{l} = -\oint \mathrm{d}V = V(A) - V(A) = 0.$$

Le champ électrostatique est à circulation conservative.

8.4.2 Formule de Stokes

On considère un champ de vecteurs $\vec{A}$, une courbe fermée orientée de l'espace C. On considère une surface $\mathscr{S}(C)$ qui s'appuie sur le contour C, orientée en accord avec la règle de Maxwell (ou règle de la main droite).

On a la formule de Stokes : $\oint_C \vec{A}\cdot\mathrm{d}\vec{l} = \iint_{\mathscr{S}(C)} \overrightarrow{\text{rot}}\,\vec{A}\cdot\mathrm{d}\vec{S}$ où $\overrightarrow{\text{rot}}\,\vec{A}$ est le rotationnel de $\vec{A}$, c'est un opérateur qui agit sur un champ de vecteurs et qui donne pour résultat un champ vectoriel.

En coordonnées cartésiennes,
$$\overrightarrow{\text{rot}}\,\vec{A} = \left(\frac{\partial A_z}{\partial y} - \frac{\partial A_y}{\partial z}\right)\vec{u_x} + \left(\frac{\partial A_x}{\partial z} - \frac{\partial A_z}{\partial x}\right)\vec{u_y} + \left(\frac{\partial A_y}{\partial x} - \frac{\partial A_x}{\partial y}\right)\vec{u_z}.$$

Pour les expressions dans les autres systèmes de coordonnées, vous pouvez aller voir l'annexe d'analyse vectorielle.

8.4.3 Rotationnel de $\vec{E}$

✎ En utilisant la formule de Stokes, en déduire la valeur de $\overrightarrow{\text{rot}}\,\vec{E}$.

D'après la formule de Stokes, on a $\iint_{S(C)} \overrightarrow{\text{rot}}\,\vec{E}\cdot\mathrm{d}\vec{S} = 0$ pour toute surface s'appuyant sur le contour. On a donc $\overrightarrow{\text{rot}}\,\vec{E}$ qui est nul en tout point de l'espace.

Un champ de vecteurs à circulation conservative est irrotationnel : $\boxed{\overrightarrow{\text{rot}}\,\vec{E} = \vec{0}}$. Cette équation est l'équation de Maxwell-Faraday pour le champ électrostatique.

Ainsi, on a équivalence entre les 3 formulations suivantes :

$$\boxed{\overrightarrow{\text{rot}}\,\vec{E} = \vec{0} \text{ ou } \oint_C \vec{E}\cdot\mathrm{d}\vec{l} = 0 \text{ pour une courbe fermée ou } \exists V(\vec{r}) / \vec{E} = -\overrightarrow{\text{grad}}\,V}.$$

8.5 Cartes de champ

On a déjà introduit précédemment la notion de ligne de champ pour un champ de vecteurs. On va maintenant introduire la notion d'équipotentielle pour un champ scalaire.

Les courbes équipotentielles sont les courbes de l'espace qui relient les points de même potentiel V.

✎ **Montrer que les lignes de champ sont orthogonales aux équipotentielles.**

On choisit deux points M et M', proches, qui appartiennent à la même équipotentielle. Par définition, $\mathrm{d}V = 0$. Or, par définition $\mathrm{d}V = -\vec{E} \cdot \vec{\mathrm{d}l} = 0$ c'est-à-dire $\vec{E}$ et $\vec{\mathrm{d}l}$, qui oriente l'équipotentielle, sont orthogonaux : le champ électrostatique est orthogonal aux lignes de champ.

✎ **Montrer que les lignes de champ sont orientées suivant le sens des potentiels décroissants.**

Soient deux points M et M' appartenant à une même ligne de champ, orientée de M vers M', on suppose que $V(M') - V(M) > 0$. Alors, $\mathrm{d}V = -\vec{E} \cdot \overrightarrow{MM'} > 0$ soit $\vec{E}$ orienté de M' vers M : $\vec{E}$ a le sens des potentiels décroissants.

Dans le cas d'une charge ponctuelle, on a la carte de champ suivante :

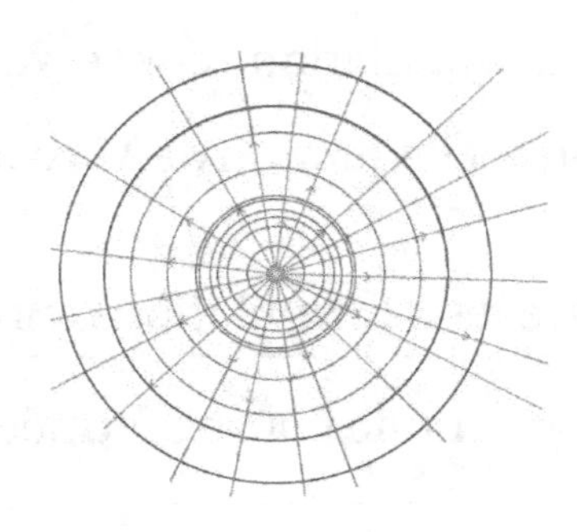

✍ On considère une distribution de charges dont voici la carte des lignes de champ et des équipotentielles.

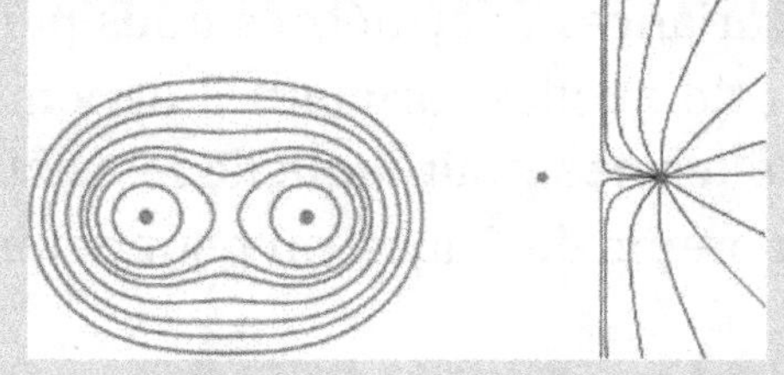

1. Identifier la carte des lignes de champ et celle des équipotentielles en le justifiant.
2. Repérer les sources de champ. Sont-elles de même signe ou de signes opposés ?
3. On considère qu'une des charges est positive. Faire apparaître sur la carte des équipotentielles $\overrightarrow{\text{grad}}\, V$.

1. Les lignes de champ sont forcément ouvertes : la carte de droite correspond aux lignes de champ, celle de gauche aux équipotentielles.
2. Les sources de champ sont deux charges ponctuelles. Elles sont de même signe d'après le tracé des lignes de champ.
3. $\overrightarrow{\text{grad}}\, V$ est orthogonal aux équipotentielles, le potentiel décroît lorsqu'on s'éloigne des deux charges ponctuelles. On a donc :

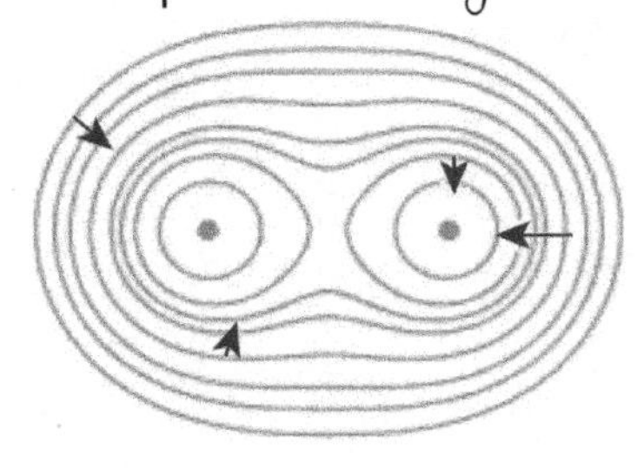

8.6 Méthode d'étude des champs et des potentiels

Il y a 4 méthodes possibles pour calculer le champ et le potentiel créés par une distribution de charges connue :

- calcul direct : à partir de la loi de Coulomb, généralement, on l'utilise pour les distributions discrètes ;
- théorème de Gauss : si l'étude des invariances et symétries nous permet de connaître la direction de $\vec{E}$ et de quelles variables il dépend, on choisit judicieusement une surface fermée pour laquelle le calcul du flux de $\vec{E}$ est facile et d'après le théorème de Gauss, on peut déterminer $\vec{E}$ puis on en déduit V ;
- équation de Maxwell-Gauss ;
- équation de Poisson.

⚠ Il faut toujours commencer par l'étude des symétries et invariances ! Ceci nous permet d'avoir a priori des informations sur la direction et les variables dont dépend $\vec{E}$.

Pour le choix de la surface de Gauss, elle doit être fermée et passer par le point où on cherche à calculer le champ ! ! Pour que le calcul du flux soit facile, il faut choisir une surface qui est soit tangente au champ $\vec{E}$ soit perpendiculaire à $\vec{E}$ mais telle que le champ $\vec{E}$ soit uniforme sur ces surfaces.

Si on veut étudier le champ $\vec{E}$ en un point M, les plans de symétrie ou d'antisymétrie doivent contenir le point M étudié !

Chapitre 9

Dipôle électrostatique

Le dipôle électrostatique est un modèle qui permet de rendre compte du comportement de molécules ou de petits objets qui sont globalement neutres mais dont les barycentres des charges positives et négatives sont distincts.

9.1 Approximation dipolaire

• **Définition :** Un dipôle électrostatique est un couple de charges opposées $+q$ et $-q$, distinctes. On définit le moment dipolaire $\overrightarrow{p} = q\overrightarrow{NP}$ où on note N la charge négative et P la charge positive. Le moment dipolaire a pour unité le coulomb mètre.

On a déjà vu en chimie de nombreux dipôles, ils sont très fréquents : ce sont les molécules polaires.

✎ Citer des exemples de molécules polaires.

Il y a la molécule d'eau, celle d'ammoniac ou encore le chlorure d'hydrogène.

✎ Quelle est l'unité du moment dipolaire utilisée en chimie ? Quelle est la valeur pour l'eau ? Est-ce normal ?

En chimie, on utilise le debye : $1\ D = \frac{1}{3} \times 10^{-29}$ C·m.

Pour l'eau, on a $p = 1{,}83\ D$*, cette valeur est élevée ce qui explique*

que l'eau est un solvant polaire.
En effet, par exemple, pour le chlorure d'hydrogène, on a

$p = 1{,}05\ D$.

L'approximation dipolaire consiste à se placer à une distance r très grande devant NP.

9.2 Champ créé par un dipôle

9.2.1 Symétries

On étudie un dipôle placé suivant l'axe Oz : N de charge $-q$ placé en $-d/2$ et P de charge $+q$ placé en $+d/2$.

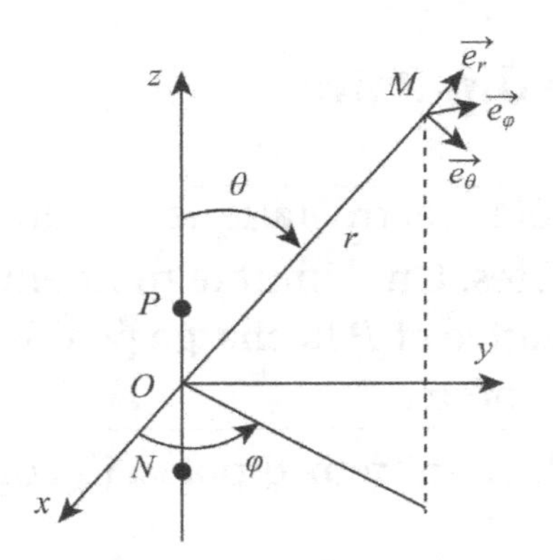

On cherche à caractériser le champ créé en un point M quelconque de l'espace, de coordonnées (r,θ,φ).

Le plan défini par OMz est plan de symétrie de la distribution de charges : on a donc $\overrightarrow{E}(M) = E_r\overrightarrow{e_r} + E_\theta\overrightarrow{e_\theta}$. On a invariance de la distribution de charges par rotation autour de l'axe Oz : E est indépendant de φ.

Si M appartient au plan Oxy, plan d'antisymétrie des charges, alors $\overrightarrow{E}(M) = E_\theta(r,\theta)\overrightarrow{e_\theta}$ (dans ce cas, $\overrightarrow{e_\theta}$ est colinéaire à $\overrightarrow{e_z}$).
Si M appartient à l'axe Oz, alors $\overrightarrow{E}$ est colinéaire à $\overrightarrow{e_z}$.

9.2.2 Potentiel à grande distance

D'après le principe de superposition, on a :

$$V(M) = V_+(M) + V_-(M) = \frac{q}{4\pi\varepsilon_0}\left(\frac{1}{r_P} - \frac{1}{r_N}\right).$$

Or, $r_P = \sqrt{d^2/4 + r^2 - dr\cos\theta}$ et $r_N = \sqrt{d^2/4 + r^2 + dr\cos\theta}$. En faisant un développement limité au premier ordre en $\varepsilon = d/2r$, on a :

$$\frac{1}{r_P} = \frac{1}{r}\left(1 + \frac{d\cos\theta}{2r}\right) \text{ et } \frac{1}{r_N} = \frac{1}{r}\left(1 - \frac{d\cos\theta}{2r}\right).$$

On a donc : $\boxed{V(M) = \dfrac{qd\cos\theta}{4\pi\varepsilon_0 r^2} = \dfrac{\vec{p}\cdot\vec{r}}{4\pi\varepsilon_0 r^3}}$.

La dernière formulation a le mérite d'être intrinsèque (indépendante du choix de système des coordonnées).

9.2.3 Champ électrostatique à grande distance

Pour le champ, on utilise la relation $\vec{E} = -\overrightarrow{\text{grad}}\, V$.

✎ En déduire l'expression des composantes du champ électrostatique.

En coordonnées sphériques, on a

$$\vec{E} = -\frac{\partial V}{\partial r}\vec{e_r} - \frac{1}{r}\frac{\partial V}{\partial\theta}\vec{e_\theta} - \frac{1}{r\sin\theta}\frac{\partial V}{\partial\varphi}\vec{e_\varphi},$$

soit $\boxed{\vec{E} = \dfrac{1}{4\pi\varepsilon_0}\dfrac{2p\cos\theta}{r^3}\vec{e_r} + \dfrac{1}{4\pi\varepsilon_0}\dfrac{p\sin\theta}{r^3}\vec{e_\theta}}$.

Cette expression du champ électrostatique peut aussi se mettre sous la forme intrinsèque suivante : $\boxed{\vec{E}(\vec{r}) = \dfrac{1}{4\pi\varepsilon_0 r^3}\left(\dfrac{3(\vec{p}\cdot\vec{r})\vec{r}}{r^2} - \vec{p}\right)}$.

ce qui veut dire qu'elle est indépendante du système de coordonnées choisi.

 Le potentiel du dipôle est en $1/r^2$, le champ électrique en $1/r^3$!

Remarque : pour un point M appartenant au plan Oxy, on a $\overrightarrow{E_1} = -\dfrac{\overrightarrow{p}}{4\pi\varepsilon_0 r^3}$.

Pour un point M appartenant à l'axe Oz, on a $\overrightarrow{E_2} = \dfrac{2\overrightarrow{p}}{4\pi\varepsilon_0 r^3} = -2\overrightarrow{E_1}$.

Cette relation caractérise le champ d'un dipôle. Ces deux positions sont appelées les positions de Gauss du dipôle.
Ces résultats sont bien en accord avec l'étude des symétries faites précédemment.

9.2.4 Carte de champ

Le potentiel créé par le dipôle décroit en $1/r^2$ et le champ en $1/r^3$ alors que, pour une charge ponctuelle, on a une décroissance en $1/r$ et en $1/r^2$. On en conclut que les effets du dipôle se font ressentir à moins grande distance que ceux d'une charge seule.

✎ Donner l'équation des surfaces équipotentielles.

Pour les surfaces équipotentielles, on a $V(r,\theta)$ =cste soit

$$\boxed{r(\theta) = \sqrt{\frac{p}{4\pi\varepsilon_0 |V|}}\sqrt{|\cos\theta|}}.$$

✎ Donner l'équation des lignes de champ.

Pour les lignes de champ, on doit résoudre $\dfrac{\mathrm{d}r}{E_r} = \dfrac{r\mathrm{d}\theta}{E_\theta}$ soit $\dfrac{\mathrm{d}r}{2\cos\theta} = \dfrac{r\mathrm{d}\theta}{\sin\theta}$ ou bien encore $\dfrac{\mathrm{d}r}{r} = 2\dfrac{\cos\theta}{\sin\theta}\mathrm{d}\theta$.
On a alors $r(\theta) = K\sin^2\theta$ avec K une constante.

On a la carte de champ suivante :

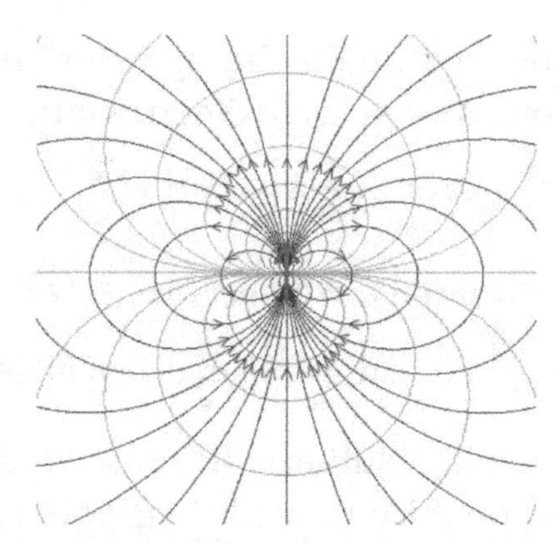

Carte de champ du dipôle : lignes de champ orientées et équipotentielles

9.3 Actions d'un champ extérieur sur un dipôle

Un dipôle indéformable n'est pas soumis au champ électrostatique qu'il crée, qui est appelé champ propre. En effet, la force du champ propre sur le dipôle est une force intérieure au système.

On va s'intéresser d'abord à l'action d'un champ uniforme puis, ensuite, on va voir le cas d'un champ non uniforme.

9.3.1 Cas d'un champ extérieur uniforme

✎ Exprimer la force qui s'exerce sur le dipôle.

On a $\overrightarrow{F} = \overrightarrow{F}_N + \overrightarrow{F}_p = -q\overrightarrow{E} + q\overrightarrow{E} = \overrightarrow{0}$.

Ainsi, la résultante de la force électrostatique s'exerçant sur un dipôle placé dans un champ extérieur uniforme est nulle.

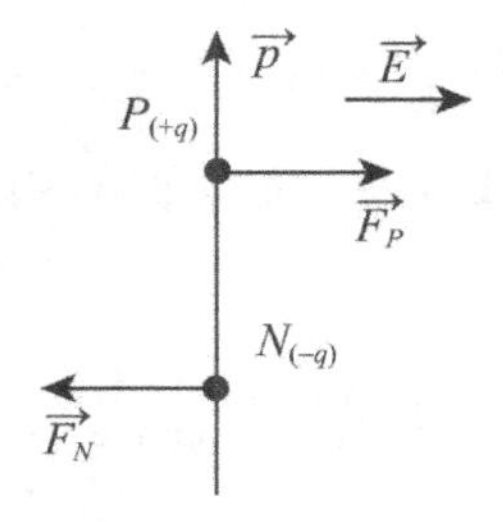

Forces exercées par un champ extérieur sur un dipôle

Sur le schéma, on voit que l'action du champ extérieur tend à faire tourner le dipôle. Calculons le moment de la force électrostatique au point O.

✎ Calculer le moment. Montrer que $\overrightarrow{M}_O = \overrightarrow{p} \wedge \overrightarrow{E}$.

Par définition du moment, on a $\overrightarrow{M}_O = \overrightarrow{OP} \wedge q\overrightarrow{E} + \overrightarrow{ON} \wedge (-q\overrightarrow{E}) = q\overrightarrow{NP} \wedge \overrightarrow{E} = \overrightarrow{p} \wedge \overrightarrow{E}$, ce qui est la forme demandée.

C'est un couple de forces : la résultante des forces est nulle mais pas le moment. Ceci a pour action de faire tourner le dipôle autour de son centre (cf l'ouverture d'un robinet).

Remarque : le moment est indépendant du point où on le calcule.

Maintenant, on s'intéresse à l'énergie potentielle d'interaction pour savoir pourquoi le dipôle va tourner.

Dans un champ extérieur, on a :

$$E_p = -qV_{\text{ext}}(N) + qV_{\text{ext}}(P) = -q(V_{\text{ext}}(N) - V_{\text{ext}}(P)) = -q\overrightarrow{E}_{\text{ext}} \cdot \overrightarrow{NP} = -\overrightarrow{p} \cdot \overrightarrow{E}.$$

On a donc $\boxed{E_p = -\overrightarrow{p} \cdot \overrightarrow{E}}$.

Or, tout système physique évolue spontanément pour minimiser son énergie potentielle comme on l'a déjà vu en mécanique ou en thermodynamique (cf livre de mécanique du point ou livre de thermodynamique).

✎ Quelles sont les positions d'équilibre du système ? Lesquelles sont stables ? Instables ?

Les positions d'équilibre sont définies par les extrema de la fonction E_p soit $\theta = 0$ ou $\theta = \pi$.

Les positions d'équilibre stable correspondent aux minima : $\theta_{\text{stable}} = 0$.

Les positions d'équilibre instable correspondent aux maxima : $\theta_{\text{instable}} = \pi$.

Le dipôle tend à s'aligner avec la direction du champ électrostatique, de même sens que ce dernier.

9.3.2 Cas d'un champ extérieur non uniforme

Maintenant, le champ extérieur considéré n'est plus uniforme donc $\vec{E}(N) \neq \vec{E}(P)$.

Pour la résultante des forces, on a $\vec{F} = q(\vec{E}(P) - \vec{E}(N))$ qui n'est plus égale à zéro. On se place dans le cadre de l'approximation dipolaire, c'est-à-dire qu'on suppose les dimensions du dipôle petites devant l'échelle de variation du champ électrostatique extérieur.

On peut donc faire des développements limités du champ et garder le premier terme non nul qui apparaît.

✎ Soient $N(x, y, z)$ et $P(x + h, y + k, z + l)$ avec h, k, l des infiniment petits. Montrer que

$$E_i(P) - E_i(N) = h\frac{\partial E_i}{\partial x} + k\frac{\partial E_i}{\partial y} + l\frac{\partial E_i}{\partial z}.$$

D'après la formule de Taylor appliquée à $\vec{E}$, on a :

$$E_i(P) = E_i(N) + h\frac{\partial E_i}{\partial x} + k\frac{\partial E_i}{\partial y} + l\frac{\partial E_i}{\partial z} + \circ(h, k, l),$$

d'où la formule demandée en négligeant le $\circ(h, k, l)$.

Cette formule est valable pour les trois composantes de $\vec{E}$, on en déduit la formule vectorielle suivante :

$$\vec{E}(P) - \vec{E}(N) = h\frac{\partial \vec{E}}{\partial x} + k\frac{\partial \vec{E}}{\partial y} + l\frac{\partial \vec{E}}{\partial z} = (\overrightarrow{NP} \cdot \overrightarrow{\text{grad}})\,\vec{E}.$$

D'où $\boxed{\vec{F} = (\vec{p} \cdot \overrightarrow{\text{grad}})\,\vec{E}}$.

Maintenant, on s'intéresse au moment des forces :

$$\overrightarrow{M_O} = \overrightarrow{ON} \wedge (q\overrightarrow{E}(N)) + \overrightarrow{OP} \wedge (q\overrightarrow{E}(P)).$$

On se place toujours dans le cadre de l'approximation dipolaire : les variations du champ extérieur sont très faibles à l'échelle du dipôle. Le premier terme non nul est le terme d'ordre zéro : $\boxed{\overrightarrow{M_O} = \overrightarrow{p} \wedge \overrightarrow{E}(O)}$.

Le champ extérieur non uniforme tend aussi à faire tourner le dipôle pour qu'il s'oriente parallèlement au champ. Ceci est toujours le premier effet du champ électrostatique extérieur, qu'il soit uniforme ou non, car, à l'échelle du dipôle, tout champ est en première approximation uniforme.

Sous l'action de la force, le dipôle va se déplacer dans les zones où le champ électrique est le plus intense.

✎ Le prouver en supposant que le dipôle est déjà aligné avec la direction du champ.

On suppose que $\overrightarrow{p}$ et $\overrightarrow{E}$ sont colinéaires, on choisit cette direction comme l'axe Ox. On a $\overrightarrow{F} = p\dfrac{\partial E}{\partial x}\overrightarrow{u_x}$.

Si $\dfrac{\partial E}{\partial x} > 0$, alors le champ augmente avec les x croissants et la résultante F est aussi dirigée vers les x croissants.

Si $\dfrac{\partial E}{\partial x} < 0$, alors le champ augmente avec les x décroissants et la résultante F est aussi dirigée vers les x décroissants.

Ainsi, l'action d'un champ extérieur non uniforme sur un dipôle se résume ainsi : dans le cadre de l'approximation dipolaire, on a :

$$\overrightarrow{F} = (\overrightarrow{p} \cdot \overrightarrow{\text{grad}})\overrightarrow{E} \text{ et } \overrightarrow{M_O} = \overrightarrow{p} \wedge \overrightarrow{E}(O).$$

Le moment tend à aligner $\overrightarrow{p}$ et $\overrightarrow{E}$.

Une fois que le dipôle est aligné avec $\overrightarrow{E}$, alors la résultante $\overrightarrow{F}$ attire le dipôle vers les zones de fort champ électrostatique.

Remarque : le mouvement a bien lieu dans cet ordre car le moment est un terme d'ordre zéro tandis que la force est un terme d'ordre un.

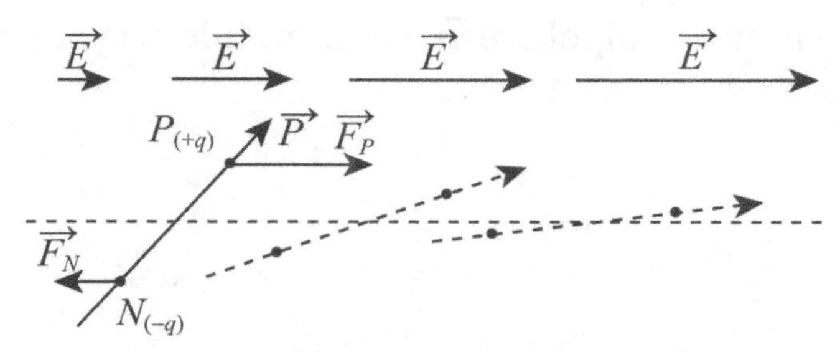

Actions d'un champ extérieur non uniforme sur un dipôle

9.4 Interactions en chimie

On distingue en chimie les solvants polaires des solvants apolaires.

9.4.1 Dipôles permanents

Dans le cas des molécules (qui sont globalement neutres), on peut avoir un moment dipolaire permanent quand le barycentre des charges positives est distinct du barycentre des charges négatives.

On utilise en chimie le debye, plus adapté aux échelles considérées.

✎ Préciser la nature du solvant eau. Rappeler les caractéristiques électrostatiques de la molécule d'eau.

L'eau est un solvant polaire, de moment $p = 1,85\ D$.

✎ Quelles sont les trois propriétés du solvant eau ?

L'eau est un solvant ionisant, dispersant, solvatant (voir livre de chimie).

On peut aussi citer le chlorure d'hydrogène ($p = 1,08\ D$), l'éthanal ($p = 2,70\ D$)... Ce sont tous des solvants polaires.

9.4.2 Dipôle induit

Sous l'action d'un champ extérieur $\vec{E}_{\text{ext}}$, des atomes ou molécules apolaires vont acquérir un moment dipolaire $\vec{p}$. On introduit α la polarisabilité telle que $\vec{p} = \alpha \vec{E}_{\text{ext}}$.

La molécule de dichlore, apolaire, acquiert un moment dipolaire sous l'action de l'eau

C'est ce phénomène qui rentre en jeu au moment de la solvatation des ions dans un solvant polaire (voir livre de chimie).

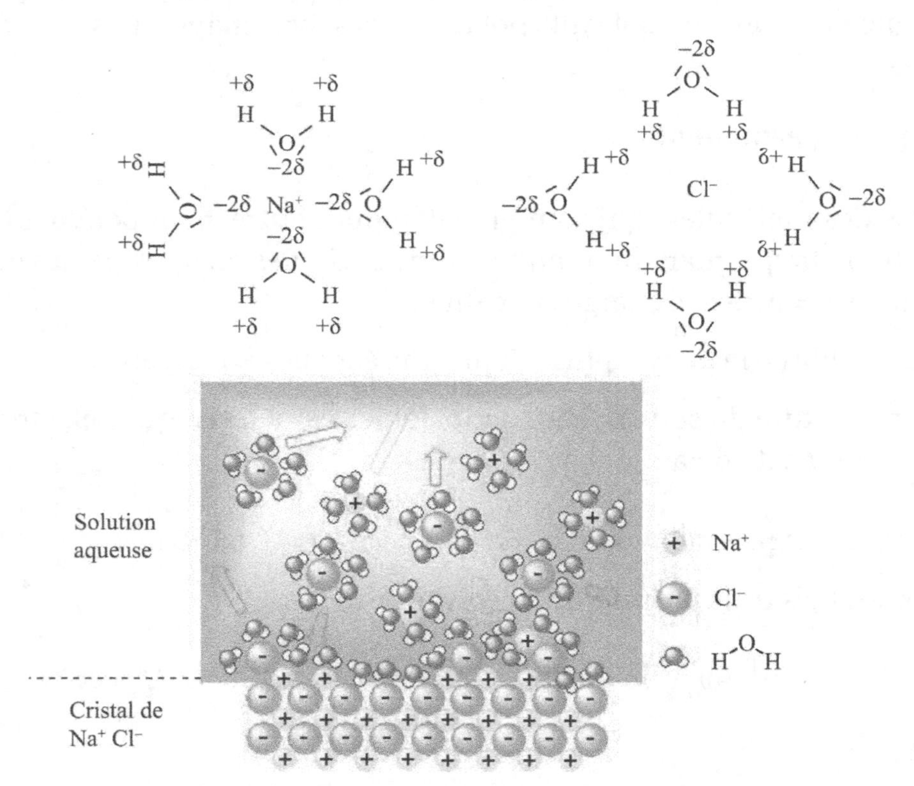

Solvatation des ions chlorure et sodium dans l'eau
* D'après `culturesciences.fr`

✍ On modélise un atome de la façon suivante : le noyau est assimilé à une charge ponctuelle $+q$ située en O et le nuage électronique est assimilé à une boule uniformément chargée de rayon a, de charge $-q$, de centre O. C'est le modèle de Thomson. On suppose pour simplifier que le nuage électronique est indéformable.
1. Cet atome est soumis à un champ électrostatique extérieur suffisamment faible pour que le noyau reste dans le nuage électronique. Déterminer la distance à l'équilibre entre le noyau et le centre du nuage électronique. En déduire que l'atome se comporte comme un dipôle dont le moment dipolaire se met sous la forme $\overrightarrow{p} = \alpha \overrightarrow{E}$.
2. On suppose que le champ extérieur est créé par un dipôle situé à la distance $R \geqslant a$, il est de la forme $\frac{A}{R^3}\overrightarrow{e_r}$. Déterminer la résultante des forces électrostatiques subies par l'atome. Montrer que la force est en $1/R^n$ avec n à préciser.

1. Le noyau est soumis au champ créé par le nuage électronique et le champ extérieur. Il est à l'équilibre quand $\overrightarrow{F} = q(\overrightarrow{E}_{\text{nuage}} + \overrightarrow{E}_{\text{ext}}) = \overrightarrow{0}$. Or, le champ électrostatique créé par le nuage en un point à l'intérieur de la boule a déjà été calculé précédemment (voir Chapitre 7.8.3), on a $\overrightarrow{E}_{\text{nuage}} = \frac{\rho r}{3\varepsilon_0}\overrightarrow{u_r}$ avec $\rho = -\frac{3q}{4\pi a^3}$. On a alors :

$$\frac{qr}{4\pi\varepsilon_0 a^3} = E_{\text{ext}} \text{ soit } \boxed{p = qr = 4\pi\varepsilon_0 a^3 E_{\text{ext}}}.$$

$\boxed{\alpha = 4\pi\varepsilon_0 a^3}$: plus l'atome est gros, plus il est polarisable.

2. On se place dans le cadre de l'approximation dipolaire : on peut supposer que le champ extérieur est à peu près uniforme à l'échelle du dipôle. On a alors :

$$\overrightarrow{F} = (\overrightarrow{p}\cdot\overrightarrow{\text{grad}})\overrightarrow{E}_{\text{ext}} = (\alpha E_{\text{ext}}\overrightarrow{u}_r\cdot\overrightarrow{\text{grad}})\overrightarrow{E}_{\text{ext}} = \alpha\frac{A}{R^3}\frac{\partial(A/R^3)}{\partial R}\overrightarrow{u}_r = -\frac{3\alpha A^2}{R^7}\overrightarrow{u_r}.$$

On retrouve la force d'interaction de Van der Waals déjà étudiée en thermodynamique et en chimie, entre deux dipôles qui peuvent être permanents ou induits.

Remarque : la définition de la polarisabilité est aussi possible sous la forme $\vec{p} = \alpha\varepsilon_0 \vec{E}_{\text{ext}}$. Il faut respecter la définition de l'énoncé.

Les forces de Van der Waals peuvent être de trois types :

- interactions entre dipôles permanents, appelées interactions de Keesom ;
- interaction dipôle permanent-dipôle induit, appelées interactions de Debye ;
- interaction dipôle induit-dipôle induit, appelées interactions de London.

Rappel : les liaisons de Van der Waals ont une énergie d'environ quelques kilojoules par mol ; les liaisons hydrogène de l'ordre de la dizaine de kilojoules par mol. La liaison covalente met en jeu des énergies de l'ordre de la centaine de kilojoules par mol.

Chapitre 10

Analogies avec le champ gravitationnel

On va généraliser les résultats déjà établis en mécanique du point qui exploitent la grande similitude entre la force électrostatique et la force gravitationnelle.

⚠ Cependant, la force de gravitation est toujours attractive ce qui n'est pas le cas de la force de Coulomb !

✎ Compléter le tableau suivant.

	électrostatique	gravitation
sources	charge q	masse m
densité volumique	$\rho(M)$ en C/m^{-3}	
force	loi de Coulomb	
constante fondamentale		
sens de la force		
force conservative		
potentiel créé par une charge ponctuelle		
énergie potentielle d'interaction		
divergence du champ		
équation de Poisson		

On a :

	électrostatique	gravitation
sources	charge q	masse m
densité volumique	$\rho(M)$ en $\mathrm{C/m^{-3}}$	$\rho(M)$ en $\mathrm{kg{\cdot}m^{-3}}$
force	loi de Coulomb $\overrightarrow{F} = q_2\overrightarrow{E_1}$	loi de Newton $\overrightarrow{F} = m_2\overrightarrow{\mathscr{G}}_1$
constante fondamentale	$\dfrac{1}{4\pi\varepsilon_0}$	$-G$
sens de la force	attractive ou répulsive	attractive
force conservative	oui	oui
potentiel créé par une charge ponctuelle	$V(M) = \dfrac{q}{4\pi\varepsilon_0 r}$	$V(M) = -G\dfrac{m}{r}$
énergie potentielle d'interaction	$E_p = \dfrac{q_1 q_2}{4\pi\varepsilon_0 r}$	$E_{p,g} = -G\dfrac{m_1 m_2}{r}$
divergence du champ	$\mathrm{div}\overrightarrow{E} = \rho/\varepsilon_0$	$\mathrm{div}\overrightarrow{G} = -4\pi G\mu$
équation de Poisson	$\Delta V = -\rho/\varepsilon_0$	$\Delta V = 4\pi G\mu$

Chapitre 11

Magnétostatique

C'est l'étude des propriétés de champs magnétostatiques créés par les courants continus et la matière aimantée.

Expérimentalement, le champ magnétostatique peut être mis en évidence à l'aide d'une boussole : celle-ci s'aligne suivant le vecteur champ magnétostatique, qui est dirigé du pôle sud vers le pôle nord de la boussole.

Boussole de poche et boussole chinoise, Kaifeng, Henan

Dans cette partie du cours, on ne considère que les champs magnétostatiques créés par les courants continus. Les sources du champ magnétostatique sont donc, ici, des charges en mouvement.

Le champ magnétique s'exprime en tesla de symbole T et présente différents ordres de grandeurs : champ magnétique terrestre de l'ordre de 10^{-5} T, champ magnétique d'un aimant de 0,1 à 1 T et pour un appareil d'IRM, $B \approx 3$ T.

On va commencer par étudier les différents types de distribution de courants.

11.1 Distributions de courant

11.1.1 Distribution volumique

✎ Rappeler la définition de l'intensité I.

L'intensité électrique correspond à la quantité de charges qui traverse une surface S *pendant* dt.

$I = \frac{\mathrm{d}q}{\mathrm{d}t}$.

✎ Rappeler la définition du vecteur densité volumique de courant $\overrightarrow{j}$.

On a $\overrightarrow{j} = n^* q \overrightarrow{v} = \rho_m \overrightarrow{v}$ *où* ρ_m *est la densité volumique de charges mobiles. On a* $I = \iint_S \overrightarrow{j} \cdot \overrightarrow{\mathrm{d}S}$, *l'intensité correspond au flux de* $\overrightarrow{j}$ *à travers la section* S.

On introduit le vecteur élément de courant $\overrightarrow{\mathrm{d}C} = I\overrightarrow{\mathrm{d}l}$. On a aussi $\overrightarrow{\mathrm{d}C} = \overrightarrow{j}\,\mathrm{d}\tau$.

✎ Quelle est l'unité de $\overrightarrow{j}$?

$\overrightarrow{j}$ *s'exprime en* A·m^{-2}.

11.1.2 Distribution surfacique

On considère maintenant une modélisation surfacique de courant (modélisation valable quand l'épaisseur est négligeable devant les autres dimensions). On a alors $\overrightarrow{j_s} = \sigma_m \overrightarrow{v}$ où σ_m est la densité surfacique de charges mobiles et $\overrightarrow{j_s}$ est le vecteur densité surfacique de courants (qui s'exprime en A·m^{-1}).

Dans ce cas, on définit l'intensité comme la quantité de charges traversant une longueur L (l'épaisseur étant négligeable, on ne parle plus de surface).

On a alors $I = \overrightarrow{j_s} \cdot (L\overrightarrow{n}) = \sigma_m v L$ si $\overrightarrow{j_s}$ est colinéaire à $\overrightarrow{n}$.

Pour le vecteur élément de courant, on a $\overrightarrow{\mathrm{d}C} = I\overrightarrow{\mathrm{d}l} = \overrightarrow{j_s}\mathrm{d}S$.

⚠ Il faut faire attention à quelles grandeurs sont vectorielles et lesquelles sont scalaires, cela change entre volumique et surfacique !

Si on introduit l'épaisseur e de la nappe, on a $I = \rho_m v e L$ et $\overrightarrow{j} = \rho_m \overrightarrow{v}$ soit $\sigma_m = \rho_m e$ et $\overrightarrow{j_s} = \lim\limits_{e \to 0} e\,\overrightarrow{j}$.

11.1.3 Distribution linéique

C'est la dernière modélisation possible : la section est constante et très faible devant les autres dimensions. La densité linéique de courant correspond au courant lui-même : $\overrightarrow{\mathrm{d}C} = I\overrightarrow{\mathrm{d}l}$.

11.2 Loi de Biot et Savart

Dans le cadre de la magnétostatique, on étudie les régimes indépendants du temps mais, en fait, les résultats présentés sont aussi valables dans le cas de régimes lentement variables ou quasi-stationnaires, ce qu'on verra dans la suite du cours.

Biot et Savart ont obtenu cette loi de façon expérimentale en 1820. On considère un circuit filiforme décrit par le point P, le champ magnétique créé au point M est donné par :

$$\boxed{\overrightarrow{B}(M) = \frac{\mu_0}{4\pi} \int_{P \in \mathscr{C}} \frac{I\overrightarrow{\mathrm{d}l} \wedge \overrightarrow{PM}}{PM^3}}$$

où μ_0 est la perméabilité magnétique du vide : $\mu_0 = 4\pi \times 10^{-7}$ H/m.

✎ Quelle est l'unité de μ_0 dans le système international ?

On a $[B] = [\mu_0] \cdot I \cdot L^{-1}$ soit $[\mu_0] = [T] \cdot L \cdot I^{-1} = M \cdot L \cdot T^{-2} \cdot I^{-2}$ d'où μ_0 s'exprime en $\mathrm{kg{\cdot}m{\cdot}s^{-2}{\cdot}}A^{-2}$.

Cette loi est l'analogue de la loi de Coulomb pour le champ électrostatique. Le champ magnétostatique est défini et continu en tout point d'une distribution volumique de courants.
Comme le champ électrostatique, le champ $\overrightarrow{B}$ va présenter une discontinuité à la traversée d'une surface de courants. Et, dans le cas d'une distribution linéique, il n'est pas défini en un point du circuit.

✍ On considère un segment de fil parcouru par un courant I. On veut calculer le champ magnétostatique créé en un point M de l'espace.
1. En utilisant la loi de Biot et Savart, montrer que $\boxed{\overrightarrow{B}(M) = \frac{\mu_0 I}{4\pi R}(\sin\alpha_2 - \sin\alpha_1)\overrightarrow{u_\theta}}$.
2. Quel résultat trouve-t-on pour le cas du fil infini ? Montrer qu'on a $\boxed{\overrightarrow{B}(M) = \frac{\mu_0 I}{2\pi R}\overrightarrow{u_\theta}}$.

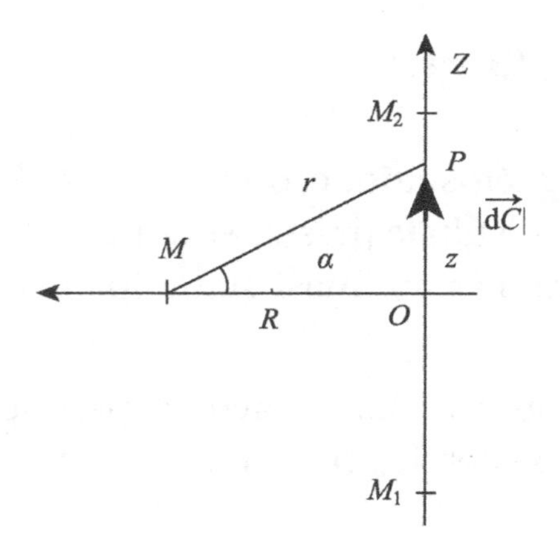

1. On a

$$B = \frac{\mu_0}{4\pi}\int \frac{I\mathrm{d}z\overrightarrow{u_z}\wedge(-z\overrightarrow{u_z}+R\overrightarrow{u_r})}{(R^2+z^2)^{3/2}} = \frac{\mu_0 I}{4\pi}\int \frac{R\mathrm{d}z\overrightarrow{u_\theta}}{(R^2+z^2)^{3/2}}.$$

Or, si on introduit α tel que $\tan\alpha = \frac{z}{R}$, on a $\mathrm{d}z = \frac{R\mathrm{d}\alpha}{\cos^2\alpha}$ d'où

$$\overrightarrow{B} = \frac{\mu_0 I}{4\pi}\int \frac{\cos\alpha \mathrm{d}\alpha}{R}\overrightarrow{u_\theta} = \frac{\mu_0 I}{4\pi}\frac{(\sin\alpha_2 - \sin\alpha_1)}{R}\overrightarrow{u_\theta},$$

ce qui est la formule demandée.

2. Pour le cas du fil infini, il correspond au cas où le point M est très proche de l'axe soit $\alpha_1 \to -\pi/2$ et $\alpha_2 \to +\pi/2$ soit $\overrightarrow{B} = \dfrac{\mu_0 I}{2\pi R}\overrightarrow{u_\theta}$.

On retrouve sur cet exemple les règles d'orientation pour un produit vectoriel :

- règle de la main droite : le pouce suivant I, l'index suivant $\overrightarrow{PM}$, le majeur donne la direction de $\overrightarrow{B}$;
- règle du bonhomme d'Ampère : un observateur placé en P a le courant qui lui rentre par les pieds et lui sort par la tête, s'il regarde vers le point M, alors le champ $\overrightarrow{B}$ va de sa droite vers sa gauche ;
- règle du tire-bouchon de Maxwell : on visse un tire-bouchon situé en P, dans le sens de I vers $\overrightarrow{PM}$, alors il avance dans le sens de $\overrightarrow{B}$.

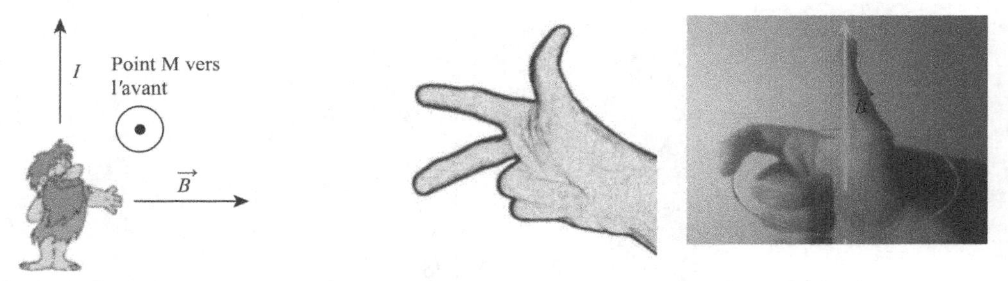

Règles d'orientation pour un produit vectoriel en physique
* D'après eduscol.fr

11.3 Symétries et invariances

Les sources du champ magnétostatique sont les distributions de courant. D'après le principe de Curie, il faut commencer par étudier les symétries des causes.

Le plan Π est plan de symétrie de la distribution de courants si, pour $P' = sym_{/\Pi}(P)$, alors $\overrightarrow{\mathrm{d}C}(P') = sym_{/\Pi}(\overrightarrow{\mathrm{d}C})$. On dit qu'il est PS_I.

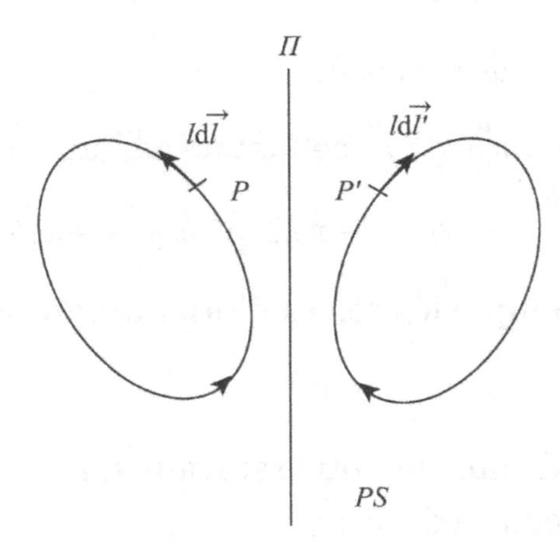

Le plan Π est plan d'antisymétrie de la distribution de courants si, pour $P' = sym_{/\Pi}(P)$, alors $\overrightarrow{\mathrm{d}C}(P') = -sym_{/\Pi}(\overrightarrow{\mathrm{d}C})$. On dit qu'il est PAS_I.

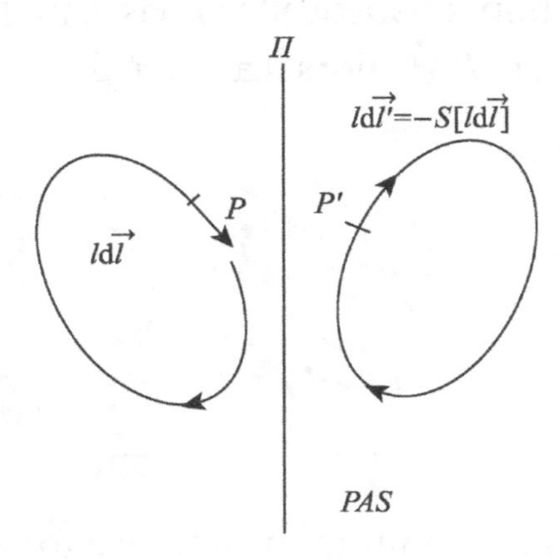

On dit qu'une distribution est invariante par translation parallèlement à l'axe Oz si
$\overrightarrow{\mathrm{d}C}(x,y,z) = \overrightarrow{\mathrm{d}C}(x,y)\forall z$.

Ceci implique que la distribution est infinie suivant Oz.

On dit q'une distribution est invariante par rotation autour d'un axe Oz si $\overrightarrow{\mathrm{d}C}(r,\theta,z) = \overrightarrow{\mathrm{d}C}(r,z)\forall\theta$.

On dit q'une distribution est invariante par rotation autour d'un point O si $\overrightarrow{\mathrm{d}C}(r,\theta,\varphi) = \overrightarrow{\mathrm{d}C}(r)\forall\theta,\varphi$.
Dans ce cas, la direction du vecteur $\overrightarrow{\mathrm{d}C}$ est forcément suivant $\vec{u}_r$.

Conséquences pour le champ magnétostatique

✎ Montrer, par construction géométrique, que le champ total est orthogonal au PS de la distribution de courant.

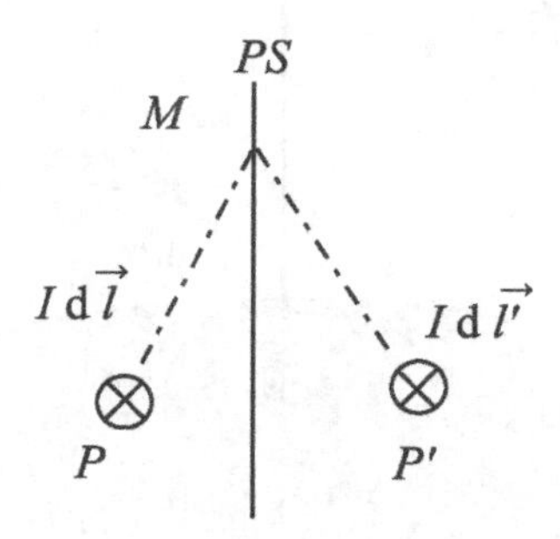

On a la figure suivante :

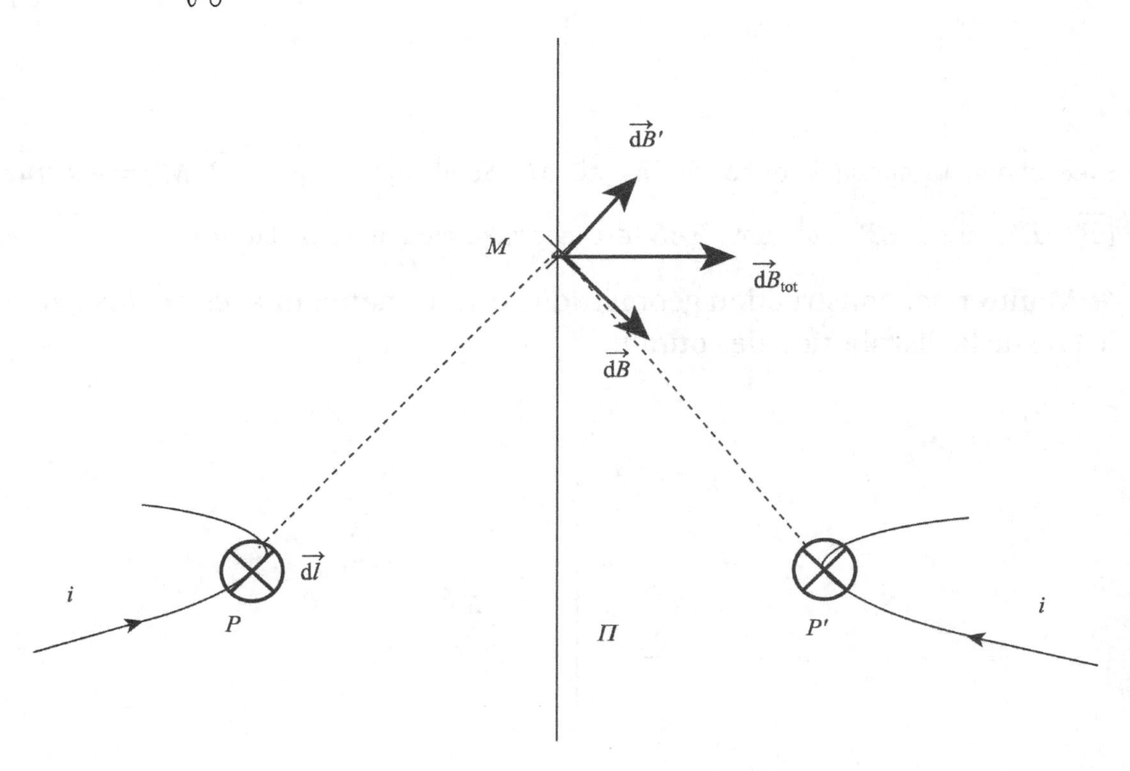

✎ Si $\mathscr{P}$ est un PS de la distribution de courant, M et M' sont symétriques par rapport à $\mathscr{P}$, que peut-on dire des champs magnétostatiques en M et M' ?

On a la figure suivante :

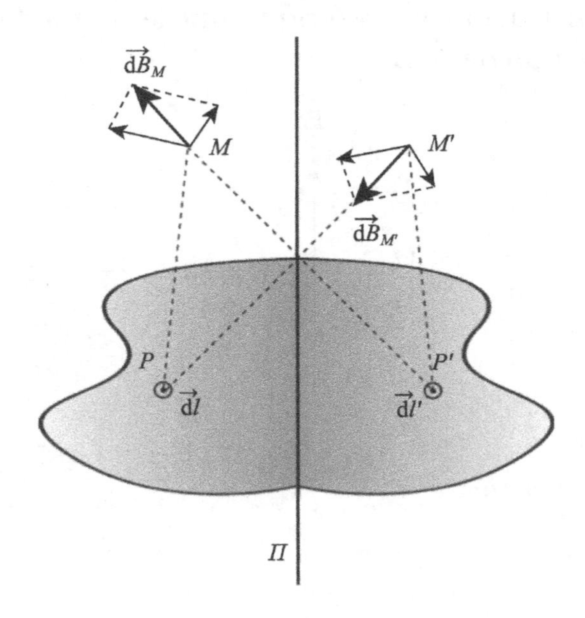

Les champs magnétiques en M et M' sont reliés par $\vec{B}(M') = -sym$ $(\vec{B}(M))$, alors $\mathscr{P}$ est un PAS du champ magnétostatique.

✎ **Montrer par construction géométrique que le champ total est inclus dans le PAS de la distribution de courant.**

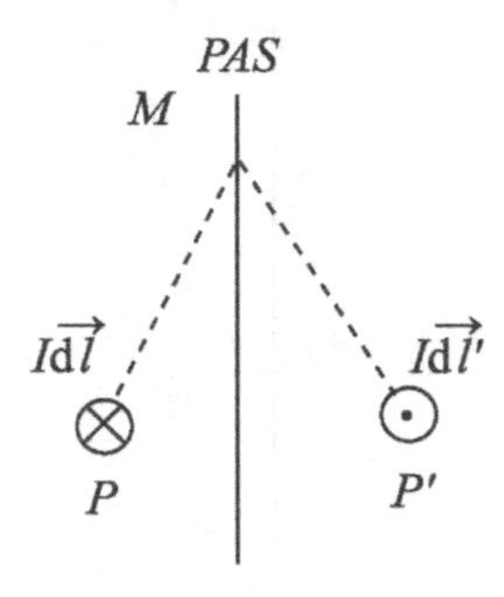

On a la figure suivante :

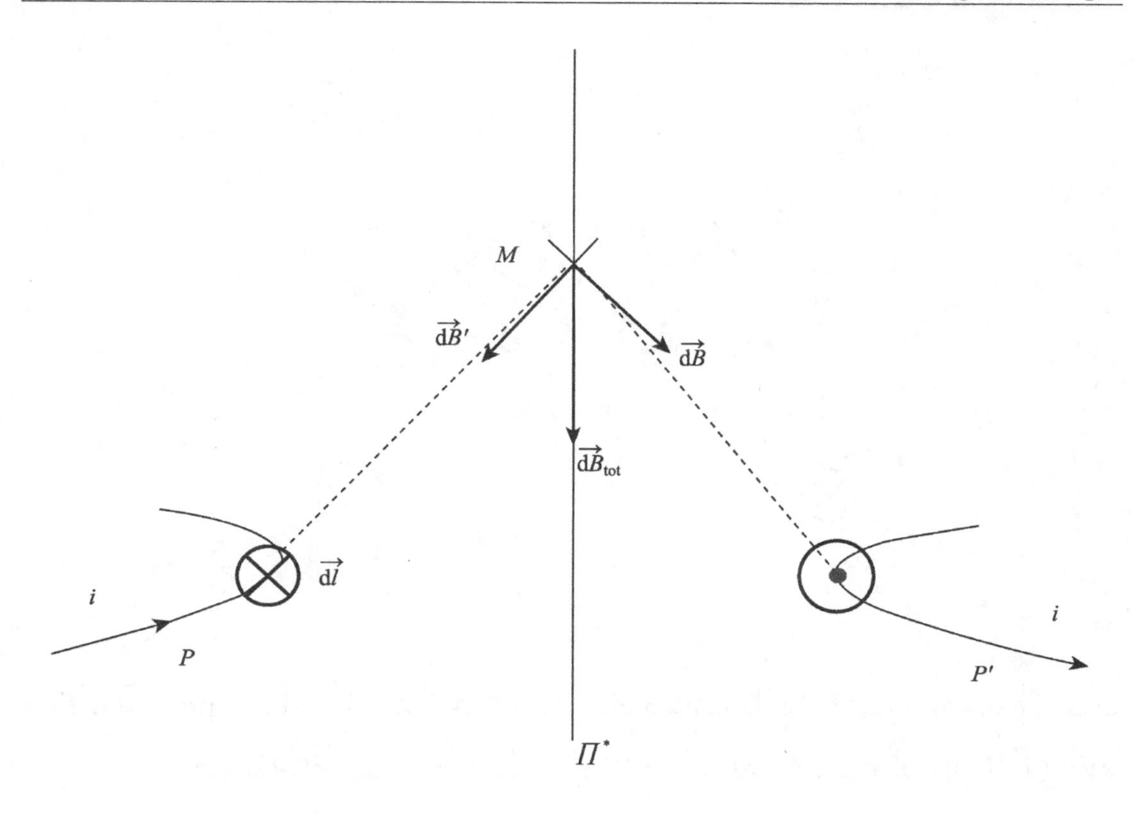

✎ Si $\mathscr{P}$ est un *PAS* de la distribution de courant, M et M' sont symétriques par rapport à $\mathscr{P}$, que peut-on dire des champs magnétostatiques en M et en M' ?

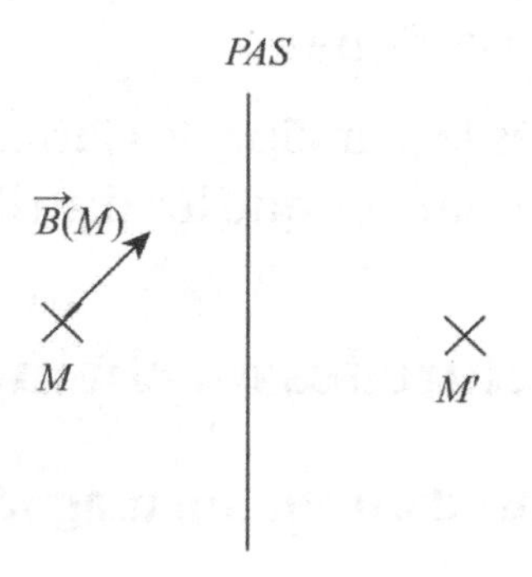

On a la figure suivante :

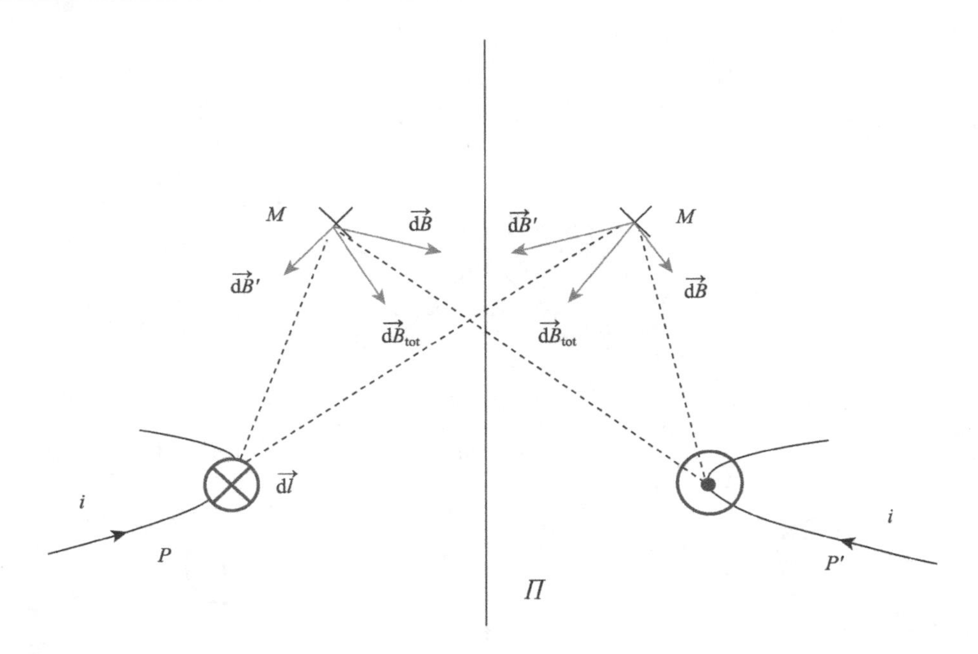

Les champs magnétostatiques en M et M' sont reliés par $\overrightarrow{B}(M') = sym(\overrightarrow{B}(M))$, alors $\mathscr{P}$ est un PS du champ magnétostatique.

Pour résumer, les plans de symétrie du courant sont les plans d'antisymétrie du champ magnétostatique et inversement. On dit que le champ magnétostatique est un vecteur axial.

⚠ Il faut donc bien préciser si vous étudiez les plans de symétrie du courant ou ceux du champ magnétostatique !

Pour les invariances, d'après le principe de Curie, le champ magnétostatique a, au moins, les mêmes invariances que les distributions de courant.

11.4 Propriétés structurelles du champ magnétostatique

11.4.1 Équations de Maxwell du champ magnétostatique

On a les équations locales suivantes :

l'équation de Maxwell-flux ou Maxwell-Thomson : $\operatorname{div}\overrightarrow{B} = 0$.
l'équation de Maxwell-Ampère : $\overrightarrow{\operatorname{rot}}\overrightarrow{B} = \mu_0 \overrightarrow{j}$.

Ces équations sont linéaires, on peut donc appliquer le principe de superposition.

11.4.2 Flux du champ magnétostatique

On considère une surface fermée $\mathscr{S}$, on a, d'après le théorème de Green-Ostrogradsky

$$\oiint_{\mathscr{S}} \overrightarrow{B} \cdot \overrightarrow{\mathrm{d}S} = \iiint_{\mathscr{V}(\mathscr{S})} \mathrm{div}\overrightarrow{B}\,\mathrm{d}\tau,$$

où $\mathscr{V}(\mathscr{S})$ est le volume qui est contenu dans la surface fermée $\mathscr{S}$.

D'après l'équation de Maxwell-flux, on a

$$\boxed{\oiint_{\mathscr{S}} \overrightarrow{B} \cdot \overrightarrow{\mathrm{d}S} = 0}.$$

Le champ magnétostatique est à flux conservatif, c'est-à-dire que le flux du champ magnétostatique à travers une surface fermée est nul ou encore le flux de $\overrightarrow{B}$ est le même à travers toute section d'un tube de champ.

✎ Montrer la dernière équivalence.

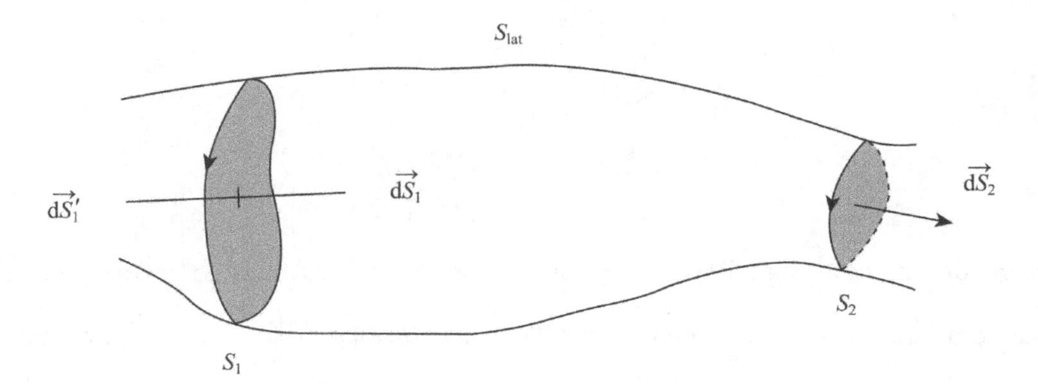

On considère le dessin ci-dessus. On a deux surfaces $\mathscr{S}_1$ et $\mathscr{S}_2$ qui délimitent le tube de champ et la surface latérale. La réunion des trois surfaces constitue une surface fermée. On a donc :

$$\oiint_{\mathscr{S}_1 \cup \mathscr{S}_2 \cup \mathscr{S}_{lat}} \vec{B} \cdot \overrightarrow{dS} = 0 = \iint_{\mathscr{S}_1} \vec{B} \cdot \overrightarrow{dS'}_1 + \iint_{\mathscr{S}_2} \vec{B} \cdot \overrightarrow{dS}_2 + \iint_{\mathscr{S}_{lat}} \vec{B} \cdot \overrightarrow{dS}_{lat}$$

Or, par définition du tube de champ $\vec{B}$ est orthogonal à $\overrightarrow{dS}_{lat}$ donc la dernière intégrale est nulle. De plus, on a $\overrightarrow{dS'}_1 = -\overrightarrow{dS}_1$ donc $\iint_{\mathscr{S}_1} \vec{B} \cdot \overrightarrow{dS}_1 = \iint_{\mathscr{S}_2} \vec{B} \cdot \overrightarrow{dS}_2$. Le flux de $\vec{B}$ est le même à travers toute section d'un tube de champ.

Ceci veut donc dire que, dans les zones où les lignes de champ se resserrent, le champ magnétostatique y est plus intense.

✎ Montrer que le flux du champ magnétostatique est le même à travers toute surface s'appuyant sur un contour Γ.

On considère le dessin suivant.

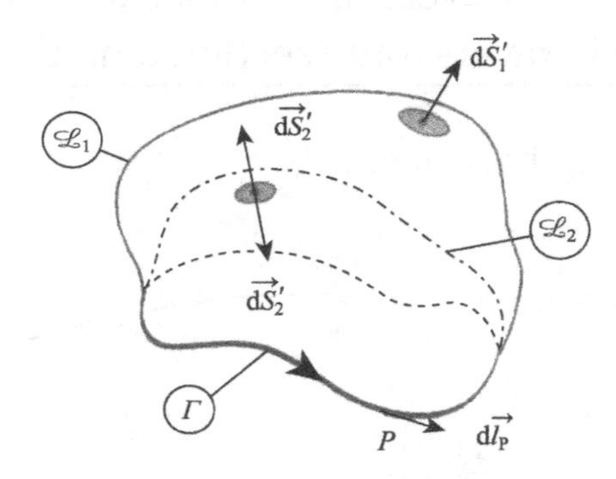

On a deux surfaces $\mathscr{S}_1$ et $\mathscr{S}_2$ qui s'appuient sur le contour Γ. La réunion des deux surfaces constitue une surface fermée. On a donc :

$$\oiint_{\mathscr{S}_1 \cup \mathscr{S}_2} \vec{B} \cdot \overrightarrow{dS} = \iint_{\mathscr{S}_1} \vec{B} \cdot \overrightarrow{dS}_1 + \iint_{\mathscr{S}_2} \vec{B} \cdot \overrightarrow{dS'}_2 = 0$$

Or $\overrightarrow{dS'}_2 = -\overrightarrow{dS}_2$ donc $\iint_{\mathscr{S}_1} \vec{B} \cdot \overrightarrow{dS}_1 = \iint_{\mathscr{S}_2} \vec{B} \cdot \overrightarrow{dS}_2$.

Le flux est le même à travers toute surface s'appuyant sur le contour Γ. On peut donc parler du flux de $\overrightarrow{B}$ à travers le contour Γ.

11.4.3 Circulation du champ magnétostatique

D'après l'équation de Maxwell-Ampère et la formule de Stokes, on a :

$$\mathscr{C}(\overrightarrow{B}) = \oint_{\Gamma} \overrightarrow{B} \cdot \overrightarrow{\mathrm{d}l} = \iint_{\mathscr{S}(\Gamma)} \overrightarrow{\mathrm{rot}}\overrightarrow{B} \cdot \overrightarrow{\mathrm{d}S} = \mu_0 \iint_{\mathscr{S}(\Gamma)} \overrightarrow{j} \cdot \overrightarrow{\mathrm{d}S} = \mu_0 I_{\text{enlace}}.$$

⚠ Dans la formule de Stokes, le contour Γ est orienté et cela fixe aussi l'orientation de la surface $\mathscr{S}(\Gamma)$ d'après la règle de la main droite.

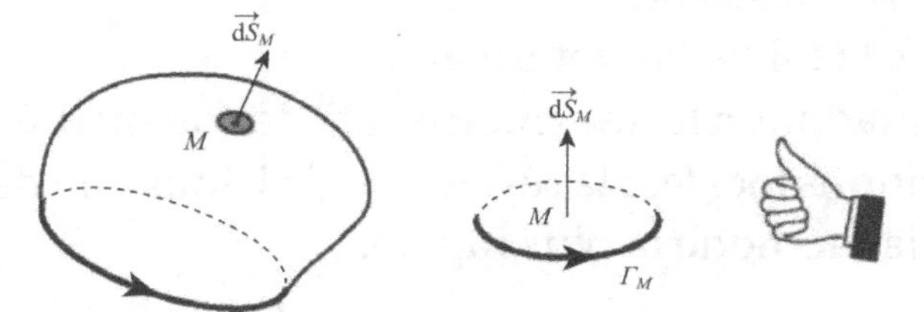

Deux surfaces s'appuyant sur le même contour fermé
* D'après `Physique, Dunod`

Un courant qui traverse la surface dans le sens de $\overrightarrow{S}$ est compté positivement, un courant qui traverse la surface $\mathscr{S}$ dans le sens opposé au sens de $\overrightarrow{S}$ est compté négativement.

✍ On considère le circuit ci-dessous. Que vaut I_{enlace} ?

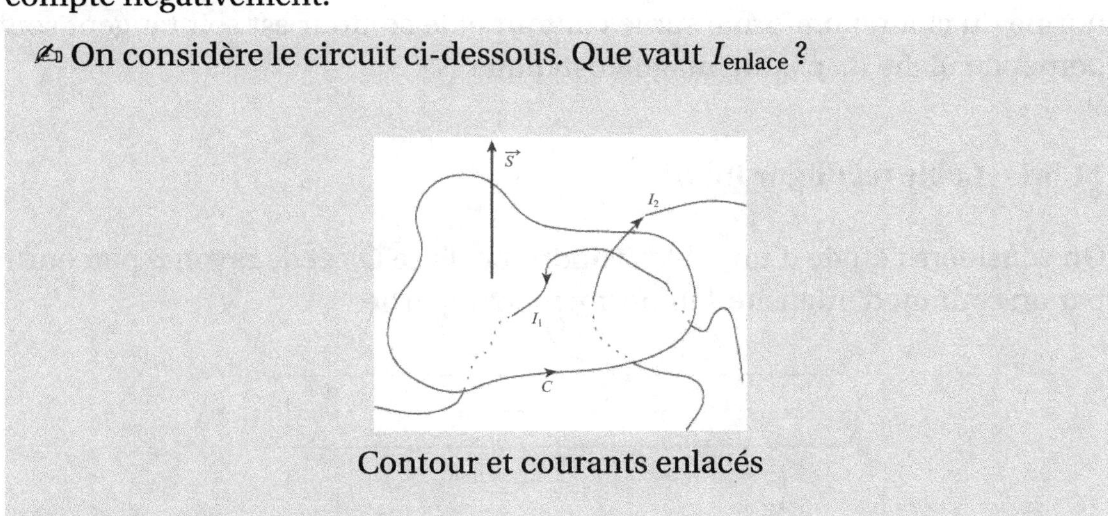

Contour et courants enlacés

On a $I_{\text{enlace}} = I_2$ car I_1 est enlacé deux fois, une fois dans le sens montant, une fois dans le sens descendant.

Remarque : d'après la partie précédente, l'intensité enlacée par un contour orienté Γ ne dépend pas du choix de la surface qui s'appuie sur Γ.

11.5 Exemples de calcul de champs magnétostatiques

Pour déterminer un champ magnétostatique, il faut tout d'abord toujours commencer par l'étude des invariances et symétries. Il faut ensuite choisir une des méthodes ci-dessous :
- calcul direct avec la loi de Biot et Savart ;
- dans le cas de situations à forte symétrie, utilisation du théorème d'Ampère ;
- à partir des équations locales : la résolution de l'équation de Maxwell-Ampère peut parfois être la méthode la plus rapide.

⚠ Il faut faire attention, comme en électrostatique, à ce que les plans de symétrie ou d'antisymétrie contiennent bien le point M pour lequel on veut étudier $\vec{B}(M)$.
De même, pour le choix du contour d'Ampère, il faut choisir un contour judicieusement, c'est-à-dire un contour où le calcul de la circulation est facile : norme du champ uniforme sur le contour et le contour est soit tangent soit perpendiculaire au champ magnétostatique.

11.5.1 Câble rectiligne infini

On considère l'étude d'un câble cylindrique d'axe Oz et de rayon a parcouru par un courant d'intensité I uniformément répartie.

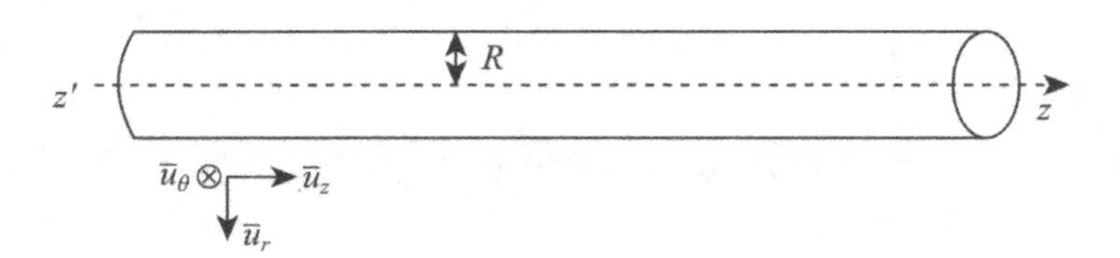

On étudie le champ magnétostatique créé au voisinage du câble, c'est-à-dire qu'on peut considérer $r = OM$ petit devant la longueur du câble, et donc considérer le câble comme infini.

✎ **Montrer, grâce à l'étude des symétries et invariances que $\vec{B}(M) = B(r)\vec{u_\theta}$.**

La distribution de courant est invariante par translation le long de l'axe Oz et par rotation autour de Oz. On en déduit donc que $\vec{B}(M) = \vec{B}(r)$.

Le plan OMz est plan de symétrie de la distribution de courant et donc plan d'antisymétrie du champ magnétostatique, il lui est orthogonal. On a donc $\vec{B}(M)$ qui est suivant $\vec{u_\theta}$ soit, finalement, $\boxed{\vec{B}(M) = B(r)\vec{u_\theta}}$.

✎ **Déterminer l'expression de $B(r)$ en utilisant le théorème d'Ampère.**

Pour le contour d'Ampère, on choisit un cercle de centre O et de rayon $OM = r$. On a

$$\vec{B} \cdot \vec{\mathrm{d}l} = \oint B(r) r \mathrm{d}\theta = 2\pi r B(r).$$

Maintenant, pour le calcul de I_{enlace}, deux cas sont à distinguer :

- si $r > a$, on a $I_{\text{enlace}} = I$;
- si $r \leqslant a$, on a $I_{\text{enlace}} = j \times \pi r^2 = \dfrac{r^2}{a^2} I$.

On a donc $\vec{B}_{\text{int}} = \dfrac{\mu_0 I r}{2\pi a^2}\vec{u_\theta}$ et $\vec{B}_{\text{ext}} = \dfrac{\mu_0 I}{2\pi r}\vec{u_\theta}$. La formule pour le champ magnétostatique à l'extérieur avait déjà été calculée dans le cours en utilisant la loi de Biot et Savart.

On remarque que le champ magnétostatique est continu à la traversée du câble, c'est normal car on a une distribution volumique.

On retrouve le cas du fil infini, les lignes de champ sont des cercles qui s'enroulent autour du fil.

11.5.2 Solénoïde long

On considère un solénoïde long constitué de N spires circulaires enroulées sur un cylindre de longueur l et de rayon a.

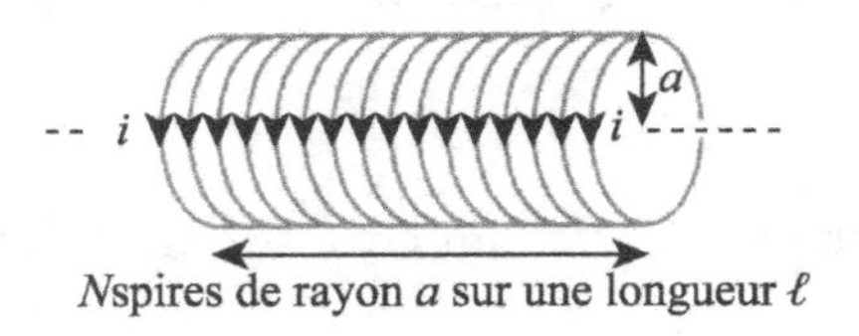

Expérimentalement, on a la carte de champ suivante :

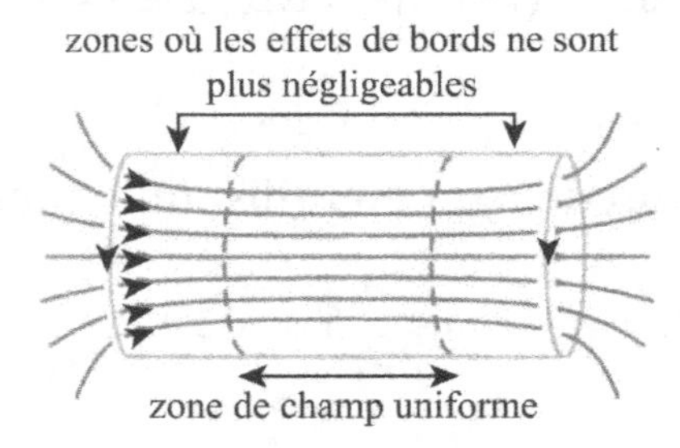

On distingue une zone à l'intérieur où le champ magnétostatique est uniforme et des zones, près des bords où les effets de bord ne sont plus négligeables.

On considère ce solénoïde infini pour pouvoir négliger les effets de bord. Cette approximation est acceptable dès que le rapport longueur/diamètre du solénoïde est supérieur ou égal à 10. Le champ magnétostatique à l'intérieur est alors uniforme, ce que nous allons prouver maintenant. On introduit n nombre de spires par unité de longueur.

✎ D'après l'étude des invariances et symétries, déterminer $\vec{B}(M)$.

Si le solénoïde est infini, on a invariance par translation le long de l'axe Oz et invariance par rotation autour de l'axe Oz : $\vec{B}(M) = \vec{B}(r)$.

Le plan $MOxy$ est plan de symétrie de la distribution de courant donc plan d'antisymétrie du champ magnétostatique : $\overrightarrow{B}$ lui est perpendiculaire, on a $\overrightarrow{B}(M) = B(r)\overrightarrow{u_z}$.

✎ **Déterminer le champ magnétostatique à l'intérieur et à l'extérieur en utilisant le théorème d'Ampère.**

Pour le contour d'Ampère, on choisit un rectangle comme défini sur la figure ci-après.

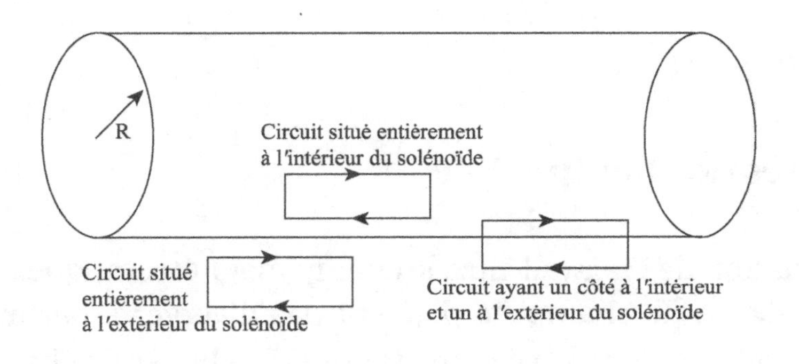

Pour le contour situé à l'intérieur, on a $\oint \overrightarrow{B}\cdot\overrightarrow{\mathrm{d}l} = (B(r_1) - B(r_2))h$ et $I_{\text{enlace}} = 0$ donc le champ magnétostatique à l'intérieur est uniforme.
Pour le contour situé à l'extérieur, on a $\oint \overrightarrow{B}\cdot\overrightarrow{\mathrm{d}l} = (B_{\text{ext}}(r_3) - B_{\text{ext}}(r_4))h$ et $I_{\text{enlace}} = 0$ donc le champ magnétostatique à l'extérieur est uniforme.
Pour le contour qui est à cheval, on a $\oint \overrightarrow{B}\cdot\overrightarrow{\mathrm{d}l} = (B_{\text{int}} - B_{\text{ext}})h$ et $I_{\text{enlace}} = NI$ où N est le nombre de spires entourées soit si on introduit le nombre n de spires par unité de longueur : $N = nh$. On a donc $B_{\text{ext}} - B_{\text{int}} = \mu_0 nI$.

Expérimentalement, si on mesure le champ magnétostatique à l'extérieur

d'un solénoïde "infini", on constate que ce champ extérieur est très faible devant le champ magnétostatique mesuré à l'intérieur : on peut donc considérer que $B_{ext} = 0$ soit

$$\boxed{\overrightarrow{B}_{int} = \mu_0 n I \overrightarrow{u_z} \text{ et } \overrightarrow{B}_{ext} = \overrightarrow{0}}.$$

✎ Ordre de grandeur : en TP, on utilise des solénoïdes de 500 spires qui mesurent 10 cm de longueur. Calculer la valeur du champ magnétostatique créé si on choisit un courant d'intensité 1 A.

On a $B = \mu_0 n I = 4\pi 10^{-7} \times \dfrac{500}{0,1} \times 1 \approx 6 \times 10^{-3}$ T. Il est difficile de produire des champ magnétostatiques de l'ordre du tesla : le tesla est une "grosse" unité.

11.6 Cartes de champ

D'après l'équation de Maxwell-flux, le champ magnétostatique est à flux conservatif : les lignes de champ ne peuvent pas diverger à partir des sources comme pour celles du champ électrostatique. Les lignes de champ de $\overrightarrow{B}$ sont fermées et entourent les sources.

Elles sont orientées en accord avec la règle de la main droite : si le courant I sort par le pouce de la main droite, l'orientation des lignes de champ est donnée par le sens des doigts.

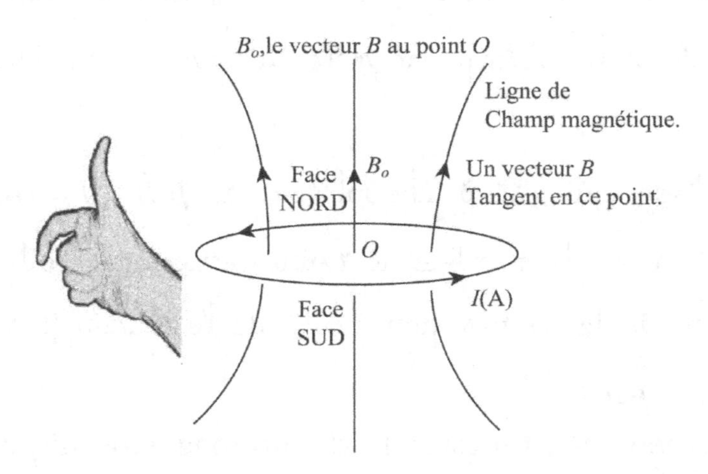

Les lignes de champ magnétostatiques peuvent être visualisées expérimentalement en utilisant de la limaille de fer.

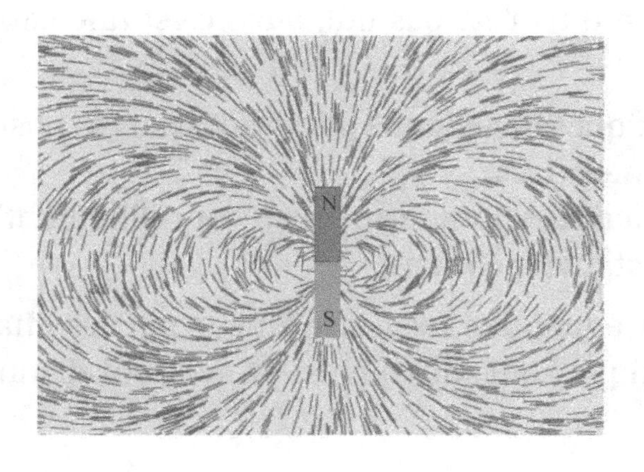

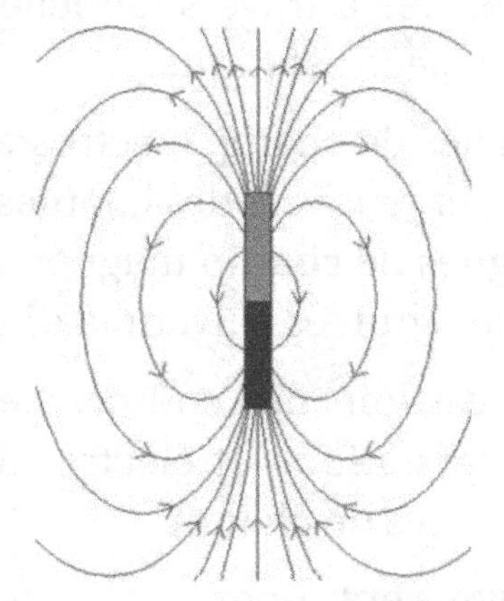

Lignes de champ visualisées par de la limaille de fer et tracé des lignes de champ
* D'après `maxicours.com`

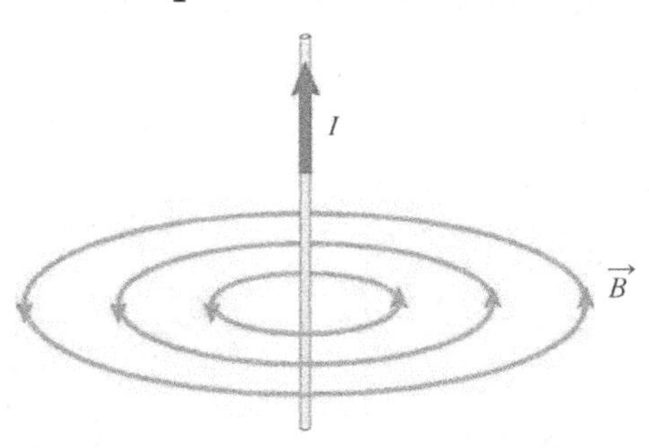

Lignes de champ du fil infini, fermées
* D'après `maxicours.com`

Pour les tubes de champ, on a vu que le flux du champ magnétostatique est le même à travers toute section d'un tube de champ. On en déduit que le champ magnétostatique est plus intense là où les lignes de champ se resserrent.

Comment savoir si c'est une carte de champ électrostatique ou une carte de champ magnétostatique ?

Le champ électrostatique est à circulation conservative : si on peut trouver un contour le long duquel la circulation du champ n'est pas nulle, alors c'est une carte de champ magnétostatique.

Le champ magnétostatique est à flux conservatif : si on peut trouver une surface fermée à travers laquelle le flux n'est pas nul, alors c'est une carte de champ électrostatique.

Les lignes de champ électrostatiques divergent à partir des charges positives et convergent vers des charges négatives.
Les lignes de champ magnétostatiques sont fermées et "tourbillonnent" autour des sources suivant la direction du courant.

Si on est loin des sources, les équations locales vérifiées par les champs magnétostatique et électrostatique sont identiques, on ne peut distinguer deux cartes de champ.

Pour vous entraîner
`http://www.sciences.univ-nantes.fr/sites/genevieve_tulloue/Elec/Champs/topoB.php`

Chapitre 12

Dipôle magnétostatique

Nous allons étudier ici le dipôle magnétostatique, ceci nous permettra d'expliquer pourquoi une boussole s'aligne sur la direction du champ magnétostatique terrestre.

12.1 Modèle du dipôle magnétostatique

Lorsqu'on se place à grande distance d'une distribution de courant, les cartes de champ ont la même allure. Peu importe la forme géométrique du circuit, ce qui compte c'est l'intensité du courant qui parcourt le circuit, la taille de celui-ci et la position géométrique des pôles nord et sud.
Ceci nous amène à définir le moment magnétique d'une boucle de courant plane comme $\overrightarrow{\mathcal{M}} = I\overrightarrow{S}$ où $\overrightarrow{S}$ est le vecteur surface, orienté en accord avec la règle de la main droite.

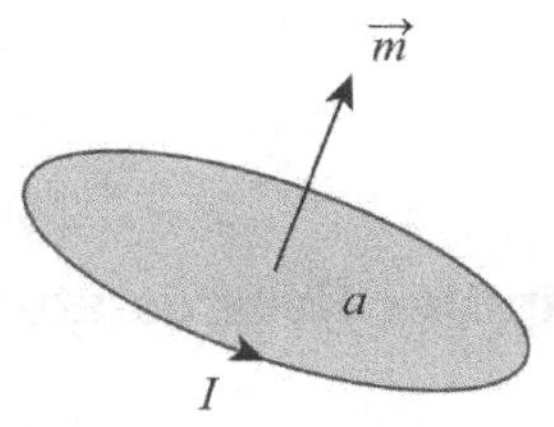

Moment magnétique d'une boucle de courant, ici $\mathcal{M} = I\pi a^2$

12.2 Champ du dipôle magnétostatique

On admet que le champ magnétique créé par le dipôle magnétique $\overrightarrow{\mathcal{M}}$ à grande distance (c'est-à-dire $r \gg a$) est donné par

$$\overrightarrow{B} = \frac{\mu_0}{4\pi}\left(\frac{2\mathcal{M}\cos\theta}{r^3}\overrightarrow{u_r} + \frac{\mathcal{M}\sin\theta}{r^3}\overrightarrow{u_\theta}\right),$$

où on a les notations définies sur la figure suivante :

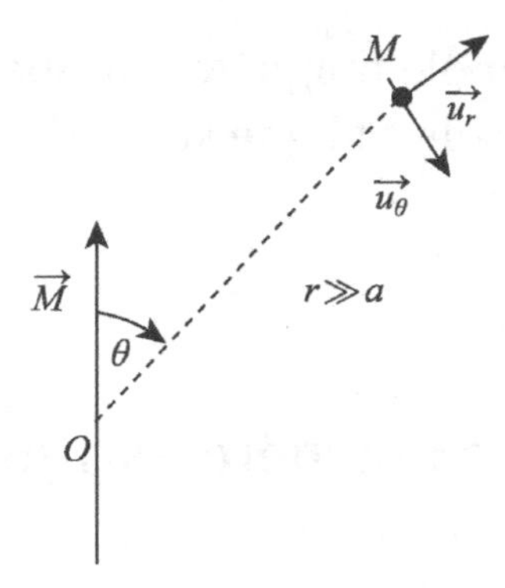

Le champ magnétostatique créé par un dipôle décroît en $1/r^3$. C'est normal puisque les champs élémentaires créés par deux éléments $i\,\mathrm{d}\overrightarrow{l}(P)$ symétriques par rapport au centre O se compensent. La résultante est donc négligeable devant $\dfrac{1}{PM^2} = \dfrac{1}{r^2}$.

On en conclut donc que, comme en électrostatique, les effets des champs créés par les dipôles magnétostatiques se font ressentir à plus courte distance.

12.2.1 Comparaison des dipôles électrostatique et magnétostatique

On a le tableau suivant :

	dipôle électrostatique	dipôle magnétostatique
moment dipolaire	$\overrightarrow{p} = q\overrightarrow{NP}$	$\overrightarrow{\mathscr{M}} = I\overrightarrow{S}$
champ créé (approximation dipolaire)	$E_r = \dfrac{1}{4\pi\varepsilon_0}\dfrac{2p\cos\theta}{r^3}$ $E_\theta = \dfrac{1}{4\pi\varepsilon_0}\dfrac{p\sin\theta}{r^3}$	$B_r = \dfrac{\mu_0}{4\pi}\dfrac{2\mathscr{M}\cos\theta}{r^3}$ $B_\theta = \dfrac{\mu_0}{4\pi}\dfrac{\mathscr{M}\sin\theta}{r^3}$
lignes de champ (approximation dipolaire)	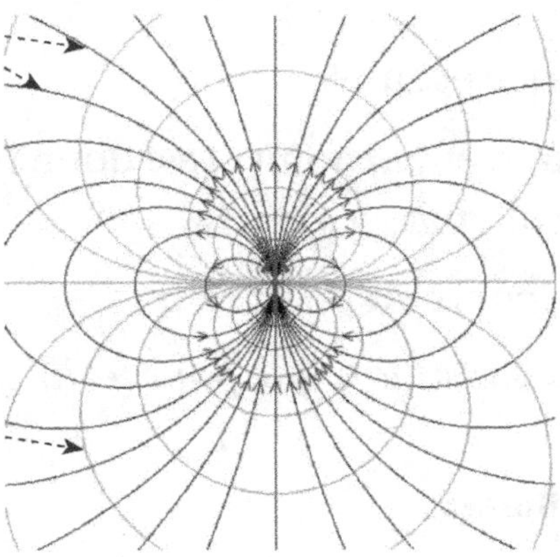	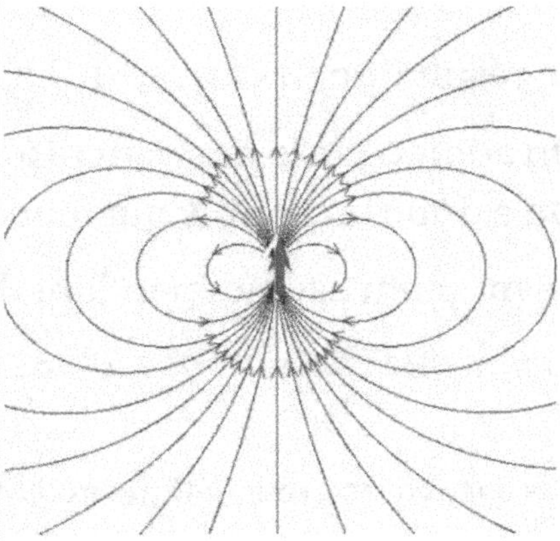
dipôle vu de près	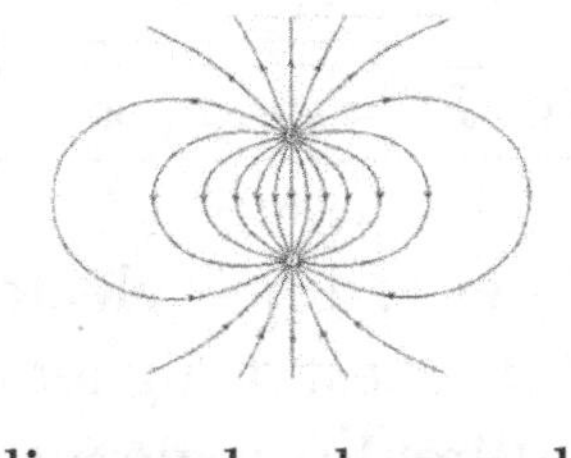 les lignes de champ de $\overrightarrow{E}$ ont un début et une fin	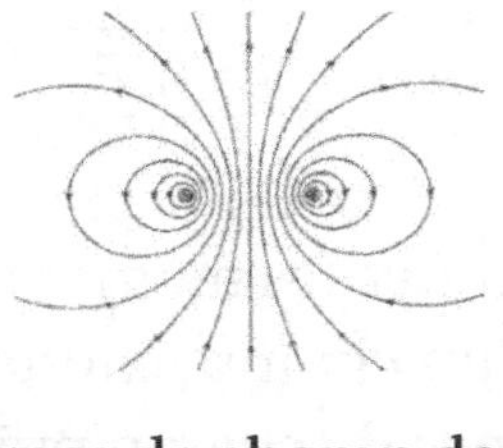 les lignes de champ de $\overrightarrow{B}$ se referment sur elles-mêmes

12.2.2 Action d'un champ magnétique extérieur sur un dipôle magnétique

Cas d'un champ magnétique uniforme

On considère une spire plane $\mathscr{S}$ parcourue par un courant d'intensité I_0, placée dans un champ magnétique extérieur uniforme $\overrightarrow{B}_0$.

La spire est soumise à la force de Laplace qui est donnée par :

$$\overrightarrow{F}_L = \oint_{\mathscr{S}} I_0 \overrightarrow{\mathrm{d}l} \wedge \overrightarrow{B}_0 = I_0 \left(\oint_{\mathscr{S}} \overrightarrow{\mathrm{d}l} \right) \wedge \overrightarrow{B}_0 = \overrightarrow{0}.$$

La résultante des forces de Laplace est nulle.

On admet que le moment résultant en un point O est donné par $\overrightarrow{\Gamma}_O = \overrightarrow{\mathscr{M}} \wedge \overrightarrow{B_0}$. On a donc un couple qui tend à aligner $\overrightarrow{\mathscr{M}}$ sur $\overrightarrow{B}_0$.

Le moment est indépendant du choix du point O.

Remarque : on retrouve les mêmes résultats que pour le dipôle électrostatique.

Cas d'un champ magnétique non uniforme

Dans un champ non uniforme, on a les formules suivantes :

$$\boxed{\overrightarrow{\Gamma}_0 = \overrightarrow{\mathscr{M}} \wedge \overrightarrow{B}(M) \text{ et } \overrightarrow{F}_L = \overrightarrow{\mathrm{grad}}\,(\overrightarrow{\mathscr{M}} \cdot \overrightarrow{B})}.$$

On retrouve les mêmes résultats qu'avec le dipôle électrostatique : le premier effet d'un champ extérieur non uniforme est d'aligner le dipôle dans le sens des lignes de champ puis ensuite d'attirer le dipôle (orienté dans le sens des lignes de champ) vers les zones de champ intense.

Remarque : si le dipôle magnétique est rigide, on a $\overrightarrow{F}_L = (\overrightarrow{\mathscr{M}} \cdot \overrightarrow{\mathrm{grad}})\,\overrightarrow{B}$.

Énergie potentielle

Si on considère un dipôle rigide (c'est-à-dire $\overrightarrow{\mathscr{M}} = \overrightarrow{\mathrm{cste}}$), alors on a

$$\boxed{E_p = -\overrightarrow{\mathscr{M}} \cdot \overrightarrow{B}}.$$

12.3 Magnétisme dans la matière

12.3.1 Moment magnétique atomique

On commence par étudier l'exemple de l'atome d'hydrogène en mécanique classique déjà étudié précédemment en électrocinétique. L'électron décrit une orbite circulaire autour du noyau.

✎ Exprimer le moment cinétique de l'électron dans le référentiel du noyau.

On a $\overrightarrow{L}_O = \overrightarrow{OM} \wedge m\overrightarrow{v} = r\overrightarrow{u_r} \wedge mr\dot{\theta}\overrightarrow{u_\theta} = mr^2\omega\overrightarrow{u_z}$.

✎ Exprimer le moment magnétique de l'électron. Montrer qu'on a $\boxed{\overrightarrow{\mathcal{M}} = \gamma\overrightarrow{L}_O}$ où γ est le rapport gyromagnétique de l'électron.

On a $\overrightarrow{\mathcal{M}} = I\overrightarrow{S} = -\frac{e}{T} \times \pi r^2\overrightarrow{u_z}$. Or, $v = \frac{2\pi r}{T}$ soit $\overrightarrow{\mathcal{M}} = -\frac{erv}{2}\overrightarrow{u_z} = -\frac{er^2\omega}{2}\overrightarrow{u_z}$

soit $\boxed{\gamma = -\frac{e}{2m}}$.

Cette relation peut être généralisée à tout moment magnétique : $\overrightarrow{\mathcal{M}} = \gamma\overrightarrow{L}$ avec γ qui est le rapport gyromagnétique (préfixe gyro, du grec gyros qui veut dire anneau, cercle). On a ainsi une relation entre le moment cinétique (mouvement de rotation) et le moment magnétique (charge en mouvement).

Dans le cadre de la mécanique quantique, on trouve une formule semblable : $\overrightarrow{\mathcal{M}_S} = -\frac{e}{m}\overrightarrow{S}$ où $\overrightarrow{S}$ est le spin et $\overrightarrow{\mathcal{M}_S}$ le moment magnétique associé au spin de l'électron. On introduit alors le facteur de Landé g tel que $\gamma = g\frac{-e}{2m}$ pour généraliser la relation précédente à tout système.

On étudie le mouvement d'un atome placé dans un champ magnétique extérieur $\overrightarrow{B}_{ext}$. Il est soumis à un couple $\overrightarrow{\Gamma} = \overrightarrow{\mathcal{M}} \wedge \overrightarrow{B}_{\text{ext}}$.

✎ Quelles équations nous donne le théorème du moment cinétique appliqué à l'électron ?

On a, dans le référentiel du noyau supposé galiléen

$$\frac{\mathrm{d}\vec{L}}{\mathrm{d}t} = \vec{\mathcal{M}} \wedge \vec{B}_{\text{ext}} = \gamma \vec{L} \wedge \vec{B}_{\text{ext}}.$$

✎ Que peut-on dire de la norme de $\vec{L}$?

En projetant l'équation précédente sur $\vec{L}$, on a $\frac{\mathrm{d}\vec{L}}{\mathrm{d}t} \cdot \vec{L} = \frac{\mathrm{d}}{\mathrm{d}t}\left(\frac{L^2}{2}\right) = 0$ par propriété du produit vectoriel.

La norme de $\vec{L}$ est constante au cours du mouvement (et aussi celle de $\vec{\mathcal{M}}$).

✎ Que peut-on dire de $\vec{L} \cdot \vec{B}_{\text{ext}}$?

En projetant l'équation obtenue par le théorème du moment cinétique sur $\vec{B}_{\text{ext}}$, on a $\frac{\mathrm{d}\vec{L}}{\mathrm{d}t} \cdot \vec{B}_{\text{ext}} = 0$ par propriété du produit vectoriel. On suppose que le champ magnétique extérieur est constant, suivant la direction Oz. On a donc $L_z B_{ext}$ qui est une constante du mouvement.

L'angle entre $\vec{L}$ et $\vec{B}_{\text{ext}}$ est constant au cours du mouvement. On a un mouvement de précession. On l'appelle précession de Larmor.

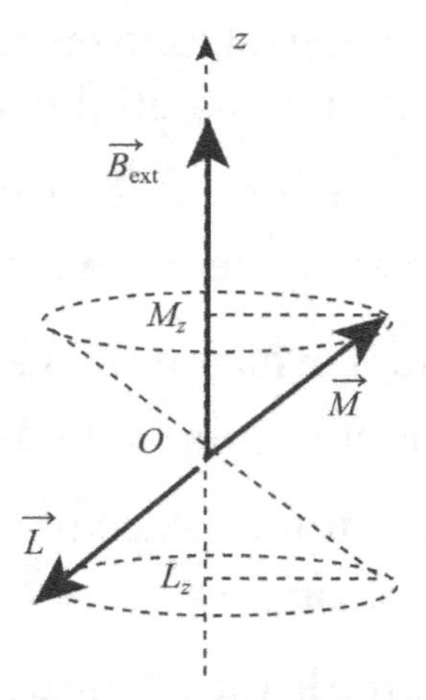

Mouvement de précession de l'atome autour de B_{ext}

Ce mouvement ressemble à celui d'une toupie qui précesse autour du vecteur $\vec{g}$, l'accélération de la pesanteur.

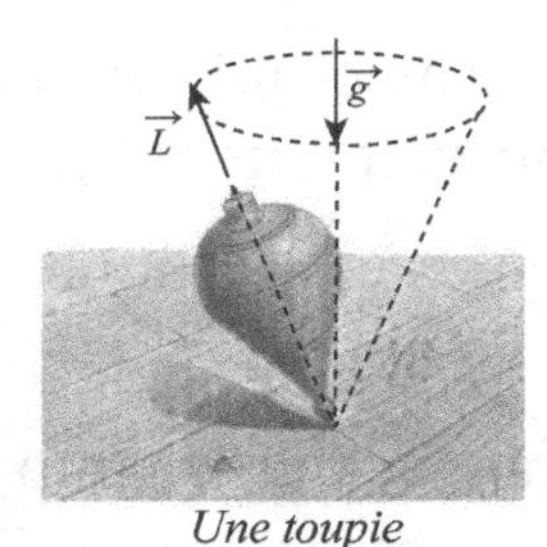

Une toupie

Mouvement de précession d'une toupie autour de g
∗D'après `cosmovisions.com`

Une équation de la forme $\dfrac{\mathrm{d}\vec{X}}{\mathrm{d}t} = \vec{\Omega} \wedge \vec{X}$ est appelée équation de précession.

12.3.2 Magnéton de Bohr

On va construire ici une unité de moment magnétique à l'échelle atomique, que l'on va appeler magnéton de Bohr et que l'on note μ_B.

✎ Par analyse dimensionnelle, déterminer les exposants dans la fonction suivante : $\mu_B = \alpha e^a m^b h^c$ où e est la charge élémentaire, m la masse de l'électron et h la constante de Planck.

On a $[\mu_B] = I \cdot L^2$, $[e] = I$, $[m] = M$ et $[h] = M \cdot L^2 \cdot T^{-1}$ soit $a = 1$, $b = -1$ et $c = 1$ d'où $\mu_B = \alpha \dfrac{eh}{m}$.

Après calculs, on peut déterminer $\alpha = \dfrac{1}{4\pi}$, on a alors $\boxed{\mu_B = \dfrac{e\hbar}{2m}}$, l'unité de moment magnétique atomique.

✎ Calculer sa valeur numérique.

On a $\mu_B = 9{,}3 \times 10^{-24}\ \mathrm{A \cdot m^2}$.

Certains corps possèdent un moment magnétique non nul. En l'absence de champ magnétique extérieur, comme l'orientation des moments magnétiques est aléatoire, le moment magnétique macroscopique est nul. Par contre, sous l'effet d'un champ extérieur, les dipôles vont s'aligner suivant la direction du champ, c'est le paramagnétisme (présent dans les atomes ou ions qui ont des sous-couches électroniques incomplètes - condition nécessaire pour que le moment magnétique de spin soit non nul-).

D'autres corps ont des propriétés magnétiques beaucoup plus importantes, c'est le ferromagnétisme .

Pour un aimant, l'ordre de grandeur du champ maximal qu'on peut obtenir est donné par $M_{\max} = n\mu_B$ où n est le nombre d'atomes par unité de volume et qui correspond au cas où tous les moments magnétiques sont alignés de même sens. On a donc $M_{\max} \approx 10^{-23} \times 10^{29} \approx 10^6$ A·m^{-1}.

12.3.3 Force d'adhérence d'un aimant

Pour caractériser les aimants, on utilise la force d'adhérence, c'est-à-dire la force nécessaire pour arracher l'aimant d'une plaque d'acier de 2 cm d'épaisseur.

On s'intéresse au cas de deux aimants permanents au contact. Dans ce cas, cette force va dépendre de la norme du champ magnétique créé par un aimant, de la surface de celui-ci et de μ_0.

✎ Par analyse dimensionnelle, déterminer l'expression de $F = \alpha B^a S^b \mu_0^c$.

On a $[F] = M \cdot L^2 \cdot T^{-2}$, $[B] = M \cdot I^{-1} \cdot T^{-2}$ d'après la force de Lorentz et $[\mu_0] = M \cdot L \cdot I^{-2} \cdot T^{-2}$ en utilisant le théorème d'Ampère.
Finalement, on a $F = \alpha \dfrac{B^2 S}{\mu_0}$.

On peut montrer que $\alpha = 1/2$, on a donc F qui est proportionnelle à $B^2/2\mu_0$. Pour un aimant au néodyme de diamètre 4 mm et de hauteur 1 cm, le champ magnétique créé est de l'ordre de 1 T, l'ordre de grandeur de F/S est de 10^5 N.m^{-2}, c'est le même ordre de grandeur que la pression atmosphérique !

12.4 L'expérience de Stern et Gerlach

En février 1922, dans le bâtiment de l'association de physique, à Francfort-sur-le-Main, Otto Stern et Walther Gerlach firent la découverte fondamentale de la quantification spatiale des moments magnétiques des atomes. Sur l'expérience de Stern-Gerlach reposent des développements physiques et techniques importants du 20e siècle, tels la résonance magnétique nucléaire, l'horloge atomique ou le laser. Pour cette découverte, Otto Stern reçut le prix Nobel en 1943.

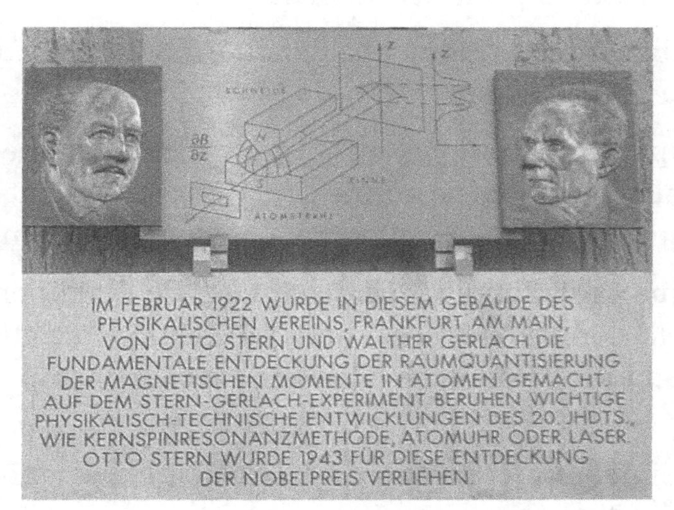

Plaque commémorative de l'expérience de Stern et Gerlach à l'institut de physique de Francfort

*D'après `wikipedia.org`

À partir des documents 1 à 4, répondre aux questions suivantes.

1. Moment cinétique et moment magnétique orbitaux

(a) En adoptant le modèle de l'atome d'hydrogène purement classique de Rutherford, exprimer le moment cinétique orbital $\overrightarrow{L}$ de l'électron en fonction de sa masse m_e, de sa vitesse v et du rayon r de l'orbite.

(b) Exprimer le moment magnétique $\overrightarrow{\mu_m}$ associé à la boucle de courant créée par le mouvement circulaire de l'électron, en fonction de v, r et de la charge élémentaire e.

(c) En déduire la relation $\overrightarrow{\mu_m} = \gamma \overrightarrow{L}$ où on exprimera γ.

2. Dispositif de déviation

(a) Pourquoi les atomes d'argent ne subissent-il pas de force de Lorentz ?

(b) Expliquer la nécessité d'un champ magnétique non uniforme dans l'expérience de Stern et Gerlach.

(c) Reproduire la figure 3 et orienter les lignes de champ magnétique. Représenter $\overrightarrow{\text{grad}}\, B_z$ en un point de la ligne de champ parallèle à Oz.

3. De l'analyse classique à la description quantique

(a) À l'aide du théorème du moment cinétique, montrer que dans le plan $x = 0$, $\mu_z = \overrightarrow{\mu_m} \cdot \overrightarrow{e_z}$ est constant.

(b) Dans une approche classique, on suppose que les atomes d'argent portent un moment magnétique de norme μ_0 et que ces moments ont une direction aléatoire quand les atomes entrent dans la zone de champ magnétique.

La figure 4 donne trois simulations du résultat de l'expérience de Stern et Gerlach. Laquelle correspond au cas dans un champ magnétique uniforme ? Laquelle correspond à l'approche classique avec un champ magnétique inhomogène ?

(c) La dernière simulation correspond à la véritable observation pour laquelle $\mu_0 = 9,27 \times 10^{-24}\ \text{J}\cdot\text{T}^{-1}$.

Montrer que cette mesure est compatible avec une quantification du moment cinétique de l'atome : $L_z = \pm\hbar$.

(d) Comme le montre la carte postale envoyée par Gerlach à Bohr, le faisceau d'atomes d'argent pénétrant dans l'électroaimant présentait une extension spatiale selon Ox. La carte postale montre deux résultats obtenus sans ou avec champ magnétique. Pourquoi Stern et Gerlach n'ont-ils pas observé deux segments parallèles lorsque le dispositif de déviation est actif ?

4. (a) Montrer que, dans son état fondamental, l'atome d'argent ne comporte qu'un électron de valence dont on donnera les nombres quantiques principal, secondaire et magnétique.

(b) En admettant que seuls les électrons de valence contribuent au moment cinétique orbital, quelle(s) valeur(s) peut prendre la projection du moment cinétique orbital L_z pour l'atome d'argent ? Est-ce en accord avec le résultat de l'expérience de Stern et Gerlach ?

(c) Visionner la vidéo `http://www.toutestquantique.fr/#magnetisme` et conclure.

Doc. 1 Modèle de l'atome avant 1920

1. Modèle de Rutherford (1911)

Il s'agit d'un modèle planétaire : les électrons, chargés négativement, tournent autour du noyau, chargé positivement, de rayon très faible devant sa distance aux électrons. L'atome d'hydrogène est modélisé par :
- un électron de masse m_e et de charge $e < 0$ ayant une trajectoire circulaire autour d'un proton de charge $+e$ et nettement plus lourd que l'électron.
- le proton exerce une force électrostatique attractive sur l'électron.

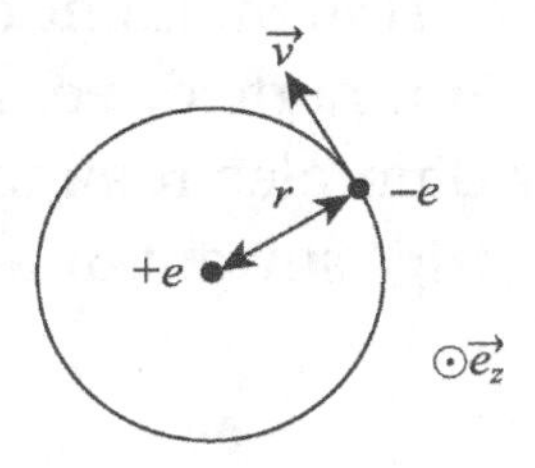

2. Modèle de Bohr de l'atome d'hydrogène (1913)

Dans le cadre de la physique classique, une charge électrique accélérée rayonne de l'énergie. Le modèle de Rutherford conduit donc à des atomes instables, l'électron finissant par s'écraser sur le noyau. Niels Bohr améliore le modèle planétaire de Rutherford en ajoutant les contraintes suivantes :
- les trajectoires possibles de l'électron sont celles qui vérifient
$m_e vr = n\hbar = n\dfrac{h}{2\pi}$ où r est le rayon de la trajectoire circulaire, v sa vitesse et n un entier naturel.
- l'électron n'émet ou n'absorbe de l'énergie que lors d'un changement d'orbite.

3. Nombres quantiques

Nombre quantique principal n : nombre quantique entier naturel non nul. Dans la description non relativiste de l'atome d'hydrogène, les niveaux d'énergie ne dépendent que de n.

Nombre quantique secondaire (ou orbital) l nombre quantique entier naturel
$(0 \leqslant l \leqslant n-1)$ relié à la quantification du moment cinétique orbital $\overrightarrow{L}$:

$L^2 = l(l+1)\hbar^2$.

Nombre quantique magnétique m_l : nombre quantique entier vérifiant $-l \leqslant m_l \leqslant l$ intervenant dans la quantification du moment cinétique : la projection suivant n'importe quel axe (Oz par exemple) d'un moment cinétique $\overrightarrow{L}$, caractérisé par un nombre quantique secondaire l, vérifie $L_z = m_l\hbar$.

Doc. 2 Expérience de Stern et Gerlach (1922)

En 1922, Otto Stern et Walter Gerlach mettent en place une expérience pour déterminer si le moment cinétique électronique $\overrightarrow{L}$ est quantifié comme le propose Sommerfeld. Pour cela, ils envoient des atomes d'argent à travers l'entrefer d'un électroaimant, zone où règne un champ magnétique inhomogène dirigé suivant une direction (Oz) orthogonale à la vitesse initiale des atomes.

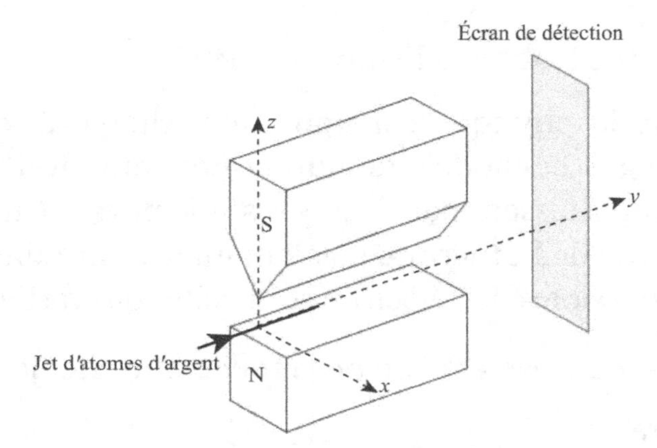

Configuration de l'expérience de Stern et Gerlach

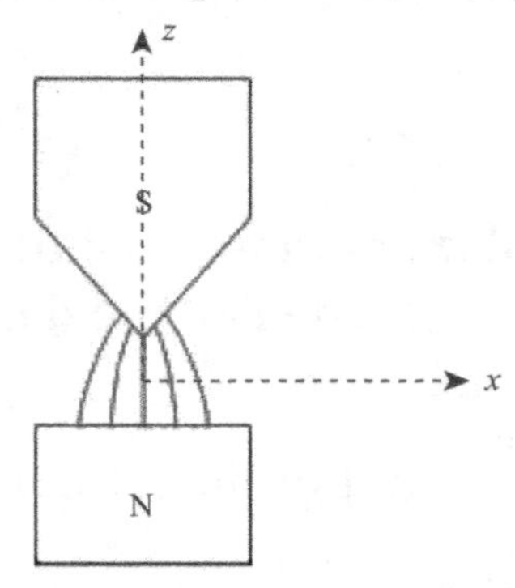

Lignes de champ magnétique

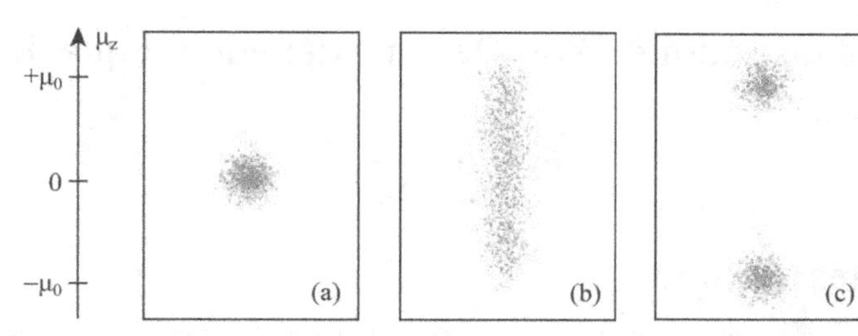

Quelques simulations de l'expérience de Stern et Gerlach
∗D'après Basdevant et Dalibard, *Cours de l'École polytechnique 2002*

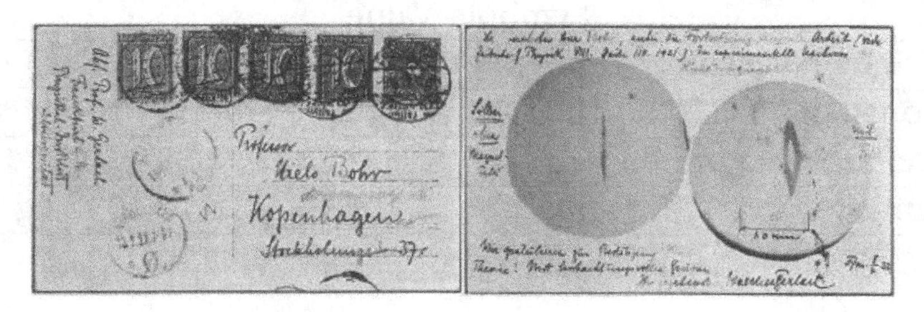

Carte postale de Walther GERLACH envoyé à Niels BOHR le 8 février 1922 au sujet de l'expérience avec des atomes d'argent (Source : Niels Bohr Archive)

Traduction par C. MOHR du texte écrit par Walther GERLACH autour des deux disques.

Cher Monsieur Bohr,
Ci-joint la suite de notre travail (voir magazine pour physique VIII, page 110, 1921) concernant la preuve expérimentale de la quantification directionnelle.
[À gauche] : argent [silber], sans champ magnétique [ohne magnet feld]
[À droite] : avec champ [mit feld]
Nous vous félicitons pour la confirmation de votre théorie!
Avec mes salutations respectueuses
Bien à vous
Walther Gerlach

Doc. 3 L'argent

Numéro atomique : $Z = 47$
Configuration électronique dans l'état fondamental : $[\mathrm{Kr}]4\mathrm{d}^{10}5\mathrm{s}^1$

Doc. 4 Actions subies par un dipôle magnétique

Un dipôle magnétique de moment dipolaire magnétique $\vec{\mu}$ situé en un point M dans un champ magnétostatique extérieur $\vec{B}(M)$ subit des actions dont la résultante $\vec{F}$ et le moment $\vec{\Gamma}$ en M sont donnés par :

$$\vec{F} = (\vec{\mu} \cdot \overrightarrow{\mathrm{grad}})\vec{B} \text{ et } \vec{\Gamma} = \vec{\mu} \wedge \vec{B}(M).$$

Pour un champ magnétique selon Oz et ne dépendant que de z,

$$\overrightarrow{F_z} = \mu_z \frac{\mathrm{d}B_z}{\mathrm{d}z}\overrightarrow{e_z}.$$

Doc. 5 Constantes physiques

Référence : C.Patrignani et al. et al. (Particle Data Group), Chin.Phys C, 40, 100001 (2016) and 2017 update and 2013 partial update for the 2014 edition

Quantity	Symbol	Value
speed of light in vaccum	c	$299\,792\,458\ \mathrm{m\cdot s^{-1}}$
Planck constant	h	$6,626\,070\,040(81) \times 10^{-34}\ \mathrm{J\cdot s}$
electron charge magnitude	e	$1,602\,176\,6208(98) \times 10^{-19}\ \mathrm{C}$
electron mass	m_e	$9,109\,383\,56(11) \times 10^{-31}\ \mathrm{kg}$

Chapitre 13

Équations de Maxwell

13.1 Postulats de l'électromagnétisme

Le champ électromagnétique est défini par son action sur une charge ponctuelle q qui se trouve en M à l'instant t. Dans un référentiel $\mathscr{R}$ d'étude, la force de Lorentz que la particule subit est de la forme :

$$\overrightarrow{f} = q(\overrightarrow{E}_{\mathscr{R}}(M,t) + \overrightarrow{v}_{\mathscr{R}} \wedge \overrightarrow{B}_{\mathscr{R}}(M,t)).$$

Cette relation définit le champ électromagnétique au point M, à l'instant t dans le référentiel $\mathscr{R}$.

13.1.1 Transformation galiléenne des champs

En physique classique, on a le principe d'invariance des forces lors d'un changement de référentiel. Ainsi, si on considère deux référentiels d'étude $\mathscr{R}$ et $\mathscr{R}'$, les champs électromagnétiques dans ces deux référentiels sont liés.

✎ Exprimer la force de Lorentz qui s'exerce sur une particule chargée animée d'une vitesse $\overrightarrow{v}_{\mathscr{R}}$ dans $\mathscr{R}$ puis celle qui s'exerce sur la particule dans $\mathscr{R}'$.

On a donc $\overrightarrow{F} = q(\overrightarrow{E} + \overrightarrow{v}_{\mathscr{R}} \wedge \overrightarrow{B})$ et $\overrightarrow{F} = q(\overrightarrow{E'} + \overrightarrow{v}_{\mathscr{R}'} \wedge \overrightarrow{B'})$.

✎ En déduire les relations entre $(\overrightarrow{E}, \overrightarrow{B})$ et $(\overrightarrow{E'}, \overrightarrow{B'})$, champs électromagnétiques dans $\mathscr{R}$ et $\mathscr{R}'$.

D'après la formule de composition des vitesses, on a $\overrightarrow{v}_{\mathscr{R}} = \overrightarrow{v}_{\mathscr{R}'} + \overrightarrow{v}_e$

où $\vec{v_e}$ est la vitesse d'entraînement de $\mathscr{R}'$ par rapport à $\mathscr{R}$.
On a donc : $\vec{F} = q(\vec{E'} + \vec{v}_{\mathscr{R}} \wedge \vec{B'} - \vec{v_e} \wedge \vec{B'})$. En identifiant les deux expressions, on a, comme l'égalité doit être vraie quelle que soit la vitesse de la particule : $\vec{B} = \vec{B'}$ et $\vec{E'} = \vec{E} + \vec{v_e} \wedge \vec{B}$.

Ce résultat est appelé la transformation galiléenne des champs.

$$\boxed{\vec{B} = \vec{B'} \text{ et } \vec{E'} = \vec{E} + \vec{v_e} \wedge \vec{B}}.$$

Cette relation est différente dans le cas de la relativité restreinte (mais se retrouve si on fait tendre c vers l'infini) et on verra plus tard que ces formules sont à la base de l'induction.

13.2 Les équations de Maxwell

Les quatre équations de Maxwell constituent le postulat de base de l'électromagnétisme.

$$\begin{cases} \operatorname{div}\vec{E}(M,t) = \dfrac{\rho(M,t)}{\varepsilon_0} \\ \operatorname{div}\vec{B}(M,t) = 0 \\ \overrightarrow{\operatorname{rot}}\vec{E}(M,t) = -\dfrac{\partial \vec{B}}{\partial t}(M,t) \\ \overrightarrow{\operatorname{rot}}\vec{B}(M,t) = \mu_0\left(\vec{j} + \varepsilon_0 \dfrac{\partial \vec{E}}{\partial t}(M,t)\right) \end{cases}$$

μ_0 est la perméabilité magnétique du vide, $\mu_0 = 4\pi \times 10^{-7}$ H·m^{-1}.
ε_0 est la permittivité diélectrique du vide, $\varepsilon_0 = 8,84 \times 10^{-12}$ F·m^{-1}.

✎ Rappeler les noms de chacune de ces équations.

La première équation est l'équation de Maxwell-Gauss.
La deuxième est l'équation de Maxwell-Flux ou Maxwell-Thomson.

La troisième est celle de Maxwell-Faraday.
La dernière est celle de Maxwell-Ampère.

13.2.1 Commentaires

Ces équations sont linéaires, on peut donc appliquer le principe de superposition au champ électromagnétique.

✎ Rappeler le sens de la phrase précédente.

Si les sources $\rho_1(r,t)$ *et* $\vec{j_1}(r,t)$ *produisent les champs* $\vec{E}_1(r,t)$ *et* $\vec{B}_1(r,t)$, *et les sources* $\rho_2(r,t)$ *et* $\vec{j_2}(r,t)$ *produisent les champs* $\vec{E}_2(r,t)$ *et* $\vec{B}_2(r,t)$ *alors si*

$$\forall(\lambda_1,\lambda_2)\in\mathbb{R}^2,\begin{cases}\rho(r,t)=\lambda_1\rho_1(r,t)+\lambda_2\rho_2(r,t)\\ \vec{j}(r,t)=\lambda_1\vec{j_1}(r,t)+\lambda_2\vec{j_2}(r,t)\end{cases},$$

on a

$$\begin{cases}\vec{E}(r,t)=\lambda_1\vec{E}_1(r,t)+\lambda_2\vec{E}_2(r,t)\\ \vec{B}(r,t)=\lambda_1\vec{B}_1(r,t)+\lambda_2\vec{B}_2(r,t)\end{cases}$$

Les équations de Maxwell-Gauss et Maxwell-Ampère relient les champs à leurs sources matérielles, à savoir $\rho(M,t)$ et $\vec{j}(M,t)$.

De plus, les équations de Maxwell-Ampère et Maxwell-Faraday couplent les champs électrique et magnétique avec les dérivées temporelles : en régime variable, on ne peut dissocier $\vec{E}$ et $\vec{B}$, on ne peut avoir l'un sans l'autre.

Avec ces équations, on voit que les sources de $\vec{E}$ sont les distributions de charges fixes et les variations temporelles de $\vec{B}$.
Les sources de $\vec{B}$ sont les distributions de courant et les variations temporelles de $\vec{E}$.

Les équations de Maxwell-Faraday et Maxwell-Flux sont des équations intrinsèques, c'est-à-dire indépendantes des sources.

En régime stationnaire ou statique, on a : $\begin{cases} \text{div}\,\vec{E}(M,t) = \dfrac{\rho(M,t)}{\varepsilon_0} \\ \text{div}\,\vec{B}(M,t) = 0 \\ \overrightarrow{\text{rot}}\,\vec{E}(M,t) = \vec{0} \\ \overrightarrow{\text{rot}}\,\vec{B}(M,t) = \mu_0\,\vec{j} \end{cases}$

On retrouve qu'en statique, la source de $\vec{E}$ est une distribution fixe de charges et la source de $\vec{B}$ est une distribution de courant permanent.

Les champs $\vec{E}$ et $\vec{B}$ ne sont plus couplés en régime statique. Ils sont indépendants l'un de l'autre comme on a pu le voir précédemment.

13.2.2 Compatibilité avec la conservation de la charge

On calcule la divergence de l'équation de Maxwell-Ampère, on a :

$$\text{div}(\overrightarrow{\text{rot}}\vec{B}) = \mu_0\text{div}\left(\vec{j} + \varepsilon_0\frac{\partial\vec{E}}{\partial t}\right).$$

Or, $\text{div}\overrightarrow{\text{rot}}\,\vec{B} = 0$. On a donc :

$$\text{div}\,\vec{j} + \varepsilon_0\text{div}\left(\frac{\partial\vec{E}}{\partial t}\right) = 0.$$

Comme les variables d'espace et de temps sont indépendantes, on peut permuter l'opérateur divergence avec la dérivée temporelle. On a :

$$\text{div}\,\vec{j} + \varepsilon_0\left(\frac{\partial\text{div}\,\vec{E}}{\partial t}\right) = 0.$$

En utilisant l'équation de Maxwell-Gauss, on a :

$$\boxed{\text{div}\,\vec{j} + \frac{\partial\rho}{\partial t} = 0}.$$

On retrouve l'équation locale de conservation de la charge.

13.2.3 Potentiel vecteur et potentiel scalaire

L'équation de Maxwell-Thomson est toujours vraie, aussi bien en régime statique qu'en régime variable : le champ magnétique est à flux conservatif.

Or, on montre que $\text{div}(\overrightarrow{\text{rot}}\,\vec{X}) = 0$ pour tout champ de vecteurs.

Donc, avoir le champ magnétique à flux conservatif est équivalent à l'existence d'un champ vectoriel $\vec{A}(M,t)$ appelé potentiel vecteur tel que $\vec{B}(M,t) = \overrightarrow{\text{rot}}\,\vec{A}(M,t)$, ce champ est bien évidemment continu spatialement (ce théorème a été démontré par Maxwell en 1873 et fait intervenir des hypothèses, conditions supplémentaires sur l'espace, que nous admettrons vérifiées ici).

✎ Quelle est l'unité de $\vec{A}$?

L'unité du potentiel vecteur est le $T.m$.

D'après l'équation de Maxwell-Faraday, on a $\overrightarrow{\text{rot}}\,\vec{E} = -\dfrac{\partial \vec{B}}{\partial t}$ soit en introduisant le potentiel vecteur : $\overrightarrow{\text{rot}}\left(\vec{E} + \dfrac{\partial \vec{A}}{\partial t}\right) = \vec{0}$.

De même, on a $\overrightarrow{\text{rot}}(\overrightarrow{\text{grad}}\,(X)) = \vec{0}$.

On en déduit l'existence d'un champ scalaire, continu spatialement, $V(M,t)$ tel que

$$\vec{E}(M,t) + \frac{\partial \vec{A}(M,t)}{\partial t} = -\overrightarrow{\text{grad}}\,V(M,t)$$

En régime quelconque, il est impossible de séparer l'étude des champs électriques de celle des champs magnétiques, ils sont liés.

✎ Quelle est l'unité de $\vec{E}$?

L'unité du potentiel est le $V \cdot m^{-1}$.

Non-unicité

Le potentiel vecteur est défini par son rotationnel. On en déduit donc qu'il est toujours défini à un gradient près.

$$\overrightarrow{A'} = \overrightarrow{A} + \overrightarrow{\text{grad}}\, f.$$

✎ Si on a le couple $(V, \overrightarrow{A})$, quel est le nouveau couple $(V', \overrightarrow{A'})$ qui permet d'obtenir le même champ électromagnétique ?

On a $\overrightarrow{E} = -\overrightarrow{\text{grad}}\, V - \dfrac{\partial \overrightarrow{A}}{\partial t} = -\overrightarrow{\text{grad}}\, V' - \dfrac{\partial \overrightarrow{A'}}{\partial t}$.

On a donc $\overrightarrow{\text{grad}}\, V' = \overrightarrow{\text{grad}}\, V - \dfrac{\partial(\overrightarrow{A'} - \overrightarrow{A})}{\partial t}$.

À une constante additive près, on a $V' = V - \dfrac{\partial f}{\partial t}$.

On voit ainsi qu'on a une infinité de couples $(\overrightarrow{A}, V)$ qui peuvent créer un même champ électromagnétique. On est donc amené à faire un choix de jauge, car on appelle jauge le couple $(\overrightarrow{A}, V)$.

Condition de jauge

Si on relie les potentiels aux sources, on a :
- avec l'équation de Maxwell-Ampère :

$$\overrightarrow{\text{rot}}(\overrightarrow{\text{rot}}\, \overrightarrow{A}) = \mu_0 \overrightarrow{j} + \varepsilon_0\mu_0 \frac{\partial\left(-\overrightarrow{\text{grad}}\, V - \dfrac{\partial \overrightarrow{A}}{\partial t}\right)}{\partial t}.$$

$$\overrightarrow{\Delta}\overrightarrow{A} - \varepsilon_0\mu_0 \frac{\partial^2 \overrightarrow{A}}{\partial t^2} + \mu_0 \overrightarrow{j} = \overrightarrow{\text{grad}}\left(\text{div}\overrightarrow{A} + \varepsilon_0\mu_0 \frac{\partial V}{\partial t}\right).$$

- avec l'équation de Maxwell-Gauss, on a

$$\text{div}\left(-\overrightarrow{\text{grad}}\, V - \frac{\partial \overrightarrow{A}}{\partial t}\right) = \frac{\rho}{\varepsilon_0},$$

soit

$$\Delta V + \frac{\rho}{\varepsilon_0} = -\frac{\partial(\operatorname{div}\overrightarrow{A})}{\partial t}.$$

Soit en ajoutant un terme de dérivation temporelle :

$$\Delta V - \varepsilon_0\mu_0\frac{\partial^2 V}{\partial t^2} + \frac{\rho}{\varepsilon_0} = -\frac{\partial(\operatorname{div}\overrightarrow{A} + \varepsilon_0\mu_0\partial V/\partial t)}{\partial t}.$$

On a alors la même forme d'équation si on impose la condition suivante dite condition de jauge de Lorentz : $\boxed{\operatorname{div}\overrightarrow{A} + \varepsilon_0\mu_0\frac{\partial V}{\partial t} = 0}$.

En régime statique, la relation précédente devient

$\boxed{\operatorname{div}\overrightarrow{A} = 0}$ condition de jauge de Coulomb.

Équations de Poisson

Si on utilise la jauge de Lorentz, on obtient les deux équations suivantes :

$$\overrightarrow{\Delta}\overrightarrow{A} - \varepsilon_0\mu_0\frac{\partial^2\overrightarrow{A}}{\partial t^2} + \mu_0\overrightarrow{j} = \overrightarrow{0}$$

$$\text{et } \Delta V - \varepsilon_0\mu_0\frac{\partial^2 V}{\partial t^2} + \frac{\rho}{\varepsilon_0} = 0.$$

⚠ Les équations précédentes ne montrent pas que les potentiels scalaire et vecteur sont découplés...ils sont toujours liés par la condition de jauge.

Solutions des potentiels retardés

Dans la jauge de Lorentz, en prenant l'origine des potentiels à l'infini (pour $\overrightarrow{A}$ et V), on a la solution suivante, appelée solution des potentiels retardés, pour une distribution de courants et charges D de taille finie :

$$\boxed{V(M,t) = \iiint_D \frac{1}{4\pi\varepsilon_0}\frac{\rho(P, t - PM/c)}{PM}\mathrm{d}\tau \text{ et } \overrightarrow{A}(M,t) = \iiint_D \frac{\mu_0}{4\pi}\frac{\overrightarrow{j}(P, t - PM/c)}{PM}\mathrm{d}\tau}$$

On parle de potentiels retardés car la contribution des sources situées autour du point P au point M à l'instant t dépend des valeurs des sources au point P à l'instant $t - PM/c$. Tout se passe comme si on avait une propagation des changements des sources à la célérité c.

On voit ainsi que les interactions électromagnétiques ne sont pas instantanées : elles se font à une vitesse finie c.

✎ Commenter la phrase "voir loin, c'est voir dans le passé."

Lorsqu'on observe des étoiles, on analyse la lumière émise il y a d/c années où d est la distance Terre-étoile considérée. Ainsi, voir loin, c'est voir plus loin dans le temps.

Remarque : les solutions en $t + PM/c$ existent aussi mais ne sont pas retenues physiquement car elles ne respectent pas le principe de causalité : le changement des sources au point P est ressenti au point M avant que ces changements aient lieu.

13.2.4 Forme intégrale des équations de Maxwell

Théorème de Gauss

En intégrant l'équation de Maxwell-Gauss valable en régime statique ou en régime variable, on a, d'après la formule de Green-Ostrogradsky :

$$\oiint_{\mathscr{S}} \overrightarrow{E} \cdot \overrightarrow{\mathrm{d}S} = \frac{Q_{\text{int}}}{\varepsilon_0}$$

où $\mathscr{S}$ est une surface fixe.

Flux du champ magnétique

Le champ magnétique est à flux conservatif.

Loi de Faraday

$$\oint_{\Gamma} \overrightarrow{E} \cdot \overrightarrow{\mathrm{d}l} = -\frac{\mathrm{d}\varphi_B}{\mathrm{d}t}$$

où Γ est un contour fixé et φ_B le flux de $\overrightarrow{B}$ à travers Γ.

✎ Prouver l'égalité précédente.

D'après la formule de Stokes, on a

$$\oint_{\Gamma} \overrightarrow{E} \cdot \overrightarrow{\mathrm{d}l} = \iint_{\mathscr{S}(\Gamma)} \overrightarrow{\mathrm{rot}}\, \overrightarrow{E} \cdot \overrightarrow{\mathrm{d}S}.$$

D'après l'équation de Maxwell-Faraday, on a :

$$\iint_{\mathscr{S}(\Gamma)} \overrightarrow{\mathrm{rot}}\, \overrightarrow{E} \cdot \overrightarrow{\mathrm{d}S} = \iint_{\mathscr{S}(\Gamma)} -\frac{\partial \overrightarrow{B}}{\partial t} \cdot \overrightarrow{\mathrm{d}S}.$$

Or, les variables spatiales et temporelle sont indépendantes, on peut donc permuter l'intégrale et la dérivée partielle. On a :

$$\iint_{\mathscr{S}(\Gamma)} -\frac{\partial \overrightarrow{B}}{\partial t} \cdot \overrightarrow{\mathrm{d}S} = -\frac{\mathrm{d}}{\mathrm{d}t}\left(\iint_{\mathscr{S}(\Gamma)} \overrightarrow{B} \cdot \overrightarrow{\mathrm{d}S}\right).$$

D'où la formule demandée.

⚠ En régime variable, la circulation de $\overrightarrow{E}$ n'est plus conservative !!

Théorème d'Ampère

L'équation locale de Maxwell-Ampère s'écrit :

$$\overrightarrow{\mathrm{rot}}\, \overrightarrow{B} = \mu_0 \overrightarrow{j} + \mu_0 \varepsilon_0 \frac{\partial \overrightarrow{E}}{\partial t}.$$

✎ En utilisant la formule de Stokes, montrer que :

$$\boxed{\oint_{\Gamma} \overrightarrow{B} \cdot \overrightarrow{\mathrm{d}l} = \mu_0 I_{\text{enlace}} + \mu_0 \varepsilon_0 \frac{\mathrm{d}\varphi_E}{\mathrm{d}t}},$$

où φ_E est le flux de $\overrightarrow{E}$ à travers Γ.

D'après la formule de Stokes, on a

$$\oint_{\Gamma} \overrightarrow{B} \cdot \overrightarrow{\mathrm{d}l} = \iint_{\mathscr{S}(\Gamma)} \overrightarrow{\mathrm{rot}}\, \overrightarrow{B} \cdot \overrightarrow{\mathrm{d}S}.$$

D'après l'équation de Maxwell-Ampère, on a :

$$\iint_{\mathscr{S}(\Gamma)} \overrightarrow{\mathrm{rot}}\, \overrightarrow{B} \cdot \overrightarrow{\mathrm{d}S} = \iint_{\mathscr{S}(\Gamma)} \left(\mu_0 \overrightarrow{j} + \mu_0 \varepsilon_0 \frac{\partial \overrightarrow{E}}{\partial t} \right) \cdot \overrightarrow{\mathrm{d}S}$$

Or, les variables spatiales et temporelle sont indépendantes, on peut donc permuter l'intégrale et la dérivée partielle pour le dernier terme. On a :

$$\iint_{\mathscr{S}(\Gamma)} \frac{\partial \overrightarrow{E}}{\partial t} \cdot \overrightarrow{\mathrm{d}S} = \frac{\mathrm{d}}{\mathrm{d}t} \left(\iint_{\mathscr{S}(\Gamma)} \overrightarrow{E} \cdot \overrightarrow{\mathrm{d}S} \right).$$

Par définition de I_{enlace}, on a : $\iint_{\mathscr{S}(\Gamma)} \mu_0 \overrightarrow{j} \cdot \overrightarrow{\mathrm{d}S} = \mu_0 I_{\text{enlace}}$.

D'où la formule demandée.

Cette formule constitue le théorème d'Ampère généralisé valable en régime variable et, en régime statique, on retrouve $\oint_{\Gamma} \overrightarrow{B} \cdot \overrightarrow{\mathrm{d}l} = \mu_0 I_{\text{enlace}}$.

Remarque : $\overrightarrow{B}$ est à flux conservatif donc la somme des deux intégrales de droite ne dépend pas du choix de la surface $\mathscr{S}(\Gamma)$ mais attention, séparément, les deux intégrales dépendent du choix de celle-ci car $\overrightarrow{j}$ n'est pas à flux conservatif en régime quelconque.

Le deuxième terme dans le membre de droite est lié au courant de déplacement. Ce terme a été introduit par Maxwell pour rendre compatible les équations de l'électromagnétisme et l'équation de conservation de la charge.

✍ Cas du condensateur :
On considère un circuit qui contient un condensateur. Ce circuit est parcouru par un courant d'intensité I. On choisit comme contour d'Ampère un cercle qui entoure le fil et on choisit deux surfaces pour appliquer le théorème de Stokes, une située avant le condensateur et une qui passe entre les deux plaques du condensateur.
1. Appliquer "naïvement" le théorème d'Ampère sur ces deux surfaces. Commentaires.
2. Montrer que, si on suppose les variations suffisamment lentes, on a
$\vec{E} = \dfrac{Q(t)}{\varepsilon_0 S}\vec{u_z}$.
3. En déduire la densité de courant de déplacement. Conclure.

1. Pour la première surface, on a $\iint \vec{j}\cdot\vec{\mathrm{d}S} = I$. Pour la deuxième surface, il n' y a pas de porteur de charge dans l'espace intercondensateur $\iint \vec{j}\cdot\vec{\mathrm{d}S} = 0$...ce qui est impossible, il y a un problème.
2. On a vu précédemment que dans le modèle du condensateur plan, le champ électrostatique est uniforme entre les armatures. Si on suppose qu'on est en régime quasi-statique, alors on a
$\vec{E} = \dfrac{\sigma}{\varepsilon_0}\vec{u_z} = \dfrac{Q}{\varepsilon_0 S}\vec{u_z}$.
3. On en déduit $\vec{j_d} = \varepsilon_0\dfrac{\partial\vec{E}}{\partial t} = \dfrac{1}{S}\dfrac{\mathrm{d}Q}{\mathrm{d}t}\vec{u_z}$ soit $\iint \vec{j_d}\cdot\vec{\mathrm{d}S} = I$!!
Attention, il y a un courant de déplacement présent entre les armatures du condensateur mais, bien évidemment, il n'y a toujours pas de porteur de charge en mouvement !

13.3 Aspects énergétiques

13.3.1 Puissance cédée par le champ électromagnétique à la matière

✎ Rappeler la force exercée par un champ électromagnétique sur une particule chargée, en mouvement dans un référentiel $\mathscr{R}$.

C'est la force de Lorentz, on a :

$$\overrightarrow{f} = q(\overrightarrow{E} + \overrightarrow{v}_{\mathscr{R}} \wedge \overrightarrow{B}).$$

✎ Quelle est la puissance associée à cette force ?

La puissance associée à cette force est donnée par

$$\mathscr{P} = \overrightarrow{f} \cdot \overrightarrow{v}_{\mathscr{R}} = q(\overrightarrow{E} + \overrightarrow{v}_{\mathscr{R}} \wedge \overrightarrow{B}) \cdot \overrightarrow{v}_{\mathscr{R}} = q\overrightarrow{E} \cdot \overrightarrow{v}_{\mathscr{R}}.$$

Pour un volume mésoscopique $\mathrm{d}\tau$, on a

$$\mathrm{d}\mathscr{P} = n\mathrm{d}\tau q \overrightarrow{v}_{\mathscr{R}} \cdot \overrightarrow{E} = \overrightarrow{j} \cdot \overrightarrow{E}\mathrm{d}\tau,$$

en introduisant la densité n de porteurs de charge par unité de volume.
On en déduit donc que :

$$\boxed{\mathscr{P}_{\text{vol}} = \overrightarrow{j}(M,t) \cdot \overrightarrow{E}(M,t)}.$$

C'est la puissance cédée par le champ électromagnétique à la matière.

13.3.2 Équation locale de Poynting

On va s'intéresser dans cette partie au bilan énergétique associé au champ électromagnétique. On a, d'après l'équation de Maxwell-Ampère :
$\overrightarrow{\text{rot}}\,\overrightarrow{B} = \mu_0 \overrightarrow{j} + \mu_0\varepsilon_0 \dfrac{\partial \overrightarrow{E}}{\partial t}$ soit, en multipliant scalairement par $\overrightarrow{E}$:

$$\overrightarrow{E} \cdot \overrightarrow{\text{rot}}\,\overrightarrow{B} = \mu_0 \overrightarrow{j} \cdot \overrightarrow{E} + \mu_0\varepsilon_0 \overrightarrow{E} \cdot \frac{\partial \overrightarrow{E}}{\partial t}.$$

✎ En utilisant la formule d'analyse vectorielle suivante $\text{div}(\vec{A} \wedge \vec{B}) = \vec{B} \cdot \overrightarrow{\text{rot}}\,\vec{A} - \vec{A} \cdot \overrightarrow{\text{rot}}\,\vec{B}$, montrer que :

$$\boxed{\frac{\partial}{\partial t}\left(\varepsilon_0 \frac{E^2}{2} + \frac{B^2}{2\mu_0}\right) = -\text{div}\left(\frac{\vec{E} \wedge \vec{B}}{\mu_0}\right) - \vec{j} \cdot \vec{E}}\,.$$

On a donc $\vec{E} \cdot \overrightarrow{\text{rot}}\,\vec{B} = \vec{B} \cdot \overrightarrow{\text{rot}}\,\vec{E} - \text{div}(\vec{E} \wedge \vec{B})$ soit, en utilisant l'équation de Maxwell-Faraday, on a :

$$-\text{div}(\vec{E} \wedge \vec{B}) - \frac{1}{2}\frac{\partial B^2}{\partial t} = \mu_0\, \vec{j} \cdot \vec{E} + \mu_0 \frac{\partial}{\partial t}\left(\frac{\varepsilon_0 E^2}{2}\right)$$

soit

$$\frac{\partial}{\partial t}\left(\varepsilon_0 \frac{E^2}{2} + \frac{B^2}{2\mu_0}\right) = -\text{div}\left(\frac{\vec{E} \wedge \vec{B}}{\mu_0}\right) - \vec{j} \cdot \vec{E}.$$

Cette relation exprime localement la conservation de l'énergie.

On introduit $\vec{\Pi}$, vecteur de Poynting ou vecteur densité de courant d'énergie défini par $\boxed{\vec{\Pi} = \frac{\vec{E} \wedge \vec{B}}{\mu_0}}$.

✎ Quelle est l'unité du vecteur de Poynting ? Est-ce cohérent ?

E s'exprime en $V \cdot \text{m}^{-1}$, $\frac{B}{\mu_0}$ en $A \cdot \text{m}^{-1}$ donc Π s'exprime en $V \cdot A \cdot \text{m}^{-2}$ ce qui est bien homogène à une puissance surfacique. C'est bien cohérent car $\text{div}\vec{\Pi}$ est alors bien homogène à une puissance volumique.

Le membre de gauche correspond à la variation temporelle de la densité volumique d'énergie électromagnétique qui est due au flux du vecteur densité de courant d'énergie et de la puissance cédée à la matière.

$$\boxed{\frac{\partial u_{\text{em}}}{\partial t} + \text{div}\vec{\Pi} = -\vec{j} \cdot \vec{E}}\,.$$

13.3.3 Bilan intégral d'énergie

Si on effectue le bilan d'énergie sur un volume V, on a :

$$\iiint_V \frac{\partial}{\partial t}\left(\varepsilon_0\frac{E^2}{2}+\frac{B^2}{2\mu_0}\right)\mathrm{d}\tau+\iiint_V \mathrm{div}\left(\frac{\vec{E}\wedge\vec{B}}{\mu_0}\right)\mathrm{d}\tau=-\iiint_V \vec{j}\cdot\vec{E}\,\mathrm{d}\tau,$$

En utilisant la formule de Green-Ostrogradsky, on a :

$$\iiint_V \frac{\partial}{\partial t}\left(\varepsilon_0\frac{E^2}{2}+\frac{B^2}{2\mu_0}\right)\mathrm{d}\tau+\oiint_{S(V)} \frac{\vec{E}\wedge\vec{B}}{\mu_0}\cdot\overrightarrow{\mathrm{d}S}=-\iiint_V \vec{j}\cdot\vec{E}\,\mathrm{d}\tau,$$

qu'on peut mettre sous la forme : $\boxed{\iiint_V \frac{\partial u_{\mathrm{em}}}{\partial t}\mathrm{d}\tau+\oiint_{S(V)} \vec{\Pi}\cdot\overrightarrow{\mathrm{d}S}=-P_{\mathrm{cedee}}}$.

13.3.4 Équation de transport de Reynolds

L'équation précédente présente des similitudes avec l'équation de conservation de la charge. En fait, nous allons montrer que toute grandeur extensive conservative obéit au même type d'équation : l'équation de transport de Reynolds.

On étudie, dans un volume V fixe, délimité par une surface fermée $S(V)$, une grandeur conservative extensive notée G définie par
$G(t)=\iiint_V g(P,t)\mathrm{d}\tau$.

Pendant $\mathrm{d}t$, la grandeur $G(t)$ varie de $\mathrm{d}G=\left(\frac{\mathrm{d}G}{\mathrm{d}t}\right)\mathrm{d}t$. On a
$\frac{\mathrm{d}G}{\mathrm{d}t}=\frac{\mathrm{d}}{\mathrm{d}t}\left(\iiint_V g(P,t)\mathrm{d}\tau\right)=\iiint_V \frac{\partial g}{\partial t}\mathrm{d}\tau$.

✎ À quoi peuvent être dues les variations de G ? Penser à l'exemple de la population d'un pays.

Si vous pensez à la population d'un pays, elle varie grâce aux naissances (terme source), aux décès (terme d'annihilation) et aux flux migratoires : les gens qui partent (flux sortant) et les gens qui arrivent (flux entrant).

Si on utilise l'analogie précédente, alors la variation temporelle de G est due au flux de la grandeur G à travers $S(V)$ pendant $\mathrm{d}t$, caractérisé par la densité de courant de G $\overrightarrow{j_G}$, un terme de débit de création de source de densité volumique s_G et un terme de débit d'annihilation de densité volumique a_G.

On a alors le débit de G à travers $S(V)$ qui est donné par

$\mathrm{d}G = -\left(\oiint_{S(V)} \overrightarrow{j_G}\cdot\overrightarrow{\mathrm{d}S}\right)\mathrm{d}t + s_G\mathrm{d}t - a_G\mathrm{d}t$ **soit comme** $\oiint_{S(V)} \overrightarrow{j_G}\cdot\overrightarrow{\mathrm{d}S} = \iiint_V \mathrm{div}\overrightarrow{j_G}\mathrm{d}\tau$,

$Création(G) = \iiint_V s_G\mathrm{d}\tau$ **et** $Annihilation = \iiint_V a_G\mathrm{d}\tau$.

On a alors :

$$\frac{dG}{dt} = -D_G + Création - Annihilation,$$

car la grandeur G se conserve soit :

$$\iiint_V \left(\frac{\partial g}{\partial t} + \mathrm{div}\overrightarrow{j_G}\right)\mathrm{d}\tau = \iiint_V (s_G - a_G)\mathrm{d}\tau,$$

soit localement $\boxed{\frac{\partial g}{\partial t} + \mathrm{div}\overrightarrow{j_G} = s_G - a_G}$.

✎ **Appliquer la relation précédente à la charge q. Que trouvez-vous ?**

La charge q est une grandeur extensive. Soit un volume V, la variation de charge de ce volume pendant $\mathrm{d}t$ est due au flux de charges sortant de V pendant $\mathrm{d}t$. On suppose qu'on n'a pas création ni annihilation de charges dans l'espace V. On a alors

$$\iiint_V \frac{\partial \rho}{\partial t}\mathrm{d}\tau + \oiint_{S(V)} \rho\vec{v}\cdot\overrightarrow{\mathrm{d}S} = \iiint_V \frac{\partial \rho}{\partial t}\mathrm{d}\tau + \iiint_V \mathrm{div}\overrightarrow{j_q}\mathrm{d}\tau = 0,$$

soit, comme l'égalité précédente est vraie pour tout volume V, $\frac{\partial \rho}{\partial t} + \mathrm{div}\vec{j} = 0$, on retrouve la loi de conservation de la charge.

13.3.5 Exemples

Condensateur plan

On étudie à nouveau le condensateur plan, en régime statique. On considère un condensateur formé par deux armatures de charge $\pm Q$, de surface S, séparées par une distance e.

✎ En choisissant les armatures perpendiculaires à l'axe Oz et le fait que l'armature supérieure soit à la charge $+Q$, rappeler l'expression du champ électrostatique qui règne à l'intérieur du condensateur.

On a $\vec{E} = -\dfrac{Q}{S\varepsilon_0}\vec{e_z}$ si on néglige les effets de bord.

✎ En déduire l'expression de l'énergie de ce champ électrostatique.

On a $u_{\text{em}} = \varepsilon_0 \dfrac{E^2}{2} = \dfrac{Q^2}{2S^2\varepsilon_0}$ soit, pour le volume intérieur :

$$U_{\text{em}} = \iiint_V \frac{Q^2}{2S^2\varepsilon_0} \mathrm{d}\tau = \frac{Q^2}{2S^2\varepsilon_0} \times Se = \frac{Q^2 e}{2S\varepsilon_0}.$$

Cette expression peut être réécrite sous la forme :

$$U_{\text{em}} = \frac{1}{2} \times \frac{\varepsilon_0 S}{e} \left(\frac{Qe}{S\varepsilon_0} \right)^2.$$

On reconnaît la capacité C du condensateur : $\boxed{C = \dfrac{\varepsilon_0 S}{e}}$ et la différence de potentiel aux bornes du condensateur $U = Ee = \dfrac{Qe}{S\varepsilon_0}$. On a donc $\boxed{U_{\text{em}} = \dfrac{1}{2} C U^2}$.

Cette expression a déjà été vue en cours d'électrocinétique (cf livre d'électrocinétique), c'est l'énergie stockée ou emmagasinée dans un condensateur.

Le solénoïde

On étudie maintenant le cas du solénoïde (long) de rayon R, qui comporte n spires par unité de longueur et qui est parcouru par un courant d'intensité I.

✎ Rappeler l'expression du champ magnétique créé par le solénoïde en un point M quelconque de l'espace.

On a $\vec{B}_{ext} = \vec{0}$ et $\vec{B}_{int} = \mu_0 n I \vec{e_z}$ si l'axe du solénoïde est noté Oz.

✎ En déduire l'expression de l'énergie électromagnétique créée par le solénoïde de longueur l.

On a $u_{em} = \dfrac{B^2}{2\mu_0} = \dfrac{\mu_0 n^2 I^2}{2}$ soit, pour le volume intérieur total :

$$U_{em} = \iiint_V \frac{\mu_0 n^2 I^2}{2} d\tau = \frac{\mu_0 n^2 I^2}{2} \times \pi R^2 l = \frac{\mu_0 N^2 I^2 \pi R^2}{2l}.$$

Cette expression peut être réécrite sous la forme :

$$U_{em} = \frac{1}{2} \times \frac{\mu_0 N^2 \pi R^2}{l} I^2.$$

Or, par définition, l'inductance propre d'une bobine est définie par $L = \dfrac{\varphi(\vec{B})}{I} = \dfrac{\varphi(\vec{B}_{1spire}) \times N_{spires}}{I} = \dfrac{\mu_0 n I S \times n l}{I} = \dfrac{\mu_0 N^2 S}{l}$ où N est le nombre total de spires (cf chapitre suivant).

On reconnaît donc, dans l'expression de l'énergie, l'inductance propre L de la bobine : $L = \dfrac{\mu_0 N^2 \pi R^2}{l}$. On a donc $\boxed{U_{em} = \dfrac{1}{2} L i^2}$.

Cette expression a déjà été vue en cours d'électrocinétique (cf livre d'électrocinétique), c'est l'énergie stockée ou emmagasinée dans une bobine.

Conducteur ohmique

On considère un cylindre conducteur de rayon R et d'axe Oz, parcouru par un courant d'intensité I réparti uniformément.

✎ Rappeler l'expression du champ électrostatique créé en un point M à l'intérieur du conducteur.

On a $\vec{j} = \dfrac{I}{\pi R^2} \vec{u_z}$ soit, comme on a un conducteur ohmique, on a, à l'intérieur du conducteur :

$$\overrightarrow{E}_{\text{int}} = \frac{I}{\pi R^2 \gamma}\overrightarrow{u_z}.$$

✎ **Rappeler l'expression du champ magnétique créé en un point M à l'intérieur du conducteur.**

On a $\overrightarrow{B} = \dfrac{\mu_0 I}{2\pi R^2} r\overrightarrow{u_\theta}$.

✎ **Faire le bilan énergétique pour le conducteur. Conclusion ?**

Le vecteur de Poynting est donné par $\overrightarrow{\Pi} = \dfrac{\overrightarrow{E}\wedge\overrightarrow{B}}{\mu_0}$ soit

$$\overrightarrow{\Pi} = -\frac{I^2 r}{2\pi^2 R^4 \gamma}\overrightarrow{u_r}.$$

L'énergie électromagnétique rentre par les bords!

On considère maintenant un cylindre de hauteur h, de rayon R on a :

$$\oiint_S \overrightarrow{\Pi}\cdot\overrightarrow{\mathrm{d}S} = -\frac{I^2 h}{\pi R^2 \gamma}.$$

C'est le flux du vecteur de Poynting à travers la surface du conducteur.

On a $u_{\text{em}} = \dfrac{\varepsilon_0 E^2}{2} + \dfrac{B^2}{2\mu_0} = \dfrac{\varepsilon_0 I^2}{2\gamma^2\pi^2 R^4} + \dfrac{\mu_0^2 I^2 r^2}{8\pi^2 R^4 \mu_0}$ soit

$$U_{\text{em}} = \iiint_V \left(\frac{\varepsilon_0 I^2}{2\gamma^2\pi^2 R^4} + \frac{\mu_0^2 I^2 r^2}{8\pi^2 R^4 \mu_0}\right)\mathrm{d}\tau = \frac{\varepsilon_0 I^2}{2\gamma^2\pi^2 R^4}\pi R^2 h + \int_0^R \frac{\mu_0 I^2 r^2}{8\pi^2 R^4} r\mathrm{d}r \times 2\pi h$$

$$U_{\text{em}} = \frac{\varepsilon_0 I^2 h}{2\gamma^2 \pi R^2} + \frac{\mu_0 I^2 h}{16\pi}.$$

La puissance fournie par le champ électromagnétique au conducteur est donnée par :

$$\mathscr{P} = \iiint_{\text{conducteur}} \overrightarrow{j}\cdot\overrightarrow{E} = \iiint_{\text{cylindre}} \gamma\frac{I^2}{\pi^2 R^4 \gamma^2} r\mathrm{d}r\mathrm{d}\theta\mathrm{d}z = \frac{I^2 h}{\gamma\pi R^2}.$$

En introduisant la résistance du conducteur, on a :

$$R = \frac{\rho h}{S} = \frac{h}{\pi R^2 \gamma} \text{ soit } \mathscr{P} = RI^2.$$

C'est la puissance dissipée par effet Joule.

L'énergie électromagnétique est constante, on a donc $\frac{\partial U_{\text{em}}}{\partial t} = 0$.
La puissance dissipée par effet Joule dans le conducteur est égale au flux entrant du vecteur de Poynting : l'énergie dissipée rentre par les bords.

13.3.6 Approximation des régimes quasi-stationnaires

On s'intéresse ici au cas particulier des régimes lentement variables qu'on appelle aussi approximation des régimes quasi-stationnaires (ARQS) ou quasi-permanents (ARQP) .

Équations de propagation des champs électromagnétiques dans le vide

On s'intéresse à la propagation des champs électromagnétiques dans le vide, c'est-à-dire dans un lieu vide de charges.

✎ Que peut-on dire de $\rho(M,t)$? $\overrightarrow{j}(M,t)$?

On a $\rho(M,t) = 0$ et $\overrightarrow{j}(M,t) = \overrightarrow{0}$.

✎ Donner les équations de Maxwell dans ce cas.

On a $\operatorname{div}\overrightarrow{E} = 0$, $\overrightarrow{\text{rot}}\,\overrightarrow{E} = -\frac{\partial \overrightarrow{B}}{\partial t}$, $\operatorname{div}\overrightarrow{B} = 0$ et $\overrightarrow{\text{rot}}\,\overrightarrow{B} = \mu_0\varepsilon_0 \frac{\partial \overrightarrow{E}}{\partial t}$.

Pour obtenir l'équation de propagation du champ électrique, on va essayer de découpler les équations.

✎ En prenant le rotationnel de l'équation de Maxwell-Faraday, donner l'équation de propagation du champ électrique.

On a

$$\overrightarrow{\text{rot}}\,\overrightarrow{\text{rot}}\,\overrightarrow{E} = \overrightarrow{\text{grad}}\operatorname{div}\overrightarrow{E} - \overrightarrow{\Delta}\,\overrightarrow{E} = -\frac{\partial \overrightarrow{\text{rot}}\,\overrightarrow{B}}{\partial t} = -\mu_0\varepsilon_0 \frac{\partial^2 \overrightarrow{E}}{\partial t^2}.$$

On peut permuter l'opérateur gradient et la dérivée temporelle car ils n'agissent pas sur les mêmes variables.

On a donc l'équation suivante, dite équation de d'Alembert :

$$\boxed{\overrightarrow{\Delta}\overrightarrow{E} - \mu_0\varepsilon_0\frac{\partial^2\overrightarrow{E}}{\partial t^2} = \overrightarrow{0}}.$$

On a aussi $\mu_0\varepsilon_0 = \dfrac{1}{c^2}$ soit $\boxed{\overrightarrow{\Delta}\overrightarrow{E} - \dfrac{1}{c^2}\dfrac{\partial^2\overrightarrow{E}}{\partial t^2} = \overrightarrow{0}}$.

✎ Quelle est l'équation pour le champ magnétique ?

On fait de même avec l'équation de Maxwell-Ampère :

$$\overrightarrow{\text{rot}}\,\overrightarrow{\text{rot}}\,\overrightarrow{B} = \overrightarrow{\text{grad}}\,\text{div}\overrightarrow{B} - \overrightarrow{\Delta}\overrightarrow{B} = \mu_0\varepsilon_0\frac{\partial\overrightarrow{\text{rot}}\,\overrightarrow{E}}{\partial t} = -\mu_0\varepsilon_0\frac{\partial^2\overrightarrow{B}}{\partial t^2}$$

On obtient donc l'équation suivante : $\boxed{\overrightarrow{\Delta}\overrightarrow{B} - \dfrac{1}{c^2}\dfrac{\partial^2\overrightarrow{B}}{\partial t^2} = \overrightarrow{0}}$. C'est l'équation de propagation de d'Alembert avec une vitesse de propagation des ondes $c = \dfrac{1}{\sqrt{\mu_0\varepsilon_0}}$.

Temps de propagation et période

Le champ électromagnétique se propage donc dans le vide à la vitesse de la lumière.

Si on considère un circuit de taille L, le temps de propagation du signal est donné par $\tau = L/c$. Ce temps de propagation est à comparer à la période du signal considéré T.

L'approximation des régimes quasi-stationnaires consiste à négliger le temps de propagation du signal devant la période du signal : $\boxed{\tau \ll T.}$

En effet, à ce moment-là, le circuit considéré voit, à un instant donné, le même champ.

✎ En TP, quel est l'ordre de grandeur de τ ? de T ? Commentaires.

En TP, on a le circuit qui est de l'ordre du mètre soit $\tau = 3$ ns, les fréquences utilisées sont de l'ordre du kHz jusqu'au MHz soit T de l'ordre de la milliseconde ou microseconde. On est bien toujours dans le cadre de l'ARQS.

On vient de voir un critère sur les temps, on peut aussi raisonner sur les longueurs.

Le circuit "voit" le même champ électromagnétique si la longueur d'onde est beaucoup plus grande que la taille du circuit : à l'échelle du circuit, le champ semble uniforme. On a ainsi $\boxed{\lambda \gg L}$, où L est la taille caractéristique du circuit.

✎ Dans le cas d'EDF, quelle est la longueur d'onde des signaux qui se propagent ? À quelle condition est-on dans l'ARQS ?

On a des signaux de fréquence 50 Hz soit $\lambda = 6 \times 10^6$ m. Pour la France, entre deux points d'une ligne électique, on peut négliger les déphasages. Si on considère le circuit de distribution de l'électricité à l'échelle européenne, on ne peut pas se placer dans l'ARQS.

Équations vérifiées par les potentiels

Les potentiels dans l'ARQS sont donnés par :

$$V(M,t) = \frac{1}{4\pi\varepsilon_0}\iint_V \frac{\rho(P,t)}{PM}\mathrm{d}\tau$$

et

$$\overrightarrow{A}(M,t) = \frac{\mu_0}{4\pi}\iint_V \frac{\overrightarrow{j}(P,t)}{PM}\mathrm{d}\tau.$$

On néglige les temps de propagation du signal de P à M.

✎ Quelles sont les équations vérifiées par les potentiels en ARQS ?

On a

$$\Delta V(M,t) + \frac{\rho(M,t)}{\varepsilon_0} = 0,$$

$$\overrightarrow{\Delta}\,\overrightarrow{A}(M,t) + \mu_0\,\overrightarrow{j}\,(M,t) = \overrightarrow{0}.$$

Ces équations sont semblables à celles rencontrées en régime stationnaire sauf que les sources, ici, dépendent maintenant du temps.

Les équations qui relient les potentiels aux champs électromagnétiques sont :

$$\overrightarrow{B} = \overrightarrow{\text{rot}}\,\overrightarrow{A} \text{ et } \overrightarrow{E} = -\overrightarrow{\text{grad}}\,V - \frac{\partial \overrightarrow{A}}{\partial t}.$$

ARQS magnétique

L'équation de Maxwell-Ampère s'écrit

$$\overrightarrow{\text{rot}}\,\overrightarrow{B} = \mu_0\,\overrightarrow{j} + \frac{1}{c^2}\frac{\partial \overrightarrow{E}}{\partial t}.$$

On compare l'importance des courants de conduction vis-à-vis des courants de déplacement.

Pour un conducteur ohmique, on a $\overrightarrow{j} = \gamma\overrightarrow{E}$. On compare donc γ et $\varepsilon_0\omega$ où ω est la pulsation de l'onde étudiée (cf suite du cours). $\frac{\gamma}{\varepsilon_0} = \omega_0$ est homogène à une pulsation. Pour un métal, $\gamma(\omega = 0) \approx 10^7$ S/m et donc $\omega_0 \approx 10^{18}$ rad/s.

Or, usuellement, on utilise des ondes de pulsation bien inférieures ($\omega = 2\pi f$), cette approximation est valable jusque dans le domaine optique.

✎ Rappeler les fréquences associées au domaine optique. En déduire la valeur des pulsations limites.

On a $\lambda_{\text{rouge}} = 800$ nm et $\lambda_{\text{violet}} = 400$ nm soit $f_r = \frac{c}{\lambda} \approx 4 \times 10^{15}$ Hz et $f_v \approx 8 \times 10^{15}$ Hz soit $\omega \approx 2 \times 10^{16}$ rad/s et $\omega_v \approx 5 \times 10^{16}$ rad/s.

Généralement, on néglige les courants de déplacement devant les courants de conduction.

✎ Écrire les équations de Maxwell dans ce cadre-là.

On a $\text{div}\overrightarrow{B} = \overrightarrow{0}$, $\text{div}\overrightarrow{E} = \dfrac{\rho}{\varepsilon_0}$, $\overrightarrow{\text{rot}}\,\overrightarrow{E} = -\dfrac{\partial \overrightarrow{B}}{\partial t}$ et $\overrightarrow{\text{rot}}\,\overrightarrow{B} = \mu_0 \overrightarrow{j}$.

Les équations qui régissent l'évolution du champ magnétique sont de la même forme qu'en régime stationnaire : on parle d'ARQS magnétique.

✎ Que devient l'équation de conservation de la charge en ARQS magnétique ?

On a $\text{div}\,\overrightarrow{j} = \overrightarrow{0}$ car on néglige $\dfrac{\partial \rho}{\partial t} = 0$ vu qu'on néglige les courants de déplacement dans l'équation de Maxwell-Ampère. On a $\text{div}(\overrightarrow{\text{rot}}\,\overrightarrow{B}) = \mu_0 \text{div}\,\overrightarrow{j} = 0$.

✎ Pouvez-vous deviner la forme de la loi de Biot et Savart ou du théorème d'Ampère en régime ARQS magnétique ?

Les équations qui gouvernent l'évolution du champ magnétique sont les mêmes qu'en régime statique sauf que les sources et donc I dépendent lentement du temps. On a donc la loi de Biot et Savart qui s'écrit sous la forme

$$\overrightarrow{B}(M,t) = \frac{\mu_0}{4\pi} \oint_{\Gamma} \frac{I(t)\overrightarrow{\mathrm{d}l} \wedge \overrightarrow{PM}}{PM^3}.$$

Pour le théorème d'Ampère, on a :

$$\oint_{\Gamma} \overrightarrow{B} \cdot \overrightarrow{\mathrm{d}l} = \mu_0 I_{\text{enlace}}(t).$$

Ce résultat peut être prouvé rigoureusement, c'est le théorème de Helmholtz-Hodge qu'on admet.

Soit un champ vectoriel $\overrightarrow{A}$ s'annulant à l'infini, la connaissance de $\text{div}\overrightarrow{A}$ et de $\overrightarrow{\text{rot}}\,\overrightarrow{A}$ en tout point M de l'espace définit le champ $\overrightarrow{A}$ de manière unique.

Exemple : cas du solénoïde

✍ 1. Déterminer le champ magnétique créé en tout point de l'espace par un solénoïde infini composé de n spires par unité de longueur et parcouru par un courant d'intensité $i(t)$.
2. Quelles sont les équations de Maxwell vérifiées par les champs ?
3. En déduire l'expression du champ électrique $\overrightarrow{E}(M,t)$.

1. On a $\overrightarrow{B}(M,t) = \mu_0 n i(t)\overrightarrow{u_z}$ à l'intérieur du solénoïde et $\overrightarrow{B} = \overrightarrow{0}$ à l'extérieur.
2. Les équations de Maxwell vérifiées par les champs sont $\overrightarrow{\text{rot}}\,\overrightarrow{B} = \overrightarrow{0}$, $\text{div}\overrightarrow{B} = \overrightarrow{0}$, $\text{div}\overrightarrow{E} = \overrightarrow{0}$ et $\overrightarrow{\text{rot}}\,\overrightarrow{E} = -\dfrac{\partial \overrightarrow{B}}{\partial t}$.
3. Pour déterminer le champ électrique, on utilise l'équation de Maxwell-Faraday mais on passe à la version intégrale. Pour choisir le contour, on utilise les symétries et invariances de la distribution de charges : la surface est un disque perpendiculaire à l'axe Oz, le contour est le périmètre du cercle. On a

$$\oint_{\Gamma} \overrightarrow{E}\cdot\overrightarrow{\mathrm{d}l} = 2\pi r E(r,t) = -\frac{\mathrm{d}(\mu_0 n i(t)\pi r^2)}{\mathrm{d}t}$$

soit

$$\overrightarrow{E}(r,t) = \frac{\mu_0 n r}{2}\frac{\mathrm{d}i}{\mathrm{d}t}\overrightarrow{u_\theta}.$$

On a $E = \dfrac{B_0 r}{2\tau}$ en notant τ le temps caractéristique d'évolution de $\overrightarrow{B}$.

On retrouve en faisant apparaître c dans la dernière égalité que $E = cB_0\dfrac{r}{2\lambda}$: dans l'ARQS magnétique, $E \ll cB$.

À l'opposé, on peut parler d'ARQS électrique pour l'étude basse fréquence d'un condensateur. Le champ électrique suit les mêmes lois qu'en électrostatique : $\mathrm{div}\vec{E} = \dfrac{\rho}{\varepsilon_0}$ et $\overrightarrow{\mathrm{rot}}\ \vec{E} = \vec{0}$. Par contre, on ne néglige surtout pas les courants de déplacement : on a $\mathrm{div}\vec{B} = \vec{0}$ et $\overrightarrow{\mathrm{rot}}\ \vec{B} = \mu_0\vec{j} + \mu_0\varepsilon_0\dfrac{\partial\vec{E}}{\partial t}$. On a alors $E \gg cB$ (cf TD).

Chapitre 14

Conducteurs en régime variable

Dans cette partie, on va s'intéresser au cas d'un métal soumis à un champ électromagnétique variable dans le temps.

14.1 Influence de la fréquence sur le comportement d'un conducteur

14.1.1 Loi d'Ohm en régime variable

✎ Rappeler l'expression de la loi d'Ohm locale valable en régime statique.

On a $\vec{j} = \gamma \vec{E}$.

Les équations de Maxwell sont linéaires, on peut donc étudier la réponse harmonique d'un conducteur à un champ de pulsation ω. En utilisant le principe de superposition et l'analyse de Fourier, on pourra ainsi déduire la réponse du conducteur à un champ variable quelconque.

✎ En appliquant les hypothèses du modèle de Drüde au cas du conducteur soumis à un champ de pulsation ω, montrer que la loi d'Ohm est valable en régime variable avec $\gamma(\omega)$. Préciser l'expression de $\gamma(\omega)$.

Les électrons de conduction n'ont aucune interaction entre eux et sont indépendants, ils n'interagissent pas avec les ions, supposés fixes, du réseau sauf au moment des collisions. Tout se passe comme

si chaque électron était soumis à $\vec{F} = -\frac{m}{\tau}\vec{v}$.
D'après le principe fondamental de la dynamique appliqué à un électron, on a : $m\vec{a} = -e\vec{E} - e\vec{v} \wedge \vec{B} - \frac{m}{\tau}\vec{v}$. Or, les électrons sont supposés non relativistes, on a donc :
$\vec{a} + \frac{1}{\tau}\vec{v} = -\frac{e}{m}\vec{E}$ et en passant à la notation complexe :

$$(j\omega + \frac{1}{\tau})\underline{\vec{v}} = -\frac{e}{m}\underline{\vec{E}} \text{ soit } \underline{\vec{v}} = -\frac{e\tau}{m}\frac{1}{1+j\omega\tau}\underline{\vec{E}}.$$

On en déduit donc la valeur de $\vec{j}$ car $\vec{j} = \vec{j}_{\text{ions}} + \vec{j}_e \approx \vec{j}_e$ soit $\underline{\vec{j}}_e = -Ne\underline{\vec{v}}$ où N est la densité volumique d'électrons. On a donc

$$\boxed{\underline{\vec{j}}(M,\omega) = \underline{\gamma}(\omega)\underline{\vec{E}}(M,\omega) \text{ avec } \underline{\gamma}(\omega) = \frac{\gamma_0}{1+j\omega\tau}, \gamma_0 = \frac{Ne^2\tau}{m}.}$$

Ainsi, le conducteur agit comme un filtre passe-bas d'ordre 1, c'est-à-dire qu'il ne répond pas à des champs électriques qui varient trop rapidement dans le temps.

✎ Quelle est la valeur typique de $\omega\tau$? Commentaires.

On a τ qui est de l'ordre de 10^{-12} à 10^{-15} s. On a donc $\omega\tau \ll 1$. On peut donc souvent écrire que $\vec{j}(M,t) = \gamma_0\vec{E}(M,t)$.

Remarque : on a supposé ici que l'action du champ électrique est locale, cela revient à dire que le champ électrique est uniforme à l'échelle de l'électron, à l'échelle microscopique cela représente la distance typique entre deux collisions. Cette distance est reliée à la notion de libre parcours moyen l (cf livre de thermodynamique), la variation spatiale du champ électrique est caractérisée par λ. On a donc fait l'hypothèse suivante : $\lambda \gg l$ avec $l \approx 10^{-8}$ m.

14.1.2 Aspects énergétiques

⚠ Ici, comme en électrocinétique, quand on s'intéresse à la puissance et aux énergies, on raisonne avec les grandeurs réelles.

✎ Que vaut la conductivité en basses fréquences ? Que peut-on en déduire pour la puissance reçue par le conducteur ohmique ?

En basses fréquences, on a $\overrightarrow{\underline{j}} = \gamma_0 \overrightarrow{\underline{E}}$ soit $\langle \frac{d\mathscr{P}}{d\tau} \rangle = < \overrightarrow{\underline{j}} \cdot \overrightarrow{\underline{E}} > = \gamma_0 < |\underline{E}|^2 >$. Cette puissance reçue est dissipée par effet Joule dans le conducteur.

Ainsi, dans le cas basse fréquence ($\omega\tau \ll 1$), on est en régime dissipatif pour le conducteur.

✎ Que vaut la conductivité en hautes fréquences ? Que peut-on en déduire pour la puissance reçue par le conducteur ohmique ?

En hautes fréquences, on a $\overrightarrow{\underline{j}} = \frac{\gamma_0}{j\omega\tau} \overrightarrow{\underline{E}}$, la conductivité électrique et le champ électrique sont en quadrature de phase. On a donc $< \frac{\mathrm{d}\mathscr{P}}{\mathrm{d}\tau} > = 0$.

Ainsi, en hautes fréquences ($\omega\tau \gg 1$), on est en régime non dissipatif pour le conducteur : aucune puissance n'est dissipée dans le conducteur.

14.1.3 Charges dans un conducteur ohmique

On étudie dans cette partie l'effet d'une perturbation de la densité de charge dans le conducteur, initialement neutre. On suppose ainsi qu'à $t = 0$, en un point M_0 du conducteur, on a $\rho(M_0) = \rho_0$ et on veut savoir quel est l'effet sur le conducteur.

✎ Quelles sont les 3 équations à considérer ici ?

Nous avons :

- l'équation de conservation de la charge : $\frac{\partial \rho}{\partial t} + \operatorname{div} \vec{j} = 0$;
- la loi d'Ohm locale : $\vec{j} = \gamma \vec{E}$;
- l'équation de Maxwell-Gauss : $\operatorname{div} \vec{E} = \frac{\rho}{\varepsilon_0}$.

✎ **En utilisant la représentation complexe, établir l'équation différentielle vérifiée par ρ.**

On a donc $\operatorname{div}(\underline{\gamma} \underline{\vec{E}}) = -j\omega\underline{\rho}$ soit $\underline{\gamma} \operatorname{div} \underline{\vec{E}} = -j\omega\underline{\rho}$ car $\underline{\gamma}$ est uniforme.

On a pour l'équation de Maxwell-Gauss $\underline{\gamma}\frac{\underline{\rho}}{\varepsilon_0} = -j\omega\underline{\rho}$.

On a aussi $\underline{\gamma} = \frac{\gamma_0}{1 + j\omega\tau}$. En combinant les trois équations, on obtient :

$$-\tau\omega^2\underline{\rho} + j\omega\underline{\rho} + \frac{\gamma_0}{\varepsilon_0}\underline{\rho} = 0$$

Ceci nous donne, en réel :

$$\frac{\partial^2 \rho}{\partial t^2} + \frac{1}{\tau}\frac{\partial \rho}{\partial t} + \frac{Ne^2}{m\varepsilon_0}\rho = 0$$

Ainsi, on reconnaît l'équation différentielle d'un oscillateur harmonique amorti, de pulsation propre $\omega_p = \sqrt{\frac{Ne^2}{m\varepsilon_0}}$ et de facteur de qualité $Q = \omega_p \tau$.

Dans un métal, on définit la pulsation plasma comme $\boxed{\omega_p = \sqrt{\frac{Ne^2}{m\varepsilon_0}}}$.

✎ **Donner un ordre de grandeur de ω_p. En déduire la valeur de Q.**

Dans un métal, on a $N \approx 10^{29}$ m^{-3} soit $\omega_p \approx \sqrt{\frac{10^{29} \times 10^{-38}}{10^{-30} \times 10^{-11}}} \approx 10^{16}$ rad/s.

Or, $\tau \approx 10^{-14}$ s soit $Q \approx 100$.

✎ **Dans quel régime se trouve l'oscillateur ?**

L'oscillateur se trouve ainsi en régime pseudo-périodique. Le système retrouve son équilibre initial sur un temps caractéristique $\tau \approx 10^{-14}$ s en oscillant à la pulsation plasma $\omega_p \approx 10^{16}$ rad/s.

Le temps caractéristique d'évolution est $\tau \approx 10^{-14}$ s, les oscillations sont à la pulsation $\omega_p \approx 10^{16}$ rad/s. Au bout d'un temps $t \gg \tau$, le système retrouve son état d'équilibre. On associe à ce temps caractéristique, une pulsation caractéristique $\omega_{coup} = \frac{1}{\tau}$.

Ainsi, si le champ électrique est de pulsation $\omega \ll \frac{1}{\tau}$, alors le conducteur est neutre localement. On a alors $\rho(M,t) = 0$ en tout point M du conducteur et à tout instant t.

On a aussi, dans ce cas, $\gamma = \gamma_0$. On se place dans ce cas-là pour la suite de cette discussion.

✎ Établir, dans ce cas, l'équation différentielle vérifiée par $\rho(M,t)$.

On a alors l'équation de conservation de la charge qui nous donne $\gamma_0 \mathrm{div}\vec{E} + \frac{\partial \rho}{\partial t} = 0$ et avec l'équation de Maxwell-Gauss, on obtient $\frac{\partial \rho}{\partial t} + \frac{\gamma_0}{\varepsilon_0}\rho = 0$.

La solution de cette équation différentielle est alors $\rho(M,t) = \rho_0 \exp(-t/\tau_c)$ avec $\tau_c = \frac{\varepsilon_0}{\gamma_0}$. C'est le temps de relaxation des charges. Pour un métal comme le cuivre, $\tau_c \approx 10^{-19}$ s.

✎ Quelle est l'équation vérifiée par ρ lorsque le champ électromagnétique est sinusoïdal ?

On utilise la notation complexe pour l'équation de conservation de la charge, on a :

$$\left(j\omega + \frac{\gamma_0}{\varepsilon_0}\right)\underline{\rho} = 0.$$

On a donc $\underline{\rho} = 0$. Il est impossible d'avoir une densité de charge non nulle en régime sinusoïdal dans un conducteur.

Au final, dans tous les cas, on peut considérer que la densité de charge est nulle dans un conducteur.

Il faut bien distinguer l'ARQS (où on néglige les temps de propagation devant l'échelle du temps du système) et l'hypothèse d'électroneutralité : un milieu conducteur est localement neutre en dessous de $\omega_{\text{cou}} = 10^{14}$ rad/s. Pour l'ARQS dans un milieu conducteur, il faut trouver quand on peut négliger les courants de déplacement devant les courants de conduction soit, après calculs, $\omega \ll \omega_{\text{p}} = 10^{16}$ rad/s. Dans la suite du cours, on se placera toujours pour $\omega \ll 10^{14}$ rad/s pour lesquels on a l'ARQS ET l'électroneutralité. Dans l'intervalle $[\omega_{\text{cou}}; \omega_{\text{p}}]$, on n'a plus l'électroneutralité mais on a l'ARQS. On ne peut alors simplifier l'équation de Maxwell-Gauss dans le conducteur. Cet intervalle est très réduit et peu utilisé. Dans le domaine de pulsations $\omega \gg \omega_{\text{p}}$, on NE peut pas simplifier les équations de Maxwell.

14.1.4 Effet de peau

On se place dans le domaine des basses fréquences ($f \ll 10^{14}$ Hz) pour lequel l'ARQS et l'hypothèse d'électroneutralité sont vérifiées.

On considère un conducteur qui occupe tout le demi-espace $z > 0$. Il est soumis à un champ électromagnétique variable à la pulsation ω.

Mise en équation

✎ Écrire les équations de Maxwell. Comparer le courant de déplacement et le courant de conduction. Conclusion.

Nous avons les équations suivantes $\text{div}\vec{E} = 0$, $\text{div}\vec{B} = 0$,

$\overrightarrow{\text{rot}}\,\vec{B} = \mu_0 \vec{j} + \mu_0\varepsilon_0 \dfrac{\partial \vec{E}}{\partial t}$ *et* $\overrightarrow{\text{rot}}\,\vec{E} = -\dfrac{\partial \vec{B}}{\partial t}$.

Or, en ordre de grandeur, on a $j \approx \gamma_0 E$ *et* $j_D \approx \varepsilon_0 \omega E$. *On a donc* $j/j_D \approx \dfrac{\varepsilon_0\omega}{\gamma_0} \approx \omega\tau_c$. *Or, on a fait l'hypothèse de* l'ARQS *et de l'électroneutralité : le courant de déplacement est donc négligeable devant* le courant de conduction dans un métal. On a alors $\overrightarrow{\text{rot}}\,\overrightarrow{B} = \mu_0\overrightarrow{j} = \mu_0\gamma_0\overrightarrow{E}$.

✎ En déduire l'équation différentielle vérifiée par $\overrightarrow{E}(M,t)$ puis celle sur $\overrightarrow{B}(M,t)$.

On prend le rotationnel de l'équation de Maxwell-Faraday, on a donc $\overrightarrow{\Delta}\,\overrightarrow{E} = \mu_0\gamma_0\dfrac{\partial\overrightarrow{E}}{\partial t}$.

Ainsi, on a une équation de diffusion pour le champ électrique ou le champ magnétique qui lie une dérivée première temporelle avec une dérivée spatiale d'ordre deux.

$$\boxed{\overrightarrow{\Delta}\,\overrightarrow{E} = \mu_0\gamma_0\frac{\partial\overrightarrow{E}}{\partial t} \text{ ou } \overrightarrow{\Delta}\,\overrightarrow{B} = \mu_0\gamma_0\frac{\partial\overrightarrow{B}}{\partial t}}.$$

C'est une équation vectorielle, chaque composante du champ vérifie la même équation :

$$\Delta E_i = \mu_0\gamma_0\frac{\partial E_i}{\partial t} \text{ ou } \Delta B_i = \mu_0\gamma_0\frac{\partial B_i}{\partial t}.$$

Cette équation n'est pas invariante lors du changement de t en $-t$ (au contraire de l'équation de d'Alembert) : c'est caractéristique d'un phénomène irréversible. Mais nous allons voir que nous avons quand même la propagation d'une onde.

Détermination du champ dans le conducteur

La situation est invariante par translation suivant les directions Ox et Oy, on cherche donc un champ électromagnétique sous la forme $\overrightarrow{E}(M,t) = \overrightarrow{E}(z,t)$ et $\overrightarrow{B}(M,t) = \overrightarrow{B}(z,t)$.

On soumet le conducteur à un champ électrique dirigé suivant $\overrightarrow{e_x}$, on a alors une densité de courant créée suivant $\overrightarrow{e_x}$, qui crée à son tour un champ électrique suivant $\overrightarrow{e_x}$ (étude des symétries en un point M du conducteur avec la distribution de courant suivant $\overrightarrow{e_x}$).

Le milieu est linéaire, on cherche des solutions harmoniques donc $\vec{E}(M,t) = \vec{E}(z)e^{j\omega t} = f(z)e^{j\omega t}\vec{e_x}$ et $\vec{B}(M,t) = \vec{B}(z)e^{j\omega t}$.

✎ En déduire l'équation différentielle vérifiée par $f(z)$.

On a alors $\Delta E = f''(z)e^{j\omega t} = j\omega\mu_0\gamma_0 f(z)e^{j\omega t}$ soit $f''(z) - j\mu_0\gamma_0\omega f(z) = 0$.

✎ Quelles sont les conditions aux limites sur $f(z)$.

Quand $z \to +\infty$, le champ électrique ne doit pas diverger.

Quand $z = 0$, on a continuité de la composante tangentielle à la traversée de l'interface donc $\vec{E}(0^-,t) = \vec{E}(0^+,t) = E_0 e^{j\omega t}\vec{e_x}$ à tout instant.

Ainsi, les solutions sont de la forme $f(z) = Ae^{r_1 z} + Be^{r_2 z}$ où r_1 et r_2 sont les racines de l'équation caractéristique : $r^2 - j\omega\mu_0\gamma_0 = 0$.

Or, $j = e^{j\pi/2} = (e^{j\pi/4})^2 = \left(\frac{\sqrt{2}}{2}(1+j)\right)^2 = \frac{1}{2}(1+j)^2$. On a donc

$$r_1 = \sqrt{\frac{\omega\mu_0\gamma_0}{2}}(1+j) \text{ et } r_2 = -\sqrt{\frac{\omega\mu_0\gamma_0}{2}}(1+j).$$

Pour respecter les conditions aux limites, on doit avoir $A = 0$ et donc $B = E_0$. Au final, on obtient :

$$\boxed{\vec{E}(M,t) = E_0 e^{-z/\delta}\cos\left(\omega t - \frac{z}{\delta}\right)\vec{e_x}}.$$

On pose $\delta = \sqrt{\frac{2}{\mu_0\gamma_0\omega}}$, longueur caractéristique d'évolution de E. Au bout d'une longueur de quelques δ, le champ électrique est quasi-nul. On a une onde plane, monochromatique mais qui n'est pas progressive (ce n'est pas seulement une fonction de la forme $f(z \pm ct)$).

✎ En déduire le champ magnétique associé.

On a $\overrightarrow{\text{rot}}\,\vec{E} = -\dfrac{\partial \vec{B}}{\partial t}$ soit $\vec{B}(M,t) = \dfrac{E_0}{\omega\delta}\mathrm{e}^{-z/\delta}(\cos(\omega t - z/\delta) + \sin(\omega t - z/\delta))\vec{e_y}$
ou $\vec{B}(M,t) = \dfrac{E_0\sqrt{2}}{\omega\delta}\mathrm{e}^{-z/\delta}\cos(\omega t - z/\delta + \pi/4)\vec{e_y}$.

Ainsi, à t fixé, l'amplitude du champ électromagnétique s'atténue quand on s'enfonce dans le conducteur.

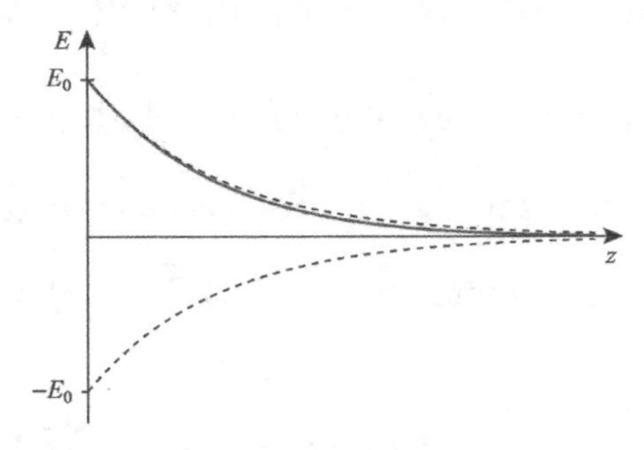

✎ En déduire la distribution de courant dans le conducteur.

On a $\vec{j} = \gamma_0\vec{E} = \gamma_0 E_0 \mathrm{e}^{-z/\delta}\cos(\omega t - z/\delta)\vec{e_x}$. On a une distribution quasi-surfacique de courants.

Dans un conducteur, le champ électromagnétique (et les courants) sont localisés au voisinage de la surface, sur une distance $\delta = \sqrt{\dfrac{2}{\mu_0\gamma_0\omega}}$. δ est la profondeur de peau ou épaisseur de peau. Ce phénomène est l'effet de peau.

✎ Quel est l'ordre de grandeur de δ pour le cuivre à $f = 1$ kHz ? $f = 1$ GHz ?

Pour le cuivre, on a $\gamma_0 \approx 10^7\ \Omega^{-1}\cdot\mathrm{m}^{-1}$ donc pour 1 kHz, on a $\delta \approx$ 5 mm et pour 1 GHz, on a $\delta \approx 5$ µm.

La remarque qui suit est à relire après le cours d'induction (chapitre suivant). Ceci illustre le fait que l'effet de peau peut être compris comme un effet d'induction et donc une conséquence de la loi de Lenz des phénomènes d'induction : plus la fréquence est élevée, c'est-à-dire plus les champs varient rapidement, plus l'effet de peau est marqué.
En effet, cette dépendance est caractéristique d'un phénomène inductif.

D'après la loi de Lenz (qui est une loi de modération), le milieu tend à s'opposer aux variations du champ magnétique. Dans le conducteur est créé un courant électrique (et un champ électrique) induit qui se superposent au courant (et champ) incident et en sens opposé. Ainsi, le champ électrique décroît dans le conducteur.

On va voir dans le prochain chapitre que l'induction est liée au couplage spatio-temporel des champs électromagnétiques, donc en ARQS, à l'équation de Maxwell-Faraday qu'on utilise ici.

Ainsi, le modèle semi-infini du conducteur est bien adapté si l'épaisseur d du conducteur est beaucoup plus grande que δ et, en géométrie quelconque, le rayon de courbure est grand devant δ.

Aspect énergétique

Pour raisonner sur l'énergie, il est nécessaire de manipuler les expressions "réelles" des champs.

✎ Rappeler les expressions de champs électrique et magnétique.

On a $\overrightarrow{E}(M,t) = E_0 \mathrm{e}^{-z/\delta} \cos\left(\omega t - \frac{z}{\delta}\right)\overrightarrow{e_x}$ et
$\overrightarrow{B}(M,t) = \frac{E_0\sqrt{2}}{\omega\delta}\mathrm{e}^{-z/\delta}\cos(\omega t - z/\delta + \pi/4)\overrightarrow{e_y}$.

Les densités volumiques d'énergie électrique et magnétique sont données par $u_E = \frac{\varepsilon_0}{2}E^2$ et $u_B = \frac{1}{2\mu_0}B^2$.

✎ Exprimer u_E et u_B.

On a $u_E = \frac{\varepsilon_0}{2}E_0^2\mathrm{e}^{-2z/\delta}\cos^2\left(\omega t - \frac{z}{\delta}\right)$ et
$u_B = \frac{E_0^2}{\mu_0\omega^2\delta^2}\mathrm{e}^{-2z/\delta}\cos^2(\omega t - z/\delta + \pi/4)$

On a alors $< u_E > = \frac{\varepsilon_0}{4}E_0^2\mathrm{e}^{-2z/\delta}$ et $< u_B > = \frac{E_0^2}{2\mu_0\omega^2\delta^2}\mathrm{e}^{-2z/\delta}$.

✎ Que vaut le rapport $\frac{< u_E >}{< u_B >}$?

On a $\dfrac{< u_E >}{< u_B >} = \dfrac{\varepsilon_0 \mu_0 \delta^2 \omega^2}{2} = \dfrac{\omega^2 \delta^2}{2c^2}$.

On a donc $\dfrac{< u_E >}{< u_B >} = \dfrac{\varepsilon_0 \omega}{4\gamma_0}$.

✎ Que peut-on dire de ce rapport dans le cadre de l'ARQS ?

Dans le cadre de l'ARQS, on a le courant de déplacement qui est négligeable devant le courant de conduction soit $\dfrac{\varepsilon_0 \omega}{\gamma_0} \ll 1$.

Ainsi, dans le cadre de l'ARQS, ce rapport est négligeable devant 1 : l'énergie est principalement sous forme magnétique.

✎ Quelle est la puissance moyenne dissipée dans le conducteur ?

La puissance dissipée dans le conducteur est donnée par $< \mathscr{P} >= \langle \iiint_V \overrightarrow{j} \cdot \overrightarrow{E} \mathrm{d}\tau \rangle$. On a donc $< \mathscr{P} >= \dfrac{\gamma_0}{2} E_0^2 L_x L_y \displaystyle\int_0^{\infty} \mathrm{e}^{-2z/\delta} \mathrm{d}z$ soit $< \mathscr{P} >= \dfrac{\gamma_0 \delta}{4} E_0^2 L_x L_y$.

✎ Quelle est l'expression du vecteur de Poynting associé à ce champ électromagnétique ?

On a $< \overrightarrow{\Pi}(z) >=< \dfrac{\overrightarrow{E} \wedge \overrightarrow{B}}{\mu_0} >= \dfrac{E_0^2}{\sqrt{2}\omega\delta\mu_0} \mathrm{e}^{-2z/\delta} \overrightarrow{e_z}$.

✎ Vérifier le bilan énergétique du conducteur.

On a bien

$$\langle \frac{\mathrm{d}u_{\mathrm{em}}}{\mathrm{d}t} \rangle = - \oint\!\!\oint < \overrightarrow{\Pi} > \cdot \overrightarrow{\mathrm{d}S} - < \mathscr{P} > .$$

En effet, $\langle \dfrac{\mathrm{d}u_{\mathrm{em}}}{\mathrm{d}t} \rangle = 0$ et $< \overrightarrow{\Pi}(0) > - < \overrightarrow{\Pi}(\infty) >=< \mathscr{P} >$.

L'effet de peau joue grandement sur la résistance des fils conducteurs en régime variable. En effet, les courants sont donc localisés en surface, ce qui diminue la section efficace du fil et donc augmente la résistance réelle. Il est donc pratique de choisir des fils de rayon $a \leqslant \delta$ car, en plus, cela allège le poids des structures.

14.1.5 Conducteur parfait

Un conducteur est dit parfait dans la limite où la conductivité électrique statique γ_0 tend vers l'infini.

✎ Que vaut l'épaisseur de peau δ pour un conducteur parfait ?

Pour un conducteur parfait, on a δ qui tend vers 0 : le conducteur parfait s'oppose totalement à la pénétration d'un champ électromagnétique et de courants variables.

Ainsi, dans un conducteur parfait, les charges et courants, le champ électromagnétique sont nuls à l'intérieur de celui-ci et existent uniquement en surface de celui-ci.

On va justifier ces résultats par une approche énergétique.

✎ Que vaut la densité volumique de puissance dans le conducteur parfait ? Que peut-on en déduire pour le champ électrique ?

Pour un conducteur parfait, on a $\dfrac{\mathrm{d}\mathscr{P}}{\mathrm{d}\tau} = \vec{j} \cdot \vec{E} = \gamma_0 E^2$. Or, cette densité de puissance ne peut pas diverger donc on a $\vec{E}(M,t) = \vec{0}$ à tout instant, en tout point du conducteur.

✎ En déduire la valeur du champ magnétique puis les valeurs des charges et courants dans le conducteur.

D'après l'équation de Maxwell-Faraday, on a $\vec{B}$ qui est indépendant du temps. Il ne peut exister de champ magnétique variable dans le conducteur. Si on impose un champ magnétique extérieur variable, ce n'est pas possible. Si on cherche un champ magnétique stationnaire (en réponse à une excitation stationnaire), c'est possible.

Puis, d'après l'équation de Maxwell-Gauss, on a $\rho(M,t) = 0$ et en utilisant enfin l'équation de Maxwell-Ampère, on a $\overrightarrow{\text{rot}}\,\overrightarrow{B} = \mu_0 \overrightarrow{j}$ soit $\overrightarrow{j} = \overrightarrow{0}$. Les charges et courants sont donc localisés en surface du conducteur parfait.

⚠ Il n'est pas possible de justifier que les courants sont nuls par la loi d'Ohm (car $\infty \times 0$ est une forme indéterminée) ou par la conservation de la charge (car on a $\text{div}\,\overrightarrow{j} = 0$ qui n'implique pas $\overrightarrow{j} = \overrightarrow{0}$).

✎ En utilisant les relations de passage des champs électromagnétiques, exprimer la densité surfacique de charge σ et celle de courant $\overrightarrow{j_s}$.

On a $\overrightarrow{E}_2 - \overrightarrow{E}_1 = \dfrac{\sigma}{\varepsilon_0}\overrightarrow{n_{12}}$ soit ici $\sigma(M,t) = \varepsilon_0 E_{\text{ext}}(M,t)\overrightarrow{n_{\text{ext}}}$. Dans le cas étudié, on a $\sigma = 0$.

Pour le champ magnétique, on a $\overrightarrow{B}_2 - \overrightarrow{B}_1 = \mu_0 \overrightarrow{j_s} \wedge \overrightarrow{n_{12}}$ soit
$\overrightarrow{j_s}(M,t) = \dfrac{1}{\mu_0}\overrightarrow{n_{\text{ext}}} \wedge \overrightarrow{B}_{\text{ext}}(M,t)$.

Chapitre 15

Induction électromagnétique

Nous allons étudier dans cette partie un phénomène très important pour ses applications dans la vie quotidienne, l'induction électromagnétique. En effet, l'induction est utilisée dans les alternateurs et transformateurs, omniprésents dans l'industrie, mais se retrouve aussi dans votre quotidien, dans votre cuisine avec les plaques à induction ou sur votre vélo avec la dynamo.

Mise en évidence expérimentale

Historiquement, l'induction a été découverte expérimentalement avec le dispositif de la roue de Barlow :

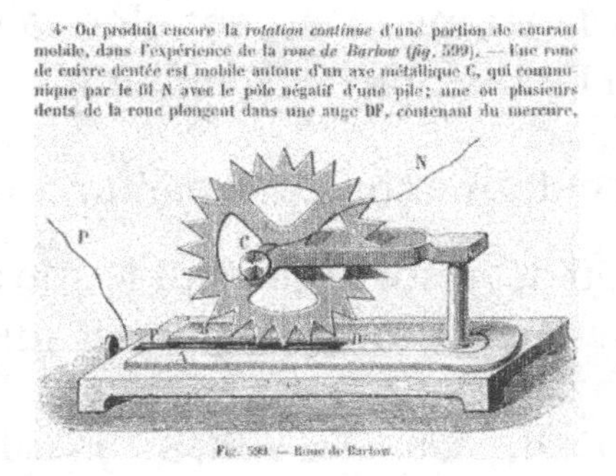

Dispositif de l'expérience historique de Barlow en 1828
∗D'après `wikipedia.fr`

- une roue conductrice, placée dans l'entrefer d'un aimant en U, peut tourner autour de son axe qui est parallèle au champ magnétique créé par l'aimant. La roue, reliée à une source de tension, se met à tourner sous l'action des

forces de Laplace ;
- à l'inverse, si on impose la rotation de la roue et qu'on enlève la source de tension, il apparaît un courant électrique dans le circuit mesuré par un galvanomètre (un appareil qui permet de mesurer l'intensité de courants très faibles).

Si le circuit est fixe et indéformable, le champ magnétique étant variable, on a l'induction de Neumann.
Si le circuit est mobile ou déformable, le champ magnétique est stationnaire, on a l'induction de Lorentz.

On voit bien que le type d'induction est lié à l'observateur : dans le cas de l'induction de Neumann, l'observateur est lié au circuit ; dans le cas de l'induction de Lorentz, l'observateur est lié aux sources et c'est le circuit qui se déplace. On aura donc l'occasion d'aborder dans ce chapitre les changements de référentiels en électromagnétisme.

15.1 Induction de Neumann

15.1.1 Champ électromoteur

Un circuit fixe et indéformable est placé dans un champ magnétique extérieur variable (dans le temps). On peut alors observer l'apparition de courants induits : c'est l'induction de Neumann.

On considère un circuit filiforme constitué par un conducteur. On a $\overrightarrow{j} = \gamma \overrightarrow{E}$.

✎ Exprimer la circulation de $\overrightarrow{j}$ sur le contour fermé qui coïncide avec le circuit. Mettre en évidence une tension qui apparait aux bornes du circuit.

On a $\oint \overrightarrow{j} \cdot \overrightarrow{\mathrm{d}l} = \oint \gamma \overrightarrow{E} \cdot \overrightarrow{\mathrm{d}l}$. *Or, en* ARQS, $\overrightarrow{j}$ *est à flux conservatif, on a donc* $I = JS\overrightarrow{n_{\text{ext}}}$. *On a donc* $\oint \frac{I\mathrm{d}l}{\gamma S} = \oint \overrightarrow{E} \cdot \overrightarrow{\mathrm{d}l}$.

Ainsi, la composante de $\overrightarrow{E}$ qui n'est pas à circulation conservative est associée à la force électromotrice. En effet, tout se passe comme si on avait $Ri = e = \oint \overrightarrow{E} \cdot \overrightarrow{\mathrm{d}l}$.

✎ Écrire les équations de Maxwell dans le cadre de l'ARQS magnétique.

On a $\text{div}\vec{E} = \frac{\rho}{\varepsilon_0}$, $\overrightarrow{\text{rot}}\,\vec{E} = -\frac{\partial \vec{B}}{\partial t}$ et $\overrightarrow{\text{rot}}\,\vec{B} = \mu_0 \vec{j}$ et $\text{div}\vec{B} = 0$.

✎ Que peut-on en déduire pour le théorème d'Ampère et le calcul des champs magnétiques ?

Pour le champ magnétique, tout se passe comme si on était en régime stationnaire : le théorème d'Ampère et la loi de Biot et Savart sont encore valables.

Dans le cadre de l'ARQS magnétique, le théorème d'Ampère et la loi de Biot et Savart sont toujours valables.

Le champ électrique est, par contre, à circulation non conservative (ce qui est dû à l'équation de Maxwell-Faraday). On a donc
$\vec{E} = -\overrightarrow{\text{grad}}\,V - \frac{\partial \vec{A}}{\partial t}$.

Le dernier terme associé à la partie de $\vec{E}$ à circulation non conservative est appelé champ électromoteur de Neumann.

On a $\boxed{\vec{E}_m = -\frac{\partial \vec{A}}{\partial t} \text{ où } \vec{A} \text{ est le potentiel vecteur}}$ défini par $\vec{B} = \overrightarrow{\text{rot}}\,\vec{A}$.

La circulation de $\vec{E}_m$ définit la force électromotrice de Neumann (la f.e.m. de Neumann) : $\boxed{e = \oint \vec{E}_m \cdot \mathrm{d}\vec{l}}$

✎ Quelle est l'unité de e ?

L'unité de e est le volt : c'est une tension et non une force !

Cette f.e.m. met en mouvement les charges dans le circuit fermé.

15.1.2 Loi de Faraday

✎ Quel est le lien entre e et $\vec{B}$?

On a $e = \oint_\Gamma \vec{E}_m \cdot \vec{\mathrm{d}l} = \oint_\Gamma -\frac{\partial \vec{A}}{\partial t} \cdot \vec{\mathrm{d}l}$. Or, le circuit est fixe, donc le domaine d'intégration ne change pas, on peut intervertir l'intégrale spatiale et la dérivée temporelle : $e = -\frac{\mathrm{d}}{\mathrm{d}t}\left(\oint_\Gamma \vec{A} \cdot \vec{\mathrm{d}l}\right)$. Donc, d'après le théorème de Stokes, $e = -\frac{\mathrm{d}}{\mathrm{d}t}\left(\iint_{S(\Gamma)} \vec{B} \cdot \vec{\mathrm{d}S}\right)$.

Ainsi, la f.e.m. e induite dans un circuit fixe et indéformable, plongé dans un champ magnétique extérieur variable, est égale à l'opposé de la variation du flux du champ magnétique à travers la surface définie par le circuit. C'est la loi de Faraday :

$$e = -\frac{\mathrm{d}}{\mathrm{d}t}\left(\iint_{S(\Gamma)} \vec{B} \cdot \vec{\mathrm{d}S}\right) = -\frac{\mathrm{d}\Phi}{\mathrm{d}t}.$$

On obtient la f.e.m. e orientée en convention générateur.

Cette loi a été découverte expérimentalement par Faraday en 1831.

✍ Le flux magnétique s'exprime en weber (Wb). Relier cette unité à celle du champ magnétique puis de la tension et enfin de la charge électrique.

On a Wb qui est homogène à $\mathrm{T \cdot m^2}$.

Puis, Wb qui est homogène à $\mathrm{V \cdot s}$.

Enfin, Wb est homogène à $\mathrm{C \cdot \Omega}$.

 aux orientations !!

1. On commence par orienter arbitrairement le circuit électrique avec une flèche pour l'intensité.
2. On en déduit l'orientation de la surface $S(\Gamma)$ par application de la règle de la main droite.
3. On calcule le flux magnétique à travers le circuit.
4. On en déduit la fem e par la loi de Faraday.

5. On peut alors dessiner le schéma électrique équivalent.

✍ On considère une spire circulaire de centre O et de rayon a, de résistance R, contenue dans le plan Oxy, plongée dans un champ magnétique $\overrightarrow{B} = B_0 \cos(\omega t)\overrightarrow{e_z}$. Quel est le courant qui circule dans la spire ?

On choisit d'orienter i suivant le vecteur $\overrightarrow{e_\theta}$. On a $e = -\dfrac{\mathrm{d}}{\mathrm{d}t}\left(\iint_{S(\Gamma)} \overrightarrow{B} \cdot \overrightarrow{\mathrm{d}S}\right) = -\dfrac{\mathrm{d}(B_0 \cos(\omega t)\pi a^2)}{\mathrm{d}t}$ soit $e = B_0 \pi a^2 \omega \sin(\omega t)$. On en déduit donc que la fem e est orientée dans le sens choisi pour i d'où $i = \dfrac{e}{R}$ soit $i = \dfrac{B_0 \pi a^2 \omega \sin(\omega t)}{R}$.

Le courant i et le champ B sont en quadrature de phase : ce courant i crée un champ magnétique $\overrightarrow{B}_{\text{induit}}$ qui est suivant $+\overrightarrow{e_z}$ quand la composante de $\overrightarrow{B}_{\text{ext}}$ diminue et suivant $-\overrightarrow{e_z}$ dans le cas contraire.

Ainsi, dans ce premier exemple, on voit un effet de modération.
C'est la loi de modération de Lenz : le courant induit, par son sens, tend à s'opposer aux causes qui lui ont donné naissance. Cette loi a été découverte en 1834 par Lenz à partir des travaux de Faraday.

15.1.3 Auto-induction

On considère le cas d'un circuit filiforme fermé fixe. Il est parcouru par un courant d'intensité i_1 qui crée un champ magnétique $\overrightarrow{B}$ proportionnel à i_1 d'après la loi de Biot et Savart.
Or, ce champ magnétique a un flux non nul à travers le circuit considéré qu'on note Φ_p, ce flux est appelé flux propre.
Il est proportionnel à B qui est proportionnel à i_1. On a donc

$\Phi_p = Li$ où L est le coefficient d'auto-inductance du circuit ou inductance propre du circuit.

✎ Quelle est l'unité de L ?

L s'exprime en henry.

L'inductance propre est toujours positive.

✎ On considère un circuit constitué de N spires. Que vaut L ?

B est proportionnel à i_1 : si on a N spires, le champ magnétique est multiplié par N. De plus, le flux est aussi proportionnel à N (N spires au lieu d'une seule). Ainsi L est proportionnelle à N^2.

✍ On étudie un solénoïde de section S_1, de longueur l_1 qui possède N spires.On néglige les effets de bord.
1. Quelle est l'expression du champ magnétique créé par le solénoïde ?
2. En déduire l'expression de L.
3. La calculer avec $N_1 = 1000$, $l_1 = 0,1$ m et $S_1 = 10^{-3}$ m^2. Commentaires.

1. On néglige les effets de bord, on a donc $\vec{B} = \mu_0 \frac{N_1}{l_1} i \vec{e_z}$.
2. On en déduit $\Phi = N_1 \Phi_{1\text{spire}} = \mu_0 \frac{N^2}{l} iS$ d'où $L = \frac{\mu_0 N^2}{l} S$.
3. Avec les données, on a $L_1 \approx 12$ mH.
Ainsi, L est souvent petite, le henry est une "grosse unité".

Or, maintenant, si on considère un courant d'intensité variable dans le temps, le flux propre Φ_p est aussi fonction du temps et peut créer, d'après la loi de Faraday, une f.e.m. :

$$e(t) = -\frac{\mathrm{d}\Phi_p}{\mathrm{d}t} = -L\frac{\mathrm{d}i}{\mathrm{d}t}$$

dans le cas où l'inductance propre L est une constante.

On a alors le schéma électrique équivalent suivant.

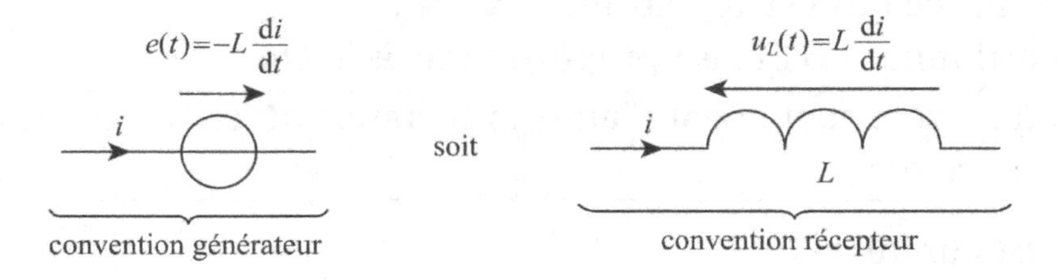

Ainsi, la f.e.m. auto-induite peut être représentée comme un générateur soit comme une inductance en convention récepteur.

On retrouve bien la loi de Lenz : la f.e.m. induite s'oppose bien aux variations de courant (si $\mathrm{d}i/\mathrm{d}t > 0$ alors $e < 0$).

✎ Comment mesurer L ?

On utilise les montages RL déjà vus en électrocinétique et on mesure le temps τ caractéristique du circuit pour en déduire L.

15.1.4 Inductance mutuelle

Soient deux circuits filiformes. Le premier circuit crée un champ magnétique $\overrightarrow{B}_1$ dont les lignes de champ traversent le circuit 2 : il y a un flux envoyé par le circuit 1 à travers le circuit 2, qui est proportionnel à i_1 et inversement, il existe un flux envoyé par le circuit 2 à travers le circuit 1, qui est proportionnel à i_2.

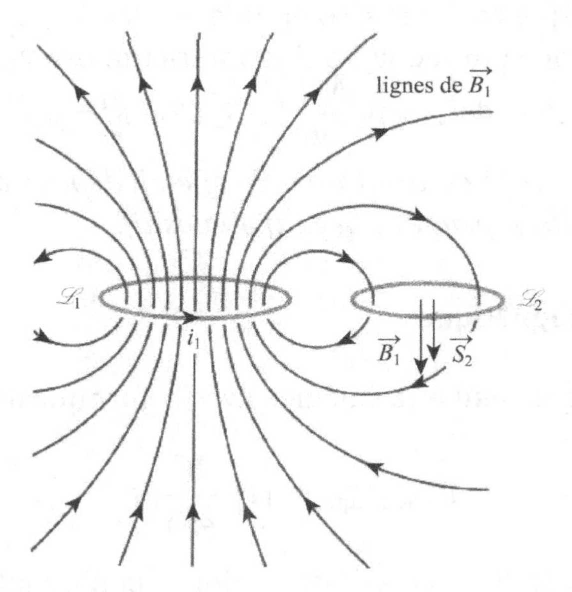

On définit

le coefficient d'inductance mutuelle M entre les deux circuits par $\Phi_{1\to 2} = Mi_1$ et $\Phi_{2\to 1} = Mi_2$.

Le théorème de Neumann (admis) permet de montrer que les coefficients de proportionnalité entre flux et intensité sont les mêmes dans les deux cas. M s'exprime aussi en henrys.

Exemple de calcul

On cherche à déterminer le coefficient d'inductance mutuelle M entre un solénoïde de longueur l_1 constitué de N_1 spires, de surface S_1 parcourues par un courant d'intensité i_1 et d'une bobine constituée de N_2 spires, de surface S_2, placée à l'intérieur du solénoïde, de même axe que celui-ci.

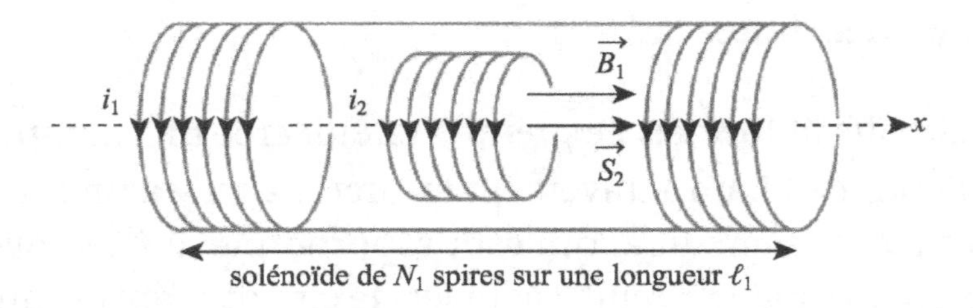

Le champ magnétique créé par le solénoïde est donné par $\vec{B} = \mu_0 n_1 i_1 \vec{u_x}$.
Le flux à travers une spire de la bobine intérieure est $\Phi_{1\to2,1\text{spire}} = \mu_0 n_1 i_1 S_2$ soit, pour les N_2 spires : $\Phi_{1\to2} = \mu_0 \dfrac{N_1 N_2}{l_1} i_1 S_2$ d'où $M = \mu_0 \dfrac{N_1 N_2}{l_1} S_2$.

Remarque : le signe de M est arbitraire. En effet, il dépend du choix d'orientation des deux circuits. Il peut être négatif ou positif...

15.1.5 Énergie magnétique

L'énergie magnétique peut être calculée avec la formule déjà vue précédemment :

$$E_{\text{magnétique}} = \iiint \frac{B^2}{2\mu_0} \mathrm{d}\tau.$$

Si on prend l'exemple du solénoïde de section S, contenant n spires par unité de longueur, on a, pour une tranche de longueur l :

$$E_{\text{magnétique}} = \frac{1}{2\mu_0} \times \mu_0^2 n^2 I^2 \times Sl = \frac{\mu_0 n^2 Sl}{2} I^2$$

ce qui peut s'identifier à $E_{\text{magnétique}} = \dfrac{1}{2}Li^2$. On retrouve la formule vue en cours d'électrocinétique.

La formule précédente peut être utilisée pour déterminer L dans un circuit connaissant $\overrightarrow{B}(M)$.

Maintenant, on considère deux circuits fixes couplés par inductance mutuelle, le premier contient un générateur (de f.e.m. E_1) et une résistance, le deuxième seulement une résistance.

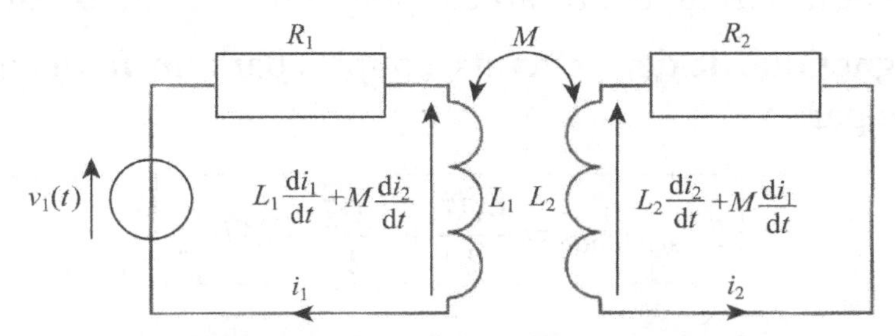

Schéma électrique des circuits étudiés

✎ Donner les équations électrocinétiques qui s'appliquent à chacun des circuits.

D'après les lois de Kirchhoff, on a :

$$v_1(t) = L_1\frac{\mathrm{d}i_1}{\mathrm{d}t} + M\frac{\mathrm{d}i_2}{\mathrm{d}t} + R_1 i_1 \text{ et } 0 = L_2\frac{\mathrm{d}i_2}{\mathrm{d}t} + M\frac{\mathrm{d}i_1}{\mathrm{d}t} + R_2 i_2.$$

Remarque : en régime permanent, le couplage disparaît...l'induction n'existe qu'en régime variable !

✎ En déduire le bilan énergétique.

On mulitplie les équations précédentes respectivement par $i_1$et i_2, on a :

$$v_1(t)i_1 = L_1 i_1\frac{\mathrm{d}i_1}{\mathrm{d}t} + M i_1\frac{\mathrm{d}i_2}{\mathrm{d}t} + R_1 i_1^2 \text{ et } 0 = L_2 i_2\frac{\mathrm{d}i_2}{\mathrm{d}t} + M i_2\frac{\mathrm{d}i_1}{\mathrm{d}t} + R_2 i_2^2,$$

soit, en les additionnant :

$$v_1(t)i_1 = \frac{\mathrm{d}}{\mathrm{d}t}\left(\frac{L_1 i_1^2}{2} + \frac{L_2 i_2^2}{2} + M i_1 i_2\right) + R_1 i_1^2 + R_2 i_2^2.$$

Ainsi, la puissance fournie par le générateur se trouve répartie sous deux formes :
- une puissance perdue par effet Joule dans les deux circuits ;
- une puissance magnétique qui est associée à l'énergie magnétique contenue dans chaque circuit et due au couplage entre les deux circuits.

L'énergie magnétique de deux circuits, couplés par une inductance mutuelle M est donnée par :

$$\boxed{\mathscr{E}_{\text{magnétique}} = \frac{L_1 i_1^2}{2} + \frac{L_2 i_2^2}{2} + M i_1 i_2.}$$

Cette énergie est positive. On a donc $\mathscr{E}_{\text{magnétique}}(i_1, i_2)$ qui est toujours positive.

✎ On pose $x = i_2/i_1$. Donner $\mathscr{E}_{\text{magnétique}}(x)$. En déduire une relation entre M, L_1 et L_2.

On a $\mathscr{E}_{\text{magnétique}}(x) = \frac{L_1}{2} + Mx + \frac{1}{2}L_2 x^2$. Or, cette fonction ne doit jamais changer de signe, elle est toujours positive donc le discriminant associé est négatif. On a donc $M^2 \leqslant L_1 L_2$ et on retrouve que L_1 et L_2 sont strictement positifs.

15.1.6 Cas d'un circuit non filiforme

Lorsque le conducteur est un bloc de métal plongé dans un champ magnétique variable, l'induction de Neumann se manifeste avec l'apparition des courants de Foucault. Or, on peut avoir des difficultés à identifier le contour Γ et la surface s'appuyant sur ce contour... Voici donc la marche à suivre en deux méthodes possibles !

Méthode A :

1. Déterminer les plans de symétrie de $\overrightarrow{B}$.
2. En déduire les symétries de $\overrightarrow{A}$.
3. Choisir un contour Γ s'appuyant au mieux sur une ligne de champ de $\overrightarrow{A}$ et intégrer l'équation $\overrightarrow{B} = \overrightarrow{\text{rot}}\,\overrightarrow{A}$ pour déterminer $\overrightarrow{A}$.
4. En déduire le champ électromoteur de Neumann $\overrightarrow{E}_m$.
5. En déduire les courants de Foucault par application de la loi d'Ohm locale $\overrightarrow{j} = \gamma \overrightarrow{E}_m$.

Méthode B :

1. Déterminer les plans de symétrie de $\dfrac{\partial \overrightarrow{B}}{\partial t}$.
2. En déduire les symétries de $\overrightarrow{E}$.
3. Choisir un contour Γ s'appuyant au mieux sur une ligne de champ de $\overrightarrow{E}$ et intégrer l'équation de Maxwell-Faraday pour déterminer e.
4. En déduire les courants de Foucault par application de la loi d'Ohm locale $\overrightarrow{j} = \gamma \overrightarrow{E}_m$.

✍ On considère un solénoïde infiniment long possédant n spires par unité de longueur, parcouru par un courant $i(t) = i_0 \cos(\omega t)$. Une plaque métallique rectangulaire de longueur a, de largeur b et d'épaisseur e est maintenue fixe dans le solénoïde de façon à ce que sa face d'aire ab soit orthogonale à $\overrightarrow{B}$. On note γ la conductivité du métal.

1. Déterminer le champ de courants de Foucault induits dans la plaque.
2. En déduire la puissance thermique moyenne dégagée dans cette plaque par effet Joule.

1. Le champ électromoteur de Neumann est donné par $\overrightarrow{E} = -\dfrac{r}{2}\mu_0 n \dfrac{\mathrm{d}i}{\mathrm{d}t}\overrightarrow{e_\theta}$ dans le solénoïde ($\overrightarrow{B}$ est suivant $\overrightarrow{u_z}$, donc d'après l'équation de Maxwell-Faraday, $\overrightarrow{E}$ est orthoradial car OMz est plan de symétrie de $\partial \overrightarrow{B}/\partial t$.)

Les lignes de champ de $\vec{j}$ (qui sont celles de $\vec{E}$) sont des rectangles "concentriques" dont le rapport longueur/largeur est a/b. L'aire de ce rectangle est $S = 4xy = 4\frac{b}{a}x^2$ (si on note $2x$ la longueur et $2y$ la largeur). Le flux de $\vec{B}$ est $\Phi = BS$, la fem induite est donnée par la loi de Faraday : $e = -\frac{\mathrm{d}\Phi}{\mathrm{d}t} = -4\frac{b}{a}x^2\frac{\mathrm{d}B}{\mathrm{d}t}$.

La fem est aussi égale à la circulation de $\vec{E}$ le long du contour. Or, c'est une ligne de champ donc la norme de $\vec{E}$ est constante suivant une direction, on a $e = 4\left(x + y\frac{b}{a}\right)E$ soit

$$E = -\mu_0 n\frac{\mathrm{d}i}{\mathrm{d}t}\frac{ba}{a^2+b^2}x \text{ et } j = -\gamma\mu_0 n\frac{\mathrm{d}i}{\mathrm{d}t}\frac{ba}{a^2+b^2}x.$$

2. La puissance volumique reçue est $\mathscr{P}_{\text{vol}} = \vec{j}\cdot\vec{E} = \gamma E^2$. On intégre sur la plaque en conservant le découpage en rectangles; $\mathrm{d}\tau = 8\frac{b}{a}x\mathrm{d}xe$ car il y a invariance suivant Oz. On a

$$\begin{aligned}\mathscr{P} = \iint \mathscr{P}_{\text{vol}} &= \int_0^{a/2}\gamma\left(\mu_0 n\frac{\mathrm{d}i}{\mathrm{d}t}\frac{ba}{a^2+b^2}x\right)^2\frac{8eb}{a}x\mathrm{d}x \\ &= \frac{1}{8}\mu_0^2 n^2\gamma\frac{a^5b^3e}{(a^2+b^2)^2}i_0^2\omega^2\sin^2(\omega t)\end{aligned}$$

soit en moyennant sur une période :

$$\mathscr{P} = \frac{1}{16}\mu_0^2 n^2\gamma\frac{a^5b^3e}{(a^2+b^2)^2}i_0^2\omega^2.$$

15.1.7 Transformateur de tension

Un transformateur électrique permet de modifier l'amplitude des tensions électriques sans en changer la fréquence. Ce sont des éléments fondamentaux des réseaux électriques car, par exemple, pour une ligne haute tension, on a $U_{\text{eff}} \approx 400\,000$ V et on a $U_{\text{eff}} = 220$ V aux bornes d'une installation domestique.

Remarque : historiquement, le courant alternatif a triomphé car il est beaucoup plus difficile d'amplifier ou de diminuer des tensions en régime continu. Les transformateurs n'existent qu'en régime variable !

Le transformateur est composé d'une carcasse ferromagnétique, souvent appelée noyau du transformateur et de deux enroulements qui sont disjoints électriquement : le premier constitue le primaire qui reçoit l'énergie électrique et qui est restitué à la charge par le secondaire.

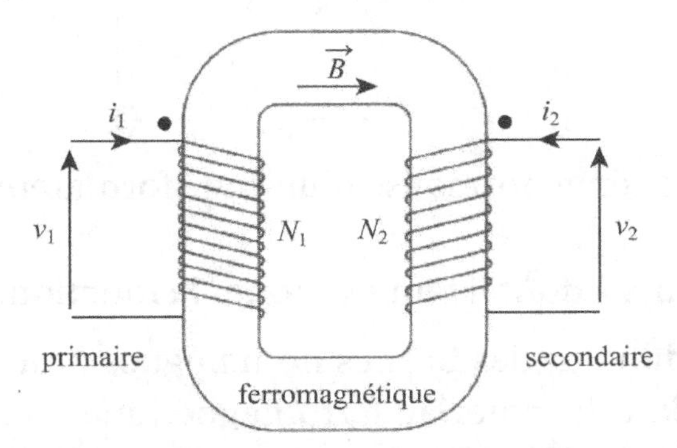

Schéma de principe d'un transformateur
∗D'après Physique, Dunod

Le matériau ferromagnétique permet de canaliser les lignes de champ magnétique et de créer un couplage magnétique presque parfait des deux enroulements.

Pour le modèle du transformateur parfait, on a $M^2 = L_1 L_2$ et la puissance électrique reçue par le primaire est entièrement transmise au secondaire.

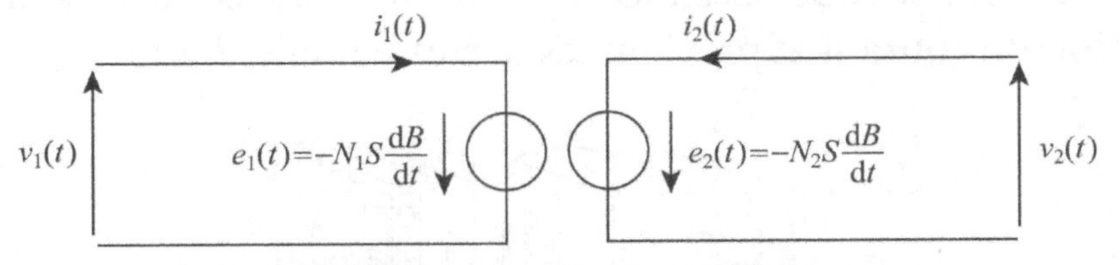

Schéma électrique d'un transformateur

On a $e_1(t) = -N_1 S\dfrac{\mathrm{d}B}{\mathrm{d}t}$ et $e_2(t) = -N_2 S\dfrac{\mathrm{d}B}{\mathrm{d}t}$ donc $v_1 = -e_1$ et $v_2 = -e_2$.

On a alors $\dfrac{v_2(t)}{v_1(t)} = \dfrac{N_2}{N_1} = m$ où m est le rapport de transformation.

Dans le cas du transformateur idéal, il n'y a pas de gain ni de perte de puissance. On a donc $\mathscr{P}_1 = u_1(t) \times i_1(t) = -\mathscr{P}_2$ car la puissance reçue au primaire est entièrement fournie au secondaire. On a donc $\dfrac{i_2(t)}{i_1(t)} = -\dfrac{1}{m}$.

On étudie maintenant le schéma normalisé du transformateur.

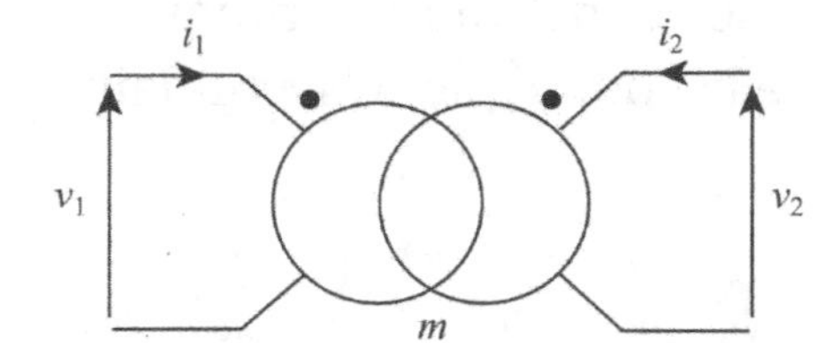

Schéma normalisé d'un transformateur

Il apparaît deux points • dont il faut expliquer la fonction.

Ces deux points indiquent des bornes homologues : tout courant qui entre par le point • crée dans le matériau ferromagnétique un champ magnétique orienté dans le sens positif choisi (dans la représentation normalisée, il n'y a plus le sens de l'enroulement des spires). On a donc bien $m = v_2 / v_1$... Si on ne respecte pas cette convention, on peut avoir $v_2 / v_1 = -m$....

On a déjà vu qu'un matériau conducteur soumis à un champ magnétique variable voit apparaître des courants induits dits courants de Foucault. Ces courants sont responsables des pertes par effet Joule qu'on cherche à minimiser. Pour ce faire, on feuillette le matériau ferromagnétique en le constituant de feuillets minces (0,3 mm d'épaisseur) séparés par des couches isolantes aussi minces que possible ($< 10^{-2}$ mm). Cette couche isolante bloque la circulation du courant et prévient les pertes par effet Joule.

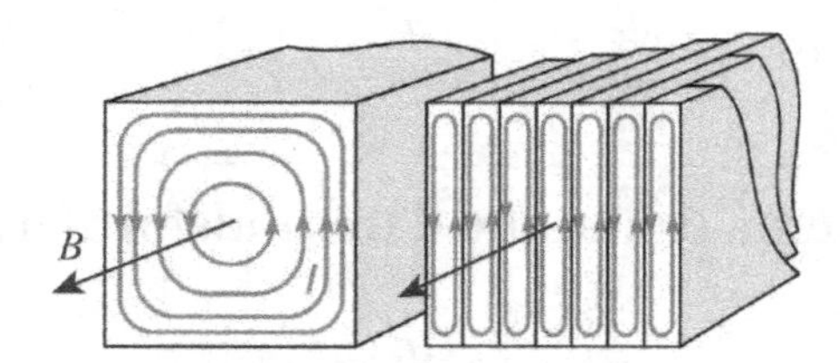

Feuilletage d'un transformateur

On utilise les transformateurs pour abaisser ou élever des tensions, on peut aussi les utiliser comme transformateur d'isolement : le rapport de transformation est égal à 1, les tensions sont identiques mais les circuits primaire et secondaire sont isolés, ils peuvent donc avoir des masses différentes sans risque de court-circuit. Ceci est utilisé en TP pour obtenir la caractéristique d'un dipôle ou bien étudier la résonance d'intensité dans un circuit RLC série.

✍ Adaptation d'impédance :
On étudie le circuit électrique constitué d'une source de tension $\underline{U_1}$ au primaire, d'un transformateur idéal et d'une impédance de charge $\underline{Z_u}$ située au secondaire.

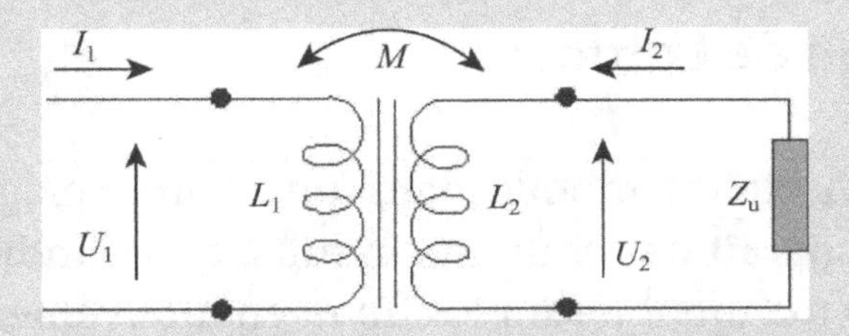

1. Quelle est l'impédance du dipôle équivalent quand il est ramené au primaire ?

On a, en notation complexe, $\dfrac{\underline{U_2}}{\underline{U_1}} = m$, $\dfrac{\underline{i_2}}{\underline{i_1}} = -\dfrac{1}{m}$, $\underline{U_2} = -\underline{Z_u}\underline{i_2}$ et $\underline{U_1} = \underline{Z_{eq}}\underline{i_1}$ soit $\underline{Z_{eq}} = \dfrac{\underline{Z_u}}{m^2}$.

On dit que le transformateur réalise **l'adaptation d'impédance** entre le dipôle à alimenter et la source (le transformateur ne change pas la valeur du déphasage entre la tension et le courant, c'est la même au primaire et au secondaire).

Ceci est utile par exemple quand on voyage entre deux pays de réseaux électriques différents : aux USA, on a une tension efficace de 110 V de fréquence 60 Hz, en France, une tension efficace de 220 V de fréquence 50 Hz. Que se passe-t-il si on branche une ampoule américaine de puissance 110 W en France ?
Dans le réseau américain, pour cette ampoule, on a $I_{\text{eff,USA}} = 1$ A,
$R_{\text{USA}} = 110\ \Omega$.

Pour le réseau français, on a $I_{\text{eff},FR} = 0,5$ A et $R_{FR} = 440\ \Omega$.
Si on branche directement l'ampoule sur le réseau français, celle-ci va recevoir une puissance $U^2_{\text{eff},FR}/R_{\text{USA}}$ quatre fois plus grande que prévue : l'ampoule va être détruite.
Le transformateur permet de multiplier par quatre la valeur de la résistance quand on la branche sur le réseau français et ainsi, d'éviter la destruction de l'ampoule.

Les transformateurs sont très utilisés car leur rendement est très bon (moins de 1% de pertes).

15.2 Induction de Lorentz

On considère un circuit mobile dans un champ magnétique extérieur permanent. Il apparaît des courants induits, c'est l'induction de Lorentz. L'effet du champ magnétique sur le circuit en mouvement est équivalent à celui d'un générateur caractérisé par une f.e.m. dite de Lorentz.

Pour mener à bien l'analyse, il faut utiliser la loi d'Ohm, qui est valable dans le référentiel lié au conducteur, on doit donc connaître les expressions des champs électromagnétiques dans le référentiel du conducteur (on les connaît dans le référentiel du laboratoire).

15.2.1 Changement de référentiel pour les champs électromagnétiques

Le passage d'un référentiel à un autre sera fait, de façon rigoureuse dans le cadre de la relativité restreinte. Ici, on se limitera à une approche classique.

On considère deux référentiels $\mathscr{R}$ et $\mathscr{R}'$ galiléens. Ce dernier a un mouvement de translation rectiligne uniforme par rapport à $\mathscr{R}$, on note $\vec{v}_e$ la vitesse d'entraînement de $\mathscr{R}'/\mathscr{R}$. On note $(\vec{E}, \vec{B})$ le champ électromagnétique dans le référentiel $\mathscr{R}$ et $(\vec{E}', \vec{B}')$ le champ dans $\mathscr{R}'$.

Les forces et la charge sont invariantes par changement de référentiel dans le cadre de la mécanique classique.

✎ Rappeler la formule de transformation galiléenne des champs.

On a $\overrightarrow{F} = q(\overrightarrow{E} + \overrightarrow{v} \wedge \overrightarrow{B}) = q(\overrightarrow{E} + (\overrightarrow{v}' + \overrightarrow{v}_e) \wedge \overrightarrow{B}) = q(\overrightarrow{E}' + \overrightarrow{v}' \wedge \overrightarrow{B}')$ soit $\overrightarrow{B} = \overrightarrow{B'}$ et $\overrightarrow{E}' = \overrightarrow{E} + \overrightarrow{v}_e \wedge \overrightarrow{B}$.

Maintenant, intéressons-nous aux distributions de charges et de courants. Dans le référentiel $\mathcal{R}$, on a $\rho = \rho_m + \rho_f$ où ρ_m est la densité volumique de charge de porteurs mobiles et ρ_f la densité volumique de charge de porteurs fixes dans $\mathcal{R}$. On a $\overrightarrow{j}_{\mathcal{R}} = \rho_m \overrightarrow{v}_{\mathcal{R}}$.

Dans le référentiel $\mathcal{R}'$, on a $\rho' = \rho'_m + \rho'_f$ et pour la densité de courants, on a $\overrightarrow{j}' = \rho'_m(\overrightarrow{v}_{\mathcal{R}} - \overrightarrow{v_e}) + \rho'_f(\overrightarrow{0} - \overrightarrow{v_e})$.

Or, en physique classique, la distribution a le même volume dans les deux référentiels et aussi la même charge. On a donc

$$\boxed{\rho' = \rho \text{ et } \overrightarrow{j}' = \rho'_m \overrightarrow{v}_{\mathcal{R}} + (\rho_m + \rho_f)(-\overrightarrow{v_e}) = \overrightarrow{j} - \rho \overrightarrow{v_e}}.$$

Pour un conducteur globalement neutre, on a $\rho'(M,t) = \rho(M,t) = 0$ et $\overrightarrow{j}'(M,t) = \overrightarrow{j}(M,t)$.

Pour un conducteur globalement neutre, la densité de courant est indépendante du référentiel d'étude choisi.

Remarque : il y a donc un lien entre le champ électrique dans le référentiel où les charges sont immobiles et le champ magnétique dans un autre référentiel où les charges sont en mouvement. On va voir plus tard que cette formule de composition peut amener à des incohérences en mécanique classique, il faut traiter la transformation des champs avec le formalisme de la relativité.

15.2.2 Champ électromoteur de Lorentz

On étudie un aimant permanent fixe dans le référentiel $\mathcal{R}$. Dans le référentiel $\mathcal{R}'$, en translation rectiligne uniforme $\overrightarrow{v_e}$ par rapport à $\mathcal{R}$, on a, en appliquant les résultats précédents :

$$\overrightarrow{E}' = \overrightarrow{E} + \overrightarrow{v}_e \wedge \overrightarrow{B} = -\overrightarrow{\text{grad}}\, V + \overrightarrow{v}_e \wedge \overrightarrow{B},$$

car, dans le référentiel $\mathcal{R}$, on a, pour un champ électromagnétique stationnaire $\overrightarrow{E} = -\overrightarrow{\text{grad}}\, V$.

La composante du champ électrique à circulation non conservative sur un contour fermé est appelée champ électromoteur.

On note $\overrightarrow{v}_e$ la vitesse d'un point du conducteur dans le référentiel du laboratoire. Le champ électromoteur de Lorentz est défini par $\overrightarrow{E}_m = \overrightarrow{v}_e(M,t) \wedge \overrightarrow{B}(M)$. Ce champ est analogue à un champ électrique et s'ajoute aux champs électriques déjà présents. La circulation de $\overrightarrow{E}_m$ définit la force électromotrice de Lorentz :

$$e = \oint_\Gamma \overrightarrow{E}_m \cdot \overrightarrow{\mathrm{d}l}.$$

15.2.3 Force de Laplace

La force de Laplace s'exerce dans un conducteur parcouru par un courant et plongé dans un champ magnétique.

✎ Exprimer la force de Lorentz qui s'exerce sur un porteur de charge.

On a $\overrightarrow{F} = q(\overrightarrow{E} + \overrightarrow{v} \wedge \overrightarrow{B})$.

Or, un conducteur est globalement neutre : il est constitué de $nqd\tau(M)$ charges mobiles et $-nq\mathrm{d}\tau(M)$ charges fixes. Si on raisonne sur un élément de volume $\mathrm{d}\tau(M)$, on a :

$$\mathrm{d}\overrightarrow{F} = nq\mathrm{d}\tau(\overrightarrow{E}+\overrightarrow{v}\wedge\overrightarrow{B})-nq\mathrm{d}\tau\overrightarrow{E} = nq\overrightarrow{v}(M,t)\wedge\overrightarrow{B}\mathrm{d}\tau(M) = \overrightarrow{j}(M,t)\wedge\overrightarrow{B}\mathrm{d}\tau(M).$$

Cette force élémentaire est la force de Laplace. Pour un conducteur, on a :

$$\overrightarrow{F}_{\text{Laplace}} = \iiint \overrightarrow{j}(M,t) \wedge \overrightarrow{B}\mathrm{d}\tau(M).$$

Pour un circuit filiforme, dans l'ARQS, on a $\overrightarrow{F} = \oint I(t)\overrightarrow{\mathrm{d}l} \wedge \overrightarrow{B}$.

Cette force permet de définir l'ampère : un ampère est l'intensité d'un courant constant qui, circulant dans deux conducteurs parallèles, de longueurs infinies, de section négligeable et distants d'un mètre dans le vide produit une force linéique égale à 2×10^{-7} N/m.

15.2.4 Étude des rails de Laplace générateurs

On étudie le dispositif suivant : une tige $\mathcal{T}$ de masse m, de longueur a, conductrice, glisse sans frottement sur deux rails conducteurs à la vitesse $\overrightarrow{v} = v(t)\overrightarrow{u_x}$. Elle est tirée par une force $\overrightarrow{f} = f\overrightarrow{u_x}$ constante. L'ensemble est plongé dans un champ magnétique uniforme et stationnaire $\overrightarrow{B} = B\overrightarrow{u_y}$ qui est orthogonal au plan des rails.

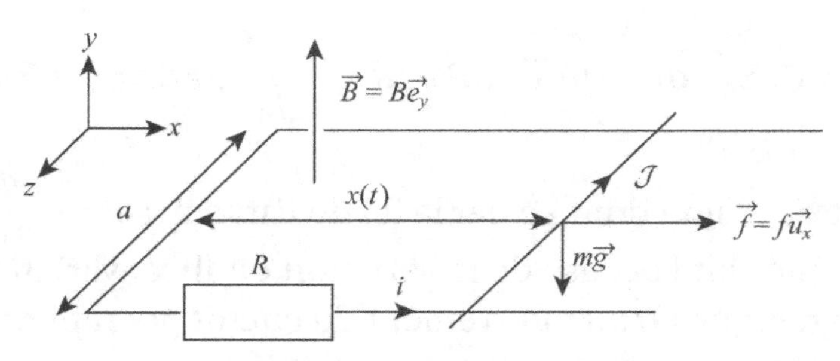

Rails de Laplace générateurs

∗ Analyse physique préliminaire :

✎ Que se passe-t-il ?

1. La tige se déplace dans $\overrightarrow{B}$ constant.
2. Le flux de $\overrightarrow{B}$ à travers le circuit varie car la surface du circuit varie.
3. Il y a donc apparition d'une f.e.m. induite e.
4. On a apparition d'un courant induit i.
5. On a donc apparition d'une force de Laplace qui devrait s'opposer à $\overrightarrow{f}$ (loi de Lenz).

∗ Choix d'orientation

On choisit arbitrairement un sens pour i. Ainsi, d'après la règle de la main droite, $\overrightarrow{dS}$ est de même sens que $\overrightarrow{B}$.

∗ Résolution :

✎ Déterminer l'expression du champ électromoteur $\overrightarrow{E_m}$.

On a $\overrightarrow{E_m} = \vec{v} \wedge \vec{B} = vB\overrightarrow{u_z}$. Il n'est défini que sur la tige.

✎ En déduire l'expression de la f.e.m. e induite.

On a

$$e = \oint \overrightarrow{E_m} \cdot \overrightarrow{\mathrm{d}l} = \oint (\vec{v} \wedge \vec{B}) \cdot \overrightarrow{\mathrm{d}l} = -\int_0^a vB\mathrm{d}z = -vBa.$$

On retrouve l'expression donnée par la loi de Faraday : $e = -\dfrac{\mathrm{d}\Phi}{\mathrm{d}t}$. Cette loi est valable quelle que soit la cause de la variation du flux : variation temporelle du champ magnétique et/ou mouvement du circuit par rapport aux sources.

✎ Quelle est l'équation électrique du circuit équivalent ?

On a seulement une résistance électrique donc $i = \dfrac{e}{R} = \dfrac{-vBa}{R}$.

✎ En déduire l'expression de la force de Laplace qui s'exerce sur la tige.

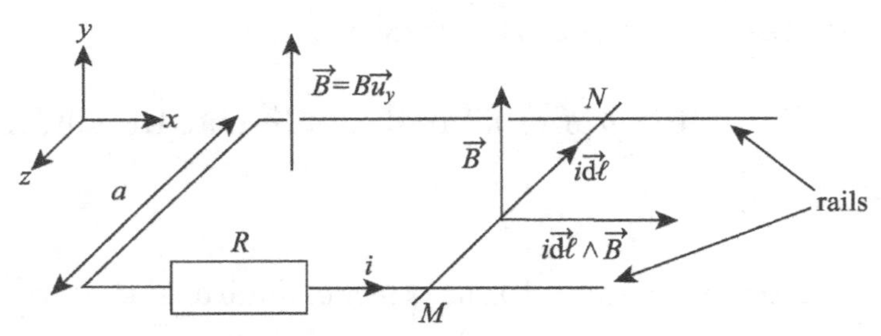

Forces de Laplace sur la tige

On a

$$\vec{F}_{\text{Laplace}} = \int i\overrightarrow{\mathrm{d}l} \wedge \vec{B} = iaB\overrightarrow{u_x} = -\frac{vB^2a^2}{R}\overrightarrow{u_x}.$$

Cette force s'oppose à $\vec{v}$: la force de Laplace tend à ralentir la barre quelle que soit la direction de la vitesse initiale $\vec{v}$.

La force de Laplace est bien ici une force de freinage. C'est une des conséquences de la loi de Lenz.
On utilise donc les forces de Laplace pour faire du freinage par induction ou bien pour récupérer de l'énergie lors du freinage afin de convertir l'énergie cinétique en énergie électrique (c'est utilisé en France sur le TGV et dans les camions).

Dans l'exemple étudié, l'opérateur extérieur compense cette force de Laplace pour que la tige puisse se déplacer à vitesse constante. Les rails de Laplace sont bien générateurs ici car un mouvement mécanique entraîne l'apparition d'un courant induit.

✎ Quelle est la puissance mécanique associée aux forces de Laplace ? La comparer à la puissance électrique fournie.

On a $\mathscr{P}(\vec{F}_{\text{Laplace}}) = -\dfrac{v^2B^2a^2}{R}$. On a $\mathscr{P}_{el} = e \times i = \dfrac{v^2B^2a^2}{R}$. Ces deux puissances sont opposées.

La puissance mécanique fournie au circuit par les forces de Laplace (induites) est l'opposé de la puissance électrique fournie au circuit par la f.e.m. e induite. La conversion électromécanique a un rendement de 100%. Ceci est utilisé dans les transducteurs électromécaniques.

⚠ Le bilan de puissance précédent n'est valable que pour l'induction de Lorentz. Si le champ magnétique est variable, il faut rajouter la f.e.m. de Neumann et le bilan de puissance est modifié.

Point méthode pour l'induction de Lorentz :

1. Choisir le sens de i de façon arbitraire.
2. En déduire la f.e.m. de Lorentz induite soit par circulation du champ électromoteur soit en utilisant la loi de Faraday.
3. En déduire le schéma électrique équivalent et l'équation électrique équivalente (lien entre i et e).
4. Exprimer les forces de Laplace.
5. Obtenir l'équation mécanique par application du principe fondamental de la dynamique (lien entre i et v).

6. Résolution des équations couplées (i, v) et (i, e).

15.2.5 Étude des rails de Laplace moteurs

On étudie à nouveau le dispositif des rails de Laplace : un générateur de tension impose un échelon de tension (ou à $t = 0$, on ferme l'interrupteur K). Initialement, la tige $\mathcal{T}$ est immobile. On souhaite réaliser une conversion d'énergie électrique en énergie mécanique (la tige se met en mouvement suite au passage d'un courant).

∗ Analyse physique préliminaire :

✎ Que se passe-t-il ?

1. Comme il y a un générateur, il y a un courant i.
2. On a donc une force de Laplace qui apparaît sur la tige.
3. Il y a donc variation du flux magnétique à travers le circuit et donc apparition d'une f.e.m. e qui doit s'opposer à E (loi de Lenz).

∗ Choix d'orientation

On choisit arbitrairement un sens pour i. Ainsi, d'après la règle de la main droite, $\overrightarrow{\mathrm{d}S}$ est de même sens que $\vec{B}$.

∗ Résolution :

✎ Quelle est l'équation mécanique de la tige ?

On a $\vec{F}_{\text{Laplace}} = iBa\overrightarrow{u_x}$ soit en appliquant le principe fondamental de la dynamique à la tige, $m\dfrac{\mathrm{d}v}{\mathrm{d}t} = i(t)aB$.

✎ Quelle est l'équation électrique de la tige ?

D'après la loi de Faraday, on a toujours $e = -\dfrac{\mathrm{d}\Phi}{\mathrm{d}t} = -Bav(t)$. On a alors $e(t) + E = Ri(t)$.

✎ **En déduire l'expression de $v(t)$ puis de $i(t)$.**

En utilisant les deux équations précédentes, on a

$$\frac{\mathrm{d}v}{\mathrm{d}t} + \frac{a^2B^2}{mR}v = \frac{EaB}{mR}$$

soit

$$v(t) = \frac{E}{aB}\left(1 - \mathrm{e}^{-t/\tau}\right) \text{ avec } \tau = \frac{mR}{a^2B^2}.$$

On a alors

$$i(t) = \frac{E}{R}\mathrm{e}^{-t/\tau}.$$

✎ **Faire un bilan de puissance.**

En utilisant les deux équations précédentes qu'on mutliplie par i ou par v, on a

$$v\frac{\mathrm{d}v}{\mathrm{d}t} + \frac{a^2B^2}{mR}v^2 = \frac{EaBv}{mR} \text{ et } e(t)i(t) + Ei(t) = Ri^2(t).$$

On a alors, comme $e(t)i(t) = -F_{\mathrm{Laplace}}v$ soit

$$Ei(t) = \frac{\mathrm{d}}{\mathrm{d}t}\left(\frac{mv^2}{2}\right) + Ri^2.$$

Le générateur électrique fournit une puissance Ei qui se trouve séparée en deux termes :
- la puissance cinétique de la tige ;
- la puissance liée à l'effet Joule qui est ici perdue.

✎ **Quel est le rendement de ce moteur électrique ?**

Pour trouver le rendement, on doit faire un bilan d'énergie ou un bilan de puissance "moyenne". On a, alors :

$$\int_0^{+\infty} Ei(t)\mathrm{d}t = \int_0^{+\infty} \frac{\mathrm{d}}{\mathrm{d}t}\left(\frac{mv^2}{2}\right) + Ri^2$$

soit $\frac{\tau E^2}{R} = \frac{m}{2}\frac{E^2}{a^2B^2} + E_{\text{Joule}}$ donc $\rho = \frac{E_{\text{utile}}}{E_{\text{fournie}}} = \frac{E_{\text{meca}}}{E_{\text{generateur}}} = \frac{1}{2}$.

On a ainsi un rendement de 50% ce qui est très faible pour un moteur électrique (plutôt de l'ordre de 95%).

15.2.6 Haut-parleur

Un haut-parleur est un transducteur électromécanique : il transforme un signal électrique en signal sonore.

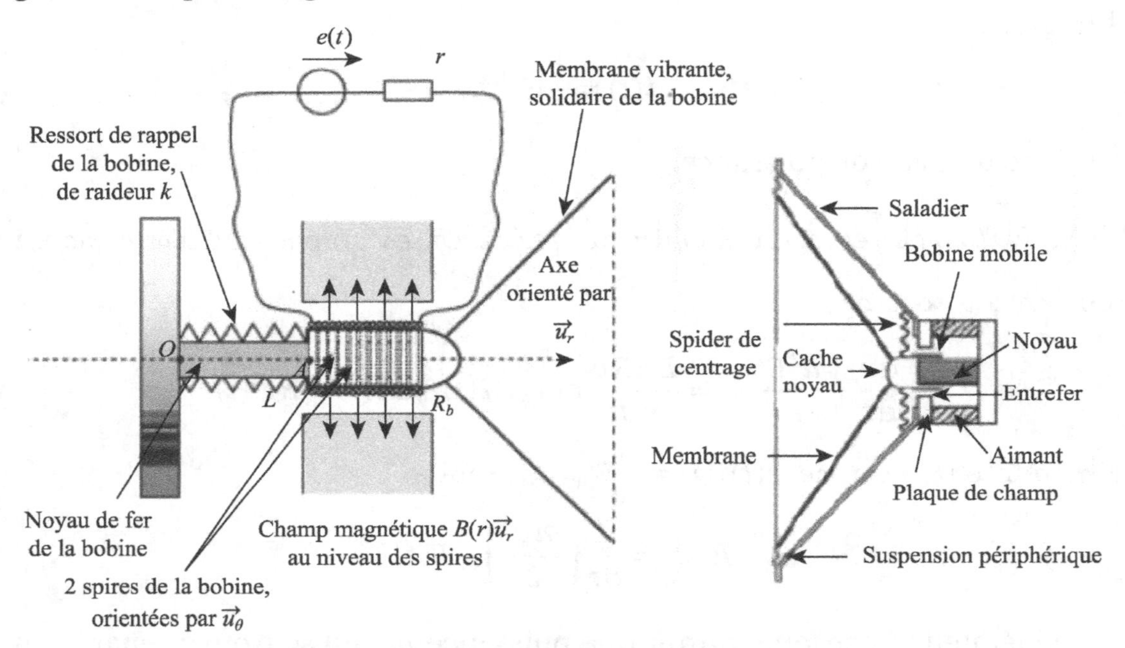

Schéma d'un haut-parleur et vue en coupe

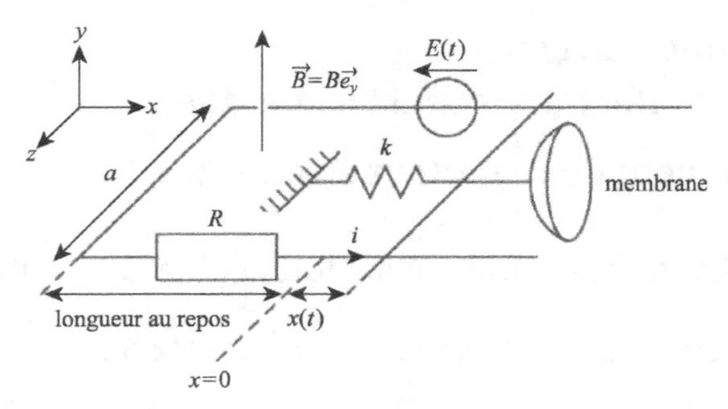

Modélisation pour l'étude

*D'après Physique, Dunod

∗ Analyse physique :

1. Le générateur impose la tension $E(t)$ et fait donc circuler un courant $i(t)$;
2. il s'exerce donc une force de Laplace sur la tige ;
3. la tige et la membrane vibrent sous l'effet de la force de Laplace ;
4. une onde sonore est émise, image de $E(t)$;
5. il apparaît une f.e.m. induite de Lorentz qui s'oppose à la tension du générateur $E(t)$.

Remarque : ce fonctionnement est réversible, c'est alors un microphone !

∗ Équations

✎ Donner les équations électriques et mécaniques du système. On modélise la perte d'énergie de la membrane liée à l'émission de l'onde sonore par une force de frottement fluide $\vec{f}_s = -\alpha\vec{v}$.

On a $e(t) = -Bav(t)$ et $e(t)+E(t) = Ri(t)$ pour les équations électriques. Pour la force de Laplace, on a $\vec{F}_{\text{Laplace}} = i(t)aB\vec{u_x}$. Pour le principe fondamental de la dynamique, on a :

$$m\frac{\mathrm{d}v}{\mathrm{d}t} = i(t)aB - kx(t) - \alpha v(t).$$

En utilisant les équations précédentes pour faire un bilan de puissance, on a :

$$Ei = \frac{\mathrm{d}}{\mathrm{d}t}\left(\frac{1}{2}mv^2 + \frac{1}{2}kx^2\right) + \alpha v^2 + Ri^2.$$

Le générateur fournit une puissance qui met en mouvement la membrane, produit une onde sonore et compense les pertes par effet Joule.

∗ Impédance équivalente :

On se place en notation complexe et on cherche à déterminer l'équivalent électrique complet du haut-parleur. On a alors :

$$\underline{E} - Ba\underline{v} = R\underline{i} \text{ et } mj\omega\underline{v} = Ba\underline{i} - k\frac{\underline{v}}{j\omega} - \alpha\underline{v}.$$

On a donc

$$\underline{E} = R\underline{i} + \frac{B^2a^2}{mj\omega + \alpha + \dfrac{k}{j\omega}}\underline{i}.$$

Ce dernier terme est une impédance cinétique qui démontre le couplage entre grandeurs mécaniques et électriques. On a donc trois dipôles en parallèle :

$$\underline{Y}_{\text{cin}} = \frac{m}{B^2a^2}j\omega + \frac{k}{B^2a^2}\frac{1}{j\omega} + \frac{\alpha}{B^2a^2} = \underline{Y}_{\text{condensateur}} + \underline{Y}_{\text{bobine}} + \underline{Y}_R.$$

✎ Quel est le rendement du haut-parleur ?

On s'intéresse au rapport de la puissance transmise au son sur la puissance électrique fournie. On a

$$P_{\text{son}} = < \alpha v^2 > = \frac{1}{2}\alpha|\underline{v}|^2,$$

$$P_{\text{ele}} = \Re(\underline{Z})I_{\text{eff}}^2.$$

On a alors pour le rendement une fonction de type passe-bande :

$$\rho = \frac{\alpha B^2a^2}{2\Re(\underline{Z})(\alpha^2 + (m\omega - k/\omega)^2)}.$$

On peut tracer la courbe pour les valeurs suivantes $R = 7\ \Omega$, $m = 10$ g, $\alpha = 1200\ \text{s}^{-1}$, $\omega_0 = 3000$ rad/s.

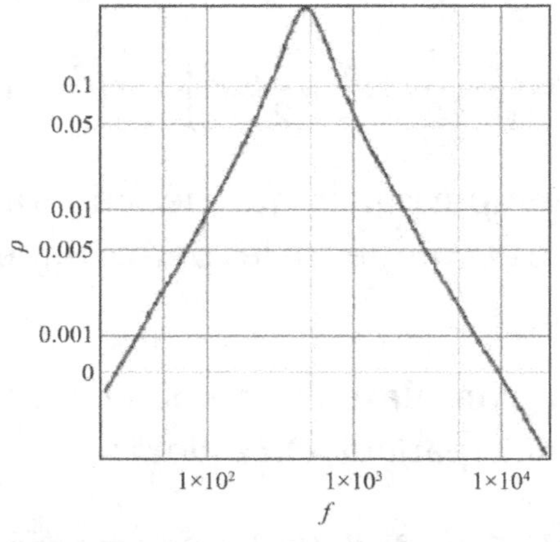

Rendement d'un haut-parleur commercial

Le haut-parleur n'a donc pas le même comportement pour toutes les fréquences. C'est pour cela que dans la pratique, pour avoir une restitution identique dans toute la gamme de fréquences audibles, on associe plusieurs modèles de haut-parleurs :
- les boomers pour les basses fréquences ou sons graves (20 à 500 Hz) ;
- les medium pour les fréquences intermédiaires ;
- les tweeters pour les fréquences élevées ou sons aigus (supérieures à 2 000 Hz).

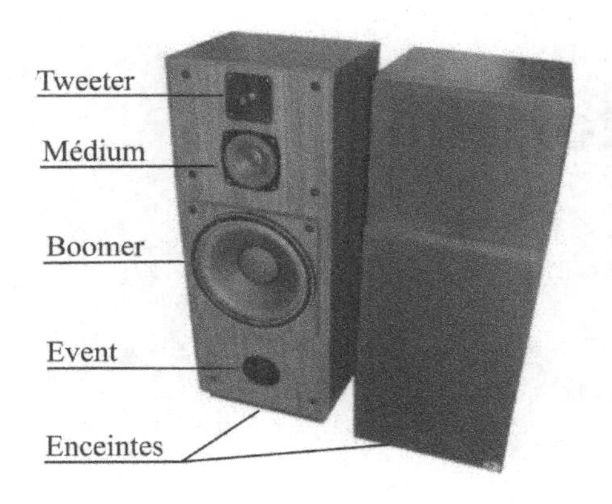

Chapitre 16

Analyse vectorielle

16.1 Introduction

Dans tout le chapitre, nous considérerons $U(\vec{r},t)$ un champ scalaire et $\vec{A}(\vec{r},t)$ un champ vectoriel, c'est-à-dire respectivement un et trois nombres définis en chaque point M de l'espace (tel que $\overrightarrow{OM}=\vec{r}$) et à chaque instant t.

On considérera de plus qu'un point M de l'espace pourra être repéré au choix par ses coordonnées :
– cartésiennes (x,y,z) telles que $\overrightarrow{OM}=x\overrightarrow{u_x}+y\overrightarrow{u_y}+z\overrightarrow{u_z}$;
– cylindriques (ρ,θ,z) telles que $\overrightarrow{OM}=\rho\overrightarrow{u_\rho}+z\overrightarrow{u_z}$;
– sphériques (r,θ,φ) telles que $\overrightarrow{OM}=r\overrightarrow{u_r}$.
Ici, la notation $\vec{u}_\alpha$ (où α est l'une quelconque des coordonnées) désigne le vecteur unitaire tangent à la direction de déplacement du point M lorsque α varie, toutes les autres coordonnées de M étant maintenues constantes.

Les coordonnées et les vecteurs de base sont présentés ci-dessous :

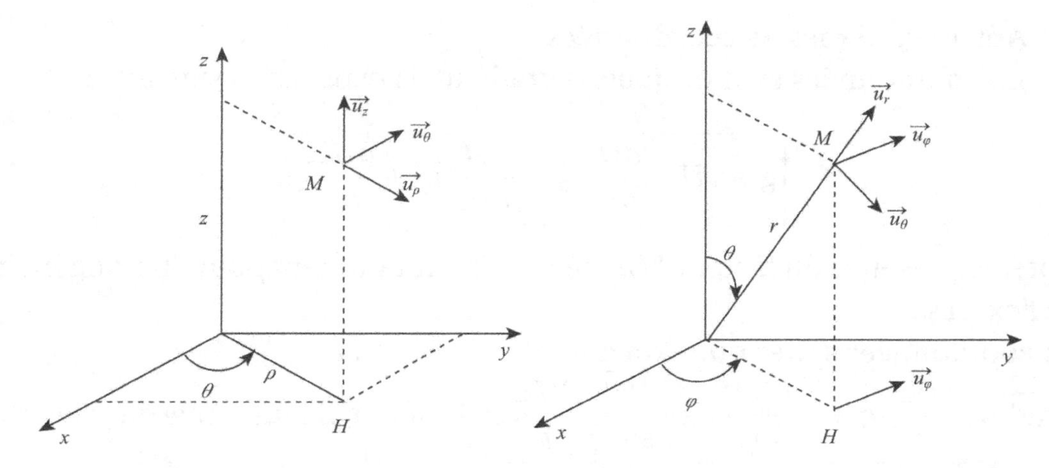

S'il n'y a pas d'ambiguïté possible avec des coordonnées sphériques, on notera fréquemment (r, θ, z) les coordonnées cylindriques.

16.2 Opérateurs

16.2.1 Gradient

Définition

C'est un opérateur vectoriel du premier ordre, s'appliquant à un champ scalaire.

En coordonnées cartésiennes, sa définition est : $\boxed{\overrightarrow{\text{grad}}\, U = \frac{\partial U}{\partial x}\overrightarrow{u_x} + \frac{\partial U}{\partial y}\overrightarrow{u_y} + \frac{\partial U}{\partial z}\overrightarrow{u_z}.}$

Vecteur nabla

À l'aide de l'opérateur gradient, on définit le vecteur nabla $\vec{\nabla}$ (qui est un opérateur) tel que $\boxed{\vec{\nabla} U = \overrightarrow{\text{grad}}\, U.}$

Ainsi, en coordonnées cartésiennes, le vecteur nabla s'écrit :

$$\boxed{\vec{\nabla} = \overrightarrow{u_x}\frac{\partial}{\partial x} + \overrightarrow{u_y}\frac{\partial}{\partial y} + \overrightarrow{u_z}\frac{\partial}{\partial z}}$$

Autres systèmes de coordonnées

En coordonnées cylindriques, le gradient a l'expression suivante :

$$\boxed{\overrightarrow{\text{grad}}\, U = \frac{\partial U}{\partial \rho}\overrightarrow{u_\rho} + \frac{1}{\rho}\frac{\partial U}{\partial \theta}\overrightarrow{u_\theta} + \frac{\partial U}{\partial z}\overrightarrow{u_z}}.$$

Noter la présence du facteur $1/\rho$, nécessaire notamment pour l'homogénéité de l'expression.

En coordonnées sphériques, on aura :

$\boxed{\overrightarrow{\text{grad}}\, U = \frac{\partial U}{\partial r}\overrightarrow{u_r} + \frac{1}{r}\frac{\partial U}{\partial \theta}\overrightarrow{u_\theta} + \frac{1}{r\sin\theta}\frac{\partial U}{\partial \varphi}\overrightarrow{u_\varphi}}$. Là aussi, il faut remarquer les facteurs $1/r$ et $1/r\sin\theta$.

16.2.2 Divergence

Définition

C'est un opérateur scalaire du premier ordre, s'appliquant à un champ vectoriel. Il est défini par : $\boxed{\text{div}\overrightarrow{A} = \overrightarrow{\nabla}\cdot\overrightarrow{A}}$.

En coordonnées cartésiennes, son expression est :

$\boxed{\text{div}\overrightarrow{A} = \frac{\partial A_x}{\partial x} + \frac{\partial A_y}{\partial y} + \frac{\partial A_z}{\partial z}}$.

Autres systèmes de coordonnées

Les expressions sont bien plus compliquées qu'en coordonnées cartésiennes. Pour obtenir les expressions fournies en annexe (formulaire), il faut écrire (par exemple ici en cylindriques) :

$$\text{div}\overrightarrow{A} = \overrightarrow{\nabla}\cdot\overrightarrow{A} = \left(\overrightarrow{u_\rho}\frac{\partial}{\partial \rho} + \overrightarrow{u_\theta}\frac{1}{\rho}\frac{\partial}{\partial \theta} + \overrightarrow{u_z}\frac{\partial}{\partial z}\right)\cdot\left(A_\rho\overrightarrow{u_\rho} + A_\theta\overrightarrow{u_\theta} + A_z\overrightarrow{u_z}\right)$$

puis prendre garde à appliquer les dérivées partielles aux composantes de $\overrightarrow{A}$ mais aussi aux vecteurs de base (on a par exemple $\partial\overrightarrow{u_\rho}/\partial\theta = \overrightarrow{u_\theta}$). Ce problème ne se pose évidemment pas en coordonnées cartésiennes où $\overrightarrow{u_x}$, $\overrightarrow{u_y}$ et $\overrightarrow{u_z}$ ne dépendent pas du point M.

En coordonnées cylindriques, on a :

$$\text{div}\overrightarrow{A} = \frac{1}{r}\frac{\partial r A_r}{\partial r} + \frac{1}{r}\frac{\partial A_\theta}{\partial \theta} + \frac{\partial A_z}{\partial z}.$$

16.2.3 Laplacien

Définition

C'est un opérateur scalaire du second ordre, s'appliquant à un champ scalaire. Il est défini par : $\boxed{\Delta U = \text{div}(\overrightarrow{\text{grad}}\, U) = \vec{\nabla}^2 U}$.

En coordonnées cartésiennes, son expression est : $\boxed{\Delta U = \frac{\partial^2 U}{\partial x^2} + \frac{\partial^2 U}{\partial y^2} + \frac{\partial^2 U}{\partial z^2}}$.

En coordonnées cylindriques, on a :

$$\Delta f = \frac{\partial^2 f}{\partial r^2} + \frac{1}{r}\frac{\partial f}{\partial r} + \frac{1}{r^2}\frac{\partial^2 f}{\partial \theta^2} + \frac{\partial^2 f}{\partial z^2}.$$

En coordonnées sphériques, on a, pour une fonction uniquement de r :

$$\Delta f = \frac{1}{r}\frac{\mathrm{d}^2(rf)}{\mathrm{d}r^2}.$$

Laplacien vectoriel

On utilise aussi le laplacien vectoriel, dont la définition en coordonnées cartésiennes est : $\boxed{\Delta \vec{A} = (\Delta A_x)\overrightarrow{u_x} + (\Delta A_y)\overrightarrow{u_y} + (\Delta A_z)\overrightarrow{u_z}}$.

16.2.4 Rotationnel

Définition

C'est un opérateur vectoriel du premier ordre, s'appliquant à un champ vectoriel. Il est défini par : $\boxed{\overrightarrow{\text{rot}}\,\vec{A} = \vec{\nabla} \wedge \vec{A}}$.

En coordonnées cartésiennes, son expression est :

$$\boxed{\overrightarrow{\text{rot}}\,\vec{A} = \left(\frac{\partial A_z}{\partial y} - \frac{\partial A_y}{\partial z}\right)\overrightarrow{u_x} + \left(\frac{\partial A_x}{\partial z} - \frac{\partial A_z}{\partial x}\right)\overrightarrow{u_y} + \left(\frac{\partial A_y}{\partial x} - \frac{\partial A_x}{\partial y}\right)\overrightarrow{u_z}}.$$

On pourra retrouver cette expression par le calcul direct du produit vectoriel (uniquement en cartésiennes) :

$$\overrightarrow{\text{rot}}\,\vec{A} = \left|\begin{array}{l} \partial/\partial x \\ \partial/\partial y \\ \partial/\partial z \end{array}\right. \wedge \left|\begin{array}{l} A_x \\ A_y \\ A_z \end{array}\right.$$

On remarquera que les composantes du rotationnel sur $\overrightarrow{u_y}$ puis $\overrightarrow{u_z}$ sont obtenues par permutation circulaire des indices à partir de la composante sur $\overrightarrow{u_x}$.

En coordonnées cylindriques, on a :

$$\overrightarrow{\text{rot}}\,\overrightarrow{A} = \left(\frac{1}{r}\frac{\partial A_z}{\partial \theta} - \frac{\partial A_\theta}{\partial z}\right)\overrightarrow{e_r} + \left(\frac{\partial A_r}{\partial z} - \frac{\partial A_z}{\partial r}\right)\overrightarrow{u_\theta} + \left(\frac{1}{r}\frac{\partial (r A_\theta)}{\partial r} - \frac{1}{r}\frac{\partial A_r}{\partial \theta}\right)\overrightarrow{u_z}.$$

16.2.5 Exemples et interprétation

Gradient

Le gradient $\overrightarrow{\text{grad}}\,U$ mesure l'accroissement de la fonction U le long de chacune des directions de l'espace. Ainsi, il suffit donc que U ne soit pas constant pour que son gradient soit non nul.

Rotationnel et divergence

Le rotationnel mesure une rotation locale et la divergence une compression ou une dilatation locale. À l'appui de ces affirmations, nous présentons trois champs :

	champ $\overrightarrow{A}$	rotationnel $\overrightarrow{\text{rot}}\,\overrightarrow{A}$	divergence $\text{div}\,\overrightarrow{A}$
(1)	$\overrightarrow{r} = r\overrightarrow{u_r}$	$\overrightarrow{0}$	3
(2)	$\rho\omega\overrightarrow{u_\theta}$	$2\omega\overrightarrow{u_z}$	0
(3)	$\alpha y\overrightarrow{u_x}$	$-\alpha\overrightarrow{u_z}$	0

(1) (2) (3)

16.3 Relations locales

16.3.1 Variation élémentaire

Choisissons M et M' deux points de l'espace très proches (M' pourra être par exemple la position de M à un instant ultérieur très proche). Soient

(x, y, z) les coordonnées de M et $(x' = x + \mathrm{d}x, y' = y + \mathrm{d}y, z' = z + \mathrm{d}z)$ celles de M'. On s'intéresse à la variation élémentaire de U dans l'espace et dans le temps :

$$\begin{aligned}\mathrm{d}U &= U(x+\mathrm{d}x, y+\mathrm{d}y, z+\mathrm{d}z, t+\mathrm{d}t) - U(x, y, z, t)\\ &= \frac{\partial U}{\partial x}\mathrm{d}x + \frac{\partial U}{\partial y}\mathrm{d}y + \frac{\partial U}{\partial z}\mathrm{d}z + \frac{\partial U}{\partial t}\mathrm{d}t.\end{aligned}$$

Si l'on note $\overrightarrow{MM'} = \mathrm{d}\overrightarrow{OM}$, il apparaît alors que : $\boxed{\mathrm{d}U = \overrightarrow{\mathrm{grad}}\, U \cdot \mathrm{d}\overrightarrow{OM} + \frac{\partial U}{\partial t}\mathrm{d}t}$.

En particulier, si U ne dépend pas du temps, on aura $\mathrm{d}U = \overrightarrow{\mathrm{grad}}\, U \cdot \mathrm{d}\overrightarrow{OM}$.

16.3.2 Relations entre opérateurs

Les quatre relations les plus importantes entre opérateurs différentielles sont :

$$\boxed{\begin{aligned}&\mathrm{div}(\overrightarrow{\mathrm{grad}}\, U) = \Delta U\\ &\overrightarrow{\mathrm{rot}}(\overrightarrow{\mathrm{grad}}\, U) = \overrightarrow{0}\\ &\mathrm{div}(\overrightarrow{\mathrm{rot}}\, \overrightarrow{A}) = 0\\ &\overrightarrow{\mathrm{rot}}(\overrightarrow{\mathrm{rot}}\, \overrightarrow{A}) = \overrightarrow{\mathrm{grad}}\,(\mathrm{div}\overrightarrow{A}) - \Delta\overrightarrow{A}\end{aligned}}$$

Ces relations seront facilement mémorisées si on utilise la notation $\overrightarrow{\nabla}$ car elles se ramènent alors à :

$$\begin{aligned}&\Delta U = \overrightarrow{\nabla}^2 U\\ &\overrightarrow{\nabla} \wedge (\overrightarrow{\nabla} U) = \overrightarrow{0}\\ &\overrightarrow{\nabla} \cdot (\overrightarrow{\nabla} \wedge \overrightarrow{A}) = 0\\ &\overrightarrow{\nabla} \wedge (\overrightarrow{\nabla} \wedge \overrightarrow{A}) = \overrightarrow{\nabla}(\overrightarrow{\nabla} \cdot \overrightarrow{A}) - \overrightarrow{\nabla}^2 \overrightarrow{A}\end{aligned}$$

On pourra également noter deux relations utiles :

$$\begin{aligned}&\overrightarrow{\mathrm{rot}}(U\overrightarrow{A}) = (\overrightarrow{\mathrm{grad}}\, U) \wedge \overrightarrow{A} + U\overrightarrow{\mathrm{rot}}\, \overrightarrow{A}\\ &\mathrm{div}(U\overrightarrow{A}) = (\overrightarrow{\mathrm{grad}}\, U) \cdot \overrightarrow{A} + U\mathrm{div}\overrightarrow{A}\end{aligned}$$

16.3.3 Normale

Soit S une surface définie par l'équation $U = 0$ (plus précisément, S est l'ensemble des points M tels que $U(M) = 0$), le champ scalaire U pouvant ou non dépendre du temps. Pour M un point de S, on cherche une normale à S en M.

Soit M' appartenant à S, proche de M. Alors on a $U(M') - U(M) = 0$, et on a vu plus haut que :

$$U(M') - U(M) = \mathrm{d}U = \overrightarrow{MM'} \cdot \overrightarrow{\mathrm{grad}}\, U$$

Le vecteur $\overrightarrow{\mathrm{grad}}\, U$ est donc normal à la surface S. On retiendra donc que les deux normales unitaires à S sont : $\boxed{\vec{n}_\pm = \pm \dfrac{\overrightarrow{\mathrm{grad}}\, U}{||\overrightarrow{\mathrm{grad}}\, U||}}$.

Par exemple, on retrouve ainsi immédiatement le fait que le vecteur de composantes (a, b, c) est normal au plan d'équation cartésienne $ax + by + cz + d = 0$.

16.3.4 Lignes de champ

Définition et calcul

Si $\vec{A}$ est un champ vectoriel, les lignes de champ de $\vec{A}$ sont les lignes tangentes à $\vec{A}$ en tout point.

Leur équation se calcule en se donnant $\overrightarrow{\mathrm{d}l}$ un petit élément de la ligne de champ, qui est alors colinéaire à $\vec{A}$ et vérifie donc : $\boxed{\vec{A} \wedge \overrightarrow{\mathrm{d}\ell} = \vec{0}\,.}$ En coordonnées cartésiennes, cette condition conduit à deux équations différentielles (qu'il faut ensuite intégrer !) :

$$\begin{cases} \dfrac{\mathrm{d}y}{\mathrm{d}x} = \dfrac{A_y}{A_x} \\ \dfrac{\mathrm{d}z}{\mathrm{d}x} = \dfrac{A_z}{A_x} \end{cases}$$

Tube de champ

Si $\vec{A}$ est un champ vectoriel et $\mathscr{C}$ un contour fermé, on appelle tube de champ de $\vec{A}$ la surface constituée par l'ensemble des lignes de champ de $\vec{A}$ s'appuyant sur $\mathscr{C}$.

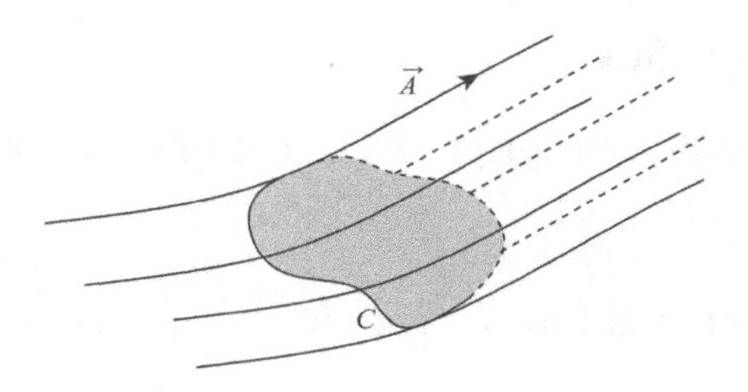

16.4 Relations intégrales

16.4.1 Orientation

Physiquement, une surface fermée définit un volume intérieur. Soit M un point dans ce volume, M' à l'extérieur, la surface est dite fermée s'il n'est pas possible de trouver un chemin qui relie M et M' sans traverser la surface. Il est alors aisé de se représenter une surface fermée comme englobant un volume fini, sans "fuites".

Pour une surface fermée, nous supposerons toujours que l'on peut définir sans ambiguïté un intérieur et un extérieur (surface orientable). Orienter une surface fermée, c'est choisir la direction des normales : de l'intérieur vers l'extérieur, ou le contraire. En physique, nous choisirons toujours d'orienter les surfaces fermées vers l'extérieur (en raison des conventions imposées par les théorèmes de Stokes et Green-Ostrogradski, *cf. infra*).

On dit qu'une surface S s'appuie sur un contour fermé $\mathscr{C}$ si $\mathscr{C}$ est le bord de S ; S est alors bien sûr une surface ouverte. Il existe une infinité de surfaces s'appuyant sur un contour donné. Si $\mathscr{C}$ est orienté, alors S sera orientée d'après $\mathscr{C}$ en utilisant la règle de la main droite (ou du tire-bouchon).

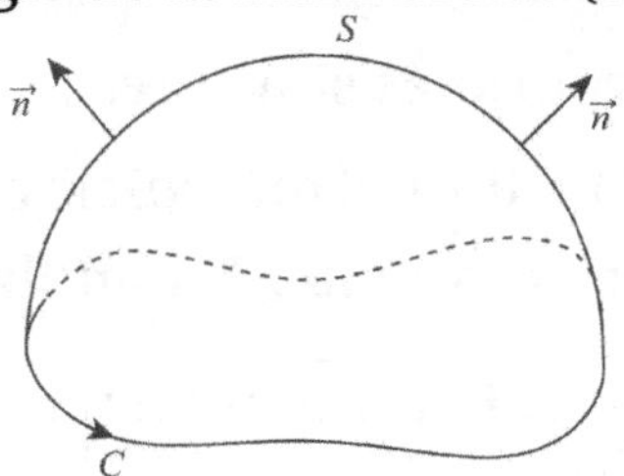

16.4.2 Circulation et flux

Soient $\overrightarrow{A}$ un champ vectoriel, $\mathscr{C}$ un contour orienté et S une surface orientée. On appellera :

$$\text{circulation de } \overrightarrow{A} \text{ sur } \mathscr{C} : \quad \int_{\mathscr{C}} \overrightarrow{A} \cdot \overrightarrow{\mathrm{d}l}$$

$$\text{flux de } \overrightarrow{A} \text{ à travers } S : \quad \iint_S \overrightarrow{A} \cdot \overrightarrow{\mathrm{d}S}$$

16.4.3 Théorème de Stokes

Soit $\mathscr{C}$ un contour *fermé orienté.* On a : $\boxed{\oint_{\mathscr{C}} \overrightarrow{A} \cdot \overrightarrow{\mathrm{d}l} = \iint_{S(\mathscr{C})} \overrightarrow{\mathrm{rot}}\, \overrightarrow{A} \cdot \overrightarrow{\mathrm{d}S}}$ où $S(\mathscr{C})$ est une surface *s'appuyant sur $\mathscr{C}$, orientée d'après $\mathscr{C}$.*

16.4.4 Théorème de Green-Ostrogradski

Soit S une surface *fermée orientée vers l'extérieur.* On a :
$\boxed{\oiint_S \overrightarrow{A} \cdot \overrightarrow{\mathrm{d}S} = \iiint_{\mathscr{V} \subset S} \mathrm{div}\, \overrightarrow{A}\, \mathrm{d}\tau}$ où $\mathscr{V} \subset S$ est le volume *intérieur à S.*

16.5 Champ dérivant d'un autre champ

16.5.1 Champ scalaire

Définition

Soit $\overrightarrow{A}$ un champ vectoriel. On dit que $\overrightarrow{A}$ dérive d'un champ scalaire s'il existe un champ scalaire U tel que : $\boxed{\overrightarrow{A} = -\overrightarrow{\mathrm{grad}}\, U.}$ Le signe "−" est une pure question d'usage.

Propriétés

$\overrightarrow{A}$ dérivant de U a les propriétés suivantes :

* On a vu que $\overrightarrow{\mathrm{rot}}(\overrightarrow{\mathrm{grad}}\, U) = 0$, quel que soit le champ U. D'où : $\boxed{\overrightarrow{\mathrm{rot}}\, \overrightarrow{A} = \overrightarrow{0}\,.}$

* Soit $\mathscr{C}$ un contour fermé orienté. En appliquant à $\overrightarrow{A}$ le théorème de Stokes, on a $\oint_{\mathscr{C}} \overrightarrow{A} \cdot \overrightarrow{\mathrm{d}l} = \iint_{S(\mathscr{C})} \overrightarrow{\mathrm{rot}}\, \overrightarrow{A} \cdot \overrightarrow{dS}$, d'où : $\boxed{\forall \mathscr{C}, \quad \oint_{\mathscr{C}} \overrightarrow{A} \cdot \overrightarrow{\mathrm{d}l} = 0.}$

* $\boxed{\overrightarrow{A} \text{ est à circulation conservative}}$: si P et Q sont deux points de l'espace, alors $\displaystyle\int_P^Q \overrightarrow{A} \cdot \overrightarrow{\mathrm{d}l}$ est indépendant du chemin suivi de P à Q.
Construisons en effet un contour fermé $\mathscr{C}$ à partir de deux chemins différents (1) et (2) allant de P à Q.

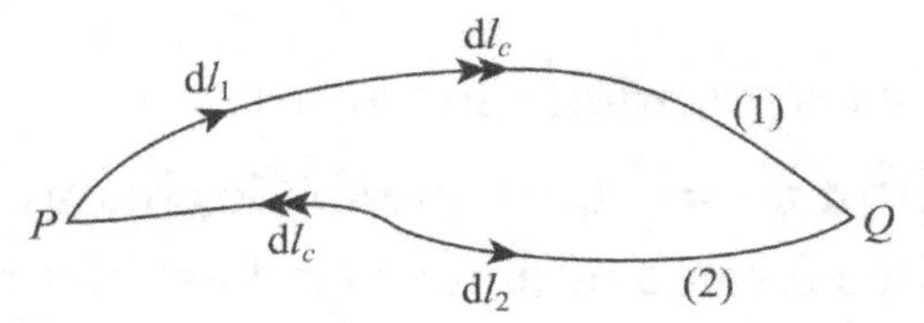

L'orientation de $\mathscr{C}$ est telle que, sur (1), on a $\overrightarrow{\mathrm{d}l_{\mathscr{C}}} = \overrightarrow{\mathrm{d}l_1}$, et sur (2) : $\overrightarrow{\mathrm{d}l_{\mathscr{C}}} = -\overrightarrow{\mathrm{d}l_2}$. Utilisons la propriété précédente :

$$0 = \oint_{\mathscr{C}} \overrightarrow{A} \cdot \overrightarrow{\mathrm{d}l_{\mathscr{C}}} = \int_{(1)} \overrightarrow{A} \cdot \overrightarrow{\mathrm{d}l_{\mathscr{C}}} + \int_{(2)} \overrightarrow{A} \cdot \overrightarrow{\mathrm{d}l_{\mathscr{C}}} = \int_{(1)} \overrightarrow{A} \cdot \overrightarrow{\mathrm{d}l_1} - \int_{(2)} \overrightarrow{A} \cdot \overrightarrow{\mathrm{d}l_2}$$
$$= \int_P^Q \overrightarrow{A} \cdot \overrightarrow{\mathrm{d}l_1} - \int_P^Q \overrightarrow{A} \cdot \overrightarrow{\mathrm{d}l_2}$$

D'où l'égalité des deux circulations.

Réciproques

On montre qu'un champ $\overrightarrow{A}$ vérifiant **l'une** des propriétés suivantes dérive d'un champ scalaire :

⋆ Champ à circulation conservative (c'est-à-dire vérifiant $\forall P, Q$, $\displaystyle\int_P^Q \overrightarrow{A} \cdot \overrightarrow{\mathrm{d}l}$ indépendant du chemin suivi de P à Q).

⋆ Champ irrotationnel (c'est-à-dire vérifiant $\overrightarrow{\mathrm{rot}}\, \overrightarrow{A} = \overrightarrow{0}$).

Condition nécessaire et suffisante

On retiendra l'équivalence suivante, importante en cours d'électromagnétisme :

$$\boxed{\exists U \text{ t. q. } \overrightarrow{A} = -\overrightarrow{\mathrm{grad}}\, U \iff \overrightarrow{\mathrm{rot}}\, \overrightarrow{A} = \overrightarrow{0}.}$$

16.5.2 Champ vectoriel

Définition

Soit $\overrightarrow{A}$ un champ vectoriel. On dit que $\overrightarrow{A}$ dérive d'un champ vectoriel s'il existe un champ vectoriel $\overrightarrow{\psi}$ tel que : $\boxed{\overrightarrow{A} = \overrightarrow{\text{rot}}\,\overrightarrow{\psi}}$.

Propriétés

$\overrightarrow{A}$ dérivant de $\overrightarrow{\psi}$ a les propriétés suivantes :

* On a vu que $\text{div}(\overrightarrow{\text{rot}}\,\overrightarrow{\psi}) = 0$, quel que soit le champ $\overrightarrow{\psi}$. D'où : $\boxed{\text{div}\overrightarrow{A} = 0}$.

* Soit S une surface fermée orientée vers l'extérieur. En appliquant à $\overrightarrow{A}$ le théorème de Green-Ostrograski, on a $\oiint_S \overrightarrow{A}\cdot\overrightarrow{\text{d}S} = \iiint_{V\subset S} \text{div}\overrightarrow{A}\,\text{d}\tau$, d'où : $\boxed{\oiint_S \overrightarrow{A}\cdot\overrightarrow{\text{d}S} = 0}$.

* $\boxed{\overrightarrow{A}\text{ est à flux conservatif}}$: si S_1 et S_2 sont deux surfaces reliées par un tube de champ de $\overrightarrow{A}$, alors $\iint_{S_1} \overrightarrow{A}\cdot\overrightarrow{\text{d}S} = \iint_{S_2} \overrightarrow{A}\cdot\overrightarrow{\text{d}S}$.

Construisons en effet une surface fermée S_f à partir des deux surfaces S_1 et S_2 (orientées dans le même sens) et du tube de champ.

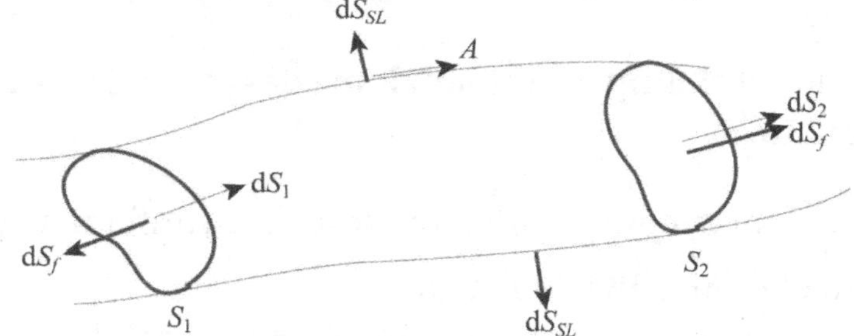

L'orientation de S_f (vers l'extérieur) est telle que, sur S_1, on a $\overrightarrow{\text{d}S_f} = -\overrightarrow{\text{d}S_1}$, et sur S_2 : $\overrightarrow{\text{d}S_f} = \overrightarrow{\text{d}S_2}$. De plus, S_f est construite pour que, sur la surface latérale SL (tube de champ), $\overrightarrow{\text{d}S_f} = \overrightarrow{\text{d}S_{SL}}$ soit normal à $\overrightarrow{A}$. Utilisons la propriété précédente :

$$\begin{aligned} 0 = \oiint_S \overrightarrow{A}\cdot\overrightarrow{\text{d}S_f} &= \iint_{S_1} \overrightarrow{A}\cdot\overrightarrow{\text{d}S_f} + \iint_{S_2} \overrightarrow{A}\cdot\overrightarrow{\text{d}S_f} + \iint_{S_{SL}} \overrightarrow{A}\cdot\overrightarrow{\text{d}S_f} \\ &= -\iint_{S_1} \overrightarrow{A}\cdot\overrightarrow{\text{d}S_1} + \iint_{S_2} \overrightarrow{A}\cdot\overrightarrow{\text{d}S_2} + 0 \end{aligned}$$

D'où l'égalité des deux flux.

Réciproques

On montre qu'un champ $\overrightarrow{A}$ vérifiant **l'une** des propriétés suivantes dérive d'un champ vectoriel :

⋆ Champ à flux conservatif (c'est-à-dire vérifiant $\forall S$ fermée, $\oiint_S \overrightarrow{A} \cdot \overrightarrow{\mathrm{d}S} = 0$).

⋆ Champ à divergence nulle (c'est-à-dire vérifiant $\mathrm{div}\overrightarrow{A} = 0$).

Condition nécessaire et suffisante

On retiendra l'équivalence suivante, importante en cours d'électromagnétisme :

$$\boxed{\exists \overrightarrow{\psi} \text{ t. q. } \overrightarrow{A} = \overrightarrow{\mathrm{rot}}\,\overrightarrow{\psi} \quad \Longleftrightarrow \quad \mathrm{div}\overrightarrow{A} = 0}.$$

Troisième partie

Relativité restreinte

Chapitre 17

Les bases de la relativité restreinte

Quelques définitions préalables

On précise ici quelques définitions essentielles pour la compréhension de ce chapitre.

Repère

C'est la donnée d'un point fixe O et de trois axes orthogonaux entre eux.

Référentiel

C'est la donnée d'un repère et d'une horloge. *Attention à ne pas confondre* repère *et* référentiel *!*

Référentiel galiléen

C'est un référentiel dans lequel le principe d'inertie s'applique.

Evénement

Un événement est la donnée d'un quadruplet de coordonnées (ct, x, y, z). On prendra l'habitude dans le cours d'utiliser la variable ct, et non la variable t seule, afin que les coordonnées d'un événement soient toutes homogènes à une distance.

Mouvement de translation

Un référentiel est dit en translation par rapport à un autre si les axes des repères associés à chacun des référentiels restent parallèles entre eux au cours du mouvement. *Attention, une translation n'est pas toujours rectiligne !* Par exemple, le référentiel géocentrique possède un mouvement de translation circulaire par rapport au référentiel héliocentrique.

Invariance

On dit d'une grandeur qu'elle est invariante en relativité restreinte quand sa valeur est indépendante du référentiel d'inertie choisi. En relativité restreinte, le module de la vitesse de la lumière, la distance (au sens de Minkowski), la masse d'une particule sont des invariants.

Conservation

On dit d'une grandeur qu'elle est conservée si, dans un référentiel d'inertie choisi, unique , elle a la même valeur avant et après un choc, par exemple.

Constante

Une quantité est dite constante quand sa valeur ne varie pas au cours du temps. Attention, une grandeur constante n'est pas forcément une grandeur invariante !

Rappels de mécanique classique

Transformation de Galilée

On considère un point M de coordonnées d'espace (x,y,z) et de coordonnée de temps t dans un référentiel $\mathscr{R}$. Soit $\mathscr{R}'$ un autre référentiel en mouvement de translation rectiligne uniforme par rapport à $\mathscr{R}$, avec une vitesse d'entraînement $\vec{v}_e = \vec{v}_{\mathscr{R}}(O') = v_e \vec{e}_x$. Alors les coordonnées du point M dans le référentiel $\mathscr{R}'$ s'expriment à l'aide de la transformation de Galilée :

$$x' = x - v_e t; \; y' = y; \; z' = z; \; t' = t$$

Loi de composition classique des vitesses

Pour les mêmes référentiels $\mathcal{R}$ et $\mathcal{R}'$, si le point M possède une vitesse $\vec{v}_{\mathcal{R}}$, alors on a :

$$\vec{v}_{\mathcal{R}'} = \vec{v}_{\mathcal{R}} - \vec{v}_e.$$

Quelques théorèmes généraux

En mécanique classique, on peut appliquer dans tout référentiel galiléen le principe fondamental de la dynamique à une particule de masse m :

$$\frac{\mathrm{d}\vec{p}}{\mathrm{d}t} = \vec{F},$$

avec $\vec{F}$ la somme de toutes les forces s'appliquant à la particule, et $\vec{p} = m\vec{v}$ sa quantité de mouvement.

Le théorème du moment cinétique s'écrit :

$$\frac{\mathrm{d}\vec{L}_0}{\mathrm{d}t} = \overrightarrow{OM} \wedge \vec{F}$$

avec $\vec{L}_0$ le moment cinétique du point M par rapport à O.

Le théorème de l'énergie cinétique s'écrit :

$$\Delta_{AB} E_c = W_{AB}$$

où E_c est l'énergie cinétique du point étudié, Δ_{AB} symbolise sa variation entre deux instants A et B, et W_{AB} est la somme du travail appliqué à la particule par toutes les forces, entre les instants A et B.

17.1 Une théorie nécessaire

À la fin du XIX° siècle, la physique est essentiellement décrite par deux grandes théories : la mécanique classique de Newton, et la toute récente théorie de l'électromagnétisme de Maxwell. Ces deux théories réussissent alors à décrire une bonne partie des phénomènes naturels connus, et certains physiciens pensent qu'elles pourront réussir, à l'aide de calculs précis, à en décrire la totalité. Néanmoins, des conflits apparaissent entre les deux théories, et certaines expériences (expérience de Fizeau, expérience de Michelson et Morley) ont peine à être expliquées.

17.1.1 La transformation classique des champs

L'un des conflits qui opposent les deux théories est la transformation classique des champs. Plaçons-nous dans un référentiel $\mathscr{R}$, dans lequel existent un champ électrique $\overrightarrow{E}$ et un champ magnétique $\overrightarrow{B}$. Plaçons-nous maintenant dans un second référentiel, $\mathscr{R}'$, en translation rectiligne uniforme par rapport à $\mathscr{R}$. Si l'on appelle $\overrightarrow{v}_e$ la vitesse du référentiel $\mathscr{R}'$ par rapport au référentiel $\mathscr{R}$. On a démontré dans le cours d'électromagnétisme la valeur du champ électromagnétique $\overrightarrow{E'}$ et $\overrightarrow{B'}$ dans le référentiel $\mathscr{R}'$:

$$\overrightarrow{E'} = \overrightarrow{E} + \overrightarrow{v_e} \wedge \overrightarrow{B'} \text{ et } \overrightarrow{B'} = \overrightarrow{B}.$$

Ces lois de transformation ne sont pas satisfaisantes. En effet, si on prend l'exemple d'un fil infini traversé par un courant d'intensité I constante, les porteurs de charges, dans le référentiel $\mathscr{R}$, ont une même vitesse moyenne, $\overrightarrow{v_p}$. Le champ généré par le fil infini peut être facilement calculé.

✎ Calculer le champ $\overrightarrow{B}$ généré par le fil infini.

L'utilisation des symétries et des invariances nous apprend que le champ $\overrightarrow{B}$ est orthoradial et qu'il ne dépend que de la coordonnée r en coordonnées cylindriques. En utilisant un cercle de rayon r, orthogonal à l'axe du fil et centré sur ce dernier, on montre en utilisant le théorème d'Ampère que :

$$\overrightarrow{B}(r) = \frac{\mu_0 I}{2\pi r}\overrightarrow{e_\theta}.$$

On se place maintenant dans le référentiel $\mathscr{R}'$, en translation rectiligne uniforme par rapport à $\mathscr{R}$ avec une vitesse d'entraînement $\overrightarrow{v}_e = \overrightarrow{v}_p$. D'après la transformation classique des champs, $\overrightarrow{B}_{\mathscr{R}'} = \overrightarrow{B}_{\mathscr{R}}$.

✎ Calculer directement le champ $\overrightarrow{B}_{\mathscr{R}'}$ sans utiliser la transformation classique des champs.

Dans le référentiel $\mathscr{R}'$, la vitesse des porteurs de charge est nulle, ainsi le courant traversant le fil est nul. D'après le théorème d'Ampère, le champ magnétique $\overrightarrow{B}_{\mathscr{R}'}$ est donc nul.

Cette simple expérience de pensée met donc en défaut la transformation classique des champs. Mais cette transformation présente aussi d'autres défauts.

17.1.2 L'invariance des équations de Maxwell

En mécanique classique, les lois physiques sont soumises à un principe dit de relativité : *les lois de la mécanique sont invariantes (elles ont la même forme) dans tous les référentiels galiléens.* Au début du XX° siècle, Albert Einstein a l'intuition que de la même manière, les équations de Maxwell devraient être invariantes dans tout référentiel galiléen, en accord avec le principe de relativité. Mais est-ce vraiment le cas ?

Plaçons-nous dans un espace vide de charge, dans un référentiel galiléen $\mathscr{R}$. L'équation de Maxwell-Gauss s'écrit alors, en choisissant un système de coordonnées cartésiennes :

$$\operatorname{div}\overrightarrow{E} = \frac{\partial E_x}{\partial x} + \frac{\partial E_y}{\partial y} + \frac{\partial E_z}{\partial z} = 0. \tag{17.1}$$

Plaçons-nous maintenant dans un référentiel galiléen $\mathscr{R}'$ se déplaçant avec une vitesse $\overrightarrow{v_e} = v_e \overrightarrow{e}_x$ par rapport à $\mathscr{R}$, que l'on munit d'un système de coordonnées cartésiennes (x', y', z'). On a alors :

$$x' = x - v_e t;\ y' = y,\ z' = z,\ t' = t. \tag{17.2}$$

D'après la transformation classique du champ électrique, on a $\overrightarrow{E'} = \overrightarrow{E} + \overrightarrow{v_e} \wedge \overrightarrow{B'}$, soit :

$$E'_x = E_x;\ E'_y = E_y - v_e B'_z;\ E'_z = E_z + v_e B'_y. \tag{17.3}$$

On écrit ensuite les relations suivantes entre les dérivées partielles :

$$\frac{\partial}{\partial t} = \frac{\partial}{\partial x'}\frac{\partial x'}{\partial t} + \frac{\partial}{\partial t'}\frac{\partial t'}{\partial t} = -v_e\frac{\partial}{\partial x'} + \frac{\partial}{\partial t'}$$
$$\frac{\partial}{\partial x} = \frac{\partial}{\partial x'}\frac{\partial x'}{\partial x} + \frac{\partial}{\partial t'}\frac{\partial t'}{\partial x} = \frac{\partial}{\partial x'}$$
$$\frac{\partial}{\partial y} = \frac{\partial}{\partial y'}\frac{\partial y'}{\partial y} + \frac{\partial}{\partial t'}\frac{\partial t'}{\partial y} = \frac{\partial}{\partial y'}$$
$$\frac{\partial}{\partial z} = \frac{\partial}{\partial z'}\frac{\partial z'}{\partial z} + \frac{\partial}{\partial t'}\frac{\partial t'}{\partial z} = \frac{\partial}{\partial z'}$$

✎ Exprimer div $\overrightarrow{E}'$ en fonction de div $\overrightarrow{E}$, de v_e et des composantes du champ $\overrightarrow{B}'$.

Dans le référentiel $\mathscr{R}'$, on peut donc écrire les relations 17.3 sous la forme :

$$\frac{\partial E_x}{\partial x} = \frac{\partial E'_x}{\partial x'}$$
$$\frac{\partial E_y}{\partial y} = \frac{\partial E'_y}{\partial y'} + v_e\frac{\partial B'_z}{\partial y'}$$
$$\frac{\partial E_z}{\partial z} = \frac{\partial E'_z}{\partial z'} - v_e\frac{\partial B'_y}{\partial z'}$$

En faisant la somme de ces trois égalités, on obtient finalement la relation :

$$\mathrm{div}\overrightarrow{E} = \mathrm{div}\overrightarrow{E}' + v_e\left(\frac{\partial B'_z}{\partial y'} - \frac{\partial B'_y}{\partial z'}\right).$$

L'équation de Maxwell-Gauss ne conserve donc pas sa forme par changement de référentiel, et ne respecte pas le principe de relativité de la mécanique classique.

17.2 La transformation de Lorentz-Poincaré

Albert Einstein a l'intuition que, pour réconcilier la mécanique et l'électromagnétisme, il faut trouver une transformation des coordonnées qui laisse

invariante les équations de Maxwell par changement de référentiel. Et c'est Henri Poincaré, un scientifique français, qui énonce en 1905, cette nouvelle loi de transformation (dont la découverte est partagée avec Hendrik Lorentz, physicien néerlandais).
C'est la transformation de Lorentz-Poincaré (souvent appelée transformation de Lorentz).

Considérons deux référentiels galiléens $\mathscr{R}$ et $\mathscr{R}'$, avec $\overrightarrow{v_e}$ la vitesse d'entraînement de $\mathscr{R}'$ par rapport à $\mathscr{R}$. On munit chaque référentiel d'un repère cartésien et d'une horloge. On suppose que les axes de chaque repère sont parallèles entre eux, et que $\overrightarrow{v_e}$ est dirigée suivant l'axe (Ox). Dans ce cadre, la transformation de Lorentz-Poincaré s'écrit alors :

$$ct' = \gamma_e(ct - \beta_e x) \tag{17.4}$$

$$x' = \gamma_e(x - \beta_e ct) \tag{17.5}$$

$$y' = y \tag{17.6}$$

$$z' = z \tag{17.7}$$

avec $\gamma_e = \dfrac{1}{\sqrt{1-\beta^2}}$ et $\beta_e = \dfrac{v_e}{c}$. Cette transformation s'écrit assez simplement en utilisant un formalisme matriciel :

$$\begin{pmatrix} ct' \\ x' \\ y' \\ z' \end{pmatrix} = \begin{pmatrix} \gamma_e & -\beta_e\gamma_e & 0 & 0 \\ -\beta_e\gamma_e & \gamma_e & 0 & 0 \\ 0 & 0 & 1 & 0 \\ 0 & 0 & 0 & 1 \end{pmatrix} \begin{pmatrix} ct \\ x \\ y \\ z \end{pmatrix} \tag{17.8}$$

On admettra pour la suite du cours que cette transformation laisse invariante les équations de Maxwell.

✎ Exprimer les coordonnées (ct, x, y, z) en fonction des coordonnées (ct', x', y', z').

On raisonne uniquement sur les coordonnées ct et x. Pour exprimer les coordonnées (ct, x) en fonction de (ct', x'), il suffit d'inverser le système d'équations 17.4/17.5 . D'après 17.4, on a :

$$ct = \frac{ct'}{\gamma_e} + \beta_e\gamma_e x. \tag{17.9}$$

D'où, en réinjectant cette équation dans 17.5, on obtient :

$$x' = \gamma_e(x - \frac{\beta_e}{\gamma_e}ct' - \beta_e^2 x) \tag{17.10}$$

$$\frac{1}{\gamma_e}(x' + \beta_e ct') = (1 - \beta_e^2)x = \frac{1}{\gamma_e^2}x \tag{17.11}$$

$$x = \gamma_e(x' + \beta_e ct'). \tag{17.12}$$

En utilisant ce résultat dans l'équation 17.4, on obtient finalement :

$$ct = \frac{ct'}{\gamma_e} + \beta_e\gamma_e(x' + \beta_e ct') \tag{17.13}$$

$$ct = \gamma_e\left(\left(\frac{1}{\gamma_e^2} + \beta_e^2\right)ct' + \beta_e x'\right) \tag{17.14}$$

$$ct = \gamma_e(ct' + \beta x'). \tag{17.15}$$

On peut mettre ces résultats sous forme matricielle :

$$\begin{pmatrix} ct \\ x \end{pmatrix} = \begin{pmatrix} \gamma_e & \beta_e\gamma_e \\ \beta_e\gamma_e & \gamma_e \end{pmatrix}\begin{pmatrix} ct' \\ x' \end{pmatrix}. \tag{17.16}$$

17.3 Invariance de la vitesse de la lumière

Comme la transformation de Lorentz laisse invariantes les équations de Maxwell, elle laisse également invariante l'équation de D'Alembert qui en découle. Dans un espace vide de charge et de courants, on peut montrer l'équation suivante :

$$\Delta\vec{E} - \frac{1}{c^2}\frac{\partial^2\vec{E}}{\partial t^2} = \vec{0}. \tag{17.17}$$

Cette équation est aussi respectée pour le champ $\vec{B}$. C'est une équation d'onde, qui démontre que, dans le vide, les ondes électromagnétiques se propagent dans le vide à la vitesse c. Cette équation est invariante par changement de référentiel, en utilisant la transformation de Lorentz. Ainsi, si une onde se propage à la vitesse c dans un référentiel, elle se propagera à cette même vitesse dans tout autre référentiel $\mathscr{R}'$ en translation rectiligne uniforme avec $\mathscr{R}$.

La vitesse de la lumière est invariante par changement de référentiel. On dit que c'est un invariant de Lorentz.

17.4 Formalisme quadridimensionnel

On a donc la transformation de Lorentz qui nous permet de passer d'un référentiel d'inertie à l'autre.

✎ Montrer que la quantité $\Delta s_{12}^2 = c^2(t_2 - t_1)^2 - (x_2 - x_1)^2 - (y_2 - y_1)^2 - (z_2 - z_1)^2 = c^2\Delta t^2 - \Delta l^2$ est aussi un invariant.

On utilise la transformation de Lorentz, et en simplifiant les coordonnées y, z, y', z' :

$$c^2\Delta t^2 - (x_2 - x_1)^2 = c^2\Delta t^2 - \Delta x^2 = (\gamma c\Delta t' + \gamma\beta\Delta x')^2 - (\gamma\Delta x' + \gamma\beta c\Delta t')^2$$

soit

$$\Delta s^2 = \gamma^2 c^2 \Delta t'^2 (1 - \beta^2) - \gamma^2 \Delta x'^2 (1 - \beta^2) = \Delta s'^2.$$

On utilise la transformation de Lorentz, et en simplifiant les coordonnées y, z, y', z' :

$$c^2\Delta t^2 - (x_2 - x_1)^2 = c^2\Delta t'^2 - \Delta x'^2 = (\gamma c\Delta t' + \gamma\beta\Delta x')^2 - (\gamma\Delta x' + \gamma\beta c\Delta t')^2$$

soit

$$\Delta s^2 = \gamma^2 c^2 \Delta t'^2 (1 - \beta^2) - \gamma^2 \Delta x'^2 (1 - \beta^2) = \Delta s'^2.$$

Ainsi, la quantité Δs est bien un invariant relativiste. Elle représente la distance entre les deux événements de coordonnées (ct_2, x_2, y_2, z_2) et (ct_1, x_1, y_1, z_1).

On l'appelle intervalle d'espace-temps entre deux événements E_1 et E_2 dans un même référentiel $\mathscr{R}$.

On peut rencontrer plusieurs cas :
- si $\Delta s^2 < 0$, alors s est un imaginaire pur. On dit que l'intervalle est de genre espace.
- si $\Delta s^2 > 0$, alors s est un nombre réel. On dit que l'intervalle est de genre temps.
- si $\Delta s^2 = 0$, alors s est nul. On dit que l'intervalle est de genre lumière.

On choisit de représenter l'espace-temps dans le système de coordonnées (x, ct). La trajectoire d'un point Q dans l'espace-temps est appelée la ligne Univers .

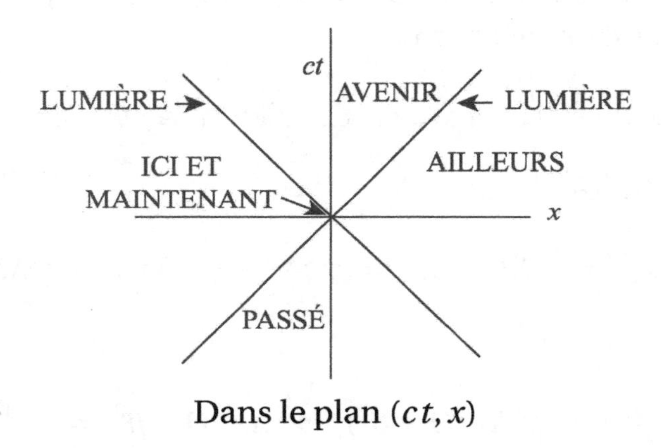

Dans le plan (ct, x)

On distingue alors trois zones :
- la zone pour laquelle $|x| < |ct|$, intervalle de genre temps. Suivant le signe de t, on a le futur ou le passé de Q.
- la zone pour laquelle $|x| > |ct|$, intervalle de genre espace. Cette zone ne peut pas être atteinte par de l'information provenant de Q, c'est l'ailleurs.
- les droites pour lesquelles $|x| = |ct|$, ce sont les droites de lumière.

À chaque instant, à chaque position, on peut attacher un cône de lumière au point Q.

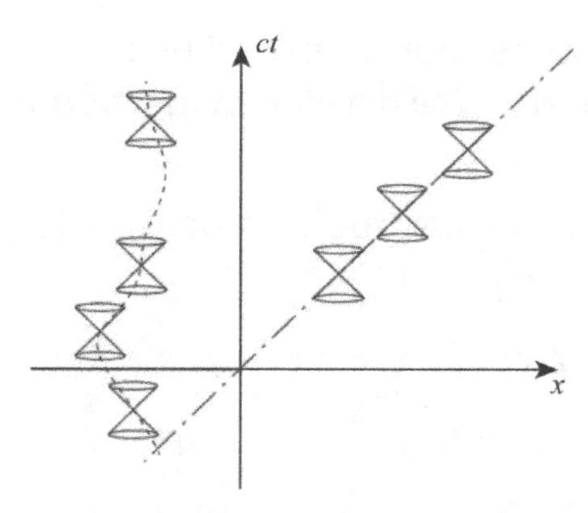

Ligne d'univers de Q d'après `Wikipédia`

✎ On considère l'événement E_0 pris pour origine de l'espace-temps et $E_1(ct, x, 0, 0)$ tel que E_1 appartienne à l'intervalle de genre temps et $t > 0$. Montrer que, pour tout référentiel, E_1 a toujours lieu après E.

On utilise la transformation de Lorentz, on a : $ct' = \gamma(ct - \beta x)$ est toujours positif car on a $x < ct$. E_1 a toujours lieu après E_0.

Ainsi, cette zone constitue le futur de E_0. De même, si $t < 0$, on a le passé de E_0.

Dans un espace à 3 dimensions, on a le cône de lumière.

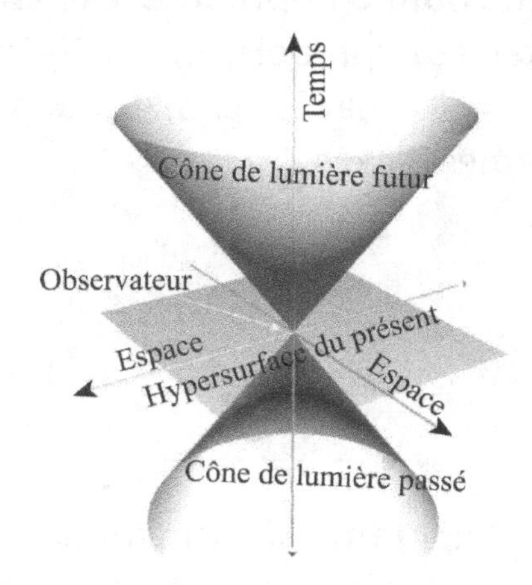

Cône de lumière d'après `Wikipédia`

Pour étudier l'espace-temps et les changements de référentiel, il peut être utile d'introduire les diagrammes de Minkowski. C'est un diagramme dans le plan où on représente les coordonnées d'un même événement dans deux référentiels galiléens $\mathscr{R}$ et $\mathscr{R}'$, ce dernier en mouvement le long de l'axe Ox à la vitesse v_e.

✎ On suppose que (Ox, ct) constitue un repère analogue à Oxy. Quelles sont les équations des axes $(Ox'), (ct')$?

On a $ct' = \gamma(ct - \beta x)$ et $x' = \gamma(x - \beta ct)$. Or, on cherche $x' = 0$ et $ct' = 0$ soit $x = \beta ct$ et $ct = \beta x$. On a le graphe suivant.

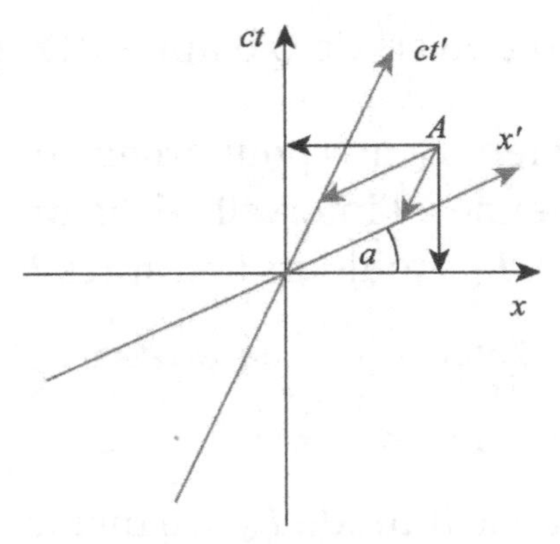

Diagramme de Minkowski

Ce diagramme est pratique pour comprendre la cinématique relativiste mais il peut être utile de rajouter les hyperboles normalisées ($c^2t^2 - x^2 = c^2t'^2 - x'^2 = 1$ et $c^2t^2 - x^2 = c^2t'^2 - x'^2 = -1$) car les échelles de distance ne sont pas les mêmes sur les deux systèmes d'axes.

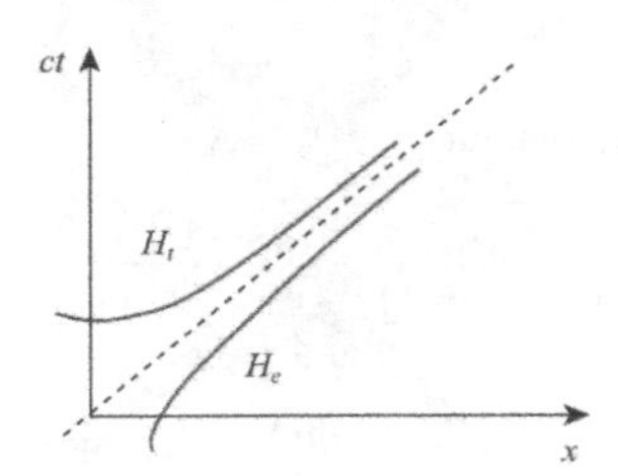

Diagramme de Minkowski

Ainsi, en introduisant le quadrivecteur (ct, x, y, z), on voit que sa norme associée à la métrique de Minkowski est un invariant. Grâce aux diagrammes de Minkowski, on va pouvoir interpréter simplement la cinématique relativiste.

Chapitre 18

Cinématique relativiste

Dans ce chapitre, nous allons nous intéresser à la façon dont la transformation de Lorentz change la manière d'étudier les vitesses des points matériels.

18.1 Postulats

Einstein a basé la mécanique relativiste sur deux postulats, que l'on rappelle ici :

– Toutes les lois physiques ont la même forme dans tout référentiel galiléen.

– La vitesse de la lumière c est constante dans tous les référentiels.

Quand on étudie des mouvements à vitesse faible devant c, on retrouve les résultats de la mécanique classique.

Tous les théorèmes de mécanique relativiste proviennent de ces postulats, en particulier ce que l'on appelle la cinématique , c'est-à-dire l'étude du mouvement des objets.

✎ Montrer que l'on retrouve, à partir de la transformation de Lorentz, la loi de transformation classique des coordonnées si $v_e \ll c$.

Si $v \ll c$, alors γ_e tend vers 1 et β tend vers 0. La transformation de Lorentz devient alors celle de Galilée.

Pour commencer notre étude de la mécanique, nous allons étudier la cinématique, c'est-à-dire nous allons le mouvement des objets indépendamment de la cause de leur mouvement. Pour définir un mouvement, il faut pouvoir parler de vitesse, et pour parler de vitesse, il faut parler de distance et de durée. Nous allons commencer par étudier les conséquences de la transformation de Lorentz sur les durées et les distances.

18.2 Conséquences de la transformation de Lorentz : distances et simultanéité

18.2.1 La notion de temps propre

Lors d'un changement de coordonnées utilisant la transformation de Lorentz, on peut constater que la variable de temps, t est désormais liée directement aux coordonnées spatiales : $ct' = \gamma(ct - \beta x)$.

Ainsi, la durée d'un événement n'est pas la même dans tous les référentiels.

✎ Un arbitre de course automobile chronomètre le parcours d'une formule 1 sur une ligne droite. On suppose la vitesse de la voiture constante de valeur v = 300 km/h. L'arbitre a chronométré un parcours de 100 secondes.

1. Quelle est la durée de la course dans le référentiel de l'arbitre ?
2. En utilisant les changements de coordonnées classiques, quelle a été la durée de la course dans le référentiel de la voiture de course ?
3. Même question en utilisant la transformation de Lorentz. Commentaires ?
4. Mêmes questions si la voiture de course est remplacée par une fusée allant à une vitesse de 50 000 km/h, sur la même durée de parcours.

1. Dans le référentiel de l'arbitre, la course a duré 100 secondes.
2. Si l'on note (ct_0, x_0, y_0, z_0) et (ct_1, x_1, y_1, z_1) respectivement les coordonnées des deux événements "début de la course" et "fin de la course" de la voiture, dans le référentiel de l'arbitre, et $(ct'_0, x'_0, y'_0, z'_0)$ et $(ct'_1, x'_1, y'_1, z'_1)$ les coordonnées des mêmes événements dans le référentiel de la voiture. La durée de la course

dans le référentiel de l'arbitre vaut $\delta t = t_1 - t_0$, et dans le référentiel de la voiture, cette durée vaut $\delta t' = t'_1 - t'_0$. La transformation classique des coordonnées assure que $t_0 = t'_0$ et $t_1 = t'_1$. Ainsi, $\delta t = \delta t'$.

3. En utilisant la transformation de Lorentz, il vient : $ct_0 = \gamma(ct'_0 + \beta x'_0)$, avec $\beta = v/c$, v est la vitesse de la voiture dans le référentiel de l'arbitre, et $\gamma = (1-\beta^2)^{-1/2}$. Il vient ensuite facilement $c\delta t = \gamma(c\delta t' + \beta(x'_1 - x'_0)) = \gamma c\delta t'$, car $x'_1 = x'_0$. On obtient par le calcul $\delta t' = 100$ s avec une incertitude inférieure à 10^{-12} s. Ce résultat est pratiquement identique au résultat classique.
4. En utilisant le même raisonnement, il vient $\delta t = 100$ s et $\delta' = 99.99999989$ s. A haute vitesse, les résultats sont désormais distinguables : il y a une différence d'environ 100 ns entre les deux référentiels.

La durée d'un événement est donc dépendante du choix de référentiel, ce qui est très différent du cas classique. On ne peut donc pas associer à un phénomène une seule durée ;toutefois, on accordera une importance particulière à la durée du phénomène mesurée dans un référentiel où ce phénomène est statique. Cette durée, appelée intervalle de temps propre , est un invariant de Lorentz.

✎ Montrer que l'intervalle de temps propre associé à un phénomène est toujours inférieur à la durée de ce phénomène dans n'importe quel autre référentiel.

En utilisant les notations de l'exercice précédent, on a :

$$c\delta t = \gamma c\delta t', \text{soit } c\delta t' = \frac{c\delta t}{\gamma}$$

Comme $\gamma \geqslant 1$, la démonstration est terminée.

Une autre façon de le voir est d'étudier les "tic-tacs" d'une horloge H. L'horloge H émet deux brèves impulsions lumineuses aux instants t_1 et t_2 dans le référentiel où elle est au repos. Par définition, $\boxed{\tau_0 = t_2 - t_1}$ est l'intervalle de temps propre.

Maintenant, l'horloge H se déplace à une vitesse v uniforme par rapport au référentiel $\mathscr{R}$ de l'observateur, on lui associe le référentiel $\mathscr{R}'$ d'origine O' qui cöincide avec O à $t = 0$. On suppose qu'on a placé le long de l'axe Ox un grand nombre d'observateurs munis d'horloge. À l'instant $t' = 0$, H se trouve en O' et émet un bip. Celui-ci est observé immédiatement en O à $t = 0$. Le deuxième bip est émis en x_1 à t_1, dans le référentiel $\mathscr{R}$. Dans le référentiel $\mathscr{R}'$ lié à l'horloge, on a $x'_2 = 0$. D'après la formule de la transformation de Lorentz, on a $ct'_B = \dfrac{ct_B}{\gamma}$.

Or, t'_B représente la durée propre τ_0, on retrouve donc $\boxed{\tau = \gamma\tau_0}$.

Un même phénomène peut donc durer plus longtemps selon le référentiel dans lequel on se place. Cet effet est connu sous le nom de dilatation des durées. Le temps semble s'écouler plus lentement dans un référentiel en mouvement par rapport à un observateur au repos.

Si l'on synchronise deux montres A et B, que l'on place la montre A dans un avion et la montre B au sol, la montre A va se mettre à retarder par rapport à la montre B. Dans le référentiel de l'avion, la montre A est statique. Considérons l'intervalle de temps qui s'écoule entre deux passages de l'aiguille des minutes de la montre A au même point. Dans l'avion, l'intervalle de temps entre ces deux événements est un intervalle de temps propre. Il dure une heure. Au sol, la durée de ce phénomène est nécessairement plus longue. Ainsi, quand une heure se sera écoulée pour la montre B, plus d'une heure se sera écoulée pour la montre A. Ce phénomène a pu être observé expérimentalement en 1971 en plaçant des horloges atomiques de grande précision à bord d'avions.

Visualisation de la dilatation des temps sur le diagramme de Minkowski

On peut montrer graphiquement que le temps propre est toujours inférieur aux autres temps.

Soit un événement E_1 repéré dans le référentiel $\mathscr{R}'$. Dans le référentiel $\mathscr{R}$, pour mesurer le temps, on trace la parallèle à l'axe Ox, on trouve E_0. Or, si on fait figurer l'hyperbole qui montre le lieu des coordonnées des points liés à l'événement E_1 dans les différents référentiels, on voit que E_0 est supérieur à $E_{1,\mathscr{R}}$. On a bien la dilatation des temps.

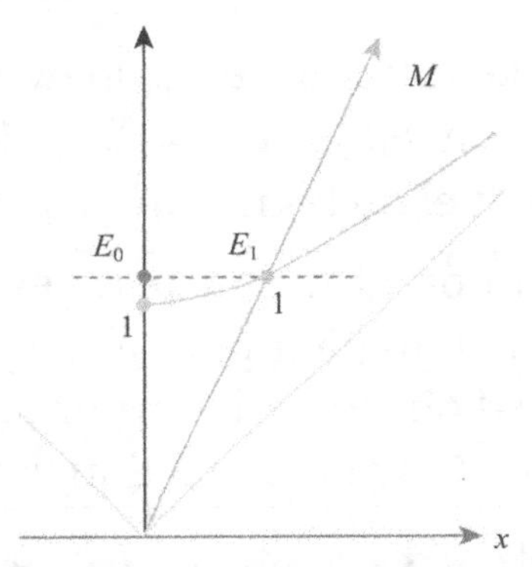

Visualisation de la dilatation des temps

De même, soit un événement E repéré dans le référentiel $\mathscr{R}$. Dans le référentiel $\mathscr{R}'$, pour mesurer le temps, on trace la parallèle à l'axe Ox', on trouve E_1, qui représente l'intervalle de temps mesuré pour un observateur situé dans $\mathscr{R}'$. Or, si on fait figurer l'hyperbole qui montre le lieu des coordonnées des points liés à l'événement E_1 dans les différents référentiels, on voit que E_1 est supérieur à $E_{\mathscr{R}}$. On a bien la dilatation des temps.

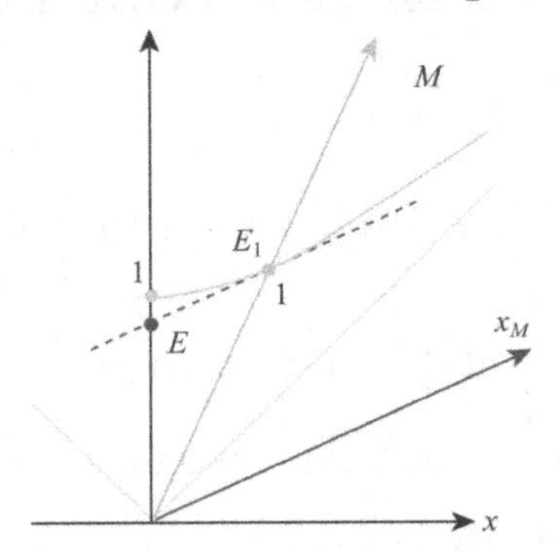

Visualisation de la dilatation des temps

On ne mesure le temps propre que dans le référentiel où l'horloge est au repos !

18.2.2 Étude de la durée de vie des muons

Les muons sont des particules élémentaires, de même charge que les électrons, mais de masse supérieure (environ 207 fois supérieure). Les muons se désintègrent spontanément selon la réaction suivante :

$$\mu \rightarrow e^- + \bar{\nu}_e + \nu_\mu$$

où $\bar{\nu}_e$ est un antineutrino électronique, et ν_μ un neutrino muonique . La durée de demi-vie de cette réaction est de $t_{1/2} = 2,2 \times 10^{-6}$ s, elle est mesurée en laboratoire, dans un référentiel où les muons sont au repos.

✎ En supposant qu'un muon ait une vitesse égale à $0,999c$, déterminer un ordre de grandeur de la longueur parcourue par un muon avant de se désintégrer. Il est possible d'observer des muons créés dans la haute atmosphère au niveau de la mer. Comment expliquer cette observation ?

Les muons peuvent parcourir une longueur environ égale à $d = 0,999c \times 2,2 \times 10^{-6} = 660$ m. C'est bien plus petit que la hauteur de l'atmosphère. Toutefois, on observe les muons dans un référentiel dans lesquels ils ne sont pas au repos. Leur demi-vie subit donc le phénomène de dilatation des durées. Dans le référentiel terrestre, la valeur de leur demie-vie peut se calculer en utilisant la transformation de Lorentz :

$$t'_{1/2} = \gamma t_{1/2} = 4,9 \times 10^{-4} \text{ s}$$

Dans le référentiel terrestre, les muons peuvent donc parcourir une distance de 15 km avant de se désintégrer, ce qui explique les observations.

18.2.3 La contraction des longueurs

On montrera en exercice qu'un phénomène similaire se produit avant les écarts spatiaux entre deux points. Selon le référentiel dans lequel on mesure une distance, cette distance n'est pas toujours identique ! On peut là aussi définir une longueur propre d'un objet, qui est la longueur qu'un observateur mesure dans un référentiel où l'objet est immobile.

Une longueur propre est toujours plus longue que celle mesurée dans un autre référentiel. C'est le phénomène de contraction des longueurs .

Visualisation de la contraction des longueurs sur le diagramme de Minkowski

On mesure la longueur d'un objet étalon de longueur unité dans le référentiel $\mathscr{R}$ au même instant ct (repéré sur l'axe Ox par E_0E_1) où il est au repos. La mesure relative à un observateur dans $\mathscr{R}'$ est donnée par E_0E_1. En faisant figurer l'hyperbole unité, on voit que la longueur mesurée dans $\mathscr{R}'$ est inférieure à celle mesurée dans $\mathscr{R}$.

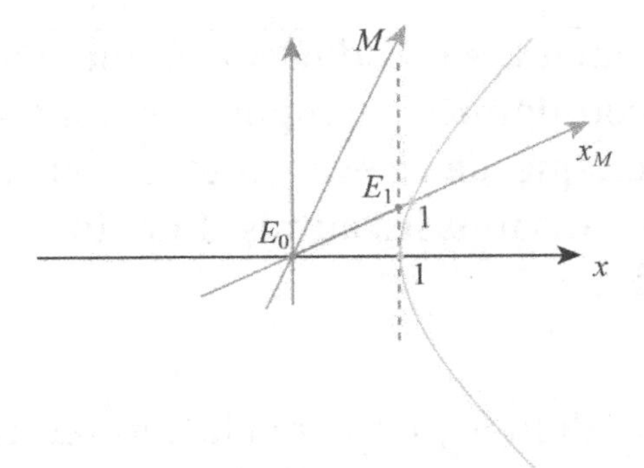

Visualisation de la contraction des longueurs d'une règle étalon, au repos dans $\mathscr{R}$, mesurée par un observateur dans $\mathscr{R}'$

On mesure la longueur d'un objet étalon de longueur unité dans le référentiel $\mathscr{R}'$ au même instant ct' (repéré sur l'axe Ox' par $E_0 1$) où il est au repos. La mesure relative à un observateur dans $\mathscr{R}$, en mouvement par rapport à $\mathscr{R}'$ est donnée par E_0E_1. En faisant figurer l'hyperbole unité, on voit que la longueur mesurée dans $\mathscr{R}$ est inférieure à celle mesurée dans $\mathscr{R}'$.

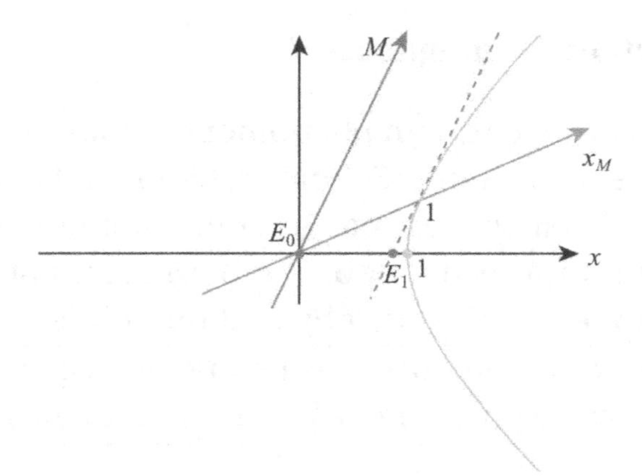

Visualisation de la contraction des longueurs pour un objet au repos dans $\mathscr{R}'$

On voit ainsi que l'explication des paradoxes de la contraction des longueurs provient du fait qu'on ne fait pas la même mesure dans les référentiels $\mathscr{R}$ et $\mathscr{R}'$.
La contraction des longueurs n'existe que dans la direction du mouvement.

18.2.4 La notion de simultanéité de deux événements

On dit que deux événements se produisent simultanément dans un même référentiel si leurs coordonnées temporelles sont identiques. En mécanique classique, lorsque deux événements sont simultanés dans un référentiel, ils le sont dans tous les autres. Toutefois, cela n'est pas vrai en mécanique relativiste.

Imaginons un train, dont le premier et le dernier wagon sont simultanément frappés par la foudre, dans le référentiel de René, défini ci-après. Un contrôleur sur le quai assiste à la scène (on l'appellera René). Une passagère, appelée Yvonne, se trouve au centre du train. On va étudier les deux événements A : "l'éclair 1 frappe l'avant du train" et B : "l'éclair 2 frappe l'arrière du train" (voir Figure 18.1).

Lorsque les éclairs touchent les wagons, René et Yvonne se trouvent tous les deux à égale distance de l'avant et de l'arrière du train, qui se déplace à une vitesse v_e.

Dans le référentiel de René, les deux événements A et B, *sont simultanés.*

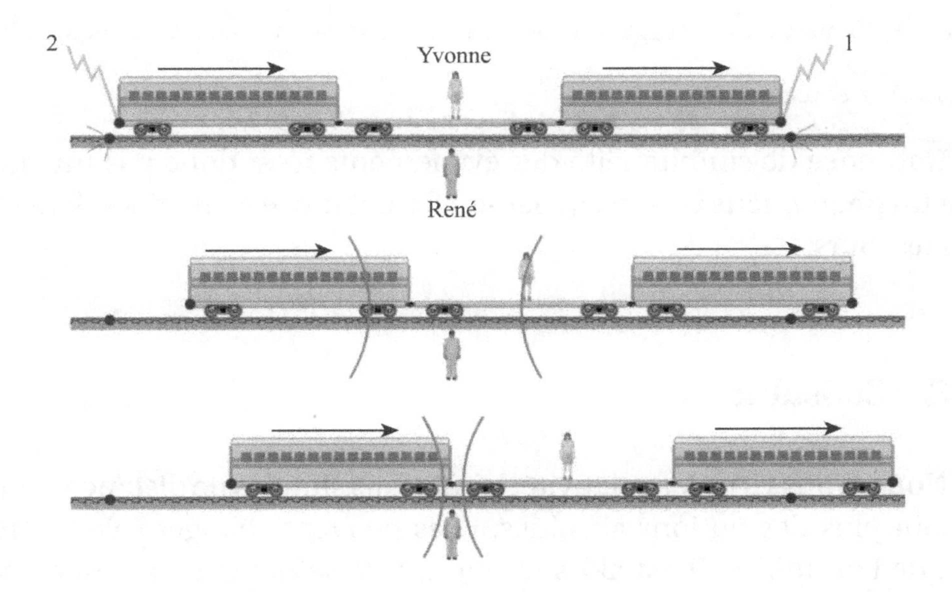

Figure 18.1-**Premier dessin :** les éclairs frappent le train. **Deuxième dessin :** la lumière émise par les éclairs se propage à la même vitesse c dans les deux référentiels, celui d'Yvonne et celui de René. L'éclair 1 atteint Yvonne. **Troisième dessin :** Les éclairs 1 et 2 atteignent René en même temps.

Dans le référentiel d'Yvonne que se passe-t-il ? Yvonne va en réalité d'abord voir le premier éclair, celui qui a frappé l'avant du train, puis celui qui a frappé l'arrière du train ! En effet, les deux éclairs ont frappé le train à égale distance d'Yvonne. Yvonne se déplace à la vitesse du train v_e dans le référentiel de la gare. Or, la lumière des éclairs se propage toujours à la même vitesse, c. Ainsi, Yvonne va se rapprocher de la lumière émise par le premier éclair, et s'éloigner de celle émise par le deuxième éclair.

En faisant ses calculs, elle va alors conclure que l'écart temporel entre les événements A et B, Δt, n'est pas nul ! *Ces deux événements ne sont pas simultanés dans le référentiel d'Yvonne !*

✎ Yvonne est effrayée par les éclairs : dès qu'elle en voit un, elle se met à crier très fort. Si elle en voit un deuxième, elle a tellement peur qu'elle s'évanouit (et elle arrête de crier). René a-t-il entendu Yvonne crier ?

Pour Yvonne, les deux événements A et B ne sont pas simultanés. Il s'écoule ainsi du temps entre les deux éclairs. Yvonne a donc le temps de crier avant de s'évanouir, et évidemment René pourra l'entendre.

L'absence de simultanéité des événements n'est donc pas une illusion : c'est un phénomène bien réel, même s'il est difficile à imaginer dans la vie de tous les jours.

18.3 Causalité

Nous avons vu qu'en relativité, les notions simples de distance et de durée ne sont plus des notions absolues. Elles peuvent changer selon le référentiel que l'on utilise. Il est alors important de se demander si la mécanique relativiste respecte la causalité : est-ce qu'un effet peut se produire avant sa cause, dans un référentiel donné ?

Considérons deux événements A et B : A est l'événement "Basil envoie un e-mail" et B est l'événement "Julie reçoit un e-mail". Est-ce que Julie peut, dans un référentiel particulier, recevoir l'email de Basil avant que Basil ne l'envoie ?

✎ Prouver que, quelque soit le référentiel utilisé, Julie ne recevra jamais l'email de Basil avant qu'il ne l'envoie.

On attribue à l'événement A les coordonnées (0,0,0,0) dans le référentiel $\mathcal{R}$ associé à Basil. L'événement B, dans ce référentiel, se situe aux coordonnées $(cd/v, d, 0, 0)$, où d est la distance entre Basil et Julie, et v la vitesse de parcours de l'email, v étant très proche de la vitesse de la lumière.

On considère alors un référentiel $\mathcal{R}'$, en mouvement de translation rectiligne uniforme suivant l'axe (Ox), à une vitesse d'entraînement v_e. La transformation de Lorentz nous permet d'écrire les coordonnées de A et B dans le référentiel $\mathscr{R}'$:

$$A : (0,0,0,0), \quad B : (\gamma_e(cd/v - \beta_e d), \gamma_e(d - \beta_e cd/v), 0, 0)$$

Calculons $t'_B - t'_A$, et déterminons le signe de cette quantité :

$$t'_B - t'_A = \gamma_e \left(\frac{cd}{v} - \beta_e d \right) = \gamma_e \frac{cd}{v} \left(1 - \frac{v_e v}{c^2} \right)$$

Or, $1 - \frac{v_e v}{c^2} > 0$ car v et v_e sont strictement inférieurs à c. Ainsi $t'_B - t'_A > 0$, quel que soit le référentiel $\mathscr{R}'$.

La théorie de la relativité respecte donc le principe de causalité.

18.4 Loi de composition des vitesses

Pour pouvoir étudier le mouvement d'un objet, on doit étudier sa vitesse. Nous avons vu comment changer de coordonnées spatiales et temporelles entre deux référentiels galiléens. Nous allons voir comment maintenant déterminer la vitesse d'un objet $\vec{v}\,'$ dans un référentiel $\mathscr{R}'$, en mouvement de translation rectiligne uniforme par rapport au référentiel $\mathscr{R}$, dans lequel l'objet a une vitesse $\vec{v}$. On va déterminer la loi de composition des vitesses relativiste .

✎ Quelle est la loi de composition des vitesses en mécanique classique ? Est-elle vraie en mécanique relativiste ?

En mécanique classique, si le référentiel $\mathscr{R}'$ se déplace à une vitesse $\vec{v}_e$ par rapport au référentiel $\mathscr{R}$, alors on a :

$$\vec{v}\,' = \vec{v} - \vec{v_e}$$

On sait que la lumière a une vitesse c identique dans tous les référentiels, cette loi de composition n'est donc pas valable en mécanique relativiste.

On écrit le vecteur vitesse d'un point matériel dans les deux référentiels $\mathscr{R}$ et $\mathscr{R}'$:

$$\overrightarrow{v}_{\mathscr{R}} = \left. \begin{matrix} v_x \\ v_y \\ v_z \end{matrix} \right|_{\mathscr{R}} \quad \text{et } \overrightarrow{v}_{\mathscr{R}'} = \left. \begin{matrix} v'_x \\ v'_y \\ v'_z \end{matrix} \right|_{\mathscr{R}'} \tag{18.1}$$

On suppose que $\mathscr{R}'$ possède une vitesse d'entraînement $\overrightarrow{v}_e = v_e \overrightarrow{e}_x$ par rapport à $\mathscr{R}$. Dans le référentiel $\mathscr{R}$, on peut écrire : $v'_x = \dfrac{\mathrm{d}x'}{\mathrm{d}t'}$. On détaille les différentielles :

$$\mathrm{d}x' = \gamma_e(\mathrm{d}x - \beta c \mathrm{d}t)$$
$$c\mathrm{d}t' = \gamma_e(c\mathrm{d}t - \beta \mathrm{d}x)$$

On a donc :

$$\frac{\mathrm{d}x'}{\mathrm{d}t'} = \frac{\gamma(\mathrm{d}x - \beta c \mathrm{d}t)}{\gamma\left(\mathrm{d}t - \dfrac{\beta}{c}\mathrm{d}x\right)} \tag{18.2}$$

En simplifiant le membre de droite, il vient :

$$\frac{\mathrm{d}x'}{\mathrm{d}t'} = \frac{\left(\dfrac{\mathrm{d}x}{\mathrm{d}t} - \beta c\right)}{\left(1 - \dfrac{\beta}{c}\dfrac{\mathrm{d}x}{\mathrm{d}t}\right)} \tag{18.3}$$

Finalement, on obtient :

$$v'_x = \frac{v_x - v_e}{1 - \dfrac{v_e v_x}{c^2}} \tag{18.4}$$

Pour les vitesses suivant les axes Oy et Oz, on obtient de la même manière :

$$v'_y = \frac{v_y}{\gamma\left(1 - \dfrac{v_e v_x}{c^2}\right)} \text{ et } v'_z = \frac{v_z}{\gamma\left(1 - \dfrac{v_e v_x}{c^2}\right)} \tag{18.5}$$

On obtient donc les formules relativistes de composition des vitesses. On remarque qu'il n'existe pas de forme vectorielle unique pour la composition des vitesses en relativité. On doit détailler les composantes. On remarque également que, lorsque les vitesses v_i sont négligeables devant la célérité de la lumière, on retrouve la loi classique de composition des vitesses.

Pour exprimer $\vec{v}$ en fonction de $\vec{v}\,'$, il suffit de remplacer v_e par $-v_e$. Par exemple :

$$v_x = \frac{v'_x + v_e}{1 + \dfrac{v_e v'_x}{c^2}} \tag{18.6}$$

✎ **Démontrer, en utilisant les lois de composition des vitesses relativistes, que la lumière a la même vitesse dans tous les référentiels.**

Si on prend $v_x = c$, alors en utilisant la formule 18.4, on obtient :

$$v'_x = \frac{c - v_e}{1 - \dfrac{v_e}{c}} = c\frac{1 - \dfrac{v_e}{c}}{1 - \dfrac{v_e}{c}} = c$$

d'où le résultat.

Chapitre 19

Dynamique relativiste

Dans ce chapitre, nous nous intéressons aux conséquences de la relativité restreinte sur la dynamique des particules, c'est-à-dire sur la manière dont les forces extérieures influencent leurs mouvements. Nous allons commencer par introduire les expressions relativistes de la quantité de mouvement et de l'énergie totale d'une particule.

19.1 Quantité de mouvement et énergie

Pour déterminer les expressions de $\overrightarrow{p}$ et $\mathscr{E}$ en relativité, on peut montrer qu'il suffit de supposer que ces deux quantités sont toujours conservées, et qu'à la limite des faibles vitesses, on retrouve les lois classiques de conservation de la quantité de mouvement et de l'énergie, ainsi que leurs expressions. Les seules expressions de $\overrightarrow{p}$ et $\mathscr{E}$ respectant ces conditions sont :

$$\overrightarrow{p} = \gamma m \overrightarrow{v} \text{ et } \mathscr{E} = \gamma m c^2 + \mathscr{E}_p \tag{19.1}$$

où $\gamma = \left(1 - \dfrac{v^2}{c^2}\right)^{-1/2}$ et v est la vitesse de la particule dans le référentiel d'étude, et $\mathscr{E}_p$ est l'énergie potentielle de la particule.

Si γ tend vers 1, on retrouve bien l'expression classique de la quantité de mouvement. On remarque toutefois que, quand $\gamma = 1$, c'est-à-dire quand la particule est au repos, elle possède une énergie non-nulle, appelée énergie de masse .

$$E = mc^2 \tag{19.2}$$

Cette équation, certainement la plus célèbre de l'histoire de la physique, a été envisagée par Poincaré, et publiée par Einstein en 1905. Elle établit un lien direct entre la masse et l'énergie d'une particule. Cela signifie que la masse d'une particule n'est rien d'autre qu'une forme particulière d'énergie, énergie que l'on peut, dans certaines circonstances, extraire. C'est ce que l'on fait en particulier dans les centrales nucléaires, où la désintégration des atomes libère une partie de leur énergie de masse.

✎ Calculer l'énergie de masse contenue dans une mole de carbone 12. On rappelle la masse d'un proton : $m_p = 1,67 \times 10^{-27}$ kg, que l'on considèrera égale à la masse d'un neutrons. Commentaires ?

Dans 12 g de carbone 12, il y a par définition $\mathcal{N}_A = 6,02 \times 10^{23}$ atomes de carbone. Chaque atome possède 12 nucléons, soit une énergie de masse $\mathcal{E}_1 = 12 \times m_p c^2 = 11260$ MeV. 1 g de carbone 12 contient donc $\mathcal{N}_A \times 12 \times m_p c^2 = 4,24 \times 10^{17}$ J. C'est absolument colossal : malheureusement il n'est pas possible d'extraire cette énergie de masse.

L'énergie totale est définie comme la somme des énergies cinétique, potentielle (s'i y a des forces extérieures), de masse (énergie interne). En connaissant l'expression de l'énergie de masse, on peut en déduire l'expression de l'énergie cinétique en relativité :

$$\mathcal{E}_{\text{tot}} = \mathcal{E}_{\text{m}} + \mathcal{E}_{\text{p}} + \mathcal{E}_{\text{cin}} = \mathcal{E}_{\text{p}} + \gamma m c^2$$

d'où :

$$\mathcal{E}_{\text{cin}} = (\gamma - 1) m c^2. \tag{19.3}$$

Un développement limité au premier ordre nous permet de retrouver l'expression classique de $\mathcal{E}_c$.

Dans la suite du cours, on appellera $\mathcal{E} = \mathcal{E}_{\text{masse}} + \mathcal{E}_{\text{cinétique}}$ énergie de la particule libre. Cette énergie comprend toutes les formes d'énergie (cinétique, interne), c'est bien l'énergie totale de la particule libre.

Remarque : Le cas des particules sans masse, comme le photon, n'est pas résolu par cette formule, car γ devient infini. On verra un peu plus loin comment relier l'énergie et le moment d'une particule de masse nulle.

19.2 Théorèmes généraux de la dynamique relativiste

En connaissant les nouvelles expressions de $\vec{p}$ et de l'énergie, on peut établir les théorèmes de mécanique. On admet cependant que le principe fondamental de la dynamique s'écrit, dans le cadre de la relativité restreinte, de la manière suivante *dans un référentiel galiléen* :

$$\frac{\mathrm{d}\vec{p}}{\mathrm{d}t} = \vec{F}, \tag{19.4}$$

avec $\vec{p}$ la quantité de mouvement relativiste d'une particule, et $\vec{F}$ la somme des forces appliquées à la particule.

On remarque ici que la somme des forces subies n'est pas, comme en mécanique newtonienne, proportionnelle à l'accélération.

On peut retrouver, à l'aide de ces définitions, les expressions relativistes des principaux théorèmes de mécanique. On se propose de montrer deux théorèmes.

19.2.1 Théorème du moment cinétique

Appliquons le principe fondamental de la dynamique à une particule A :

$$\frac{\mathrm{d}\vec{p}}{\mathrm{d}t} = \vec{F}. \tag{19.5}$$

On a alors, pour tout point O fixe dans $\mathscr{R}$:

$$\overrightarrow{OA} \wedge \frac{\mathrm{d}\vec{p}}{\mathrm{d}t} = \overrightarrow{OA} \wedge \vec{F} \tag{19.6}$$

$$\frac{\mathrm{d}(\overrightarrow{OA} \wedge \vec{p})}{\mathrm{d}t} - \frac{\mathrm{d}\overrightarrow{OA}}{\mathrm{d}t} \wedge \vec{p} = \overrightarrow{OA} \wedge \vec{F}. \tag{19.7}$$

$$\tag{19.8}$$

La vitesse de A et son impulsion étant colinéaires, on peut alors écrire :

$$\frac{\mathrm{d}(\overrightarrow{OA} \wedge \vec{p})}{\mathrm{d}t} = \overrightarrow{OA} \wedge \vec{F} \tag{19.9}$$

$$\frac{\mathrm{d}\overrightarrow{L_O}}{\mathrm{d}t} = \overrightarrow{OA} \wedge \vec{F}. \tag{19.10}$$

On a introduit $\overrightarrow{L_O} = \overrightarrow{OA} \wedge \overrightarrow{p}$ moment cinétique de la particule A, et on retrouve bien le théorème du moment cinétique.

19.2.2 Théorème de l'énergie cinétique

Le théorème de l'énergie cinétique s'écrit

$$\Delta E_c = \int F \mathrm{d}x,$$

soit encore

$$\Delta E_c = \int \frac{\mathrm{d}}{\mathrm{d}t}(\gamma m v)\mathrm{d}x = \int \frac{\mathrm{d}}{\mathrm{d}t}(\gamma m v) v \mathrm{d}t.$$

Or, on a $\gamma = \dfrac{1}{\sqrt{1 - v^2/c^2}}$ soit $v = \dfrac{c}{\gamma}\sqrt{\gamma^2 - 1}$.

On a donc $\dfrac{\mathrm{d}}{\mathrm{d}t}(\gamma m v) = mc\dfrac{\gamma}{\sqrt{\gamma^2 - 1}}\dfrac{\mathrm{d}\gamma}{\mathrm{d}t}$ soit

$$W(\overrightarrow{F}) = \int mc\frac{\gamma}{\sqrt{\gamma^2 - 1}}\frac{\mathrm{d}\gamma}{\mathrm{d}t} \times \frac{c}{\gamma}\sqrt{\gamma^2 - 1}\mathrm{d}t = mc^2 \int \mathrm{d}\gamma = mc^2(\gamma - 1).$$

On fait apparaître l'énergie cinétique relativiste de la particule libre.

19.3 Lois de conservation

19.3.1 Lois de conservation de l'énergie et la quantité de mouvement

Les expressions de l'énergie et de la quantité de mouvement ont pu être établies en supposant qu'elles étaient conservées. Naturellement, on peut donc écrire que pour un système isolé, on a :

$$\mathscr{E} = \text{constante} \tag{19.11}$$

$$\overrightarrow{p}_{\text{total}} = \overrightarrow{\text{constante}}. \tag{19.12}$$

19.3.2 Lien entre quantité de mouvement et énergie

La norme de la quantité de mouvement d'une particule et son énergie $\mathscr{E}$, sont liées par la relation :

$$\mathscr{E}^2 - p^2 c^2 = m^2 c^4. \tag{19.13}$$

✎ Démontrez ce résultat.

On écrit les expressions de p et $\mathscr{E}$:

$$p = \|\overrightarrow{p}\| = \frac{mv}{\sqrt{1-\frac{v^2}{c^2}}}, \mathscr{E} = \frac{mc^2}{\sqrt{1-\frac{v^2}{c^2}}}.$$

On écrit alors :

$$\mathscr{E}^2 - p^2c^2 = \frac{m^2c^4}{1-\frac{v^2}{c^2}} - \frac{m^2v^2c^2}{1-\frac{v^2}{c^2}} = \frac{m^2c^4}{1-\frac{v^2}{c^2}}\left(1-\frac{v^2}{c^2}\right) = m^2c^4.$$

Comme la quantité mc^2 représente l'énergie de masse au repos d'une particule, elle est invariante par changement de référentiel.

$\mathscr{E}^2 - p^2c^2$ est un invariant de Lorentz.

Nous avons donc vu plusieurs invariants relativistes : la célérité de la lumière, la masse, Δs^2, et $\mathscr{E}^2 - p^2c^2$. On peut aussi citer le quadrivecteur d'onde $(\omega/c, \overrightarrow{k})$ pour une onde de pulsation ω, de vecteur d'onde $\overrightarrow{k}$.

19.3.3 Particules de masse nulle

Pour une particule de masse nulle, comme le photon, la relation précédente s'écrit :

$$\mathscr{E} = pc. \tag{19.14}$$

Une particule de masse nulle possède donc une énergie non nulle, même si elle ne possède pas d'énergie de masse.

19.4 Collisions relativistes

En relativité, les lois pour les collisions sont plus simples qu'en mécanique classique car, pour toute collision, l'énergie totale est toujours conservée. On a donc conservation de l'énergie totale et de l'impulsion lors d'une collision relativiste.

✎ Écrire les équations de conservation de ces grandeurs.

On a $(\sum_i \mathscr{E}_{\text{tot},i})_{\text{avant}} = (\sum_i \mathscr{E}_{\text{tot},i})_{\text{après}}$ soit $(\sum_i \gamma_i m_i c^2)_{\text{avant}} = (\sum_j \gamma_j m_j c^2)_{\text{après}}$ et pour la quantité de mouvement : $(\sum_i \vec{p}_i)_{\text{avant}} = (\sum_i \vec{p}_i)_{\text{après}}$ soit $(\sum_i \gamma_i m_i \vec{v}_i)_{\text{avant}} = (\sum_j \gamma_j m_j \vec{v}_j)_{après}$.

19.4.1 Fusion de l'hydrogène

On étudie la réaction suivante :

$$^2_1\text{H} + ^3_1\text{H} \longrightarrow ^4_2\text{He} + ^1_0\text{n}$$

qu'on modélise par la collision de deux particules identiques qui donne naissance à une troisième particule.
On suppose qu'initialement une masse est immobile et l'autre est animée d'une vitesse v. Après la collision (inélastique), on a une seule particule de masse m' et de vitesse v'.

✎ Dans le cadre relativiste, écrire les lois de conservation de l'énergie et de la quantité de mouvement. En déduire que $v' = \dfrac{\gamma_v}{1+\gamma_v} v$.

On a $p_{\text{avant}} = \gamma_v m v$ et $p_{après} = \gamma_{v'} m' v'$ et $\mathscr{E}_{\text{avant}} = (1+\gamma_v) m c^2$ et $\mathscr{E}_{\text{après}} = \gamma_{v'} m' c^2$.

On a alors $(1+\gamma_v) m = \gamma_{v'} m'$ soit en remplaçant dans l'expression de la quantité de mouvement :

$$v' = \frac{\gamma_v}{1+\gamma_v} v.$$

Il nous faut maintenant trouver l'expression de la masse m'.

✎ Quel invariant n'a-t-on pas encore utilisé ?

On utilise $\mathscr{E}^2 - p^2c^2$. On a $m'^2 c^4 = \mathscr{E}'^2 - p'^2 c^2 = \mathscr{E}^2 - p^2 c^2 = (1+\gamma_v)^2 m^2 c^4 - \gamma_v^2 m^2 v^2 c^2$ soit $m' = m\sqrt{1+2\gamma_v+\gamma_v^2-\gamma_v^2 v^2/c^2} = m\sqrt{2(1+\gamma_v)} = 2m\sqrt{\dfrac{1+\gamma_v}{2}}$.

Contrairement à une collision dans le cadre classique, on voit que $m' \geqslant 2m$ et $v' \geqslant v/2$.

19.4.2 Effet Compton

On va maintenant étudier un exemple de collision dite élastique, c'est-à-dire où la nature des particules impliquées dans la collision ne change pas au cours de celle-ci.

On appelle effet Compton, du nom du physicien américain A.H. Compton, l'apparition d'un rayonnement lors d'une collision entre photons et particules chargées, d'une fréquence différente du rayonnement incident. On représente sur la figure ?? l'expérience qui a permis de mettre en évidence ce rayonnement. Un faisceau incident de rayons X, frappe avec une incidence normale une plaque de graphite (la cible). Un détecteur, donc l'angle avec la cible peut varier, est placé derrière la cible.

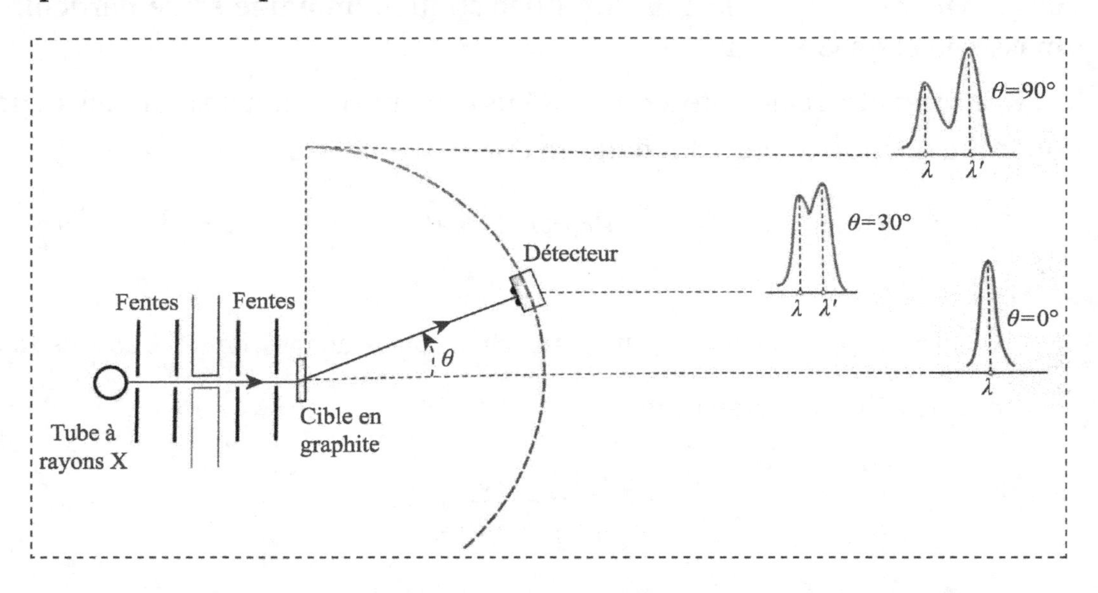

Figure 19.1-Schéma de l'expérience de Compton. L'angle θ représente l'angle entre le faisceau incident et le détecteur.

On observe à la sortie deux rayonnements, un de fréquence ν, fréquence des rayons X incidents, et un de fréquence ν'. On remarque que ν' dépend de l'angle θ entre la direction du rayon incident, et le détecteur.

Dans le matériau cible, il se produit la réaction suivante :

$$\gamma + e^- \longrightarrow \gamma' + e'^-$$

γ est un photon incident d'énergie et d'impulsion $(\mathscr{E}_\gamma, \overrightarrow{p}_\gamma)$, e^- est un électron cible, au repos, d'énergie et d'impulsion $(\mathscr{E}_e, \overrightarrow{0})$. À l'état final, le photon a pour énergie et impulsion $(\mathscr{E}'_\gamma, \overrightarrow{p'}_\gamma)$, et l'électron $(\mathscr{E}'_p, \overrightarrow{p_e}')$.

✎ Écrire pour cette collision, la conservation de l'énergie et de l'impulsion.

On a :

$$\begin{cases} \overrightarrow{p_\gamma} = \overrightarrow{p_\gamma}' + \overrightarrow{p_e}' \\ \mathscr{E}_\gamma + m_e c^2 = \mathscr{E}'_\gamma + \mathscr{E}'_e \end{cases}$$

Écrivons maintenant le lien entre l'énergie et l'impulsion de l'électron :

$$\mathscr{E}_e'^2 - p_e'^2 c^2 = m_e^2 c^4.$$

Cette relation est vraie avant et après la collision, car la masse de l'électron est un invariant de Lorentz. À l'aide des équations de conservation, on peut alors remplacer $\mathscr{E}'_e$ et p'_e dans cette équation :

$$(\mathscr{E}_\gamma + m_e c^2 - \mathscr{E}'_\gamma)^2 - (\overrightarrow{p}_\gamma - \overrightarrow{p}'_\gamma)^2 c^2 = m_e^2 c^4.$$

✎ Dans l'expression précédente, développer la norme du vecteur $(\overrightarrow{p}_\gamma - \overrightarrow{p}'_\gamma)$, puis remplacer les quantités de mouvements par les énergies des particules.

On développe d'abord la norme : $(\overrightarrow{p}_\gamma - \overrightarrow{p}'_\gamma)^2 = p_\gamma^2 - 2p_\gamma p'_\gamma \cos\theta + p_\gamma'^2$. Sachant que pour une particule de masse nulle, $\mathscr{E} = pc$, on a alors :

$$p_\gamma^2 - 2p_\gamma p'_\gamma \cos\theta + p_\gamma'^2 = \frac{1}{c^2}\left(\mathscr{E}_\gamma^2 + \mathscr{E}_\gamma'^2 - 2\mathscr{E}_\gamma \mathscr{E}'_\gamma \cos\theta\right).$$

Il vient alors :

$$2m_e c^2(\mathscr{E}_\gamma - \mathscr{E}'_\gamma) + 2\mathscr{E}_\gamma \mathscr{E}'_\gamma(\cos\theta - 1) = 0.$$

En se rappelant qu'un photon a pour énergie $\mathscr{E} = h\nu$, il vient alors :

$$m_e c^2(\nu - \nu') = h\nu\nu'(1 - \cos\theta).$$

D'où :

$$\frac{c}{\nu'} - \frac{c}{\nu} = \frac{h}{m_e c}(1 - \cos\theta).$$

En utilisant les longueurs d'ondes, et en posant la longueur d'onde Compton de l'électron $\lambda_c = \dfrac{h}{m_e c} = 2,426 \cdot 10^{-12}$ m, on obtient la relation suivante :

$$\lambda' - \lambda = \lambda_c(1 - \cos\theta) \quad (19.15)$$

Un photon diffusé dans la direction θ possède donc une longueur d'onde λ' qui dépend de θ. On remarque que λ' est supérieur à λ, ce qui est normal puisque le photon incident perd de l'énergie dans la collision.

✎ Dans chaque direction, on observe deux fréquences pour les photons, l'une d'entre elle est toujours la fréquence des photons incidents. Expliquez ce phénomène.

Si l'on observe les photons à $\theta \neq 0$, c'est que ces photons ont été diffusés par la cible. Les photons de fréquence ν ont donc été diffusés par des particules de longueur d'onde de Compton très faible. On en conclut qu'ils ont été diffusés par les noyaux des atomes de la cible, de masse bien supérieure à celle des électrons.

Quatrième partie

diffusion

On a déjà vu l'année dernière les deux principes fondamentaux de la thermodynamique avec application au niveau macroscopique. Dans cette partie, nous allons nous intéresser à une formulation locale de la thermodynamique avec l'étude des phénomènes de diffusion et ainsi de la thermodynamique hors équilibre.
Ceci va nous permettre de lier deux approches : cinétique et thermodynamique, ce qui va nous permettre d'ouvrir la voie au programme de thermochimie du prochain semestre.
On va d'abord étudier la diffusion de particules avant de s'intéresser à la diffusion thermique qui lie le champ de température au sein d'un solide avec le flux d'énergie interne.

Tout d'abord, on va commencer par un bref rappel des principes de la thermodynamique pour les systèmes ouverts.

Chapitre 20

Systèmes ouverts en régime stationnaire

20.1 Lois de la thermodynamique

✎ **Définir un système en thermodynamique. Préciser la définition d'un système fermé, ouvert.**

On appelle système la portion de l'Univers qu'on étudie.

Un système qui n'échange pas de matière avec l'extérieur est un système fermé.
Le contraire est un système ouvert. Un système fermé qui n'échange pas d'énergie est un système isolé.

Le reste de l'Univers constitue l'extérieur ou le système extérieur. La séparation entre les 2 est la surface de contrôle. Celle-ci peut exister réellement (le gaz dans une enceinte) ou être une "invention de l'esprit" (une particule $d\tau$ de gaz de la salle de classe).

✎ **Rappeler la définition d'équilibre thermodynamique.**

• **Définition :** Un système est dit à l'équilibre thermodynamique ou en état d'équilibre si ces paramètres d'état n'évoluent pas ou plus : ils sont stationnaires.

Remarque: *cet équilibre macroscopique peut être atteint alors qu'il a toujours un mouvement incessant des particules (à l'échelle microscopique). L'équilibre est défini au sens de la moyenne : les variables d'état sont, en moyenne, constantes. La pression et la température sont définies à l'échelle mésoscopique autour de chaque point du système. Cette notion d'équilibre est liée au temps d'observation.*

L'équilibre thermodynamique est, en réalité, constitué de plusieurs équilibres différents :

- l'équilibre mécanique : toutes les forces sont compensées par des forces opposées. C'est souvent lui qui est réalisé en premier;
- l'équilibre thermique : les diverses parties du système sont à la même température. De plus, si le système est séparé de l'extérieur par une paroi diatherme ou diathermane (c'est-à-dire qui permet les échanges de chaleur), le système a la même température que l'extérieur (équilibre souvent très long à réaliser -cf cours sur la diffusion thermique-);
- l'équilibre chimique : il n'existe pas de réaction chimique à l'intérieur du système.

On parle d'état d'équilibre thermodynamique local si on peut découper le système en volumes mésoscopiques qui sont chacun supposés être à l'équilibre thermodynamique.

✎ **Rappeler la définition d'une grandeur extensive, d'une grandeur intensive.**

On distingue les paramètres intensifs (ou de qualité) et les paramètres extensifs (ou de quantité) : la réunion de λ systèmes identiques laisse les paramètres intensifs inchangés tandis que les paramètres extensifs sont multipliés par λ.

✎ **Rappeler l'énoncé des deux premiers principes de la thermodynamique pour un système fermé.**

Premier principe :

L'énergie interne U est une grandeur extensive, c'est une fonction d'état : dans un état d'équilibre thermodynamique, elle ne dépend que d'un nombre restreint de paramètres caractérisant le système (pression, volume ou température...).
Pour un système fermé qui évolue entre deux états d'équilibre, on a la variation d'énergie mécanique et d'énergie interne qui est égale à la somme des transferts thermiques et des travaux des forces non conservatives entre ses 2 états :

$$\Delta E_m + \Delta U = W_{F_{nc}} + Q$$

Second principe :

Pour tout système thermodynamique, il existe une fonction d'état appelée entropie telle que :
- S est extensive;
- lors de l'évolution d'un système fermé et calorifugé, on a $\Delta S = S_{\text{final}} - S_{\text{initial}} \geqslant 0$;
- lors d'une évolution quelconque d'un système fermé, on a $dS = \delta S_{\text{échange}} + \delta S_{\text{créée}}$ avec $\delta S_{\text{échan}} = \dfrac{\delta Q}{T_{\text{ext}}}$ qui provient des transferts thermiques aux frontières du système qui sont à la température T_{ext} et $\delta S_{\text{créée}}$ qui est un terme de création d'entropie qui est soit positif soit nul.

On peut retenir : 1er principe ≡ conservation
2nd principe ≡ évolution

20.1.1 Systèmes en écoulement

Dans les systèmes industriels, le fluide (caloporteur) est en écoulement. On va raisonner de la même façon que pour la détente de Joule-Thomson en isolant fictivement une portion dm de fluide qui va constituer alors un système fermé.

Dans les machines thermiques, le fluide caloporteur s'écoule en traversant divers éléments :
- des échangeurs thermiques : chaudière, évaporateur, condenseur ;
- des échangeurs de travail : turbine (mise en mouvement lors d'une détente du fluide), détendeur (permet de diminuer la pression du fluide), compresseur (permet d'augmenter la pression du fluide).

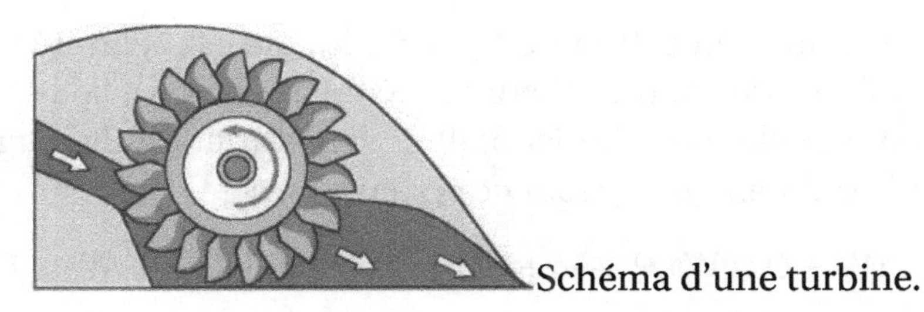
Schéma d'une turbine.

Le fluide rentre dans chaque élément sous (P_e, T_e) et en sort sous (P_s, T_s) après avoir reçu : un travail utile massique $w_u = W_u/m$, un transfert thermique massique $q = Q/m$.

On introduit en amont et en aval les grandeurs massiques intensives : volume massique $v = V/m$, énergie interne massique $u = U/m$, enthalpie massique $h = H/m$.

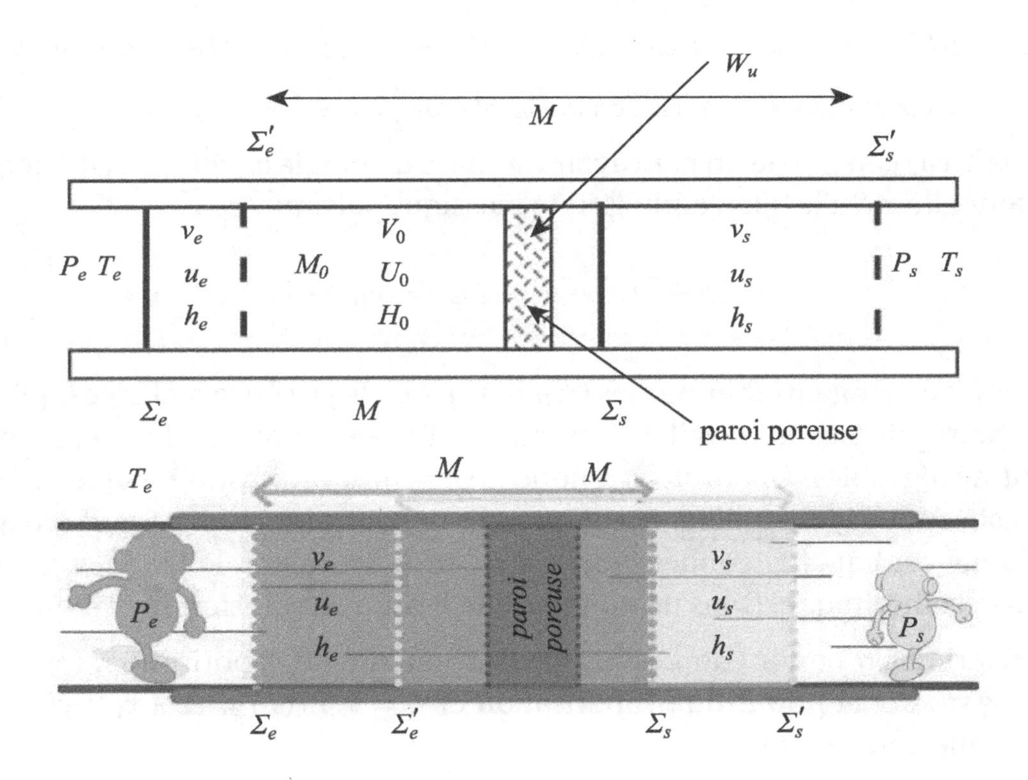

Si on étudie à nouveau la détente de Joule-Thomson, on considère le système fermé de masse $M_0 + m$ qui occupe à l'instant t le volume compris entre Σ_e et

Σ_s et, à l'instant t', le volume compris entre Σ'_e et Σ'_s. V_0, qui est délimité par Σ'_e et Σ_s, constitue le volume de contrôle. Pour cet écoulement qui a lieu sans variation d'énergie potentielle (tube horizontal) et sans variation d'énergie cinétique, en régime permanent, on a, pour ce système fermé :

$$\Delta U = W + Q = W_P + W_U + Q = W_{Pe} + W_{Ps} + W_U + Q = P_e V_e - P_s V_s + W_U + Q$$

soit encore $\Delta H = W_U + Q$ ce qui peut s'écrire avec les grandeurs massiques sous la forme : $\Delta h = w_U + q$.

On raisonne toujours sur l'enthalpie car cela permet de faire seulement apparaître le travail utile.

✎ Que vaut Δh pour un gaz parfait ? Pour une phase condensée ?

Pour un gaz parfait, on a $\Delta h = c_{pm} \Delta T$. Pour une phase condensée, on a $\Delta h = c\Delta T$ si c, capacité massique est supposée indépendante de la température sur le domaine étudié, sinon on a $\Delta h = \int c(T) dT$.

Dans le cas général où on peut avoir variation d'énergie cinétique et d'énergie potentielle, on a le bilan enthalpique massique suivant :

$$\boxed{\Delta h + \frac{1}{2}(v_s^2 - v_e^2) + \Delta e_p = w_U + q}.$$

Dans les échangeurs thermiques ($w_U = 0$, $q \neq 0$), le gaz ou le mélange liquide-gaz ne reçoit pas de travail, les variations d'énergie potentielle et cinétique sont négligeables. On en déduit donc : $\Delta h = q$. q est positif lorsque le fluide est vaporisé (chaudière, évaporateur). Au contraire, il est négatif lorsque le fluide est liquéfié (condenseur). Dans un évaporateur, le fluide reçoit du transfert thermique. Dans un condenseur, il cède du transfert thermique.

✎ Exprimer q en fonction de L_v, chaleur latente de vaporisation. Montrer que $q = x_v L_V(T)$ pour une vaporisation et $q = x_L L_L(T) = (1 - x_V)(-L_V(T))$ pour une liquéfaction.

Pour un changement d'état qui a lieu à T et P constants, on a $\Delta H = mL_v = Q$ où m est la masse qui a changé d'état. On a donc $q = \dfrac{Q}{m_{système}} = \dfrac{m_v L_V(T)}{m_{système}} = x_v L_V(T)$ d'après la définition du titre en vapeur du système. Pour une liquéfaction, on a $x_L = 1 - x_v$ et $L_L = -L_V$ d'où la formule demandée.

Par définition, dans les échangeurs de travail ($w_U \neq 0$) , on a $\Delta h = w_U$.
Dans un détendeur adiabatique, on a $w_U = 0$.
Dans un compresseur adiabatique, $w_U > 0$ et dans une turbine adiabatique, $w_U < 0$.

Dans une turbine, le fluide qui traverse celle-ci fournit du travail à une pièce mécanique mobile. La pression et la température du fluide diminuent. On peut généralement négliger le transfert thermique ainsi que la variation d'énergie potentielle de pesanteur. Le premier principe s'écrit alors $\Delta h + \Delta e_c \approx w_U$.

Un détendeur permet d'abaisser la pression d'un fluide. On peut avoir une soupape ajustable, un bouchon poreux ou un tube capillaire. Il n'y a presque pas de transfert thermique ni de travail utile. On a $\Delta h \approx 0$.

Dans un compresseur, on augmente la pression d'un gaz ; dans une pompe, celle d'un liquide. On peut négliger les variations d'énergie potentielle et cinétique. Généralement, le transfert thermique est négligeable. On a $\Delta h \approx w_u$.

Dans une tuyère (qui accélère le fluide lors d'une détente), on a
$\Delta h + \Delta e_c = 0$. C'est un conduit dont la section diminue de façon à augmenter la vitesse d'écoulement du gaz. Il n'y a pas de travail reçu par le gaz (car il n'y a pas de partie mobile) et on considère que le transfert thermique est quasi-nul. La variation d'énergie potentielle est négligeable.

On utilise les diagrammes thermodynamiques suivants : le diagramme entropique (T, s) ou le diagramme des frigoristes (P, h). Ces diagrammes sont calculés à partir de mesures expérimentales en s'appuyant sur des modèles connus et validés. La précision est de l'ordre de 0,1%. On les a utilisés l'année dernière pour le cycle de Rankine dans une centrale nucléaire (cf livre de thermodynamique).

✍ Un fil de cuivre, de longueur L et de section circulaire $a = 0,5$ mm, est parcouru par un courant électrique continu d'intensité I. Ce fil est plongé dans l'air qui est à la température $T_0 = 273$ K auquel il cède le flux thermique $\Phi = hA(T - T_0)$ où T est la température du fil, A sa surface latérale et h une constante $h = 14\ \text{W·K}^{-1}\text{·m}^{-2}$.

On donne les caractéristiques suivantes pour le cuivre $\rho = \rho_0(1+\alpha(T-T_0))$ avec $\rho_0 = 1,8 \times 10^{-8}\ \Omega\text{·m}$ et $\alpha = 4,0 \times 10^{-3}\ \text{K}^{-1}$;
$\mu = 8,89 \times 10^3\ \text{kg/m}^3$;
capacité thermique massique : $c = 420\ \text{J·K}^{-1}\text{·kg}^{-1}$.

On rappelle que la résistance électrique du fil est $R = \dfrac{\rho L}{\pi a^2}$.

1. Exprimer la puissance dissipée par effet Joule dans le fil.

2. On suppose que le fil a une température constante T_p. En appliquant le premier principe en termes de puissances, déterminer l'expression de T_p en fonction des données. Faire l'application numérique pour $I = 10$ A.

3. Le fil est initialement à la température T_0 et on fait passer le courant d'intensité I à partir de l'instant $t = 0$. Soit $T(t)$ la température du fil.

3.a. En appliquant le premier principe au fil entre les instants t et $t + \mathrm{d}t$, établir une équation différentielle vérifiée par $T(t)$.

3.b. Montrer que, suivant les valeurs de I, il existe théoriquement trois types possibles d'évolution pour la température.

1. On a $\mathscr{P}_{\text{Joule}} = RI^2 = \dfrac{\rho_0 L}{\pi a^2}(1+\alpha(T-T_0))I^2$.

2. On a $\dfrac{\mathrm{d}U}{\mathrm{d}t} = P_{\text{Joule}} - \Phi$ soit $T_p = T_0 + \dfrac{\rho_0 I^2}{2\pi^2 a^3 h - \alpha\rho_0 I^2}$. Pour $I = 10$ A, on a $T_p = T_0 + 66 = 339$ K. T diverge pour une valeur critique de $I = I_c = \sqrt{\dfrac{2\pi^2 a^3 h}{\alpha\rho_0}}$.

3.a. On a $\pi a^2 \mu c \dfrac{\partial T}{\partial t} + \left(2\pi a h - \dfrac{\alpha\rho_0 I^2}{\pi a^2}\right)T = \left(2\pi a h - \dfrac{\alpha\rho_0 I^2}{\pi a^2}\right)T_0 + \dfrac{\rho_0 I^2}{\pi a^2}$.

3.b. Si $I < I_c$, la solution est de la forme $T(t) = T_p + (T_0 - T_p)\mathrm{e}^{-t/\tau}$

avec $\tau = \dfrac{\pi a^2 \mu c}{2\pi a h - \dfrac{\alpha \rho_0 I^2}{\pi a^2}}$.

Si $I = I_c$, la solution est $T(t) = T_0 + \dfrac{\rho_0 I^2}{\pi^2 a^4 \mu c} t$.

Si $I > I_c$, alors la température diverge exponentiellement :

$T(t) = T_p + (T_0 - T_p)\mathrm{e}^{t/\tau_1}$ avec $\tau_1 = \dfrac{\pi a^2 \mu c}{-2\pi a h + \dfrac{\alpha \rho_0 I^2}{\pi a^2}}$.

Chapitre 21

Diffusion de particules

On s'intéresse ici à la diffusion de particules ou diffusion moléculaire due à l'agitation thermique. On peut prendre l'exemple d'une bouteille de parfum qu'on ouvre et dont l'odeur se diffuse dans toute la pièce ou encore celui d'une goutte de colorant qu'on introduit dans une solution aqueuse. On observe à chaque fois une évolution du système : une diffusion de l'odeur ou de la couleur de façon lente et irréversible.

On distingue deux types de transport de matière en physique :
- la diffusion qui est un phénomène d'origine microscopique : ce sont les collisions avec les molécules du milieu environnant qui entraînent une propagation lente ;
- l'advection ou la convection qui est un phénomène d'origine macroscopique : le milieu environnant (l'air ou l'eau) est lui-même en mouvement, ceci permet d'accélérer le phénomène. Dans un milieu solide, il ne peut y avoir de convection.

À l'échelle microscopique, la longueur importante est le libre parcours moyen (lpm), distance parcourue entre deux collisions successives.
À l'échelle macroscopique, on définit L_{macro} qui est la plus petite longueur caractéristique de variation des grandeurs considérées (pression, température, énergie interne...).
On définit une échelle intermédiaire mésoscopique qui nous permet de traiter la matière comme continue. On peut alors moyenner les grandeurs à l'échelle du volume mésoscopique.

De plus, on définit aussi la notion d' équilibre thermodynamique local : les grandeurs P, T par exemple ne sont pas uniformes sur tout le système à l'échelle macroscopique car on étudie des situations hors équilibre mais, si on se place à l'échelle mésoscopique, pour chaque sous-système, on peut définir $P(M,t)$, $T(M,t)$. Le système total hors équilibre peut être décrit comme un ensemble de sous-systèmes à l'équilibre.

Dans un gaz à température et pression ambiantes, le libre parcours moyen est de l'ordre de 100 nm. Dans un liquide, il est de l'ordre de 1 nm.

Si on applique le modèle de théorie cinétique des gaz à la matière, alors tous les phénomènes de diffusion peuvent être caractérisés par un coefficient de diffusion D fixé par le libre parcours moyen et la vitesse quadratique moyenne v^* des particules. On peut montrer que $D = kv^* lpm$ avec k constante proche de l'unité.

Ainsi, l'agitation thermique au niveau microscopique est le moteur de tous les phénomènes de diffusion.

21.1 Bilans de particules

21.1.1 Flux de particules à travers une surface

Le flux de particules à travers une surface $\mathscr{S}$ est défini par le débit de particules à travers cette surface à l'instant t, c'est-à-dire le nombre de particules qui traversent $\mathscr{S}$ à l'instant t. On a

$$\mathrm{d}N = \Phi_{\mathscr{S}}(t)\mathrm{d}t.$$

En introduisant le vecteur densité de courant particulaire, on a

$$\Phi_{\mathscr{S}}(t) = \iint_{M\in\mathscr{S}} \overrightarrow{j}(M,t)\cdot\overrightarrow{\mathrm{d}S}(M).$$

✎ Quel est le nombre de particules qui traversent $\mathscr{S}$ pendant $\mathrm{d}t$?

On a alors $\mathrm{d}N = \iint_{M\in\mathscr{S}} \overrightarrow{j}(M,t)\cdot\overrightarrow{\mathrm{d}S}(M)\mathrm{d}t$.

On considère une surface $\overrightarrow{\mathrm{d}S}$ faisant un angle θ avec le vecteur vitesse $\overrightarrow{v}$ de déplacement des particules.

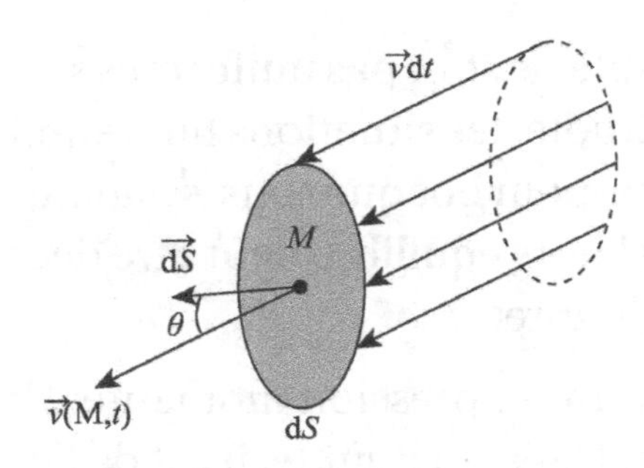

✎ Exprimer, tout d'abord, le nombre de particules qui vont traverser $\overrightarrow{\mathrm{d}S}$ pendant dt. En déduire l'expression du vecteur densité de courant particulaire. On introduira $n(M, t)$ le nombre de particules par unité de volume.

Les particules qui vont traverser la surface dS sont comprises dans le cylindre de section dS et de génératrice $\vec{v}\,\mathrm{d}t$. On a alors $\mathrm{d}\tau = v\mathrm{d}t\mathrm{d}S\cos\theta$. Donc $\mathrm{d}N = n\mathrm{d}\tau = n\vec{v}.\overrightarrow{\mathrm{d}S}\mathrm{d}t$ soit $\mathrm{d}N = \vec{j}\cdot\overrightarrow{\mathrm{d}S}\mathrm{d}t$ d'où $\vec{j} = n\vec{v}(M,t)$.

Ainsi, on a $\boxed{\vec{j}(M,t) = n(M,t)\vec{v}(M,t).}$

✎ Quelle est l'unité de j ?

n est m^{-3} donc j est en $\mathrm{m}^{-2}.\mathrm{s}^{-1}$.

21.1.2 Bilans de particules

On considère pour commencer un milieu où la diffusion se fait seulement suivant une direction, prise comme axe Ox. On a $\vec{j}(M,t) = j(x,t)\vec{e_x}$.

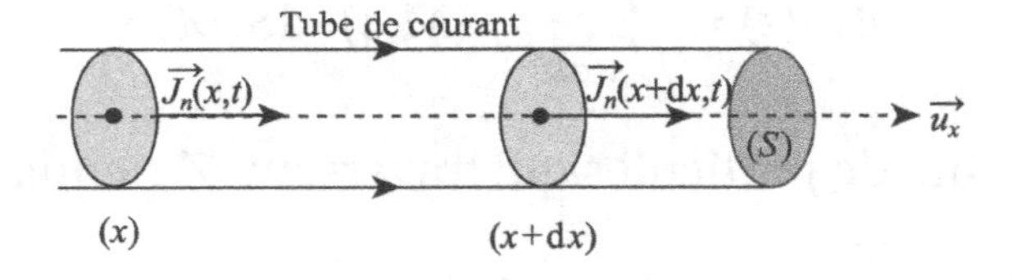

✎ En supposant qu'il n'y a pas de création ni d'annihilation des particules, montrer que $\boxed{\dfrac{\partial n(x,t)}{\partial t} + \dfrac{\partial j_x(x,t)}{\partial x} = 0}$.

La variation du nombre de particules est égal au nombre de particules qui rentrent moins le nombre de celles qui sortent pendant $\mathrm{d}t$:

$$\mathrm{d}N = \overrightarrow{j}(x,t)\cdot\overrightarrow{S}\,\mathrm{d}t - \overrightarrow{j}(x+\mathrm{d}x,t)\cdot\overrightarrow{S}\,\mathrm{d}t = -\frac{\partial j_x}{\partial x}(x,t)S\mathrm{d}x\mathrm{d}t.$$

Par définition, le nombre $\mathrm{d}N$ a varié de $\mathrm{d}N = (n(x,t+\mathrm{d}t) - n(x,t))S\mathrm{d}x = \frac{\partial n}{\partial t}S\mathrm{d}x\mathrm{d}t$.

En égalisant les deux termes, on a :

$$\frac{\partial n}{\partial t} = -\frac{\partial j_x}{\partial x}(x,t),$$

ce qui est l'équation demandée.

✎ **Que devient cette équation dans le cas où on a production et/ou annihilation de particules ?**

Si on doit prendre en compte la production (destruction) de particules, on lui associe un terme de production volumique par unité de temps $p(x,t)$ ou $d(x,t)$. On a

$$\mathrm{d}N = \frac{\partial n}{\partial t}S\mathrm{d}x\mathrm{d}t = -\frac{\partial j_x}{\partial x}(x,t)S\mathrm{d}x\mathrm{d}t + p(x,t)d\tau\mathrm{d}t - \mathrm{d}(x,t)\mathrm{d}\tau\mathrm{d}t.$$

Ici, on prend la convention $d(x,t)$ positive.

Ce résultat peut être généralisé à trois dimensions avec l'équation suivante :

$$\boxed{\frac{\partial n}{\partial t} + \mathrm{div}\,\overrightarrow{j}(x,t) = p(M,t) - d(M,t)}.$$

On a démontré le résultat en utilisant l'expression de l'opérateur divergence en cartésiennes, ce résultat est valable quelle que soit la géométrie du système.

On peut bien évidemment penser à la démonstration générale déjà vue en électromagnétisme avec l'équation de transport de Reynolds.

✎ **Rappeler l'équation de transport de Reynolds qui concerne toute grandeur conservative extensive G.**

On étudie, dans un volume V fixe, délimité par une surface fermée $S(V)$, une grandeur conservative extensive notée G définie par $G(t) = \iiint_V g(P,t)\mathrm{d}\tau$.

Pendant $\mathrm{d}t$, la grandeur $G(t)$ varie de $\mathrm{d}G = \left(\frac{\mathrm{d}G}{\mathrm{d}t}\right)\mathrm{d}t$.

Les variations de G peuvent être dues aux naissances (terme de production), aux décès (terme d'annihilation/destruction) et aux flux migratoires : les gens qui partent (flux sortant) et les gens qui arrivent (flux entrant).

Si on utilise l'analogie précédente, alors la variation temporelle de G est due au flux de la grandeur G à travers $S(V)$ pendant $\mathrm{d}t$, caractérisé par la densité de courant de G $\overrightarrow{j_G}$, un terme de création de source de densité volumique s_G et un terme d'annihilation de densité volumique a_G.

On a alors le débit de G à travers $S(V)$ qui est donné par
$D_G = \oiint_{S(V)} \overrightarrow{j_G}\cdot\overrightarrow{\mathrm{d}S} = \iiint_V \mathrm{div}\overrightarrow{j_G}\mathrm{d}\tau$,
$Création(G) = \iiint_V s_G\mathrm{d}\tau$ et $Annihilation = \iiint_V a_G\mathrm{d}\tau$.

On a alors :

$$dG = -D_G dt + Création\,\mathrm{d}t - Annihilation\,\mathrm{d}t,$$

car la grandeur G se conserve soit :

$$\iiint_V \left(\frac{\partial g}{\partial t} + \mathrm{div}\overrightarrow{j_G}\right)\mathrm{d}\tau = \iiint_V (s_G - a_G)\mathrm{d}\tau,$$

soit localement $\boxed{\dfrac{\partial g}{\partial t} + \mathrm{div}\overrightarrow{j_G} = s_G - a_G}$.

La variation du nombre de particules est égale au flux entrant de particules pendant $\mathrm{d}t$:

- $N(t) = \iiint_{\mathcal{V}} n(M,t)\mathrm{d}\tau$;
- $N(t+\mathrm{d}t) = \iiint_{\mathcal{V}} n(M,t+\mathrm{d}t)\mathrm{d}\tau$;
- $\Phi_{\text{entrant}} = -\Phi_{\text{sortant}} = -\oiint n(M,t)\overrightarrow{v}(M,t)\cdot\overrightarrow{\mathrm{d}S}$.

On a $N(t+\mathrm{d}t) - N(t) = \Phi_{\text{entrant}}\mathrm{d}t$ soit :

$$\frac{\mathrm{d}N}{\mathrm{d}t} = \frac{\mathrm{d}}{\mathrm{d}t}\iiint_{\mathcal{V}} n(M,t)\mathrm{d}\tau = \iiint_{\mathcal{V}} \frac{\partial n(M,t)}{\partial t}\mathrm{d}\tau = -\oiint n(M,t)\overrightarrow{v}(M,t)\cdot\overrightarrow{\mathrm{d}S}$$

On peut permuter l'intégrale triple et la dérivée temporelle car le volume d'intégration est fixe (c'est-à-dire indépendant du temps).
D'après le théorème de Green-Ostrogradski, on a
$\oiint n(M,t)\overrightarrow{v}(M,t)\cdot\overrightarrow{\mathrm{d}S} = \iiint \mathrm{div}(n(M,t)\overrightarrow{v}(M,t)\mathrm{d}\tau$. On a donc l'égalité suivante : $\iiint_{\mathcal{V}} \dfrac{\partial n(M,t)}{\partial t}\mathrm{d}\tau = -\iiint \mathrm{div}(n(M,t)\overrightarrow{v}(M,t)\mathrm{d}\tau$. Or, elle est vraie pour tout volume $\mathcal{V}$, on a donc, en l'absence de terme source :

$$\boxed{\frac{\partial n(M,t)}{\partial t} + \mathrm{div}(n(M,t)\overrightarrow{v}(M,t)) = 0}.$$

On retrouve l'équation de conservation déja vue précédemment en associant le vecteur $\overrightarrow{j}$, densité de courant particulaire : $\overrightarrow{j}(M,t) = n(M,t)\overrightarrow{v}(M,t)$.

Remarque : Le vecteur densité de courant particulaire $\overrightarrow{j}$ est continu en l'absence de charges surfaciques (comme en électromagnétisme).

L'équation de conservation de la charge n'est généralement pas suffisante à elle seule pour résoudre un problème de diffusion : on pourrait imaginer résoudre $n(M,t)$ connaissant la répartition initiale mais on ne connaît pas $\overrightarrow{j}(M,t)$ qui dépend de $n(M,t)$...de même si on veut trouver $\overrightarrow{j}$, on ne le peut pas de façon unique sauf si on se donne des symétries fortes (pour permettre de déduire la direction). C'est comme en électromagnétisme : pour déter-

miner complètement un champ vectoriel, il faut connaitre à la fois la divergence et le rotationnel. Une seule équation ne suffit pas....
Il nous faut donc pour aller plus loin une deuxième équation reliant $\vec{j}(M,t)$ et $n(M,t)$.

21.1.3 Loi de Fick

Cette loi est une loi phénoménologique proposée en 1855 par Adolf Fick, physiologiste allemand, par analogie avec la loi de Fourier en diffusion thermique énoncée en 1822. La loi de Fick a été démontrée par Einstein en 1905 avec ses travaux sur le mouvement brownien. Elle traduit le fait qu'expérimentalement, les particules diffusent de l'endroit où leur concentration est maximale pour aller vers les régions où leur concentration est plus faible. Le flux de particules tend ainsi à réduire l'écart et rendre la solution uniforme.

On a $\boxed{\vec{j} = -D\,\overrightarrow{\text{grad}}\, n(M,t)}$ où D est le coefficient de diffusion.

✎ Quelle est l'unité de D ?

On a $[D] = \dfrac{j}{[\text{grad}\ n]} = \dfrac{[nv]}{[n]/L} = [v] \times L = L^2 \cdot T^{-1}$ soit $\text{m}^2{\cdot}\text{s}^{-1}$.

Dans le cas de molécules diffusant dans un gaz, dans les conditions usuelles, on a $D \approx 10^{-6}/10^{-4}\ \text{m}^2{\cdot}\text{s}^{-1}$.
Dans le cas de molécules diffusant dans un liquide, on a $D \approx 10^{-12}/10^{-8}\ \text{m}^2{\cdot}\text{s}^{-1}$.
Dans le cas de molécules diffusant dans un solide, on a $D \approx 10^{-30}/10^{-16}\ \text{m}^2{\cdot}\text{s}^{-1}$.

Si un gaz diffuse dans lui-même (c'est le cas de gaz présentant des isotopes), on parle d'auto-diffusion.

Remarque : La loi de Fick n'est pas valable dans certains cas : si le gradient est trop important, la relation n'est plus linéaire. De même, si le gradient de densité varie aussi trop vite dans le temps, la relation de proportionnalité n'est plus instantanée. Enfin, dans certains milieux anisotropes, le coefficient de diffusion n'est pas identique dans toutes les directions.

Si la loi de Fick est valable, alors la densité particulaire est une fonction continue en tout point de l'espace.

21.2 Équation de diffusion

21.2.1 Équation en trois dimensions

✎ En combinant les deux équations précédentes, montrer que, en l'absence de termes sources, $\boxed{\dfrac{\partial n(M,t)}{\partial t} = D\Delta n}$.

On a l'équation de conservation du nombre de particules : $\dfrac{\partial n(M,t)}{\partial t} + \mathrm{div}(n(M,t)\vec{v}(M,t))$. Or, avec la loi de Fick, on a $\vec{j} = -D\overrightarrow{\mathrm{grad}}\, n(M,t)$ soit en remplaçant dans l'équation précédente :

$$\frac{\partial n(M,t)}{\partial t} + \mathrm{div}(-D\overrightarrow{\mathrm{grad}}\, n(M,t)) = \frac{\partial n(M,t)}{\partial t} - D\Delta n(M,t) = 0.$$

On a ainsi démontré l'équation de diffusion des particules : $\boxed{\dfrac{\partial n(M,t)}{\partial t} = D\Delta n}$.

Cette équation est une équation de diffusion (et non une équation de d'Alembert). Elle n'est pas invariante par le changement t en $-t$: le phénomène de diffusion est irréversible.

L'irréversibilité est, en fait, contenue dans la loi de Fick : la diffusion a toujours lieu de la zone de forte concentration vers la zone de concentration plus faible.

21.2.2 Conditions aux limites et condition initiale

En cours de mathématiques, vous allez voir que, pour résoudre de façon unique cette équation de diffusion, il faut avoir des conditions aux limites et une condition initiale.

Généralement, en physique, on a $n(+\infty, t) = n(-\infty, t) = 0$ (car la diffusion est un phénomène qui se propage à vitesse finie). En mathématiques, c'est un problème avec condition aux limites de Dirichlet.
Pour la condition initiale, en physique, on introduit généralement une den-

sité particulaire en un point donné à $t = 0$: $n(x,0) = 0$ si $x \neq 0$. C'est le cas par exemple d'une goutte d'encre qu'on pose sur un papier filtre.

Dans cet exemple, on a une solution unique. On peut montrer que $n(x,t) = \dfrac{N_0}{\sqrt{4\pi D t}} e^{-x^2/4Dt}$ est la solution.

Remarque : ce résultat peut vous rappeler les probabilités vues en mathématiques. La probabilité de trouver une particule au temps t dans l'intervalle $[x; x + dx]$ est donnée par

$$dP_x = \frac{dx}{\sqrt{4\pi D t}} e^{-x^2/4Dt}.$$

On remarque que la densité maximale de particules se trouve toujours centrée sur le point d'injection des particules (ici $x = 0$) et que la position moyenne est toujours centrée en $x = 0$. De plus, l'espace occupé par les particules augmente au cours du temps.

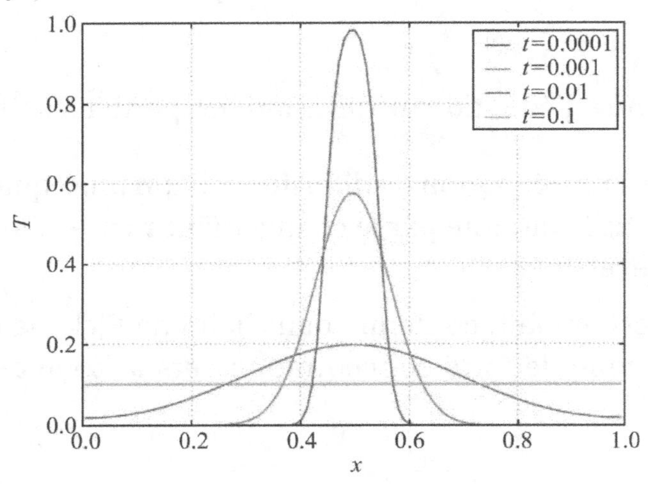

Diffusion d'un pic de particules centré en $x = 0,5$ à $t = 0$

Nous allons maintenant introduire un raisonnement aux dimensions, méthode importante en physique.

✎ Si on introduit les grandeurs caractéristiques L et T, quel est le lien entre celles-ci pour un phénomène de diffusion ?

On a

$$\frac{n^*}{T} \approx D\frac{n^*}{L^2} \text{ soit } \boxed{L^2 \approx DT}.$$

Ainsi, on a la longueur caractéristique L de diffusion qui varie en $\sqrt{t}$: la diffusion est un phénomène lent, qui est aussi peu efficace aux temps longs.

✍ On considère un parfum qui diffuse dans l'air. Quelle est la durée nécessaire pour le sentir à 10 cm ? à 1m ?

On a $\tau_1 = \frac{L_1^2}{D}$ avec $D \approx 10^{-5}$ m$^2 \cdot$s^{-1}. On trouve $\tau_1 \approx 10^3$ s soit environ 17 min.

Pour l_2, on a $\tau_2 \approx 10^5$ s soit environ 28 heures.

✍ On considère le problème du matin suivant : soit une tasse de café et un morceau de sucre, vous êtes trop fatigués pour pouvoir mélanger. Au bout de combien de temps votre café est sucré ? Conclusion ?

On a $D_{café/eau} = 0{,}5 \times 10^{-9}$ m$^2 \cdot$s^{-1}. Si on prend une tasse de taille $L \approx 5$ cm, on a $\tau \approx 5 \times 10^6$ s soit un peu plus de 57 jours... Il faut faire l'effort de rajouter de la convection si on veut avoir un café chaud sucré !

Le raisonnement aux dimensions peut aussi apparaître si on choisit d'adimensionner l'équation de diffusion (on l'a déjà vu en électrocinétique au S3).

On introduit de nouvelles variables adimensionnées :
$n_a = \frac{n}{n^*}$, $t_a = \frac{t}{T}$, $x_a = \frac{x}{L}$.

✎ Comment s'écrit la nouvelle équation de diffusion unidimensionnelle ?

On a $\frac{1}{T}\frac{\partial n_a}{\partial t_a} = \frac{D}{L^2}\frac{\partial^2 n_a}{\partial x_a^2}$. Les grandeurs L et T sont les grandeurs caractéristiques si les deux termes de l'équation différentielle sont du même ordre de grandeur. On a alors $L \approx \sqrt{DT}$ et $T \approx \frac{L^2}{D}$.

21.2.3 Cas du régime stationnaire

On étudie maintenant le cas particulier du régime stationnaire.

✎ Écrire l'équation de diffusion en régime stationnaire. Comment s'appelle-t-elle ?

Dans le cas où on étudie le régime stationnaire, on a $\Delta n(M) = 0$. C'est l'équation de Laplace.

✎ Comment s'écrit-elle sous forme locale ?

Sous forme locale, on a $\operatorname{div}\overrightarrow{j} = 0$.

En régime stationnaire, le vecteur densité particulaire est à flux conservatif.

✍ On considère une barre cylindrique de longueur L de section S constante qui relie deux réservoirs dans lesquels un soluté est à la concentration constante $n(0) = n_1$ ou $n(L) = n_2$.
1. Quelle est la loi d'évolution $n(x)$ dans le tube ?
2. Quel est le vecteur densité de courant ? Que peut-on dire de son flux ?

1. Si on suppose qu'il n'y a pas production ni destruction de soluté dans le tube, on a $\Delta n = 0$ soit, si on suppose qu'on a invariance par rotation autour de l'axe Ox et que n ne dépend que de x, $\dfrac{\mathrm{d}^2 n}{\mathrm{d}x^2} = 0$ soit $n(x) = Ax + B$ soit $\boxed{n(x) = \dfrac{n_2 - n_1}{L}x + n_1}$.
2. On a alors $\overrightarrow{j} = -D\overrightarrow{\mathrm{grad}}\, n = -D\dfrac{n_2 - n_1}{L}\overrightarrow{e_x}$. Le vecteur densité particulaire est constant. Le flux de particules est constant dans le tube.

✍ On considère un réacteur nucléaire à géométrie sphérique. Le cœur de ce réacteur est une sphère de rayon R_0 où les réactions de fission entraînent la création de neutrons. On modélise cette création dans le cœur par une répartition homogène de sources de neutrons $\sigma_c(\vec{r}, t) = \sigma_c, \forall r < R_0$ avec $\sigma_c > 0$ et on suppose une absence de sources à l'extérieur du cœur.

1. En supposant une répartition sphérique des neutrons, une orientation radiale des courants et le régime stationnaire atteint, trouver la valeur du vecteur densité de courant particulaire en tout point.

On rappelle que $\mathrm{div}\vec{A} = \frac{1}{r^2}\frac{\partial(r^2 A_r)}{\partial r}$.

1. Si les courants sont radiaux, on a $\vec{j}(M,t) = j(M,t)\vec{e_r}$. On est en régime stationnaire donc $\vec{j}(M,t) = \vec{j}(M)$ et on a la symétrie sphérique donc $\vec{j}(M) = j(r)\vec{e_r}$. D'après l'équation de conservation de la charge en régime stationnaire, on a $\mathrm{div}\vec{j} = \sigma_c$ à l'intérieur de la sphère de rayon R_0, et 0 ailleurs. On a alors en intégrant :

$$j(r) = \frac{\sigma_c r}{3} + \frac{A_0}{r^2}, r \leqslant R_0 \text{ et } j(r) = \frac{A_1}{r^2}, r \geqslant R_0$$

Il faut maintenant déterminer la valeur des constantes A_0 et A_1.
Au centre du réacteur, le vecteur $\vec{j}$ est nul (car il est radial par hypothèse) donc $A_0 = 0$.
Le vecteur $\vec{j}$ est continu en $r = R_0$ soit $\frac{\sigma_c R_0}{3} = \frac{A_1}{R_0^2}$ soit $A_1 = \frac{\sigma_c R_0^3}{3}$.
On a donc finalement :

$$\boxed{j(r) = \frac{\sigma_c r}{3}, r \leqslant R_0 \text{ et } j(r) = \frac{\sigma_c R_0^3}{3r^2}, r \geqslant R_0.}$$

On remarque la ressemblance de ces résultats avec les résultats obtenus en électromagnétisme avec des distributions volumiques.

21.3 Approche microscopique

On considère, dans un premier temps, un modèle simplifié de marche aléatoire : un atome M se déplace suivant l'axe Ox (modèle de cristal unidimensionnel) avec des sites B_n équidistants, situés à $x_n = na$ où a est la distance interatomique. L'atome met une durée τ pour sauter d'un site B_n donné à l'un de ses deux voisins, B_{n+1} et B_{n-1}, la probabilité étant 1/2.

On définit $p(x_n, t)$ la probabilité pour M d'être en $x_n = na$ à l'instant t, si on part de l'origine O.

✎ Si à l'instant $t+\tau$ la particule M est en x_n, où était-elle à l'instant t ?

La particule était donc soit en B_{n-1} soit en B_{n+1}, avec dans chaque cas, la même probabilité.

On en déduit donc la relation $p(x_n, t+\tau) = \dfrac{1}{2}\big(p(x_{n-1}, t) + p(x_{n+1}, t)\big)$.

✎ Que peut-on dire de la position moyenne de la particule après $n\tau$?

La particule a autant de chance d'aller à droite qu'à gauche, on a après une étape $x_{moy} = 1/2 - 1/2 = 0$. Après n étapes indépendantes, on a la même chose.

Si, initialement, la particule est en $x = 0$ à $t = 0$, on a l'évolution suivante pour $p(x_n, t)$:

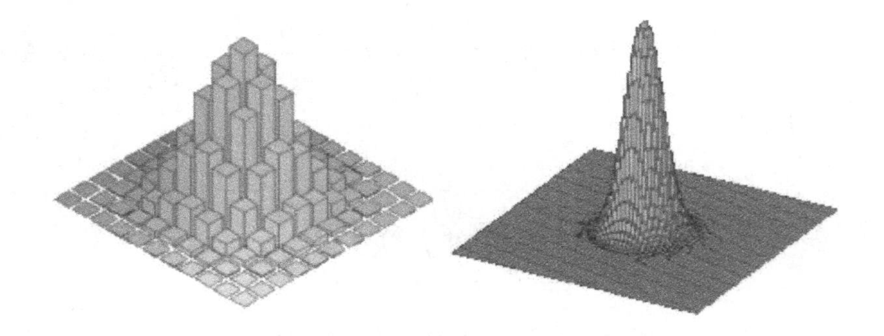

Simulation de marche aléatoire après 10 étapes et 60 étapes

La distribution de probabilité tend vers une gaussienne : $p(x,t) = \frac{a}{\sqrt{\pi D t}} e^{-x^2/(4Dt)}$.

On cherche à établir une expression du coefficient de diffusion en fonction des paramètres de cette marche aléatoire.

On se place dans le cadre de l'approximation des milieux continus soit $a \ll L$, dimension macroscopique du problème. On peut alors définir une fonction $p(x,t)$ définie pour tout x qui coïncide avec $p(x_n,t)$ pour tout x_n.

✎ Exprimer $p(x_{n+1},t)$, $p(x_{n-1},t)$ et $p(x_n,t+\tau)$ en fonction de $p(x_n,t)$ et de ses dérivées partielles.

On a $p(x_{n+1},t) = p(x_n,t) + a\frac{\partial p}{\partial x}(x_n,t) + \frac{1}{2}\frac{\partial^2 p(x_n,t)}{\partial x^2} \times a^2$,

$p(x_{n-1},t) = p(x_n,t) - a\frac{\partial p(x_n,t)}{\partial x} + \frac{1}{2}\frac{\partial^2 p(x_n,t)}{\partial x^2} \times a^2$

$p(x_n,t+\tau) = p(x_n,t) + \tau\frac{\partial p(x_n,t)}{\partial t}$.

Remarque : ici, on fait les développements limités à l'ordre 2 pour les dérivées spatiales car on a symétrie entre a et −a et que l'équation de diffusion fait intervenir des dérivées spatiales d'ordre 2 et une dérivée temporelle d'ordre 1.

✎ En déduire l'équation de diffusion.

On a $p(x_n,t+\tau) = \frac{1}{2}\left(p(x_{n-1},t) + p(x_{n+1},t)\right)$ soit

$$p(x_n,t) + \tau\frac{\partial p(x_n,t)}{\partial t} = \frac{1}{2}\left(p(x_n,t) + a\frac{\partial p}{\partial x}(x_n,t) + \frac{1}{2}\frac{\partial^2 p(x_n,t)}{\partial x^2} \times a^2\right) + \frac{1}{2}\left(p(x_n,t) - a\frac{\partial p(x_n,t)}{\partial x} + \frac{1}{2}\frac{\partial^2 p(x_n,t)}{\partial x^2} \times a^2\right)$$

soit

$$\tau\frac{\partial p(x_n,t)}{\partial t} = \frac{1}{2}\frac{\partial^2 p(x_n,t)}{\partial x^2} \times a^2$$

Ainsi, on obtient que la fonction $p(x_n,t)$ est solution de l'équation de diffusion : $\boxed{\frac{\partial p(x_n,t)}{\partial t} = \frac{a^2}{2\tau}\frac{\partial^2 p(x_n,t)}{\partial x^2}}$. Cette équation peut être généralisée à toute valeur de x. La probabilité de trouver la particule M à l'abscisse x à l'instant

t est donc solution d'une équation de la diffusion avec un coefficient de diffusion $D = \frac{a^2}{2\tau}$.

Cette relation vraie pour un atome est aussi vraie pour la densité volumique d'atomes $n(x,t)$. En effet, on suppose les atomes indépendants, c'est-à-dire le mouvement d'un atome n'est pas gêné par celui des autres atomes. On a alors la même équation :

$$\frac{\partial n(x,t)}{\partial t} = \frac{a^2}{2\tau}\frac{\partial^2 n}{\partial x^2}$$

Or, dans le cas d'un milieu gazeux, on sait que a est de l'ordre du libre parcours moyen et τ est la durée entre deux collisions soit $\tau \approx \frac{l}{u^*}$ avec u^* la vitesse quadratique moyenne. On a donc

$$D \approx l u^*.$$

Le coefficient de diffusion est proportionnel à la vitesse quadratique moyenne, les deux grandeurs microscopiques peuvent aussi être reliées à la température du milieu et on peut aussi trouver le lien entre D et T (établi par Einstein).

21.3.1 Loi de Fick

Avec le modèle de la marche aléatoire, on a accès à la répartition de particules à l'instant t en fonction de x. Peut-on en déduire l'expression du flux ?

✎ On considère qu'à $t = 0$, on a N_0 particules placées en O. Quelle est la densité de particules $n(x_0, t)$ à l'instant t au point x_0 ?

On a $n(x_0,t) = \frac{N_0}{\sqrt{4\pi D t}} e^{-x^2/(4Dt)}$.

✎ Quel est le nombre de particules situées à gauche de x_0 à t ? à $t + \mathrm{d}t$?

On a $N_g(t) = \int_{-\infty}^{x_0} n(x,t)\mathrm{d}x$ et $N_g(t+\mathrm{d}t) = \int_{-\infty}^{x_0} n(x, t+\mathrm{d}t)\mathrm{d}x$.

✎ En déduire de combien a varié le nombre de particules à gauche de x_0 entre ces deux instants ?

On a alors $\mathrm{d}N_g = \int_{-\infty}^{x_0} \frac{\partial n(x,t)}{\partial t}\mathrm{d}x \times \mathrm{d}t$.

Or, la densité de particules $n(x,t)$ vérifie l'équation de diffusion, on a donc :

$$\begin{aligned} \mathrm{d}N_g &= \int_{-\infty}^{x_0} \frac{\partial n(x,t)}{\partial t}\mathrm{d}x \times \mathrm{d}t = \int_{-\infty}^{x_0} D\frac{\partial^2 n(x,t)}{\partial x^2}\mathrm{d}x \times \mathrm{d}t \\ &= \mathrm{d}tD\left(\frac{\partial n(x_0,t)}{\partial x} - \frac{\partial n(-\infty,t)}{\partial x}\right). \end{aligned}$$

On a donc $\dfrac{\mathrm{d}N_g}{\mathrm{d}t} = -\dfrac{\mathrm{d}N_d}{\mathrm{d}t} = D\dfrac{\partial n(x_0,t)}{\partial x}$. Comme on définit le flux de particules comme le nombre de particules se déplaçant de la gauche vers la droite, on retrouve bien, pour tout x_0 :

$$\boxed{j(x_0,t) = -D\frac{\partial n(x_0,t)}{\partial x}}.$$

Chapitre 22

Diffusion thermique

On a vu l'an dernier en cours de thermodynamique la fonction d'état U appelée énergie interne. Cette fonction d'état dépend de la température. Or, celle-ci peut changer de plusieurs façons :

- par advection : la matière se déplace et transporte, avec elle, son énergie interne (*advectio* vient du latin et signifie transport). L'advection peut avoir lieu de façon naturelle, on parle alors de convection ou de façon artificielle (avec une pompe par exemple). C'est un mode de transport très efficace.
- par rayonnement électromagnétique : les ondes électromagnétiques permettent le transport d'énergie sans transporter de matière (cf cours d'électromagnétisme). L'onde est progressivement absorbée par la matière qui s'échauffe peu à peu : transfert d'énergie électromagnétique en énergie thermique, c'est le principe du four à micro-ondes.
- par diffusion ou conduction : il n'y a pas de mouvement de matière à l'échelle macroscopique. Les constituants des zones chaudes ont une agitation thermique plus grande que les constituants des zones froides, ils transmettent cette agitation par collisions. Ce transport se fait de proche en proche. C'est un processus relativement lent.

Ces trois modes de transfert thermique peuvent exister simultanément.

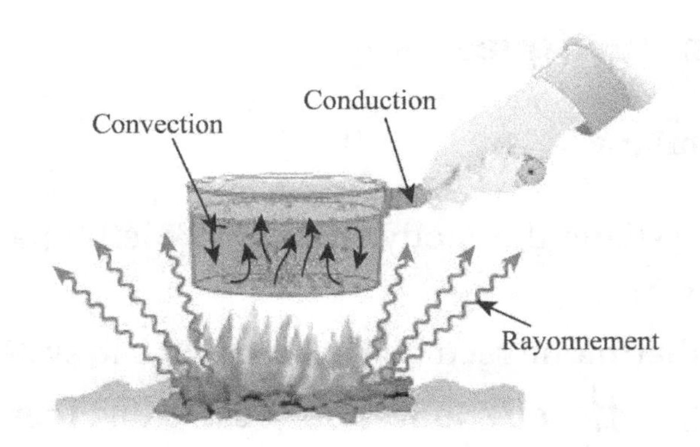

Les trois modes de transfert thermique

✎ **Donner un exemple de la vie quotidienne pour chaque mode de transfert.**

Pour la convection, on peut penser à l'air chaud qui monte dans une pièce (poussée d'Archimède). Pour l'advection, on peut penser au ventilateur qui sert à refroidir les micro-processeurs dans un ordinateur. Enfin, pour la conduction, c'est le mode de propagation dans les ailettes de refroidissement, les murs d'une maison ou le fond d'une casserole posée sur le feu.

✎ **Dans un fluide, quel est le mode de transport prédominant ?**

Dans un fluide, le transport par advection est beaucoup plus efficace que celui par conduction.

Dans cette partie, nous allons uniquement nous intéresser au transport de chaleur par diffusion thermique. Celle-ci a lieu spontanément du corps le plus chaud vers le corps le plus froid et elle tend à uniformiser le champ de température.

Nous allons faire apparaître l'équation de diffusion de la chaleur à l'aide d'un bilan d'énergie.

22.1 Bilans énergétiques

22.1.1 Flux thermique

On considère un système thermodynamique $\mathscr{S}$ défini par un volume V et une surface fermée S_f.

On définit le flux thermique reçu de l'extérieur par le système Σ à travers la surface S_f par $\Phi(t) = \oiint_{S_f} \varphi(P, t)\mathrm{d}S(P)$ où φ est le flux thermique surfacique en $\mathrm{W{\cdot}m^{-2}}$.

Φ s'exprime en watt de symbole W.

✎ Quelle est l'unité du vecteur densité de courant thermique ?

j_q s'exprime en $\mathrm{W \cdot m^{-2}}$.

Ces flux sont des grandeurs algébriques : si le flux est positif, c'est que le système reçoit ; si le flux est négatif, c'est que le système fournit (convention du banquier).

Le transfert thermique élémentaire à travers $\mathrm{d}S(P)$ pendant $\mathrm{d}t$ s'écrit :

$$\delta^2 Q = \mathrm{d}\Phi \mathrm{d}t = \overrightarrow{j_q} \cdot \overrightarrow{\mathrm{d}S}(P)\mathrm{d}t.$$

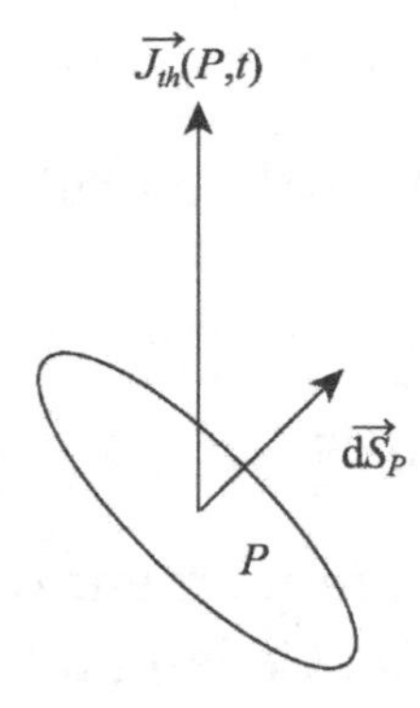

L'énergie se déplace dans la direction du vecteur $\overrightarrow{j_q}$.

✎ Quelle est l'expression du flux thermique reçu de l'extérieur par le système Σ à travers une surface fermée ? *Attention aux conventions.*

Le flux thermique reçu de l'extérieur est donné par
$\Phi_{reçu} = -\oiint_{S_f} \overrightarrow{j_q} \cdot \overrightarrow{dS}$ car $\overrightarrow{dS}$ est orienté suivant la normale extérieure.
Quand le flux sort de Σ, $\Phi_{reçu}$ doit être négatif.

22.1.2 Cas du flux conducto-convectif

On modélise le transfert thermique entre une paroi solide notée 1 et un liquide noté 2 par la loi de Newton :

$$\overrightarrow{j_q} = h(T_1 - T_2)\overrightarrow{n}_{12},$$

avec h coefficient positif appelé coefficient de transfert qui dépend de la nature du fluide et de sa vitesse mais pas des températures (fonction croissante de la vitesse) et $\overrightarrow{n}_{12}$ la normale orientée de 1 vers 2. Cette loi est phénoménologique.

✎ Quelle est l'unité de h ?

h est en $\mathrm{W \cdot m^{-2} \cdot K^{-1}}$.

✎ Citer une expérience de la vie quotidienne qui confirme le fait que h dépende de la vitesse du fluide.

Si on pense à l'interface peau-air, lorsqu'il y a du vent, la sensation de "froid" apparaît.
Le pelage des animaux ou les habits servent à diminuer le coefficient h.

22.1.3 Bilan énergétique : cas unidimensionnel

On suppose dans cette partie que la température ne dépend que d'une seule variable d'espace $T(x, t)$. On effectue un bilan d'énergie interne sur un cylindre calorifugé de section S situé entre les abscisses x et $x + dx$ (système fermé à parois fixes) entre t et $t + dt$.

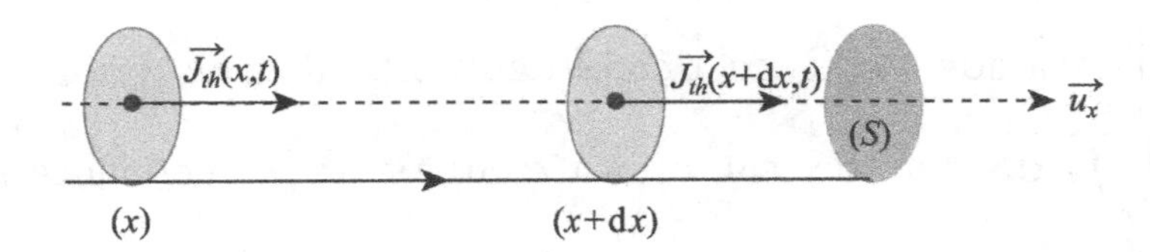

Le cylindre est constitué par un matériau de masse volumique ρ et de capacité thermique massique c.

✎ Exprimer le transfert thermique reçu par le système entre t et $t + \mathrm{d}t$.

En x, on a $\delta Q(x) = j_q(x,t)S\mathrm{d}t$ et en $x + \mathrm{d}x$, on a $\delta Q_{x+\mathrm{d}x} = -j_q(x+\mathrm{d}x)S\mathrm{d}t$ (on veut le transfert thermique reçu).

✎ En appliquant le premier principe au système, en déduire l'équation reliant j_q et T.

Le premier principe nous donne

$$\mathrm{d}U = \rho S\mathrm{d}x \times c \times \frac{\partial T}{\partial t}\mathrm{d}t = (j_q(x) - j_q(x+\mathrm{d}x))S\mathrm{d}t = -\frac{\partial j_q}{\partial x}S\mathrm{d}t\mathrm{d}x.$$

Ainsi, on a l'équation suivante :

$$\boxed{\rho c\frac{\partial T}{\partial t} = -\frac{\partial j_q}{\partial x}.}$$

22.1.4 Cas général

On étudie maintenant un système fermé entre deux instants t et $t + \mathrm{d}t$, qui ne reçoit aucun travail mécanique (c'est-à-dire un système fermé à surfaces fixes) de géométrie quelconque.

L'application du premier principe à ce système fermé nous donne :

$$U_\Sigma(t+\mathrm{d}t) - U_\Sigma(t) = \mathrm{d}U_\Sigma = \delta Q_{\mathrm{ext}/\Sigma} + \mathscr{P}_{\mathrm{prod}}\mathrm{d}t,$$

si on prend en compte des éventuels termes de production. $\mathscr{P}_{\mathrm{prod}}$ est la puissance produite par le système à l'instant t. Si cette grandeur est positive, cela correspond bien à une création et si cette grandeur est négative, elle correspond à une destruction (ou annihilation).

On peut prendre l'exemple de l'effet Joule dans le système...

Remarque : ce terme source $\mathscr{P}_{\text{prod}}$ ne correspond pas à une création d'énergie interne (à partir de rien !) mais bien à une apparition d'énergie interne suite à une conversion d'une autre forme d'énergie présente dans le système en énergie interne.

On a alors, sous forme intégrale :

$$\boxed{\frac{\mathrm{d}U_\Sigma}{\mathrm{d}t} = -\oint\!\!\!\oint_S \overrightarrow{j_q} \cdot \overrightarrow{\mathrm{d}S} + \iiint_V \mathscr{P}_{V,\text{prod}} \mathrm{d}\tau}\,.$$

En régime stationnaire, l'énergie produite est entièrement évacuée par le système. S'il n'y a pas d'énergie produite, alors le flux thermique à travers la surface fermée est nulle.

✎ Soient deux milieux 1 et 2 séparés par une interface, montrer qu'il y a continuité du flux thermique à la traversée de l'interface.

On choisit deux points M_1 dans le milieu 1 et M_2 dans le milieu 2 infiniment proches de l'interface. On choisit comme système fermé un cylindre de base $\mathrm{d}S$, d'épaisseur e, à cheval sur l'interface. Le flux à travers cette surface fermée est nul. Or, si on fait tendre la hauteur e vers 0, le flux à travers la surface latérale tend aussi vers zéro, alors le flux à travers la surface S_1 est égal au flux à travers la surface S_2 (au signe près) : $\overrightarrow{j_q}(M_1) \cdot \overrightarrow{n}_{12} = \overrightarrow{j_q}(M_2) \cdot \overrightarrow{n}_{12}$.

Cette condition de continuité du flux thermique à une interface va nous permettre d'avoir des conditions aux limites pour le problème de diffusion (cas du contact entre deux solides par exemple).

On considère à nouveau le bilan intégral d'énergie. En introduisant la grandeur volumique u et en permutant la dérivée temporelle et l'intégrale (ce qui est autorisé car le volume est fixe), on a :

$$\frac{\mathrm{d}U_\Sigma}{\mathrm{d}t} = \frac{\mathrm{d}}{\mathrm{d}t}\left(\iiint_V u\mathrm{d}\tau\right) = \iiint_V \frac{\partial u}{\partial t}\mathrm{d}\tau.$$

D'après la formule de Green-Ostrogradski, on a $\oiint_S \overrightarrow{j_q}\cdot\overrightarrow{\mathrm{d}S} = \iiint_V \mathrm{div}\overrightarrow{j_q}\mathrm{d}\tau$.

Finalement, on obtient l'équation suivante :

$$\iiint_V \frac{\partial u}{\partial t}\mathrm{d}\tau = -\iiint_V \mathrm{div}\overrightarrow{j_q}\mathrm{d}\tau + \iiint_V \mathscr{P}_{V,\mathrm{prod}}\mathrm{d}\tau.$$

Or, cette équation est valable pour tout volume V choisi. On a donc, sous forme locale :

$$\boxed{\frac{\partial u}{\partial t} + \mathrm{div}\overrightarrow{j_q} = \mathscr{P}_{V,\mathrm{prod}}}.$$

On retrouve l'équation du transport de Reynolds avec la grandeur conservative extensive qui est l'énergie interne.

✎ Pour un solide, exprimer $\frac{\partial u}{\partial t}$ en fonction de la température T.

On a $\frac{\partial u}{\partial t} = \rho c\frac{\partial T}{\partial t}$.

Si on considère une phase condensée idéale, il n'est pas nécessaire de fixer le volume V car l'énergie interne ne dépend que de T (modèle de la phase condensée indilatable, incompressible). On a la première loi de Joule (cf livre de thermodynamique).

22.2 Équation de diffusion

Pour trouver une équation de diffusion, il est nécessaire d'avoir une relation supplémentaire entre le vecteur densité de courant thermique et la température T.

22.2.1 Loi de Fourier

Cette loi phénoménologique a été découverte en 1822.

C'est la loi de Fourier $\boxed{\overrightarrow{j_q}(M,t) = -\lambda\,\overrightarrow{\text{grad}}\,T(M,t)}$.

Le signe "-" indique que les transferts thermiques ont lieu spontanément des régions chaudes vers les régions froides. La loi de Fourier apparaît ainsi comme une loi de modération : la diffusion thermique a lieu afin d'uniformiser le champ de température.

λ s'appelle la conductivité thermique, c'est une grandeur intensive, positive, caractéristique des matériaux étudiés. Voici quelques valeurs en $\text{W}\cdot\text{m}^{-1}\cdot\text{K}^{-1}$:

Matériau	conductivité
cuivre	390
acier	50-60
verre	1
bois	0,1-0,25
laine de verre	0,04
air immobile	0,024

22.2.2 Diffusion thermique en trois dimensions

En reprenant le bilan d'énergie sous forme locale et en utilisant la loi de Fourier, on a :

$$\frac{\partial u}{\partial t} + \text{div}\overrightarrow{j_q} = \rho c \frac{\partial T}{\partial t} - \lambda \Delta T = \mathscr{P}_{V,\text{prod}},$$

où ΔT est le laplacien scalaire défini en cartésiennes par $\Delta T = \frac{\partial^2 T}{\partial x^2} + \frac{\partial^2 T}{\partial y^2} + \frac{\partial^2 T}{\partial z^2}$.

Pour l'expression du laplacien scalaire dans les autres systèmes de coordonnées, vous pouvez aller consulter le formulaire d'analyse vectorielle.

C'est l'équation de diffusion thermique en trois dimensions :

$\boxed{\frac{\partial T}{\partial t} = D\Delta T + \frac{1}{\rho c}\mathscr{P}_{V,\text{prod}}}$ avec $D = \frac{\lambda}{\rho c}$, coefficient de diffusion du matériau.

✎ Quelle est l'unité de D ?

On a D qui s'exprime en $m^2 \cdot s^{-1}$.

Cette équation est une équation aux dérivées partielles : les dérivées temporelles et spatiales sont liées, c'est une équation de propagation d'ondes, les ondes thermiques.

Cette équation n'est pas invariante quand on change t en $-t$: ceci traduit l'irréversibilité du phénomène de diffusion.

On retrouve les mêmes résultats que pour la diffusion de particules : on a, en introduisant les grandeurs caractéristiques, $\boxed{L \approx \sqrt{D\tau} \text{ ou } \tau \approx \frac{L^2}{D}}$.

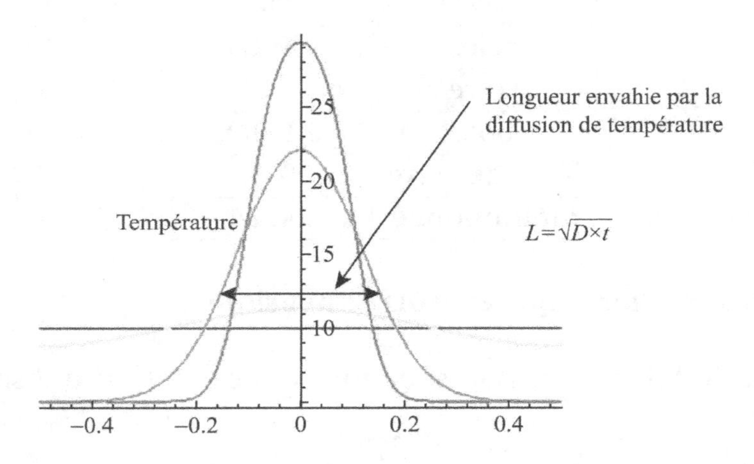

Diffusion d'un pic de température

Ceci peut vous rappeler un exercice vu en analyse dimensionnelle sur la cuisson d'un poulet....quand la taille du poulet est doublée, le temps de cuisson est plus que doublé.

La résolution de l'équation de diffusion nécessite des conditions aux limites et une condition initiale. Pour les conditions aux limites, on peut utiliser l'hypothèse de contact parfait entre deux solides : continuité de la température et du flux thermique à l'interface les séparant ou on peut aussi utiliser la loi de Newton dans le cas d'une interface avec un fluide en mouvement.

22.2.3 Bilan entropique

✎ **Rappeler le lien entre la variation d'entropie dS d'un solide et la variation d'énergie interne au cours d'une transformation.**

Par définition, on a $\mathrm{d}S = \dfrac{\delta Q_{\text{rev}}}{T}$. *Or, pour un solide, le premier principe nous donne* $\delta Q_{\text{rev}} = \mathrm{d}U$ *soit* $\mathrm{d}U = T\mathrm{d}S$.

✎ **Faire apparaître une équation de conservation pour l'entropie.**

On a l'équation locale de conservation de U *(ou* u*). Or,* $\dfrac{\partial u}{\partial t} = T\dfrac{\partial s}{\partial t}$.
On a donc $\dfrac{\partial s}{\partial t} + \dfrac{1}{T}\mathrm{div}\vec{j_q} = 0$.
Or, on a $\mathrm{div}\left(\dfrac{\vec{j_q}}{T}\right) = \vec{j_q}\cdot\overrightarrow{\mathrm{grad}}\,(1/T) + \dfrac{1}{T}\mathrm{div}\vec{j_q}$. *Ce qui nous donne*

$$\frac{\partial s}{\partial t} = -\mathrm{div}\left(\frac{\vec{j_q}}{T}\right) - \vec{j_q}\cdot\frac{\overrightarrow{\mathrm{grad}}\,T}{T^2}.$$

En utilisant la loi de Fourier, on a

$$\boxed{\frac{\partial s}{\partial t} + \mathrm{div}\left(\frac{\vec{j_q}}{T}\right) = \lambda\left(\frac{\overrightarrow{\mathrm{grad}}\,T}{T}\right)^2}.$$

Cette équation est une équation locale de conservation de l'entropie :

- il y a un terme source $\left(\dfrac{\overrightarrow{\mathrm{grad}}\,T}{T}\right)^2$ de production volumique locale d'entropie par unité de temps. Ce terme est strictement positif dès qu'il y a une différence de température. On retrouve le fait qu'un gradient de température est source d'irréversibilité. De plus, si on étudie la fonction entropie plus en détail, on peut montrer que le second principe impose aussi λ strictement positif.
- $\left(\dfrac{\vec{j_q}}{T}\right)$ s'interprète comme un courant d'entropie.

22.2.4 Cas unidimensionnel

Dans le cas où T ne dépend que de x, on a :

$$\boxed{\frac{\partial T}{\partial t} = D\frac{\partial^2 T}{\partial x^2} + \frac{1}{\rho c}\mathscr{P}_{V,\mathrm{prod}}}.$$

On se place en régime stationnaire avec aucune "source", on a alors $\frac{\partial^2 T}{\partial x^2} = 0$.

✎ On considère une barre homogène de longueur L au contact avec deux réservoirs, un de température T_1 en $x = 0$ et un de température T_2 en $x = L$. Quel est le profil de température ?

On a $T(x) = \frac{T_2 - T_1}{L}x + T_1$ par hypothèse. On a un profil de température linéaire en régime permanent.

✎ En déduire l'expression du flux thermique $\Phi(x)$.

On a $\Phi(x) = \iint \overrightarrow{j_q} \cdot \overrightarrow{\mathrm{d}S} = -\lambda \frac{\mathrm{d}T}{\mathrm{d}x}S$.

On a ainsi $\Phi(x) = \frac{\lambda S}{L}(T_1 - T_2)$. Ce flux est bien indépendant de x ce qui est normal en régime permanent si la surface S est, elle aussi, indépendante de x (conservation du flux).

Bilan entropique

On cherche maintenant à faire un bilan entropique. On est en régime stationnaire donc la variation d'entropie d'une tranche d'épaisseur dx située entre les abscisses x et $x + \mathrm{d}x$ est nulle. On a $\mathrm{d}S = 0$.

✎ Que vaut δS_{ech}, terme d'entropie d'échange pendant dt ?

Le terme d'échange est non nul car il y a un flux thermique aux abscisses x et $x + \mathrm{d}x$. On a $\delta S_{\mathrm{ech}}(x) = \frac{\delta Q}{T(x)} = \frac{\Phi(x)\mathrm{d}t}{T(x)}$ et de même, on a $\delta S_{\mathrm{ech}}(x + \mathrm{d}x) = \frac{\delta Q}{T(x + \mathrm{d}x)} = \frac{-\Phi(x + \mathrm{d}x)\mathrm{d}t}{T(x + \mathrm{d}x)}$.

Attention aux signes !! On a donc $\delta S_{\text{ech}} = \Phi \frac{1}{T^2}\frac{\mathrm{d}T}{\mathrm{d}x}\mathrm{d}t\mathrm{d}x$.

✎ **Que vaut le terme de création d'entropie ?**

D'après le second principe, on a $\mathrm{d}S = \delta S_{\text{ech}} + \delta S_{\text{cr}}$ soit ici, $\delta S_{créé} = -\Phi \frac{1}{T^2}\frac{\mathrm{d}T}{\mathrm{d}x}\mathrm{d}t\mathrm{d}x$. Or, on a la loi de Fourier donc $\Phi = -\lambda \frac{\mathrm{d}T}{\mathrm{d}x}$. On a donc $\delta S_{créé} = \lambda \frac{1}{T^2}\left(\frac{\mathrm{d}T}{\mathrm{d}x}\right)^2 \mathrm{d}t\mathrm{d}x$.

✎ **Quelle est la conséquence pour le coefficient λ ?**

L'entropie créée est toujours positive donc $\lambda > 0$.

On retrouve que la diffusion thermique est un phénomène irréversible dès qu'elle a lieu, c'est-à-dire dès qu'il y a un gradient de température.

Résistance thermique

✎ **Rappeler la formule qui donne le flux Φ à travers une section S de barreau.**

On a $\Phi(x) = \frac{\lambda S}{L}(T_1 - T_2)$.

Cette formule montre que le flux est proportionnel à une différence de grandeur : on peut faire l'analogie avec l'électricité. On a $I = jS = \frac{V_1 - V_2}{R_{\text{el}}}$. On peut introduire une résistance thermique R_{th}.

✎ **Définir R_{th}.**

On a donc en utilisant l'analogie $R_{\text{th}} = \frac{L}{\lambda S}$.

On peut aussi définir la loi d'Ohm en thermique $T_1 - T_2 = R_{\text{th}}\Phi$...(d'ailleurs, c'est en procédant ainsi qu'Ohm découvrit la loi qui porte son nom).

✎ **Comment construire une maison qui a le moins possible de pertes thermiques ?**

On a $\Phi(x) = \frac{T_1 - T_2}{R_{\text{th}}}$. Pour minimiser le flux, il faut donc une résistance thermique la plus grande possible : on veut L le plus grand possible et λ et S les plus petits possibles, c'est-à-dire on veut une maison avec des murs très épais, construits dans des matériaux très peu conducteurs avec une surface petite.

Comme en électricité, on a les mêmes lois d'association des résistances.

✎ **Rappeler les lois d'association des résistances.**

On a, en série, $R_{\text{th,eq,série}} = R_{\text{th},1} + R_{\text{th},2}$ et pour une association parallèle, $\dfrac{1}{R_{\text{th,eq},//}} = \dfrac{1}{R_{\text{th},1}} + \dfrac{1}{R_{\text{th},2}}$.

Ces lois d'association sont très utilisées dans le domaine de la construction :
- le mur en béton et l'isolant thermique sont en série car ils sont traversés par le même flux thermique ;
- les murs et les fenêtres sont en parallèle car ils sont soumis à la même différence de température.

C'est pour cela que pour augmenter l'isolation d'un immeuble, on utilise du double ou du triple vitrage pour les fenêtres et des isolants sur les murs.

✍ Quelle est la résistance thermique d'une fenêtre de dimensions $L = 1,6$ m et $l = 0,8$ m constituée
1. d'un simple vitrage d'épaisseur $2e$ avec $e = 6$ mm et de conductivité thermique $\lambda_{\text{verre}} = 1,2$.
2. d'un double vitrage avec des verres d'épaisseur e et une lame d'air d'épaisseur $3e$, $\lambda_{\text{air}} = 0,02$ SI.
3. En déduire l'avantage énergétique des doubles vitrages.

1. On a $R_1 = \dfrac{2e}{\lambda_{\text{verre}} S} = 7,8 \times 10^{-3}$ SI.

2. On a $R_2 = \dfrac{2e}{\lambda_{\text{verre}} S} + \dfrac{3e}{\lambda_{\text{air}} S} = 0,71$ SI.

3. En électricité, on a $\mathscr{P} = \dfrac{U^2}{R}$ soit ici $\mathscr{P}_{\text{th}} = \dfrac{\Delta T^2}{R}$. Si on prend des différences de températures égales, on a $\dfrac{\mathscr{P}_{\text{double}}}{\mathscr{P}_{\text{simple}}} = \dfrac{R_1}{R_2} = 0,01$. Le double vitrage est efficace.

Cinquième partie

Exercices

Chapitre 23

Analyse dimensionnelle

Exercice 1 Équation aux dimensions

Établir les équations aux dimensions en fonction des grandeurs de base du système international (masse, longueur, temps, etc.) :

1. De la constante de Planck h sachant que l'énergie E transportée par un photon est donnée par la relation : $E = h\nu$ où ν représente la fréquence du rayonnement correspondant.

2. De la constante de Boltzmann k_B qui apparaît dans l'expression de l'énergie cinétique E_c d'une molécule d'un gaz monoatomique à la température T, à savoir : $E_c = \frac{3}{2} k_B T$.

Exercice 2 Cuisson du poulet

Le temps de cuisson d'un poulet dépend si c'est facile ou non pour la chaleur de se propager (se déplacer) à travers celui-ci. Pour cela, il existe un paramètre physique qui dépend du matériau (ici, la viande de poulet) appelé diffusivité thermique, noté λ et qui s'exprime en $m^2 \cdot s^{-1}$. Le temps de cuisson dépend uniquement de ce coefficient λ et de son volume V.

1. Quelle est l'expression la plus simple pour construire le temps caractéristique τ en fonction de λ et V ?

2. S'il faut une heure trente pour cuire un poulet de 2 kg, combien de temps

faut-il pour cuire un poulet de 3 kg ?

Exercice 3 Vibrations d'une goutte

La fréquence de vibration d'une goutte d'eau dépend de plusieurs paramètres. On suppose que la tension superficielle est le facteur prédominant dans la cohésion de la goutte ; par conséquent, les facteurs intervenant dans l'expression de la fréquence de vibration f seront :
- R, le rayon de la goutte ;
- ρ, la masse volumique de l'eau, pour tenir compte de l'inertie ;
- A, la constante intervenant dans l'expression de la force due à la tension superficielle (la dimension de A est celle d'une force par unité de longueur).
On écrira donc :

$$f = kR^a \rho^b A^c,$$

où k est ici une constante sans dimension ; a, b et c sont les exposants de R, ρ et A.

1. En déduire les valeurs de a, b et c.

Chapitre 24

Optique géométrique

Exercice 4 **Tracé de rayons**

1. Compléter la marche des rayons lumineux incidents ou émergents des lentilles suivantes.

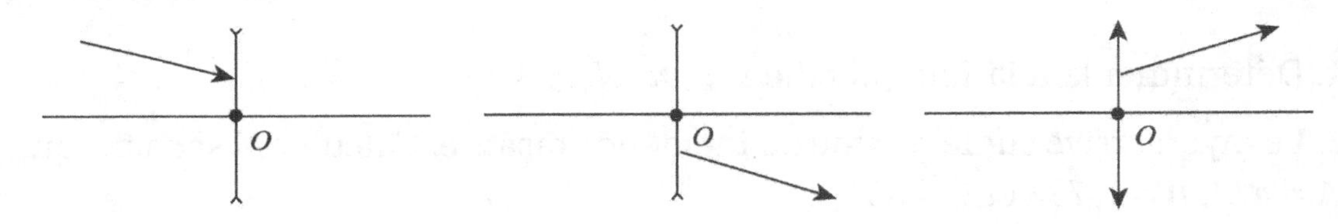

2. Construire l'objet pour les figures suivantes.

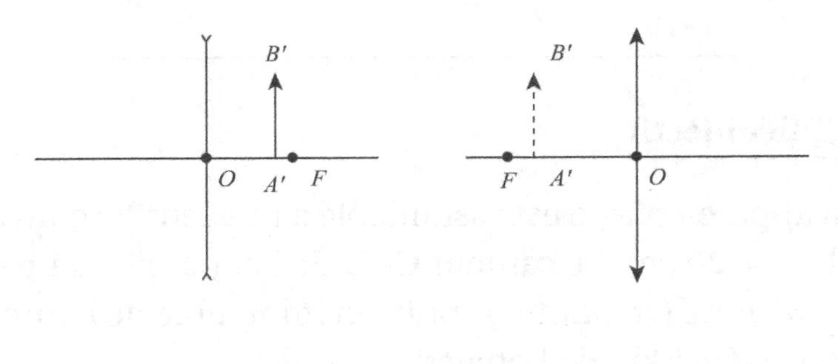

Exercice 5 Réfractomètre de Pulfrich

On pose sur un prisme d'indice n un bloc transparent d'indice N. Un rayon lumineux traversant ce bloc arrive sur le prisme avec un angle d'incidence i puis ressort dans l'air avec l'angle i'.

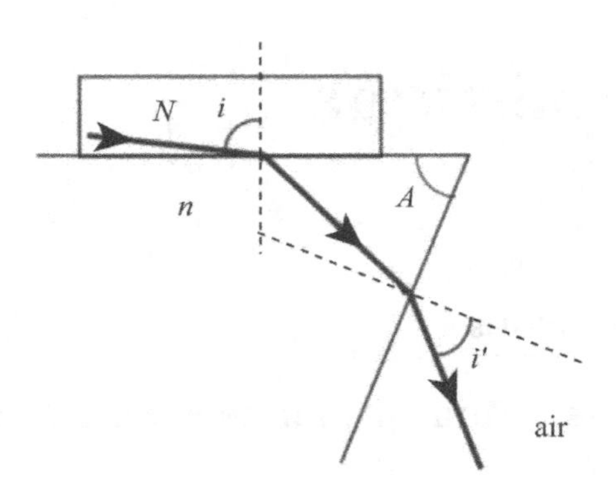

1. Déterminer la relation qui relie i, i', n, N et A.

2. Le rayon arrive sur le prisme en incidence rasante. Calculer N sachant que $A = \pi/2$, $n = 1,732$ et $i' = 30°$.

3. Le rayon arrivant toujours en incidence rasante, et en prenant pour N et n les valeurs de la question 2, déterminer i' pour $A = 60°$.

Exercice 6 Téléobjectif

L'objectif d'un appareil photo est assimilable à une lentille convergente L_1 de distance focale $f_1' = 20$ cm. Le capteur CCD de l'appareil est un capteur "Full Frame" de 24×36 mm. On photographie un immeuble de hauteur $h_0 = 30$ m, situé à la distance $d = 1$ km de l'objectif.

1. À quelle distance de l'objectif faut-il placer le capteur ? Quelle est la hauteur h_1 de l'image obtenue ? Conclure sur la qualité de la photo.

2. On place en arrière de la lentille L_1, à la distance $e = 15,5$ cm, une lentille divergente L_2 de distance focale $f_2' = -10$ cm, l'ensemble constituant un téléobjectif. Déterminer la distance qui sépare la lentille L_1 du capteur lorsqu'on a

fait le point. Que représente cette distance ? Calculer la hauteur h_2 de l'image obtenue et préciser l'intérêt du dispositif.

3. Représenter la marche à travers le téléobjectif d'un faisceau parallèle incliné d'un angle α par rapport à l'axe optique. En supposant que les deux lentilles ont le même rayon $R = 3$ cm, déterminer l'angle α_m au delà duquel le faisceau ne forme plus d'image sur le capteur.

Exercice 7 Méthodes de Bessel et Silbermann

• Méthode de Bessel

On impose la distance D_0 entre l'objet et l'écran. En déplaçant la lentille L convergente, on obtient deux positions L_1 et L_2 distantes de d pour lesquelles une image nette se forme sur l'écran.

Déterminer en fonction de D_0 et d :

- les distances objet-L_1 et objet-L_2 notées p_1 et p_2 ;
- f', quelle est la valeur maximale de f' mesurable ?
- A.N. : $D_0 = 90$ cm, $f'_{\max}$? puis si, pour $D_0 = 150$ cm, l'une des images est deux fois plus grande que l'objet.

• Méthode de Silbermann

Cette fois, l'objet a une position fixe et on déplace l'écran et la lentille jusqu'à obtenir une image nette sur E de même grandeur que l'objet. On mesure alors la distance objet-image, on trouve $D_1 = 80$ cm. Calculer la vergence de la lentille.
Quelle est la méthode la plus précise ?

Exercice 8 Métamatériau

En 1968, le physicien russe Victor Veselago a conduit des études théoriques dans le cadre d'une optique de Descartes où les milieux pourraient être d'indice

négatif. Il a montré qu'avec de tels milieux, il était possible de réaliser une lentille convergente parfaitement plate. En 2000, le premier matériau possédant un indice négatif a été créé, on parle de métamatériau. Ce matériau est un diélectrique classique (verre de silice) dans lequel on a inséré des fils conducteurs selon une structure périodique (voir la photographie de la Figure 1). Ce matériau s'est montré efficace pour des longueurs d'onde
$\lambda \approx 1$ cm. Son indice de réfraction a été mesuré à $n = -2,7$. À l'heure actuelle, aucun métamatériau n'a été réalisé pour le domaine visible $\lambda \approx 0,5\,\mu$m. Seul un matériau d'indice $n = -0,3$ a été obtenu pour $\lambda = 2\,\mu$m.

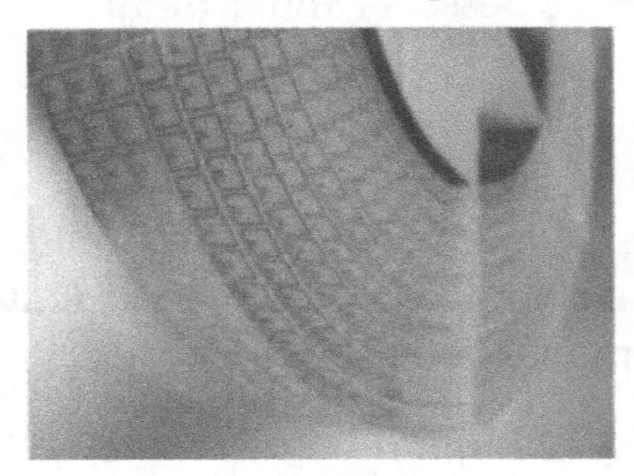

Figure 1

On considère le schéma de la Figure 2 où un objet AB est placé à la distance d d'une lame à faces parallèles d'épaisseur e, d'indice $n < 0$ avec $|n| > 1$. La lame de métamatériau possède une hauteur très grande devant son épaisseur.
On considère un rayon lumineux qui aborde ce milieu depuis A sous l'angle d'incidence i_1.

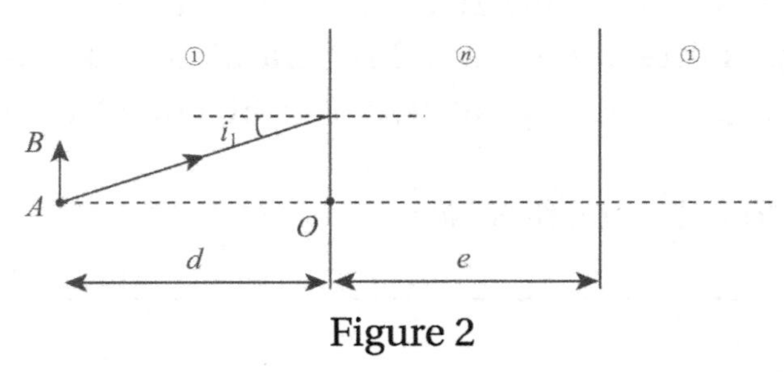

Figure 2

1. La loi de la réfraction de Descartes étant toujours valable, quelle est la particularité du rayon réfracté par le dioptre plan $P_{1,n}$ lorsque le milieu est d'indice négatif?

2. On suppose que l'image A' de A par le dioptre plan $P_{1,n}$ est située dans le milieu d'indice $n < 0$. Déterminer la distance OA' en fonction de d, n et i_1. En déduire que le dioptre plan $P_{1,n}$ n'est pas stigmatique.

3. Montrer qu'en se plaçant dans les conditions de Gauss, le stigmatisme est assuré. Que vaut alors la distance OA' ? Où se situe l'image B' de B ? Quelle propriété présente donc le dioptre plan $P_{1,n}$?

Dans la suite, on se place dans les conditions de Gauss.

4. À quelle condition sur l'épaisseur e de la lentille de Veselago, l'image $A'B'$ se situe-t-elle dans le métamatériau ?

5. On suppose pour la suite que cette condition est aussi réalisée pour un objet A_1B_1 situé à la distance $d_1 > d$ en arrière de AB. Par conséquent, où se situe l'image de A_1B_1 par rapport à $A'B'$? On considère maintenant un objet constitué par A_1B_1AB. Que peut-on dire de son image dans le métamatériau ?

6. Pour une épaisseur e respectant la condition vue à la question précédente, déterminer la position de l'image définitive $A''B''$ de AB par la lentille de Veselago. A-t-on bien réalisé l'équivalent d'une lentille convergente traditionnelle ?

Chapitre 25

Introduction aux ondes

Exercice 9 **Ondes dans un ressort**

Un ressort à spires non jointives de longueur L et de masse linéique μ a une raideur K. Le ressort est placé sur un axe horizontal. Le déplacement des spires se fait sans frottement. On étudie une longueur élémentaire $\mathrm{d}x$ du ressort au repos qui, au passage d'une onde de déformation, voit ses extrémités se déplacer de $\xi(x,t)$ et $\xi(x+\mathrm{d}x,t)$.

1. On considère deux ressorts associés en série de raideur k. L'ensemble est considéré comme un ressort unique de raideur K. Déterminer la relation entre k et K. En déduire que pour une longueur $\mathrm{d}x$ du ressort, on a
$k_{\mathrm{d}x} = K\dfrac{L}{\mathrm{d}x}$.

2. Exprimer l'allongement de cet élément de ressort en fonction de $\dfrac{\partial \xi}{\partial x}$.

3. On étudie l'élément $\mathrm{d}x$ situé entre x et $x+\mathrm{d}x$. Exprimer les forces de rappel s'exerçant aux extrémités de cet élément en fonction de $\left(\dfrac{\partial \xi}{\partial x}\right)_x$, $\left(\dfrac{\partial \xi}{\partial x}\right)_{x+\mathrm{d}x}$, K et L.

4. En déduire l'équation différentielle vérifiée par $\xi(x,t)$ ainsi que la vitesse de propagation des ondes dans le ressort.

Données : $L = 1$ m, $K = 3,7$ N/m, $m = 150$ g.

Exercice 10 **Ondes dans un solide**

L'objectif est de déterminer la célérité d'une onde plane sonore se propageant de manière unidimensionnelle dans un solide. On propose pour cela les modélisations suivantes :

• Au niveau macroscopique

On étudie un barreau de section S et de longueur L selon l'axe Ox. On note μ la masse volumique. Ce barreau est caractérisé par son module d'Young E. Une force d'intensité F exercée aux extrémités du barreau implique une variation $\pm\Delta L$ de la longueur du barreau telle que $F = E\dfrac{\Delta L}{L}S$ avec $\Delta L \ll L$, c'est la loi de Hooke.

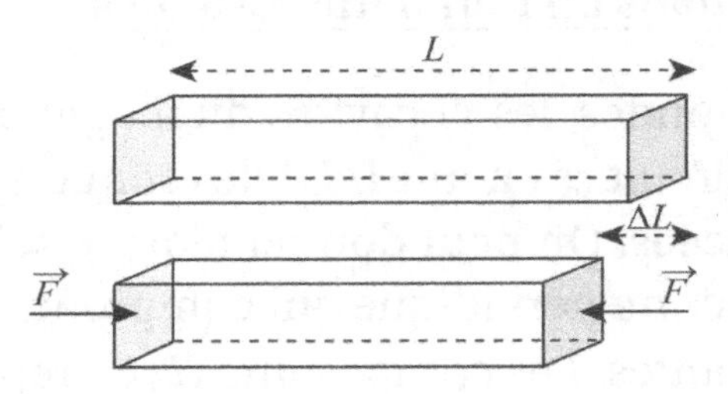

• Au niveau microscopique

On considère une structure cristalline cubique centrée de paramètre de maille a. Chaque atome a une masse m. On étudie la propagation unidimensionnelle d'une onde le long de l'axe Ox. Les énergies de liaisons entre atomes peuvent être modélisées par des ressorts de raideur K et de longueur à vide l_0.

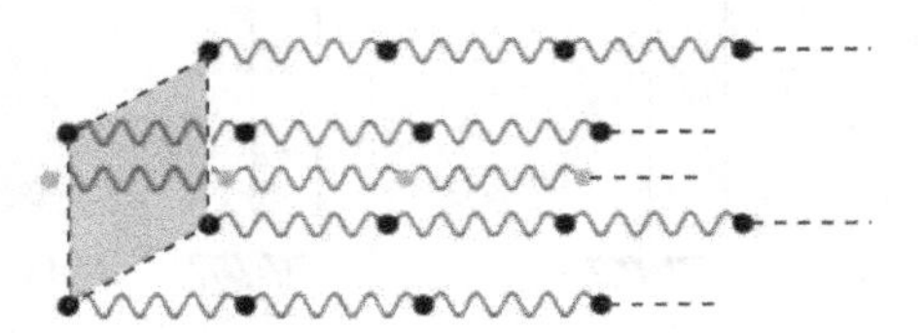

1. Rappeler le nombre d'atomes par maille pour la structure cubique centrée. En déduire le nombre N de chaînes d'oscillateurs pour la section S du barreau.

2. En déduire l'intensité de la force f appliquée à une chaîne d'atomes lorsque l'on applique une force d'intensité F sur la section S du barreau.

3. Pour un allongement ΔL du barreau, quel sera l'allongement Δl de chacun des ressorts, en fonction de ΔL, L et a ?

4. Déduire des questions précédentes la relation entre la raideur du ressort K et le module d'Young E.

5. On rappelle que la célérité dans une chaîne infinie d'oscillateurs a pour expression $c = a\sqrt{\dfrac{K}{m}}$. Déterminer la célérité d'une onde sonore dans le fer.

Données : $\mu_{\text{fer}} = 7874\ \text{kg/m}^3$, $E = 196$ GPa, $a = 0{,}288$ nm et $M = 58{,}5$ g/mol.

Exercice 11 Cavité dans un four à micro-ondes

Dans un four à micro-ondes, les N cavités du magnétron sont analogues en radiofréquence à un circuit résonant LC. Elles sont disposées circulairement et régulièrement espacées. On peut donner alors le schéma équivalent de la ligne comme une structure périodique qui comprend des cavités résonantes identiques et équidistantes. Les composants (L, C) représentent la cavité résonante et Γ modélise la capacité entre l'anode et la cathode.

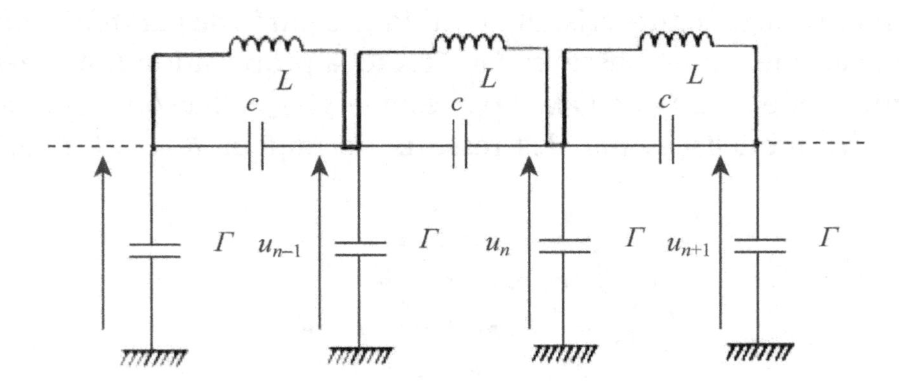

1. Trouver une relation entre $\underline{U_n}$, $\underline{U_{n+1}}$, $\underline{U_{n-1}}$, la pulsation ω et la valeur des composants.

2. On cherche une solution de la forme $\underline{U_n} = \underline{U_0}\mathrm{e}^{\mathrm{j}(\omega t + n\varphi)}$ où $n \in [\![1; N]\!]$. En déduire le déphasage φ entre deux résonateurs sous la forme $\cos\varphi = 1 - f(\omega, L, C, \Gamma)$.

3. La ligne circulaire étant refermée sur elle-même, en déduire une condition sur φ en fonction de N et d'un entier p. Préciser les valeurs prises par p donnant des solutions distinctes. En déduire les pulsations de résonance ω_p.

Chapitre 26

Interférences

Exercice 12 **Questions de cours**

- Définir la longueur de cohérence d'une source. Quelle est la relation qui existe entre une longueur de cohérence temporelle et une durée de cohérence ?
- On considère une source monochromatique de durée de cohérence temporelle τ_c. Donner l'expression de son extension spectrale $\Delta\omega$.
- À quelle condition deux sources idéales émettent-elles deux ondes mutuellement cohérentes ?
- Donner quelques exemples de détecteurs de lumière (photorécepteurs). On donnera un ordre de grandeur de leur temps de réponse.
- À quelles conditions peut-on détecter un phénomène d'interférence entre deux ondes issues de deux sources quasi-monochromatiques ?
- "Deux sources non isochrones, mais de fréquences très voisines, peuvent donner lieu à un phénomène d'interférence détectable". Que penser de cette affirmation ? À quelle condition cela peut-il être possible ?
- Pourquoi utilise-t-on un diviseur du front d'onde pour réaliser des interférences lumineuses ?
- Comment est définie la frange centrale ? Est-elle toujours brillante ? Est-elle toujours au centre du système de franges ?
- Comment est défini l'ordre d'interférence ? Quelle est sa valeur en un point d'une frange brillante ? d'une frange sombre ?
- On considère un point M du champ d'interférence où l'interférence est constructive. Que cela signifie-t-il ?

- Comment sont définies les franges brillantes et sombres ?
- Définir le contraste des franges. Montrer qu'il est maximal lorsque les deux sources donnent le même éclairement.
- On considère deux ondes mutuellement cohérentes et de même intensité lumineuse. Écrire l'expression de l'éclairement résultant en un point M de l'espace où se superposent les ondes.
- Que traduit l'expression " deux sources secondaires S_1 et S_2 issues d'une même source primaire " ?
- Quelle est la forme des franges d'interférences obtenues avec deux sources secondaires S_1 et S_2 issues d'une même source primaire ?
- Quelle est la forme des franges observées sur un écran parallèle à l'axe des sources secondaires S_1S_2 ? Que deviennent ces franges si cet écran est loin du plan des sources ?
- Quelle est la forme des franges observées sur un écran perpendiculaire à l'axe des sources secondaires S_1S_2 ?
- Établir l'expression de la différence de chemin optique en un point M d'un écran placé parallèlement à l'axe des sources et à grande distance de celle-ci. En déduire l'interfrange, noté i.
- Dans un plan d'observation perpendiculaire à l'axe des sources secondaires S_1S_2, établir l'expression du rayon des franges circulaires. Montrer que les cercles se resserrent lorsque l'on s'éloigne du centre.
- En quoi consiste la division d'amplitude ? Qu'apporte-t-elle de plus qu'une division du front d'onde ?
- Interféromètre de Michelson éclairé par une source idéale. Les franges sont-elles localisées ? Qu'en est-il lorsque la source primaire n'est plus ponctuelle ?
- Quel est le rôle de la lame séparatrice ? Quel traitement de surface particulier lui a t-on imposé ? Pourquoi ?
- Quel est le rôle de la lame compensatrice ? Est-elle nécessaire lorsque la source primaire est monochromatique ?
- Interféromètre de Michelson en configuration lame d'air. Comment doit-on l'éclairer ? Où doit-on placer l'écran d'observation pour voir des franges bien lumineuses et bien contrastées ? quelle est la forme des franges ?
- Interféromètre de Michelson en configuration coin d'air. Comment doit-

on l'éclairer? Où doit-on placer l'écran d'observation pour voir des franges bien lumineuses et bien contrastées? Quelle est la forme des franges?

- Comment peut-on atteindre le contact optique avec une source quasi-monochromatique?
- Comment peut-on déterminer la longueur de cohérence temporelle d'une source quasi- monochromatique à l'aide d'un interféromètre de Michelson?
- La largeur spectrale d'une source quasi-monochromatique (raie verte du mercure) vaut 5 nm. Calculer la longueur L_c de cohérence temporelle correspondante.

Exercice 13 Raie quasi-monochromatique

On considère une raie spectrale de longueur d'onde moyenne λ_{0m}, de largeur $\Delta\lambda$ et de longueur de cohérence L_C.

1. Montrer que $\Delta\lambda = \dfrac{\lambda_{0m}^2}{L_C}$.

2. Une raie spectrale d'une lampe spectrale au cadmium a pour caractéristiques $\lambda_{0m} = 643,8$ nm et $\Delta\lambda = 1,3$ pm. Quelle est sa couleur? Calculer L_c, τ_c ainsi que le nombre moyen d'oscillations par train d'onde.

Exercice 14 Train d'ondes

1. Une fonction sinusoïdale temporelle $f(t)$ est caractérisée par sa période temporelle T et sa pulsation ω. Rappeler la période spatiale et la pulsation spatiale associées à une fonction sinusoïdale $g(x)$.

2. Rappeler la relation entre largeur spectrale $\Delta\nu$ et largeur temporelle Δt pour une fonction $f(t)$ non périodique.

3. Pour une fonction $g(x)$ non périodique, donner une relation entre largeur spectrale Δk et spatiale Δx.

4. Pour le train d'onde ci-dessous :

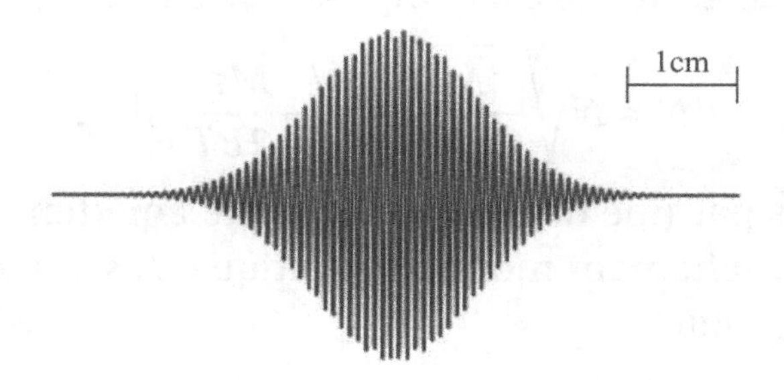

4.a. Déterminer Δk en fonction de l'extension spatiale L.

4.b. La longueur d'onde moyenne est $\lambda_0 = 5$ mm. En déduire la pulsation spatiale moyenne et la comparer à la largeur spectrale.

4.c. En déduire la largeur spectrale Δk en fonction de $\Delta\lambda$ et λ_0.

Exercice 15 Effet Doppler et collisions

Effet Doppler

Un signal qui est émis à l'instant t par une source mobile, est reçu à l'instant t' en un point fixe P. On note $r(t) = PM$ et α l'angle entre $\overrightarrow{PM}$ et $\overrightarrow{v}(M)$.

1. Exprimer t' en fonction de t, c et $r(t)$.

La source émet des signaux périodiques, de période T (et on peut négliger les variations de v et α sur une période).

2. Déterminer la période T' des signaux reçus en P. Exprimer le rapport f'/f des fréquences au premier ordre en v/c.

3. Citer un exemple de l'effet Doppler dans la vie quotidienne.

Élargissement Doppler d'une onde lumineuse

On suppose que ces résultats sont applicables aux ondes électromagnétiques.

Dans une vapeur monoatomique, de masse molaire M et de température T, les vitesses des atomes suivent une loi de répartition de type Maxwell-Boltzmann. On a, si N est le nombre total d'atomes, le nombre d'atomes dont la composante v_x de la vitesse est comprise entre v_x et $v_x + \mathrm{d}v_x$:

$$\mathrm{d}N = N\sqrt{\frac{M}{2\pi RT}}\exp\left(-\frac{Mv_x^2}{2RT}\right)\mathrm{d}v_x.$$

Les atomes excités par une décharge électrique émettent une lumière considérée comme parfaitement monochromatique s'ils étaient immobiles (de longueur λ_0 dans le vide).

Le détecteur est placé suffisamment loin de la source pour q'il ne reçoive que des ondes planes de direction de propagation Ox.

4. On note $\mathrm{d}\mathscr{E}$ l'éclairement reçu par le détecteur dans la bande spectrale $(\lambda, \lambda + \mathrm{d}\lambda)$, montrer que :

$$\mathscr{E}_\lambda = \frac{\mathrm{d}\mathscr{E}}{\mathrm{d}\lambda} = K\exp\left(-\frac{(\lambda-\lambda_0)^2}{\Delta\lambda^2}\right).$$

Exprimer la constante $\Delta\lambda$ en fonction des données.

5. Tracer l'allure de $\mathscr{E}(\lambda)$. Donner une interprétation simple de $\Delta\lambda$.

6. Pour la raie verte du mercure, on a $R = 8{,}31$ SI, $M = 210$ g et $T = 500$ K. Calculer $\dfrac{\Delta\lambda}{\lambda_0}$.

7. Expérimentalement, on mesure une longueur de cohérence de l'ordre de 1 cm. L'effet Doppler est-il la cause principale de cet élargissement ?

Élargissement provoqué par les collisions

L'élargissement de la raie spectrale est essentiellement dû aux chocs qui limitent la durée des trains d'onde.

8. Le libre parcours moyen des atomes d'un gaz est donné par $l = \dfrac{1}{n\sigma\sqrt{2}}$ où n est le nombre d'atomes par unité de volume, σ la section efficace de collision.

Quelle est la dimension de σ ? Que représente σ ?

9. Exprimer l'ordre de grandeur de la durée moyenne entre deux collisions.

10. Pour une température et une longueur d'onde données, quelle est la pression limite P_0 pour laquelle l'élargissement des raies par collision est supérieur à l'élargissement Doppler ?

$T = 500$ K, $\lambda_0 = 0,6\,\mu$m, $\sigma = 10^{-18}$ m^2.

Exercice 16 **Choix d'un capteur lumineux**

On donne les caractéristiques de deux capteurs lumineux :

	Phototransistor BPW71	Photodiode PBX61
Flux lumineux imposé (mW)	3	0,5
Intensité mesurée (mA)	60	0,8
Temps de commutation (ns)	4000	20

On détaille les deux applications envisagées :
- régulation d'une ambiance lumineuse : on souhaite asservir un système d'éclairage d'une pièce à la luminosité de celle-ci ;
- décodage d'un signal lumineux binaire : on souhaite transformer un signal binaire (environ 500 kbit/s) transporté par une fibre optique en signal électrique.

1. Expliquer en quoi consiste un asservissement.

2. Proposer un capteur idéal pour chacune des applications. Justifier. On rappelle que la sensibilité d'un capteur est définie par $S = \dfrac{I}{\varphi}$.

Exercice 17 **Faisceau laser**

Un laser de puissance lumineuse $\mathscr{P} = 5,0$ mW émet un fin pinceau lumineux sensiblement parallèle de longueur d'onde $\lambda = 632,8$ nm, non polarisé. La répartition totale d'éclairement est supposée gaussienne c'est-à-dire modélisable par

$$\mathscr{E} = \mathscr{E}_0 \mathrm{e}^{-(w/w_0)^2}$$

où $w/2$ est la distance à l'axe et w_0 s'appelle le waist du laser $w_0 = 1,0$ mm.

1. Représenter la fonction $\mathscr{E}(w)$. Déterminer l'éclairement $\mathscr{E}_0$.

2. On élargit le faisceau laser à l'aide d'un dispositif afocal pour lui donner un diamètre de $w'_0 = 10,0$ cm. Que devient l'éclairement ?

3. On limite alors le faisceau à l'aide d'un diaphragme de diamètre égal à 4

cm. Quelle erreur relative commet-on sur l'éclairement en considérant que le faisceau obtenu est une onde plane.

Exercice 18 Transformation des surfaces d'onde par une lentille convergente

On place une source ponctuelle au foyer objet F d'une lentille convergente.

1. Quelle est la forme des surfaces d'onde avant la lentille pour l'onde émise par la source ponctuelle placée en F ?

2. Qu'en est-il après la lentille ?

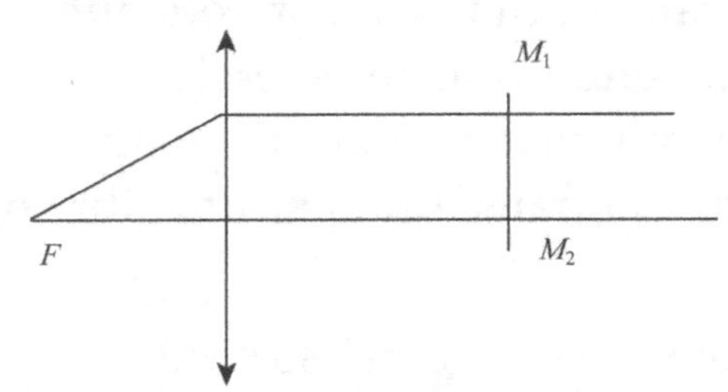

3. Que dire des chemins optiques (FM_1) et (FM_2) ?

4. Comment est-ce possible vu les distances respectives parcourues ?

Exercice 19 Détermination d'une différence de chemin optique

1. On considère le schéma ci-dessous. Quelle est la différence de chemin optique entre le point A situé dans le plan focal objet de la lentille et les points P et M ? On note a la distance entre P et M.

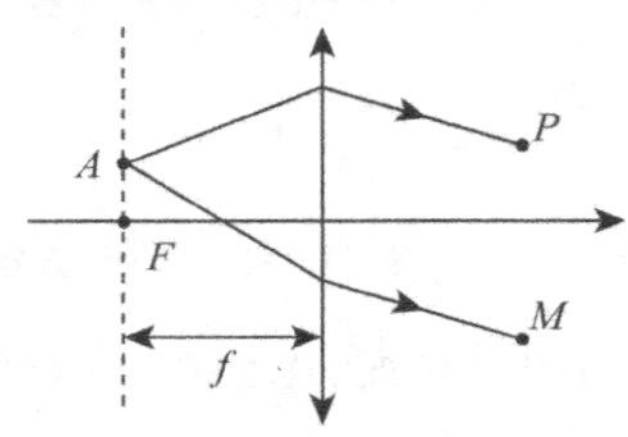

2. Que devient le résultat précédent si on considère maintenant le point A' symétrique de A par rapport à l'axe optique ?

Exercice 20 Accord de phase sur un dioptre

Une onde plane monochromatique émise par une source S arrive sur un dioptre plan séparant le milieu d'indice n_1 contenant la source d'un milieu d'indice n_2. On note θ_1 l'angle d'incidence sur le dioptre et θ_2 l'angle de réfraction. On considère deux rayons parallèles incidents, les points d'incidence sont notés A et B.

1. Faire un schéma.

2. En notant H le point situé sur le rayon passant par B tel que $(SA) = (SH)$, trouver une expression de $(SB)-(SA)$ en fonction de l et θ_1. Trouver de même une expression de $(SB)-(SA)$ en fonction de l et θ_2. Montrer qu'on retrouve la loi de la réfraction liant θ_1 et θ_2.

3. On suppose que l'onde incidente et l'onde réfractée ont le même retard de phase au point A. Montrer qu'elles ont le même retard de phase en tout point M du dioptre.

Exercice 21 Conjugaison par un miroir sphérique

Un miroir sphérique conjugue deux points A et A'. On a le schéma suivant :

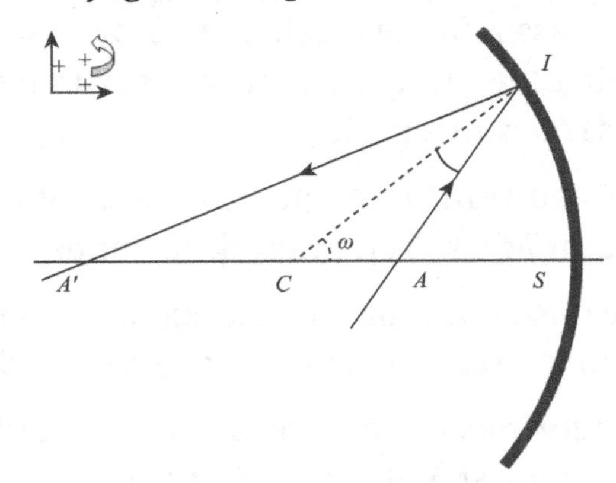

1. Exprimer le chemin optique (AIA') du rayon réfléchi au point I repéré par l'angle ω.

2. En déduire la relation de conjugaison qui doit relier $\overline{CA}$, $\overline{CA'}$ et $\overline{CS}$.

Exercice 22 Forme d'une lentille mince

Une lentille d'axe (Ox) de focale f', faite dans un verre d'indice n a une épaisseur $e(r)$ où r est la distance à l'axe Ox, l'épaisseur au centre est notée e_0.

1. Quelle est la forme de l'onde issue du point A, source lumineuse ponctuelle ? Celle de l'onde après traversée de la lentille ?

2. Exprimer le chemin optique à l'aide de $p = \overline{OA}$, $p' = \overline{OA'}$ et de l'épaisseur $e(r)$.

3. En considérant la lentille dans le cadre de l'optique paraxiale et en prenant l'objet A à l'infini sur l'axe, montrer que la différence de marche introduite par la lentille peut se mettre sous la forme $e(r) = e_0 - \dfrac{r^2}{2(n-1)f'}$. En déduire la relation de conjugaison des lentilles minces.

4. On considère une lentille mince plan-convexe formée d'un plan et d'un cercle de rayon R. On note toujours e_0 l'épaisseur au centre et $e(r)$ l'épaisseur à la distance r de l'axe. Quel est le lien entre f', n et R ?

Exercice 23 Réflexion sur une bulle de savon

Une bulle de savon est assimilable localement à une lame à faces parallèles, d'épaisseur e et d'indice $n = 1{,}33$. La lame est éclairée sous incidence normale, on négligera les réflexions multiples.

1. Exprimer le déphasage $\varphi(M)$ existant entre deux ondes réfléchies, qui se superposent en un point M situé en avant de la lame.

2. Montrer qu'il existe une condition sur la longueur d'onde λ_0 de l'onde dans le vide pour que la lumière soit réfléchie avec une intensité maximale.

3. Lorsqu'un observateur regarde à la verticale de la bulle, celle-ci apparaît jaune (la longueur d'onde est 580 nm). Déterminer les valeurs possibles de son épaisseur.

Exercice 24 Trous d'Young aquatiques

On observe des franges d'Young sur un écran. Le dispositif est immergé dans l'eau d'indice $n = 1,3$. Quelles en sont les conséquences ?

Exercice 25 Mesure de l'indice d'un gaz

On considère le montage de la figure ci-dessous constitué de deux trous d'Young S_1 et S_2 distants de a devant lesquels on a placé deux cuves identiques transparentes pouvant contenir un gaz.

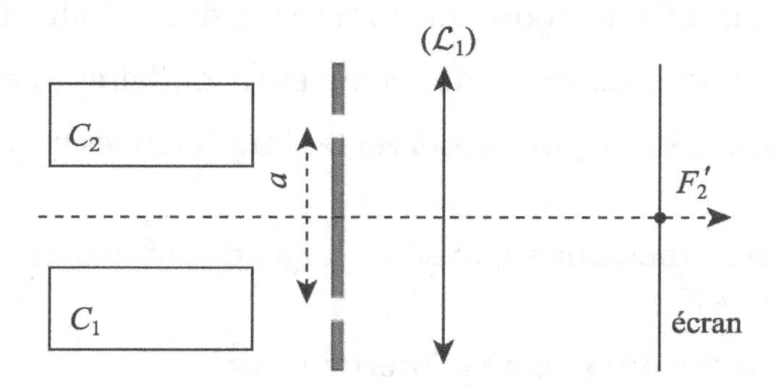

Les cuves sont éclairées par une onde plane. L'observation se fait sur un écran placé dans le plan $z = 0$ à une distance D des trous avec $D \gg a$. On note l la longueur des cuves parallèlement à la direction de l'onde plane incidente.

Comment, en pratique, obtenir une onde plane en entrée ?

1. On note n_1 et n_2 les indices de réfraction des gaz contenus dans les cuves 1 et 2. Déterminer la différence de chemin optique $\Delta L = (SS_2M) - (SS_1M)$ en un point $M(x, y, 0)$ de l'écran. En déduire l'éclairement.

2. Préciser l'interfrange et la position de la frange d'ordre 0. Est-il possible de repérer la position de cette frange en lumière monochromatique ?

3. Initialement, un vide très poussé a été effectué dans la premiere cuve, la seconde contenant de l'air de telle sorte que $n_1 = 1$ et $n_2 = n_{\text{air}}$. On fait rentrer lentement de l'air dans la première cuve, qu'observe-t-on ?

4. Entre l'état initial et l'équilibre final ($n_1 = n_{air}$), on observe le défilement de N franges. En déduire l'indice de l'air. Discuter de la faisabilité de l'expérience sachant que $n_{air} - 1 \approx 3 \times 10^{-4}$.

Exercice 26 Franges de Pohl

Une source ponctuelle S, monochromatique, de longueur d'onde λ est placée devant une lame à faces parallèles d'épaisseur e, d'indice n. On observe des franges d'interférences, sur un écran placé à l'arrière de S. On s'est, au préalable, assuré qu'aucune lumière directe n'atteint cet écran. On ne considère que les interférences entre les rayons ayant subi une seule réflexion sur une des faces de la lame. On suppose que tout se passe si S était située à l'infini.

1. Mettre en évidence l'existence de 2 sources secondaires S_1 et S_2.

2. Où faut-il placer l'écran pour observer les interférences produites par S_1 et S_2 ?

3. Pour un rayon d'incidence i, avec r l'angle de réfraction, calculer la différence de marche δ.

4. Quelle est la forme de la figure d'interférences ?

Exercice 27 Nettoyage des vitres

Pour nettoyer les vitres, on utilise un produit à base d'alcool. Il apparaît alors des traces irisées qui disparaissent au séchage. On modélise le système ainsi : une couche d'alcool, d'épaisseur e, uniforme est déposée sur une surface plane de verre.
Elle est éclairée en incidence normale par une lumière d'intensité I_0, on étudie l'intensité I_1 de la lumière réfléchie.

On admet que, pour une onde qui se propage dans un milieu d'indice n_1 et se réfléchit sur un milieu d'indice n_2, le coefficient de réflexion en amplitude est égal à $r_{12} = \dfrac{n_2 - n_1}{n_2 + n_1}$.

On donne pour l'alcool $n_a = 1,36$ et pour le verre $n_v = 1,51$.

1. Justifier que la lumière réfléchie résulte de l'interférence de deux ondes issues chacune d'une seule réflexion.

2. L'onde incidente est monochromatique, de longueur d'onde λ, calculer I_λ.

3. La lumière incidente est blanche, pourquoi la lumière observée est-elle colorée ?

Exercice 28 Observation de deux étoiles par interférométrie

On considère deux étoiles E_a et E_b ponctuelles, séparées par une distance angulaire α , l'étoile E_a étant prise dans la direction de l'axe optique de la lunette.

On considère que le système interférentiel utilisé (lunette astronomique+ fentes) est équivalent au montage classique des trous d'Young. Les deux trous sont distants de a et l'observation des interférences se fait dans un plan situé à une distance D des trous ($D \gg a$). Un filtre sélectionne les ondes incidentes monochromatiques de même longueur d'onde λ.

1. On considère l'étoile E_b seule. Faire un schéma des deux rayons arrivant de l'infini passant par les deux trous et arrivant en un point M de l'écran distant de $|x|$ du plan médiateur des trous avec $|x| \ll D$. Calculer l'ordre d'interférence en M en fonction de α notamment. Préciser l'interfrange et la position de la frange d'ordre nul.

2. On considère maintenant les deux étoiles. Ces sources sont-elles cohérentes ? Quelle en est la conséquence pour l'étude ? Préciser les valeurs de a qui assurent un brouillage de la figure d'interférence. On supposera que les éclairements des deux étoiles sont du même ordre de grandeur.

3. En pratique, a est limité par le diamètre de l'objectif de la lunette. On suppose $a = 34$ cm. Quelle est la plus petite distance angulaire que l'on peut mesurer avec ce procédé ? Faire l'application numérique pour $\lambda = 0,68\ \mu$m.

Exercice 29 Rayon des anneaux avec une lampe au mercure

Un interféromètre de Michelson est réglé en lame d'air et éclairé par une lampe à vapeur de mercure. Un filtre permet d'isoler la raie $\lambda_0 = 546$ nm.

1. Quelle est sa couleur ?

2. La distance relative entre les deux miroirs est $e = 1,10$ mm. Que vaut l'ordre au centre ?

3. La lentille de projection a une focale $f' = 1$m. Calculer les rayons des cinq premiers anneaux brillants.

4. On chariote le miroir M_2 de manière à diminuer e. Qu'observe-t-on sur l'écran ?

Exercice 30 Miroir de Lloyd

La surface d'un miroir plan est dans le plan Oyz. La source de lumière S est ponctuelle et monochromatique de longueur d'onde dans le vide λ. Elle est à la distance $a/2$ du miroir. L'ensemble du système est plongé dans l'air assimilé au vide. L'image de la source S par le miroir est S_1. La distance entre S et S_1 est a. On place un écran perpendiculaire au miroir, à la distance D des points S et S_1. L'écran est dans le plan Oxy.

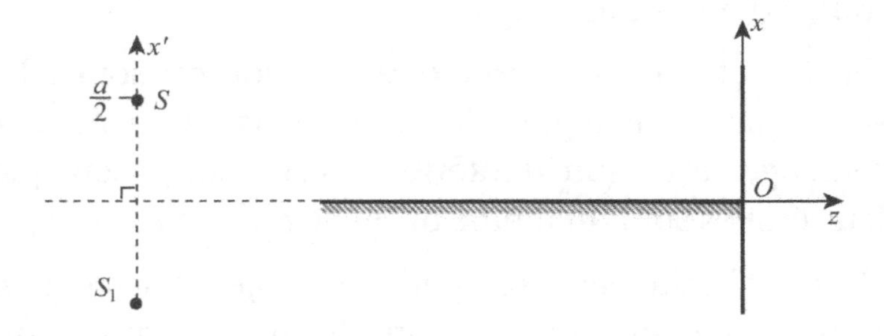

Une partie de la lumière (onde 2) arrive sur l'écran après une réflexion sur le miroir. Une autre partie de la lumière (onde 1) arrive sur l'écran directement, sans avoir subi de réflexion sur le miroir. Soit $M(x, y, 0)$ un point de l'écran. On suppose $|x| \ll D$ et $|y| \ll D$. Il y a interférence en M entre ces deux lumières. On note δ la différence de chemin optique en M entre les deux ondes : $\delta = (SM)_2 - (SM)_1$. On note $\Delta\varphi$ le déphasage entre les deux ondes : $\Delta\varphi = \varphi_2 - \varphi_1$.

1. Exprimer δ en fonction de x, D et a. Exprimer $\Delta\varphi$ en fonction de x, D, λ et a.

2. Exprimer l'éclairement $\mathcal{E}$ sur l'écran. Décrire l'aspect de la figure d'interférence. La frange en $x = 0$ est-elle sombre ou brillante ?

À partir de maintenant, la source de lumière est large. C'est une fente large, parallèle à l'écran, de largeur b dans la direction des x, infiniment longue dans la direction des y. L'extrémité inférieure de la fente est en $x'_1 = \frac{a}{2} - \frac{b}{2}$. L'extrémité supérieure de la fente est en $x'_2 = \frac{a}{2} + \frac{b}{2}$.

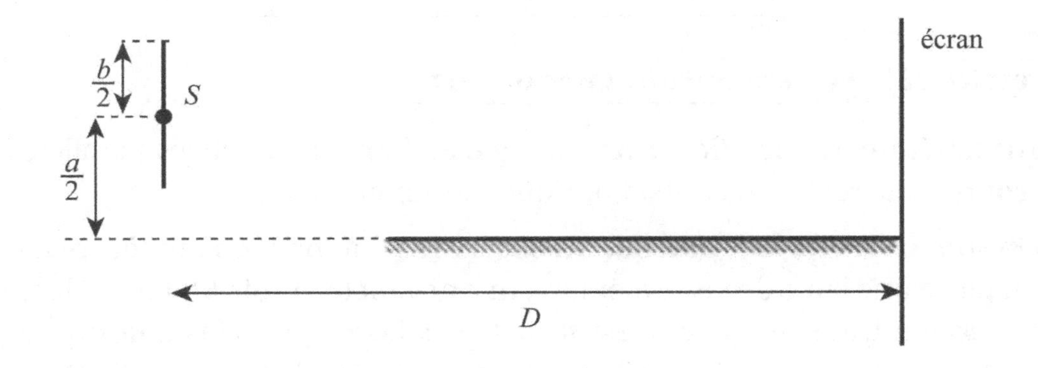

3. Exprimer l'éclairement $\mathcal{E}'$ sur l'écran en fonction de x, D, λ, b et a.

4. On suppose que b est très petit devant a : $b \ll a$. Donner l'expression du facteur de contraste C en fonction de x, D, λ et b. Tracer l'allure de C en fonction de b. Tracer l'allure de l'éclairement $\mathcal{E}'$ sur l'écran en fonction de x.

5. Y a-t-il brouillage de la figure d'interférence ? Exprimer une distance caractéristique du phénomène.

6. Comparer avec le cas des fentes de Young éclairées par une source large.

Exercice 31 Interfrange dans le cas d'un coin d'air

On étudie un interféromètre de Michelson en coin d'air éclairé par une source large.

1. Où les interférences sont-elles localisées ?

On rappelle l'expression de la différence de marche en fonction de l'épaisseur du coin d'air $\delta = 2e$. Quel est l'ordre de grandeur de l'angle maximal que doit faire le coin d'air pour que l'interfrange soit de l'ordre de 1 mm ?

2. Les miroirs présentent en réalité un défaut de planéité et les franges sont déformées. On suppose qu'on peut détecter un décalage de $1/10^e$ de frange. Préciser alors la contrainte sur l'usinage des miroirs.

Exercice 32 Épaisseur d'une lame de verre

1. L'interféromètre de Michelson est réglé en lame d'air à faces parallèles et on souhaite le régler au contact optique. Comment fait-on ?

2. On suppose le réglage obtenu. On observe maintenant en lumière blanche et on place une lame de verre d'épaisseur e devant le miroir M_1 parallèlement à ce dernier. L'indice du verre est $n_v = 1{,}526$. Dans quel sens doit-on translater M_1 pour retrouver le contact optique ? Donner l'expression littérale du déplacement d qui permet de retrouver le contact optique en fonction de e, n_v et $n_{\text{air}} = 1{,}000$.

Le miroir M_1 a été déplacé de $0{,}050 \pm 0{,}005$ mm (en valeur absolue) pour retrouver le contact optique. Calculer numériquement l'épaisseur e de la lame ainsi que l'incertitude sur cette mesure.

3. En réalité, l'indice du verre dépend de la longueur d'onde. La valeur ci-dessus est valable pour la longueur d'onde $\lambda_0 = 560$ nm. On donne $n(\lambda) = A + B/\lambda^2$ avec $B = 3{,}5 \times 10^3$ nm^2. Il n'est pas possible de repérer la frange d'ordre zéro (l'épaisseur pour laquelle l'ordre est zéro dépend de la longueur d'onde). L'expérimentateur a, en fait, repéré la frange achromatique c'est-à-dire la frange pour laquelle l'ordre d'interférence ne dépend pas, au premier ordre, de la longueur d'onde. Elle est définie par $\dfrac{\mathrm{d}p}{\mathrm{d}\lambda}(\lambda_0) = 0$, λ_0 cor-

respond au maximum de sensibilité de l'œil.

Déterminer l'épaisseur de la lame. Quelle est l'erreur relative commise si on confond frange achromatique et frange d'ordre zéro ?

Chapitre 27

Diffraction

Exercice 33 **Questions de cours**

- Énoncer le principe d'Huygens-Fresnel.
- En quoi consiste l'approximation de Fraunhofer ? Que se passerait-il si cette approximation n'était pas respectée ?
- Proposer un montage expérimental pour observer la diffraction à l'infini.
- Quelle est l'expression de l'amplitude diffractée à l'infini par une pupille éclairée par une onde plane ?
- On définit la fréquence spatiale $\mu = \dfrac{\sin\theta' - \sin\theta}{\lambda_0}$. Quel est l'intérêt de cette grandeur ?
- Décrire la figure de diffraction créée par une pupille rectangulaire.
- Quelle est la largeur angulaire de la tache centrale de diffraction ?
- Que se passe-t-il dans le cas d'une fente fine ?
- Quelle est l'allure de la figure d'Airy ? Quel est le diamètre angulaire de la tache centrale ? En déduire alors l'expression du diamètre quand l'écran d'observation se trouve dans le plan focal image d'une lentille convergente.
- En quoi consiste le théorème de Babinet ? Donner des exemples d'application.
- Quels sont les effets d'une dilatation et contraction d'une pupille diffractante sur la figure de diffraction correspondante.

- Donner le critère de résolution de Rayleigh.
- Quel rapport existe-t-il entre les symétries de l'objet diffractant et celles de la figure de diffraction correspondante ?
- Décrire la figure de diffraction donnée par un réseau de fentes éclairé en incidence normale par une onde plane monochromatique. On note a le pas du réseau.
- Une OPPM éclaire sous incidence θ un réseau plan par transmission. Établir la condition qui déterminer les directions des maxima d'éclairement.

Exercice 34 Apodisation

Une fente de largeur $2a$, de longueur $b \gg a$, de surface $S = 2ab$ est éclairée sous incidence normale par une onde plane progressive monochromatique cohérente. Sa fonction de transmission est $T(x) = 1 - |x|/a$ si $x \in]-a; a[$, 0 en-dehors de cet intervalle.

1. Quel est l'éclairement obtenu à l'infini avec cette pupille diffractante ?

2. Comparer avec l'éclairement obtenu dans le cas d'une fente totalement transparente (fonction créneau). Commenter.

Exercice 35 Diffraction par un réseau sinusoïdal

Un réseau sinusoïdal de largeur l et de longueur L avec $L \gg l$ et de pas $a \ll l$ a la fonction de transmission suivante :

$$T(x) = \frac{1 + \cos(2\pi x/a)}{2} \text{ avec } x \in [-l/2; l/2].$$

Il est éclairé par une onde plane monochromatique en incidence normale.

1. Déterminer les amplitude et éclairement diffractés en fonction de la fréquenc èspatiale μ et en donner la représentation graphique.

2. Comparer le nombre d'ordres visibles pour le réseau sinusoïdal et pour le réseau constitué de fentes équidistantes.

Exercice 36 Diffraction par un ensemble de pupilles identiques

Un écran percé de quatre ouvertures identiques donne la figure de diffraction de Fraunhofer représentée ci-dessous.

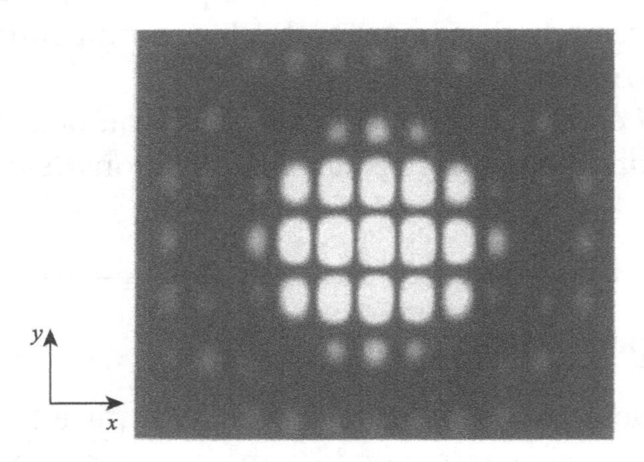

1. Déterminer la forme des ouvertures et leurs positions.

Exercice 37 Trous d'Young

Deux trous d' Young, de diamètre D, sont décalés de la distance a. Ils sont éclairés par un faisceau parallèle de longueur d'onde $\lambda_0 = 632$ nm.

La figure obtenue est ci-dessous. La focale de projection est $f_2' = 1$ m.

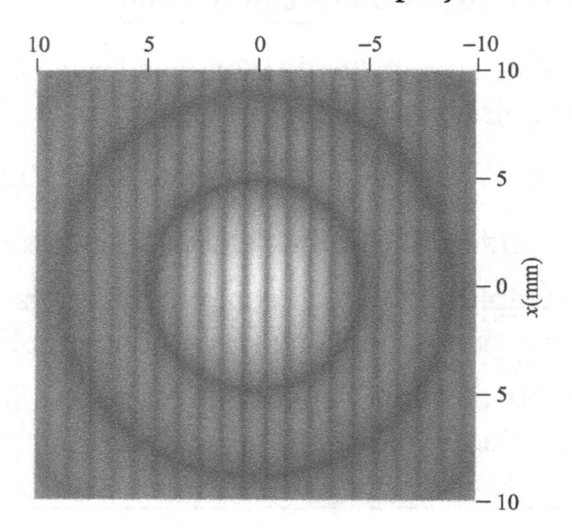

1. Comment sont placés les trous ?

2. Quelles sont les valeurs de a et D ?

Exercice 38 Étude d'un télescope

On modélise un télescope par un miroir sphérique concave de rayon R qu'on pointe vers une étoile ponctuelle monochromatique de longueur d'onde λ.

1. Où se trouve l'image de l'étoile ? On place un écran dans ce plan.

2. Calculer l'éclairement observé en tenant compte de la diffraction par les bords de l'instrument qu'on modélise par une fente de largeur a.

3. En fait, l'étoile comporte deux composantes, séparées par un écart angulaire α. Qu'observe-t-on sur l'écran si le télescope pointe vers leur position moyenne ?

4. Distingue-t-on les deux composantes ?

5. Dans la pratique, la résolution est limitée par la turbulence atmosphérique. Pourquoi utiliser alors des télescopes de grand diamètre ?

Exercice 39 Capacité de stockage d'un CD

Un disque compact (CD) est un disque de polycarbonate possédant sur l'une de ses faces une piste très fine en forme de spirale d'Archimède (pour ceux qui s'en souviennent c'est la spirale décrite par les mouches en mécanique du point). Son équation en coordonnées polaires est $r = r_m + \dfrac{a\theta}{2\pi}$ avec $r_m < r < r_M$, $r_m = 22$ mm et $r_M = 58$ mm. Les informations, le long de cette spirale, sont pressées (pour les disques de fabrication industrielle) ou gravées sous forme numérique.

Éclairée par un faisceau laser en incidence normale, la spirale se comporte localement comme un réseau de pas a utilisé en réflexion. Sur un grand tableau placé derrière le laser, un expérimentateur relève alors la distance $2l_1$ entre les pics d'ordre 1 et -1 et la distance $2l_2$ entre les pics d'ordres 2 et -2. Il obtient $2l_1 = 68$ cm et $2l_2 = 195$ cm pour une distance entre le CD et l'écran $D = 80$ cm. La longueur d'onde du laser est 632 nm.

1. On rappelle la formule fondamentale de réseau dans le cas d'une incidence normale, $\sin\theta_p = \dfrac{p\lambda}{a}$. Exprimer, pour une observation à l'ordre p, le pas a du réseau en fonction de p, λ, l_p et D.

2. À l'aide des mesures effectuées, calculer a.

3. Déterminer la longueur de la piste de données, c'est-à-dire la longueur de la spirale.

4. En supposant que la distance entre deux bits d'information le long de la piste est de l'ordre de la moitié de a, estimer la capacité de stockage du CD en mégaoctets (Mo).

Exercice 40 Résolution théorique d'une lunette astronomique

La lunette est un système afocal.

Deux objets à l'infini, A_∞ sur l'axe optique et B_∞ dans la direction qui fait un angle α avec l'axe optique, donnent deux images à l'infini.

On ne tient pas compte des imperfections géométriques des deux lentilles et on suppose que les objets émettent une onde de longueur d'onde voisine de $\lambda = 0,5\,\mu$m.

1. Définir un système afocal. Quelle condition doit être vérifiée ?

2. Calculer, en fonction des distances focales f_{objectif} et f_{oculaire} le grossissement de la lunette $G = |\alpha'/\alpha|$.

3. L'objectif est limité par sa monture circulaire de diamètre D.

3.a. Expliquer pourquoi, dans la pratique, seul l'objectif diffracte le faisceau incident.

3.b. Déterminer le rayon angulaire $\Delta\theta$ du faisceau issu de A_∞, après traversée de la lunette.

3.c. Quelle est la plus petite valeur de α pour laquelle les deux objets sont discernables avec la lunette ?

4. Ce résultat est aussi applicable à un télescope à miroir. Un télescope d'amateur a un miroir de diamètre $D = 11$ cm et de distance focale $f_{\text{objectif}} = 90$ cm. Déterminer sa limite théorique de résolution. La résolution de l'œil est de l'ordre de 10^{-3} rad. Quel est le grossissement maximal compatible avec cette donnée ? Qu'observe-t-on si le grossissement est plus important ?

Exercice 41 Principe de l'holographie

On étudie ici la construction d'un hologramme. Un laser émet un faisceau d'ondes planes progressives monochromatiques de longueur d'onde λ_0 dans le vide, une onde (Σ_0) de référence en incidence normale et un faisceau (Σ) créé par l'objet S situé à l'infini, d'incidence i sur la plaque. Ces deux ondes sont cohérentes et en phase en O. La plaque est de dimension L suivant Oy et l suivant Ox avec $L \gg l$. Les amplitudes respectives sont e_0 et εe_0 avec $\varepsilon \ll 1$. Une plaque photographique, située dans le plan xOy est impressionnée par l'onde résultante d'éclairement $\mathscr{E}(x)$.

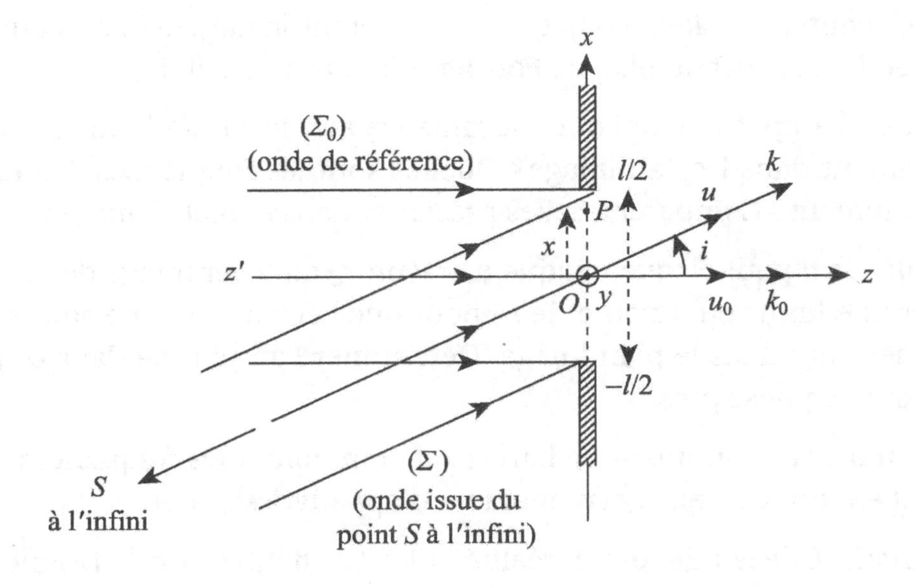

Après développement du négatif, la plaque est remise en position initiale, l'objet S est supprimé. La plaque est maintenant éclairée par $\mathscr{E}_0$. La fonction de transmission du négatif est $T(x) \propto \mathscr{E}(x)^{-\alpha/2}$ avec $0 < \alpha \ll 1$.

1. Déterminer $\mathscr{E}(x)$ et $T(x)$ en effectuant les approximations légitimes et des hypothèses raisonnables.

2. Déterminer l'amplitude complexe $e_d(\sin\theta)$ diffractée dans la direction θ lors de la lecture de l'hologramme. En déduire l'éclairement.

3. Décrire ce que voit l'œil de l'observateur visant à l'infini en sortie du dispositif. Indiquer la modification due au changement de longueur d'onde de (Σ_0) pour la lecture de l'hologramme.

Exercice 42 Filtrage d'une mire sinusoïdale

On considère une onde plane monochromatique de longueur d'onde λ qui éclaire en incidence normale une mire sinusoïdale de période a. L'objet est placé à la distance $d_0 = 2f'$ d'une lentille convergente de focale image f'. L'image est observée à la distance $d_i = 2f'$ de la lentille dans un plan désigné "plan image".

1. Donner la fonction de transmittance de la mire. Rappeler les fréquences spatiales contenues dans l'objet. En considérant la largeur L de la mire infinie, décrire l'aspect du plan de Fourier (où se trouve-t-il ?).

2. Déduire l'amplitude de l'onde lumineuse au niveau de la mire. Quel est l'éclairement dans le plan image ? Quelles sont les fréquences spatiales de cet éclairement ? Comparer à celles présentes dans l'objet. Commenter.

3. On place un petit disque opaque de rayon r_d au foyer image de la lentille. Donner une limite supérieure de r_d pour que l'éclairement ne soit pas uniformément nul dans le plan image. Déterminer l'amplitude dans ce plan à un facteur de phase près.

4. Déterminer l'éclairement de l'image et commenter les fréquences qu'elle contient en termes d'enrichissement ou d'appauvrissement.

5. La largeur L de la mire est en réalité finie et sa hauteur est h. Donner cette fois le rayon minimal du disque placé en F' pour que la fréquence spatiale nulle soit filtrée.

Exercice 43 Diffraction par un défaut d'épaisseur et contraste de phase

Une lame de verre d'indice n, d'épaisseur e dont les faces sont supposées parfaitement planes et parallèles possède un défaut d'épaisseur qui a la forme d'un trait de profondeur h, de largeur a grande devant h et de longueur l très grande devant a.

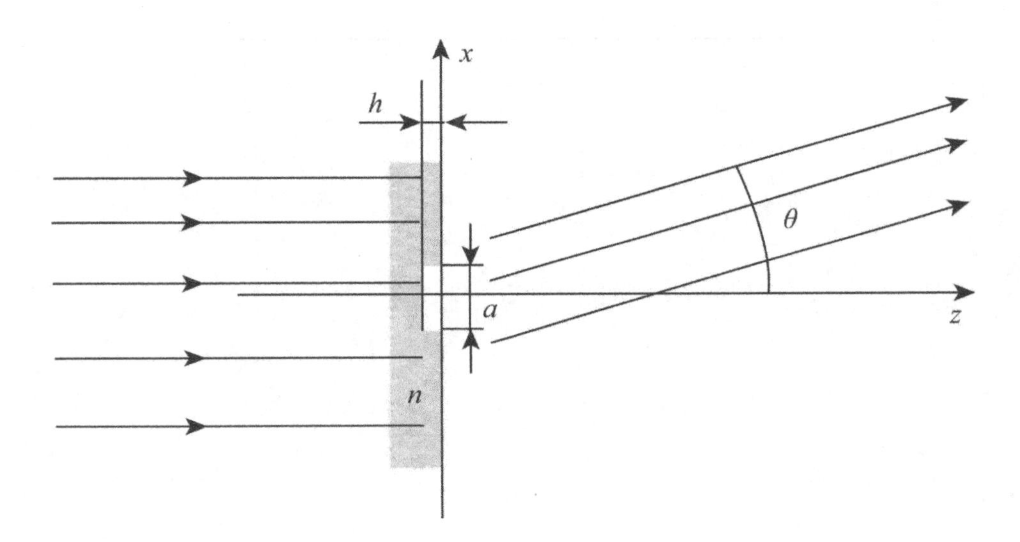

Cette lame est éclairée sous incidence normale par une onde plane monochromatique dont la longueur d'onde dans le vide est λ_0.

1. Déterminer l'éclairement diffracté à l'infini dans la direction repérée par l'angle θ.

2. Cette lame est incluse dans le montage de filtrage ci-dessous. Π_2 est le plan focal image de la lentille L_1 et Π_3 le plan conjugué de Π_1 par les lentilles L_1 et L_2. Un cache opaque est placé sur le plan Π_2. Discuter l'influence de la largeur l_c du cache.

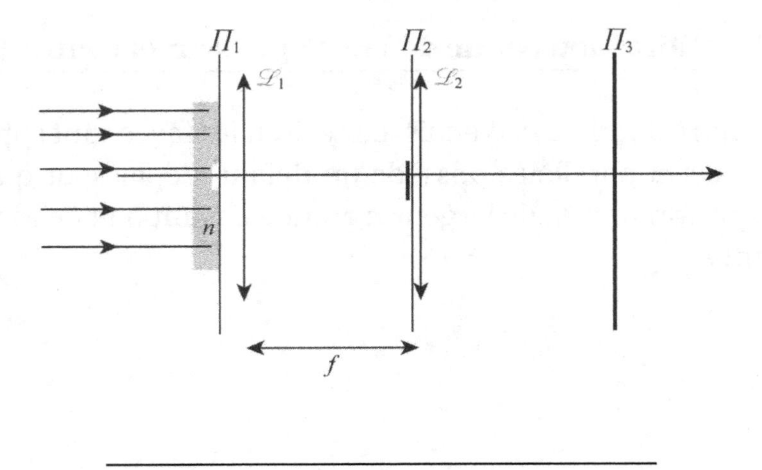

Π_1
Π_2
Π_3
$\mathscr{L}_1$
$\mathscr{L}_2$
n
f

Chapitre 28

Polarisation

Exercice 44 **Polariseur et analyseur croisés**

1. Un polariseur P intercepte un faisceau parallèle de lumière naturelle d'éclairement $\mathscr{E}_0$. Quel est l'éclairement associé au faisceau transmis ?

2. Un analyseur est placé derrière P et croisé avec celui-ci. Quel est l'éclairement associé au faisceau final ?

3. Un polariseur P' dont la direction fait l'angle α avec celle de P est placé entre les deux. Que devient l'éclairement associé au faisceau final ? Est-il possible d'annuler l'éclairement en jouant sur l'angle α ? À quelles situations cela correspond-il ?

4. Démontrer la loi de Malus : si un polariseur et un analyseur ont les axes qui font un angle α, alors l'éclairement transmis est de la forme $\mathscr{E} = \mathscr{E}_0 \cos^2 \alpha$.

Exercice 45 **Décomposition d'une onde en deux vibrations circulaires**

Une onde électromagnétique plane, monochromatique, se propage dans la direction Oz. Dans un plan d'onde, le champ électrique s'écrit :

$$\overrightarrow{E} = E_0 \cos\alpha \cos\omega t \overrightarrow{e_x} + E_0 \sin\alpha \cos(\omega t) \overrightarrow{e_y}.$$

1. Décomposer cette onde en la superposition de deux ondes à polarisations circulaires de sens opposés. En faire une représentation graphique.

2. Faire de même pour une onde polarisée elliptiquement.

$$\vec{E} = E_0 \cos\alpha \cos(\omega t)\vec{e_x} + E_0 \sin\alpha \sin(\omega t)\vec{e_y}.$$

Exercice 46 Polarisation rectiligne ?

Une onde électromagnétique plane, monochromatique, se propage dans la direction Oz. Dans un plan d'onde, le champ électrique s'écrit :

$$\vec{E} = E_0 \cos\left(\frac{2\pi z}{L}\right) \exp j(\omega t - kz)\vec{e_x} + E_0 \sin\left(\frac{2\pi z}{L}\right) \exp j(\omega t - kz)\vec{e_y}.$$

1. Cette onde est-elle plane ?
2. Est-elle polarisée rectilignement ?
3. Définir les directions de polarisation en $z = 0$, $z = L/4$, $z = L/2$ et $z = L$.
4. Quelle est l'évolution du plan de polarisation en fonction de z ?

Exercice 47 Interférences en lumière polarisée

On considère le dispositif classique des fentes d'Young : une fente source très fine, monochromatique, est placée dans le plan focal d'une lentille L_1. On observe la figure d'interférences sur un écran placé dans le plan focal d'une lentille L_2 de distance focale f'. La distance entre les deux fentes d'Young F_1 et F_2 est notée $2a$.

La lumière incidente est polarisée par un polariseur P situé après la lentille L_1.

1. Déterminer l'éclairement $\mathscr{E}(y)$ en un point M d'abscisse y de l'écran.

On place après chacune des fentes un second polariseur P_1 ou P_2.

2. a. Les axes de P_1 et P_2 sont parallèles et à 45° de l'axe de P. Déterminer $\mathscr{E}(y)$.

2.b. Les axes de P_1 et P_2 sont perpendiculaires et à 45° de l'axe de P. Déterminer $\mathscr{E}(y)$.

3. Les axes de P_1 et P_2 sont perpendiculaires et à 45° de l'axe de P. On ajoute devant L_2 un analyseur A dont l'axe fait un angle α avec la direction de P_1. Déterminer $\mathscr{E}(y)$.

Envisager quelques cas particuliers : $\alpha = 0$ ou $\alpha = 90°$.

Exercice 48 Matrices de Jones

Une onde électromagnétique monochromatique se propage dans la direction Oz. Dans le formalisme de Jones, on représente l'action d'un polariseur par une matrice (P) définie par $(E)_{\text{sortie}} = (P)E_{\text{entrée}}$ où $(E)_{\text{entrée/sortie}}$ est le vecteur de Jones qui représente l'amplitude complexe de l'onde plane progressive harmonique.

1. Quelle est la matrice (P) qui décrit l'effet d'un polariseur dirigé suivant Ox, suivant Oy ou faisant un angle β avec Ox ?

2. Retrouver l'expression de la loi de Malus grâce à ce formalisme.

Chapitre 29

Électrostatique

Exercice 49 **Questions de cours**

1. On considère les 2 ions Na^+ et Cl^- dans un cristal NaCl. Comparer les intensités des forces de gravitation et électrique. Commenter.
2. Établir l'équation locale de conservation de la charge électrique en l'absence de sources. Quelle est la propriété du vecteur densité de courant $\overrightarrow{j}(M)$ en régime permanent ?
3. Que signifie "$\overrightarrow{E}_{\text{stat}}$ est à circulation conservative" ?
4. Énoncer le théorème de Gauss. Que traduit-il ?
5. Expliciter les liens entre les invariances de la distribution de charges et celles de $\overrightarrow{E}$.
6. Expliciter les liens entre plans de symétrie et $\overrightarrow{E}$.
7. Rappeler les propriétés des modèles suivants et dire dans quelles situations on les utilise : modèle "charge ponctuelle" ; modèle "dipôle électrostatique" ; modèle "plan infini chargé".
8. Le potentiel et le champ électrostatiques sont nuls au centre du carré $ABCD$ défini par $[A(-q), B(+q), C(-q), D(+q)]$. Vrai ou faux ? Justifier.
9. On considère un cercle de centre O et de rayon R électriquement chargé (de densité linéique $\lambda = \lambda_0 \cos\theta$). Le potentiel au centre est nul. Vrai ou faux ? Justifier.
10. Démontrer qu'une charge répartie en surface créée une discontinuité de la composante normale du champ électrique.

11. Expliquer l'effet Hall.
12. Expliquer le modèle de Drüde de la conduction.
13. Montrer qu'un champ vectoriel $\overrightarrow{A}$, de rotationnel nul ($\overrightarrow{\text{rot}}\ \overrightarrow{A} = \overrightarrow{0}$), est un champ de gradient.
14. Quelle est la propriété d'un champ de gradient ?
15. Montrer qu'un champ vectoriel $\text{div}\overrightarrow{B}$, de divergence nulle ($\text{div}\overrightarrow{B} = 0$), est un champ rotationnel.
16. Quelle est la propriété d'un champ rotationnel ?
17. Démontrer que des courants très fortement localisés en surface créent une discontinuité de la composante tangentielle du champ magnétique.
18. Les lignes de champ d'un dipôle électrostatique sont orthogonales aux courbes d'équation polaire $r^2 = A\cos\theta$ (A est une constante). Vrai ou faux ? Justifier.
19. La résultante des forces exercées par un champ électrique extérieur sur un dipôle est nulle. Vrai ou faux ? Justifier.
20. L'énergie potentielle d'interaction de 2 dipôles électrostatiques (de moments dipolaires $\overrightarrow{p_1} = p_1\overrightarrow{u_x}$ et $\overrightarrow{p_2} = p_2\overrightarrow{u_x}$) distants de D est égale à $-2\left(\dfrac{1}{4\pi\varepsilon_0}\dfrac{p_1p_2}{D^3}\right)$. Vrai ou faux ? Justifier.
21. Écrire les quatre équations différentielles vérifiées par le champ ($\overrightarrow{E}(M,t)$, $\overrightarrow{B}(M,t)$), équations qui constituent le postulat de base de l'électromagnétisme.
22. Quelle propriété fondamentale les lignes de champ magnétostatique vérifient-elles ?
23. Expliciter les liens entre plans de symétrie et $\overrightarrow{B}$.
24. Quelle est la valeur de μ_0 ? Sa dimension et son unité ?
25. Écrire l'expression de la contribution $\overrightarrow{\text{d}B}(M)$ au champ magnétique d'un élément de courant $I\overrightarrow{\text{d}l}(P)$ placé en P.
26. Énoncer le théorème d'Ampère statique. Que traduit-il ?
27. Expliciter les liens entre les invariances de la distribution de courant et celles de $\overrightarrow{B}$.

28. Comparer l'intensité moyenne du champ magnétique terrestre et le champ magnétostatique à une distance de 1 cm d'un fil de grande longueur parcouru par un courant d'intensité 1 A.
29. Tracer la carte de champ d'un dipôle magnétostatique. La comparer à celle du dipôle électrostatique et commenter.
30. Quelles sont les actions subies par un dipôle magnétique plongé dans un champ magnétique extérieur ?

Exercice 50 Contrôle de hauteur d'un liquide

La mesure du niveau de l'hélium dans le cryostat est réalisée en mesurant la résistance d'un fil supraconducteur partiellement plongé dans l'hélium liquide (figure ci-dessous). La supraconductivité est la manifestation de l'annulation de la résistance électrique en dessous d'une certaine température dite critique.

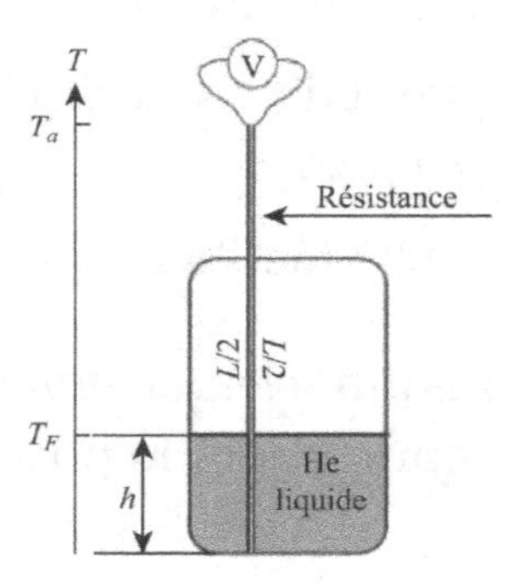

La partie immergée dans le liquide est supraconductrice et n'a aucune résistance.
La partie située dans le gaz est résistive. Le fil électrique de longueur totale L, plié en deux, plonge dans l'hélium liquide de hauteur h.

1. Rappeler l'expression de la loi d'Ohm locale.

2. On raisonne en régime continu de sorte que la densité volumique de courant se répartisse uniformément sur la section transverse S. Démontrer l'expression de la résistance électrique d'un conducteur homogène de résistivité électrique ρ_{el}, de longueur L et de section S.

3. En supposant ρ_{el} constant pour la partie conductrice, donner l'expression de la résistance du fil en fonction de la hauteur h.

4. On mesure précisément la résistance électrique par le montage dit à quatre fils (figure ci-dessous). Les quatre fils ont la même résistance r. La sonde est alimentée avec un faible courant d'intensité I. La mesure de la tension aux bornes de la résistance R à déterminer est effectuée par l'intermédiaire de deux fils reliés au voltmètre. Le voltmètre est supposé d'impédance d'entrée suffisamment grande pour que l'on puisse supposer qu'aucun courant ne le traverse.

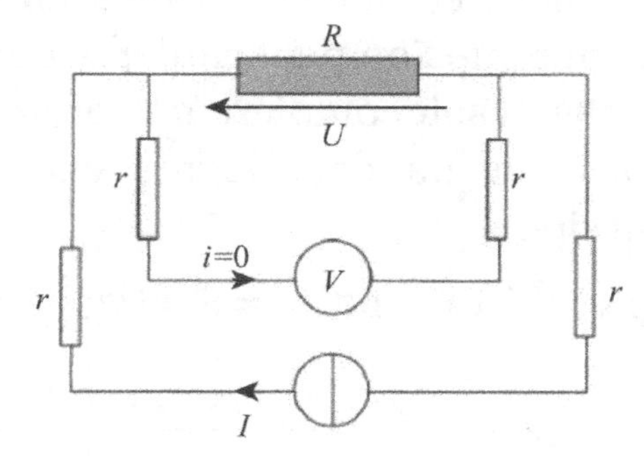

Expliquer comment on détermine la résistance R dans ce montage. La résistance r des fils intervient-elle ?

Exercice 51 Conductivité électrique- loi d'Ohm locale

Dans un fil électrique non parcouru par un courant, l'agitation aléatoire des électrons libres explique l'intensité nulle en moyenne.

On suppose, pour simplifier, que les porteurs ont une vitesse nulle en l'absence de courant. Pour créer un courant, il faut exercer une force sur les électrons. On applique pour cela un champ électrique $\overrightarrow{E}$ grâce à un générateur. Lorsque ce champ est constant, on voit qu'il s'établit un courant constant. Pour expliquer cela, le physicien allemand Paul Drüde (1893~1906) a modélisé les interactions exercées par l'environnement (réseau cristallin et autres électrons) sur chaque porteur par une force de frottement fluide $-\alpha\overrightarrow{v}$ où α est un coefficient de frottement positif et où $\overrightarrow{v}$ est la vitesse de dérive d'un porteur libre de charge q et de masse m.

1. Déterminer l'évolution de la vitesse d'un porteur de charge libre $\vec{v}(t)$ lorsque le métal est soumis à un échelon de champ électrique (champ nul pour $t < 0$ et de valeur $\vec{E}$ constante pour $t \geqslant 0$). Faire apparaître une durée caractéristique τ.

2. Définir la conductivité électrique et donner son expression en fonction des caractéristiques du métal.

3. Estimer l'ordre de grandeur du temps τ pour le cuivre sachant qu'il y a environ un porteur libre par atome.

4. On suppose que le champ électrique est à variations sinusoïdales dans le temps $\underline{\vec{E}} = E_m e^{j\omega t}$. Montrer que l'on peut garder la définition de la conductivité à condition que celle-ci soit complexe notée $\underline{\gamma}(\omega)$. Établir l'expression de $\underline{\gamma}(\omega)$. Jusqu'à quel ordre de grandeur de fréquence peut-on considérer $\underline{\gamma}$ réelle ? Que se passe-t-il sinon ?

Données : $\gamma(\text{Cu}) = 5{,}98 \times 10^7\ \text{S·m}^{-1}$, $\rho(\text{Cu}) = 8{,}96\ \text{kg.m}^{-3}$, $M(\text{Cu}) = 63{,}5\ \text{g/mol}$.

Exercice 52 Magnétorésistance, effet Corbino

On considère un anneau cylindrique de métal d'axe Oz, de conductivité γ de rayon interne R_1, de rayon externe R_2 et de hauteur h.

1. Sa face interne est mise en contact avec une électrode de potentiel V_1 et sa face externe est en contact avec une électrode de potentiel V_2. Déterminer la résistance électrique de l'anneau.

2. Par rapport à la question précédente, on ajoute un champ magnétique externe uniforme et constant $\vec{B} = B\vec{u_z}$. On rappelle que, dans le modèle de Drüde, les porteurs de charge libres sont soumis de la part du métal à une force de frottement fluide. On note $C_H = \dfrac{1}{nq}$ avec n la densité volumique de porteurs de charge libres et q la charge d'un de ces porteurs. Établir une équation liant $\vec{j}$, $\vec{E}$, γ et $\vec{B}$.

3. En déduire la nouvelle expression de la résistance.

Exercice 53 Charges de distributions

Déterminer les charges totales des distributions suivantes :

1. boule de rayon a de densité de charge volumique uniforme ρ_0 ;
2. sphère de rayon a de densité de charge surfacique uniforme σ_0.

Exercice 54 Détermination de densité de charges équivalentes

1. Un cylindre de rayon a porte la densité volumique uniforme de charge ρ_0. Déterminer l'expression de la densité linéique de charge λ_0.
2. Une distribution plane infinie d'épaisseur h porte une densité volumique de charge uniforme ρ_0. Définir et déterminer sa densité surfacique de charge σ_0.

Exercice 55 Symétries et invariances

1. Comparer les symétries et invariances de deux fils portant une densité linéique de charge λ_0 uniforme, l'un de longueur L et l'autre de longueur infinie.
2. Déterminer les symétries et invariances d'une distribution de charge de densité volumique $\rho(r)$ en coordonnées cylindriques, infinie selon (Oz).
3. Déterminer les symétries et invariances d'une distribution de charge de densité volumique $\rho(r)$ en coordonnées sphériques.

Exercice 56 Propriétés de symétrie du champ $\vec{E}$

1. Que peut-on dire du champ $\overrightarrow{E}(0)$ au centre O d'un anneau de rayon a portant une densité linéique de charge λ_0 uniforme ?

2. Que peut-on dire du champ $\vec{E}(0)$ au centre O d'une sphère de rayon a portant une densité surfacique de charge σ_0 uniforme ?
3. Étant donnée une distribution de charge contenue dans un plan, que peut-on dire de ce plan ?

Exercice 57 Potentiel électrostatique

1. À quel champ électrostatique correspond un potentiel uniforme ?
2. Le champ électrostatique dû à deux charges ponctuelles peut-il être nul en un point où le potentiel est non nul ? Si oui, donner un exemple, si non, expliquer pourquoi.

Exercice 58 Équipotentielles

On donne le potentiel créé par un fil infini portant une densité linéique de charge uniforme :

$$V(M) = \frac{\lambda}{2\pi\epsilon_0} \ln \frac{r_0}{r}.$$

Quelle est la forme des surfaces équipotentielles ?

En déduire l'allure des lignes de champ (sans déterminer l'expression du champ électrostatique).

Exercice 59 Carte de champs

Deux charges électriques sont en présence. Les lignes de champs correspondent aux schémas suivants. Peut-on, de la configuration du champ électrique, déduire le signe relatif des deux charges et la nature de la force entre les charges (attractive ou répulsive) ?

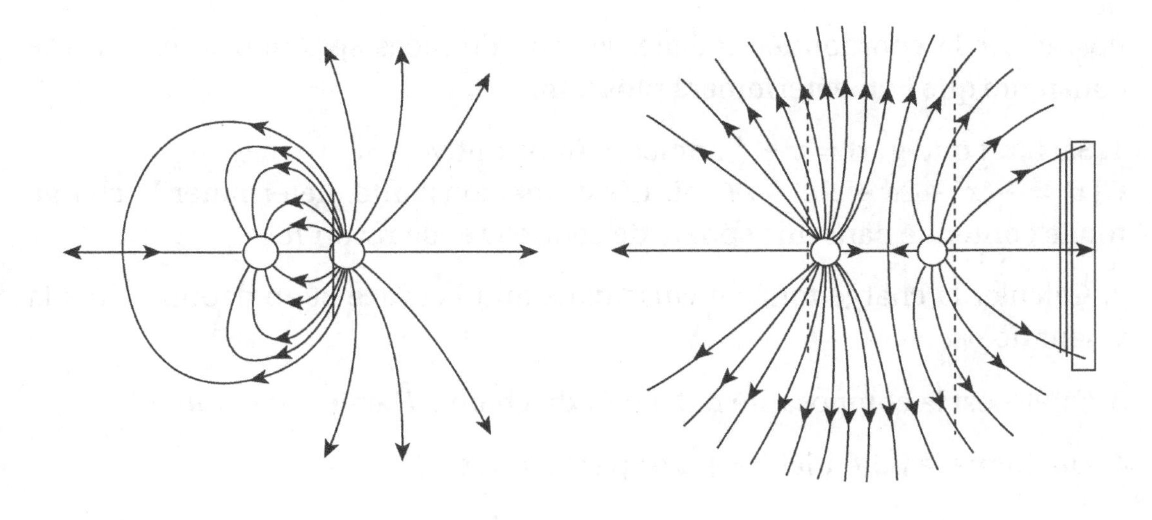

Exercice 60 Ligne de champ

On considère le champ $\vec{E}$ défini dans un plan par ses composantes en coordonnées polaires :

$$E_r = 2k\frac{\cos\theta}{r^3} \quad \text{et} \quad E_\theta = k\frac{\sin\theta}{r^3}.$$

1. Trouver l'équation des lignes de champ.
2. Montrer que ce champ peut se mettre sous la forme $\vec{E} = -\overrightarrow{\text{grad}}V$; déterminer le potentiel V sachant que V tend vers zéro en l'infini.

Exercice 61 Étude d'une répartition de charges

Le noyau d'un atome d'hydrogène supposé ponctuel, de charge électrique $e = 1{,}6 \times 10^{-19}$ C, est localisé en O, origine du repère en coordonnées sphériques. La charge $-e$ de l'électron de cet atome est, elle, répartie dans tout l'espace avec une charge volumique $\rho(r) = \rho_0 \mathrm{e}^{-2r/a_0}$ où a_0 est une constante positive, r la coordonnée radiale des coordonnées sphériques, ρ_0 est une constante que l'on déterminera plus loin.

1. Sachant que $g(x) = x^2 e^{-x}$ admet pour primitive
$G(x) = -(x^2 + 2x + 2)e^{-x} + C$ où C est une constante, déterminer la charge totale contenue dans une sphère de centre O et de rayon R.

2. Calculer la charge totale incluse dans tout l'espace et en déduire alors la valeur de ρ_0.

3. Quelle est la composante radiale E_r du champ $\overrightarrow{E}$ créé par l'atome ?

4. On donne le potentiel $V(r)$ créé par l'atome.

$$V(r) = \frac{e}{4\pi\epsilon_0}\left(\frac{1}{r} + K\right)e^{-2r/a_0}.$$

Déterminer K en vérifiant l'accord avec la composante E_r calculée précédemment.

5. On suppose désormais que l'électron est assimilable à un point matériel M, de charge $-e$, localisé en M de trajectoire circulaire autour de O, fixe dans le référentiel R supposé galiléen, de rayon a_0 et que l'atome est isolé du reste de l'univers.
Quelle est l'énergie mécanique E_m de l'électron dans R ? On négligera les forces d'interaction gravitationnelle entre les deux particules.

6. Expérimentalement, on mesure $E_m = -13{,}6$ eV. Commentaires. Quelle est alors la valeur de a_0 ?

Données : $\dfrac{1}{4\pi\epsilon_0} = 9 \times 10^9$ SI.

Exercice 62 Atomes légers

Du point de vue du potentiel et du champ électrique qu'ils créent, les noyaux de certains atomes légers peuvent être modélisés par une distribution volumique de charge à l'intérieur d'une sphère de centre O et de rayon a. On désigne par $r = OP$, le vecteur position d'un point P quelconque de l'espace. Pour $r < a$, la charge volumique $\rho(P)$ qui représente le noyau varie en fonction de r suivant la loi :

$$\rho = \rho_0 \left(1 - \frac{r^2}{a^2}\right),$$

où ρ_0 est une constante positive.

1. Exprimer la charge totale Q du noyau.

2. Que peut-on déduire des symétries du système ?

3. Calculer le champ électrique $\overrightarrow{E_{\text{ext}}}(M)$ en tout point M extérieur à la sphère $(r > a)$.

4. Calculer le champ électrique $\overrightarrow{E_{\text{int}}}(M)$ en tout point M intérieur à la sphère $(r < a)$.

5. Exprimer le potentiel $V_{\text{ext}}(P)$ créé par le noyau lorsque $r > a$.

6. Exprimer le potentiel $V_{\text{int}}(P)$ créé par le noyau lorsque $r < a$.

Exercice 63 Champ créé par un demi anneau ou une demi sphère

1. Un demi-anneau de rayon R et de charge Q est uniformément chargé. Calculer le champ électrostatique créé en son centre.
2. Une demi-sphère de rayon R et de charge Q est uniformément chargée. Calculer le champ électrostatique créé en son centre.

Exercice 64 Cercle non uniformément chargé

Un cercle de centre O et de rayon R porte des charges dont la densité linéique varie en fonction de la position $P(\theta)$ du point sur le cercle suivant la loi $\lambda(\theta) = \lambda_0 \cos(\theta)$ avec λ_0 une constante.

1. Quelle est la direction du champ $\overrightarrow{E}$ créé en O ? Justifier.

2. En utilisant les coordonnées polaires, déterminer l'expression du champ $\overrightarrow{E}$ en fonction de λ_0 et R.

Exercice 65 Condensateur cylindrique

On considère deux électrodes conductrices coaxiales, infiniment longues, d'axe Oz de rayons respectifs R_C (cathode) et R_A (anode) de densité surfacique de charge σ_A et σ_C avec $R_C < R_A$. L'anode est au potentiel constant V_A et la cathode au potentiel V_C.

1.a. En utilisant la relation locale de Gauss, déterminer l'expression du champ électrique en M en fonction de R_A, R_C, V_A, V_C et r.

1.b. En déduire l'expression du potentiel électrostatique $V(M)$.

1.c. Quel théorème peut nous permettre de retrouver l'expression du champ $\overrightarrow{E}$?

2. On fixe maintenant $V_C = 0$ V. Déterminer la valeur de r rendant maximale la norme du champ électrique. On note $E_{\max}$ cette valeur.

3. On maintient R_A fixe. Déduire R_C pour que $E_{\max}$ soit le plus grand possible à V_A fixé.

4. On est dans les conditions précédentes, $E_{\max} = 32$ kV/cm (c'est le champ disruptif de l'air) et $R_C = 1{,}5$ cm. Calculer la valeur numérique de V_A. Que se passe-t-il si on applique une tension supérieure à $V_A - V_C$?

On rappelle que $\operatorname{div}\overrightarrow{E} = \dfrac{1}{r}\dfrac{\partial}{\partial r}(rE_r) + \dfrac{1}{r}\dfrac{\partial E_\theta}{\partial \theta} + \dfrac{\partial E_z}{\partial z}$.

Exercice 66 Prise de terre

Une prise de terre est constituée d'une demi-boule de centre O et de rayon a enfoncée dans le sol, assimilé au demi-espace $z < 0$, conducteur homogène de conductivité électrique $\sigma = 1 \times 10^{-2}\ \Omega^{-1}\cdot\text{m}^{-1}$. Elle est destinée à recevoir un courant d'intensité $I = 5 \times 10^4$ A en provenance d'un paratonnerre. Dans le sol, on suppose que la densité de courants est de la forme $\overrightarrow{j} = j(r)\overrightarrow{u_r}$ en coordonnées sphériques de centre O. Pour simplifier, on suppose les courants stationnaires.

1. Déterminer l'expression de $j(r)$ en fonction de I et r dans le sol.

2. Exprimer le champ électrique $\overrightarrow{E}$ dans le sol et en déduire l'expression du

potentiel.

3. À quelle distance minimale D_m de la prise de terre, un homme, dans le plan $z = 0$, doit-il être placé pour être certain que son corps soit traversé par un courant d'intensité inférieure à $I_{\max} = 25$ mA ? On donne la résistance $R = 2,5$ kΩ du corps humain entre ses deux pieds distants de $d = 1$ m.

Exercice 67 Modélisation d'un demi-espace chargé

Le demi-espace $z > 0$ est chargé avec la densité volumique de charge $\rho(M) = \rho_0 \mathrm{e}^{-z/a}$ où a est une constante.

1. Définir une charge surfacique pour cette distribution et déterminer son expression.

2. À quelle condition peut-on modéliser cette distribution par une distribution surfacique ?

3. Calculer l'épaisseur de la couche portant la charge volumique ρ_0 uniforme telle qu'elle ait la même charge surfacique.

Exercice 68 Champ d'un disque chargé

Calculer le champ créé par un disque de rayon R, de centre O, uniformément chargé en surface de densité σ en un point M de l'axe Oz, axe du disque.

Exercice 69 Champ et potentiel créé par un fil infini

On considère un fil infini chargé avec la densité linéique λ.

1. Essayer de calculer directement le potentiel $V(M)$ en un point M quelconque. On repèrera M en coordonnées cylindriques.
2. Calculer le champ $\overrightarrow{E}(M)$ dans la base cylindrique.
3. En déduire $V(M)$.

Exercice 70 Pouvoir des pointes

On considère un segment de longueur $2c$, chargé avec la densité linéique λ uniforme.

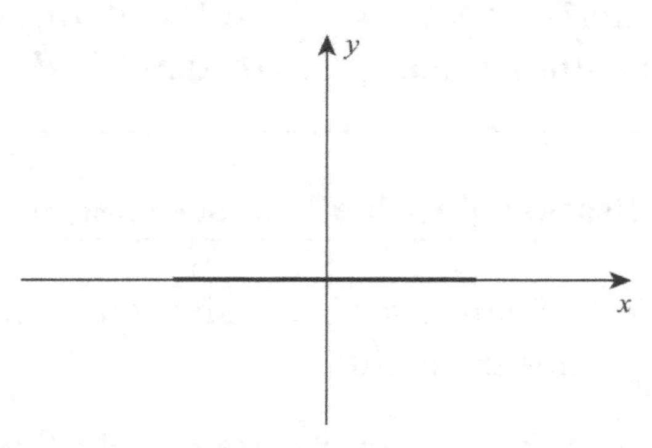

1. Déterminer le potentiel $V(M)$ créé en tout point $M(x, y)$ du plan xOy.
   On donne :
   $$\int \frac{\mathrm{d}x}{\sqrt{x^2+h^2}} = \ln|x+\sqrt{x^2+h^2}| + \text{cte}$$
2. On montre que les intersections des équipotentielles avec le plan xOy sont des ellipses dont les foyers sont les extrémités du segment chargé.

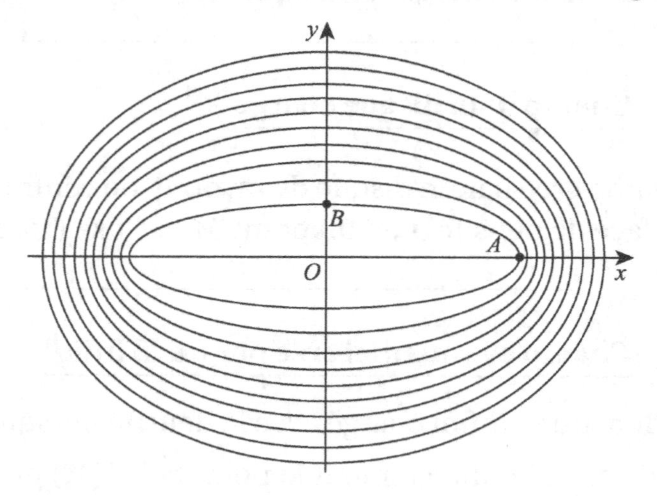

   Quelle est la forme d'une surface équipotentielle dans l'espace ?
3. Comparer qualitativement le champ électrostatique en A et B.
4. Une équipotentielle est une ellipse de demi-grand axe a et de demi-petit axe b, dont les foyers sont distants de $2c$:

On donne la relation $a^2 = b^2 + c^2$.
Établir la relation

$$\frac{E_A}{E_B} = \frac{a}{b}.$$

Est-ce en accord avec le résultat précédent ?

5. L'air est un isolant électrique, mais peut devenir conducteur si le champ électrique atteint une valeur E_d appelée champ disruptif. Avant l'orage, au sommet des mâts, les marins observent des lueurs bleues, qu'ils appelèrent feux de Saint-Elme, dont ils croyaient qu'ils manifestaient la présence.
Avez vous une explication plus rationnelle ?

Exercice 71 **Cartes de champ de $\overrightarrow{E}$**

On donne la carte de champ suivante :

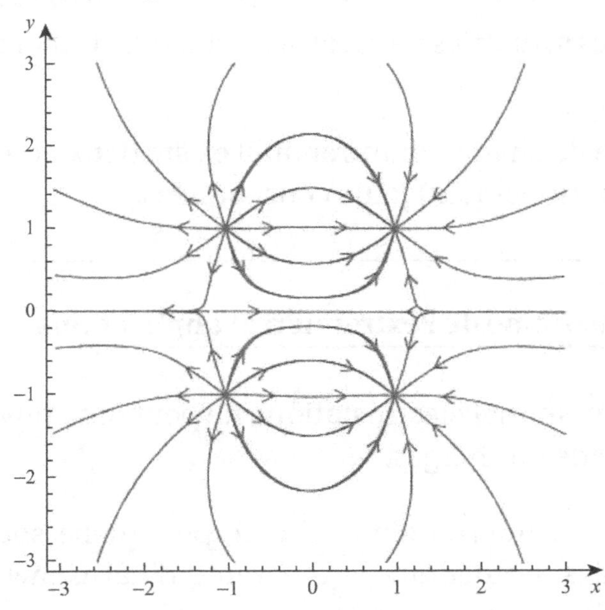

1. Combien y-a-t-il de charges ponctuelles ? Quels sont leurs signes ?

2. D'après la carte de champ à grande distance située ci-dessous, que peut-on dire de la charge totale du système ?

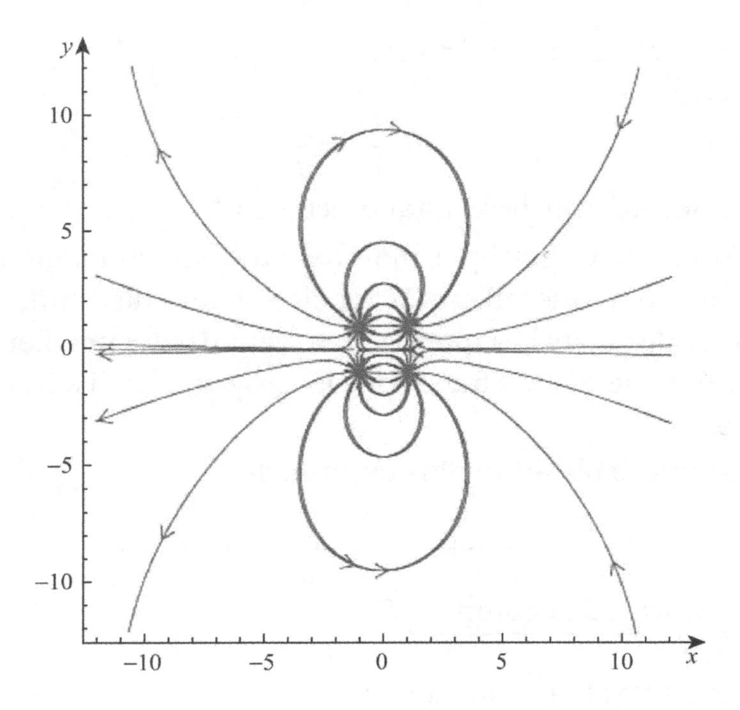

3. En examinant les symétries de la carte de champ, donner les relations entre les charges.

4. D'après la carte de champ, montrer qu'il existe deux points de champ nul. Déterminer (numériquement) leurs coordonnées.

Exercice 72 Théorème de l'extremum et applications

1. Montrer que le potentiel électrostatique ne peut pas admettre d'extremum dans une région vide de charges.

2. En envisageant l'équilibre d'une charge ponctuelle sous l'effet d'autres charges ponctuelles, en déduire le théorème d'Earnshaw : un système de charges ponctuelles ne peut pas être en équilibre sous la seule action des forces électrostatiques qui s'exercent entre ses éléments.

3. On considère une cavité dans un conducteur porté à un potentiel uniforme. Montrer que le champ électrostatique est nul en tout point de la ca-

vité. Quelle expérience permet de mettre en évidence cette propriété ?

Exercice 73 Polarisation

On modélise un atome d'hydrogène par une charge $+e$ uniformément répartie en volume dans une boule de rayon a et de centre O, et une charge $-e$ mobile dans la même boule. On repère sa position par le vecteur $\overrightarrow{OM}$.

1. Exprimer le champ électrique $\overrightarrow{E}$ appliqué à l'électron. Trouver les positions d'équilibre.

2. On ajoute un champ extérieur $\overrightarrow{E}_0$ permanent uniforme. Trouver les positions d'équilibre. Calculer le moment dipolaire de l'atome. On donne $\vec{p} = \alpha\epsilon_0\vec{E}_0$. Exprimer α et son unité.

On considère maintenant N_0 atomes identiques de moment dipolaire $\vec{p}$, placés dans le champ extérieur uniforme $\vec{E}_0$. On admet que le nombre $\mathrm{d}N$ de dipôles ayant une énergie comprise entre $\mathscr{E}$ et $\mathscr{E} + \mathrm{d}\mathscr{E}$ est donné par :

$$\mathrm{d}N = A\mathrm{e}^{-\mathscr{E}/k_\mathrm{B}T}\mathrm{d}\mathscr{E},$$

où A est une constante, k_B la constante de Boltzmann et T la température.

3. En ne tenant compte que des interactions entre les dipôles et le champ $\vec{E}_0$, calculer le nombre de dipôles faisant un angle compris entre θ et $\theta + \mathrm{d}\theta$ avec le champ $\vec{E}_0$.

4. Déterminer l'expression de la constante A en fonction de N_0, k_B, T, E_0 et p.

5. Compte tenu de la symétrie du système, que peut-on dire de la direction du moment dipolaire total ?

6. Calculer son expression. Discuter physiquement le cas du champ fort et le cas du champ faible...
On fera apparaître au cours du calcul la fonction de Langevin définie par $\mathscr{L}(x) = \coth(x) - \dfrac{1}{x}$. Il sera judicieux de faire une étude de cette fonction pour x proche de 0 et pour x très grand.

On pourra essayer de retrouver la loi de Curie pour la polarisabilité qui est inversement proportionnelle à la température en champ faible.

Exercice 74 Interaction électrostatique entre deux fils

1. On considère deux fils infinis, parallèles, distants de d. Ils portent des charges électriques réparties uniformément avec des densités linéiques respectives λ_1 et λ_2.

1.a. Exprimer le champ électrostatique E_1 créé par le fil (1) en tout point du fil (2).

1.b. En déduire la force électrostatique F_1 exercée par le fil (1) sur l'unité de longueur du fil (2).

2. Maintenant, les deux fils ont des directions orthogonales (le fil (1) définit l'axe Oz et le fil (2) appartient au plan (Oxy)). Un point M du fil (2) est repéré par l'angle $\theta = (\overrightarrow{OH}, \overrightarrow{OM})$ où H est le projeté orthogonal de O sur le fil (2). On a $OH = d$.

2.a. Exprimer dans la base cylindrique le champ électrostatique $\overrightarrow{E_1}$ créé par le fil (1) en tout point M de l'espace.

2.b. Quelle est la direction de la force électrostatique totale exercée par le fil (1) sur le fil (2) ? En déduire, par intégration, l'expression de $\overrightarrow{F_1}$.

Exercice 75 Énergie potentielle d'un ion

Sur une droite sont alignés des ions en nombre quasi-infini. Leur plus petite distance commune a mesure $2,814 \times 10^{-10}$ m. Ils sont alternativement chargés positivement et négativement et la valeur absolue commune de leur charge est $e = 1,6 \times 10^{-19}$ C.

1. Calculer en un point où se trouve un ion positif, le potentiel du champ créé par tous les autres ions. En déduire l'énergie potentielle de l'ion placé en ce point, que l'on exprimera en joules et en électron-volts.

2. Quelle est l'énergie potentielle d'un ion négatif ?

On donne

$$\sum_{n=1}^{\infty} \frac{(-1)^n}{n} = -\ln 2.$$

Exercice 76 Sphère

Une sphère de rayon R porte une charge Q positive uniformément répartie sur sa surface.

1. Donner l'expression de la densité superficielle de charge σ.

2. Déterminer l'expression donnant le potentiel $V(r)$ créé par la distribution de charge à la distance r du centre de la sphère, pour $r \geqslant R$.

On peut imaginer que la sphère a été progressivement chargée en amenant des charges élémentaires $\mathrm{d}q$ de l'infini jusqu'à la surface de la sphère.

3. La sphère portant la charge q à un instant donné, on amène de l'infini la charge élémentaire $\mathrm{d}q$. Calculer l'accroissement d'énergie potentielle électrostatique de la sphère.

4. En déduire l'énergie potentielle électrostatique $E_p(R)$ de la sphère lorsqu'elle porte la charge Q.

Exercice 77 Étude d'un câble coaxial

Un câble coaxial est constitué par deux cylindres coaxiaux parfaitement conducteurs, de même axe Oz, et de rayons respectifs r_1, r_2 et r_2+e et de longueur l. La longueur de la ligne l est assez grande devant r_1 et r_2 pour que l'on puisse négliger les effets d'extrémités : on considère que les symétries et invariances sont les mêmes que si la longueur l était infinie.

L'espace entre les deux conducteurs contient un isolant, homogène, isotrope de permittivité relative $\varepsilon_r = 2,0$. On rappelle que la permittivité ε d'un isolant est liée à sa permittivité relative par la relation $\varepsilon = \varepsilon_0 \varepsilon_r$, la notation ε_0 désignant la permittivité absolue du vide.

Pour les applications numériques, on prendra $r = 0,15$ cm, $r_2 = 0,50$ cm,

$l = 10$ m, $e = 0,10$ cm, $\varepsilon_0 = 8,85 \times 10^{-12}$ F·m^{-1}.

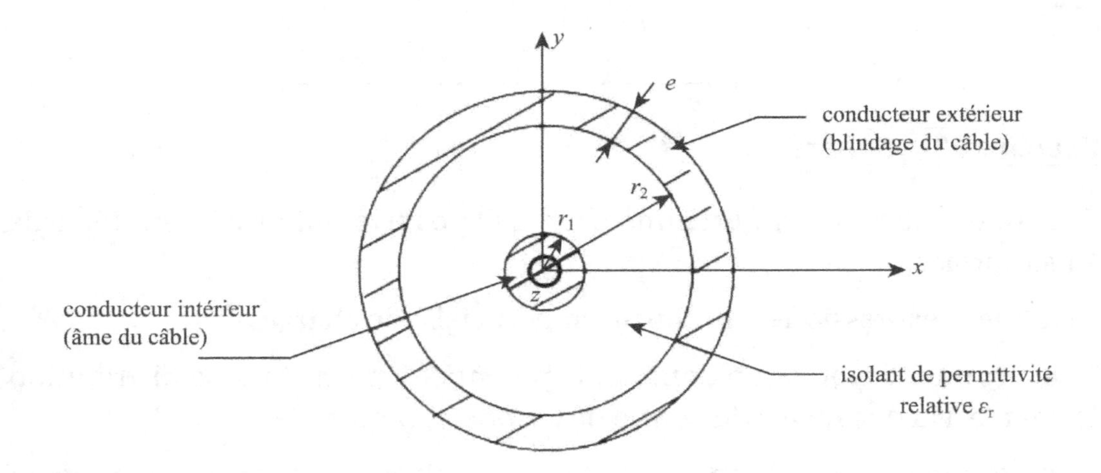

1. Le conducteur intérieur est porté au potentiel V_1 constant et le conducteur extérieur au potentiel V_2 qu'on suppose nul. Les conducteurs, en équilibre électrostatique, portent alors les charges électriques $+Q$ et $-Q$, supposées uniformément réparties sur les deux seules surfaces des conducteurs qui sont de rayon r_1 et r_2.

1.a. Montrer que le champ électrique est radial et que sa valeur algébrique ne dépend que de r soit $\overrightarrow{E} = E(r)\overrightarrow{u_r}$.

2. Établir l'expression de $E(r)$ en fonction de Q, de la permittivité ε de l'isolant, de r et de l, en distinguant les trois cas : $r < r_1$, $r_1 < r < r_2$ et $r_2 < r < r_2 + e$. Il est rappelé que l'expression de $E(r)$ demandée se déduit de celle obtenue dans le cas d'un câble coaxial "à vide" en remplaçant la permittivité absolue ε_0 du vide par celle, ε, du matériau isolant.

3. Montrer que, dans le domaine $r > r_2 + e$, $E(r) = 0$.

4.a. Tracer le graphe de $E(r)$.

4.b. Commenter physiquement les éventuelles discontinuités de $E(r)$ à la traversée des cylindres de rayon r_1, r_2 et $(r_2 + e)$.

5. Exprimer la tension $U_{12} = V_1 - V_2$ en fonction de Q, ε, l, r_1 et r_2.

6. Montrer que la capacité par unité de longueur du câble coaxial notée C_1

est donnée par :

$$C_1 = \frac{2\pi\varepsilon}{\ln(r_2/r_1)}.$$

7. En déduire simplement l'expression de l'énergie électrostatique W_e emmagasinée par le câble coaxial de longueur l.

8. Calculer la valeur numérique de C_1.

9. Calculer la valeur numérique de W_e pour une tension $U_{12} = 10$ V entre les armatures du câble.

Chapitre 30

Magnétostatique

Exercice 78 Champ magnétique créé par un électron

1. Calculer le champ magnétique créé par un électron décrivant un cercle de rayon $a = 0,053$ nm autour d'un proton au point où est placé le proton.

Exercice 79 Calculs de champs

1. Calculer le champ magnétique créé dans le vide par un plan infini parcouru par des courants superficiels uniformes et permanents.

2. Calculer le champ magnétique créé par un segment parcouru par un courant d'intensité I en un point M distant du segment de a.
Examiner ensuite le cas du fil infini.

Exercice 80 Câble coaxial

On considère un câble coaxial infini cylindrique de rayons R_1 et R_2 tels que $R_1 < R_2$. Le courant d'intensité totale I passe dans un sens dans le conducteur intérieur ($r < R_1$) et revient dans l'autre sens par le conducteur extérieur ($r = R_2$).

1. Calculer le champ magnétique $\vec{B}$ en tout point.

2. Représenter $B(r)$, r étant la distance du point considéré à l'axe du cylindre.

Exercice 81 Bobines de Helmholtz

Deux bobines de N spires, de rayon R parcourues par un courant I ont leurs centres distants de R. Le sens du courant est tel que les champs créés par les deux spires s'ajoutent dans l'espace situé entre les 2 spires.

1. Calculer le champ B au milieu O de l'axe joignant les deux centres.

Exercice 82 Bobine torique

Une telle bobine est constituée de N spires jointives régulièrement enroulées sur un tore de révolution d'axe Oz. Elle est parcourue par un courant I.

1. Calculer le champ magnétique créé par une telle bobine à l'intérieur du tore.

2. Calculer le champ magnétique créé par une telle bobine à l'extérieur du tore.

Exercice 83 Courant uniformément réparti entre deux plans parallèles

Entre les deux plans $z = -\frac{e}{2}$ et $z = \frac{e}{2}$, il existe un courant de densité volumique uniforme $\overrightarrow{j} = j\overrightarrow{e_x}$.

1. Quelles sont les symétries du champ magnétique $\overrightarrow{B}$ créé par ces courants ?

2. Calculer le champ $\overrightarrow{B}$ en tout point.

3. Étudier le cas limite $e \longrightarrow 0$, le produit je restant constant.

Exercice 84 Trois fils

Trois fils longs perpendiculaires $(1,2,3)$ au plan de la figure ci-dessous sont parcourus par des courants permanents I_1, I_2 et I_3. Les lignes de champ magnétique sont représentées sur le graphique.

1. Quelle est la valeur du champ $\overrightarrow{B}$ au point A ?

2. Que peut-on dire I_1 et I_2 ?

3. On sait que le champ en M vaut $0,001$ tesla. Estimer la valeur du champ en P.

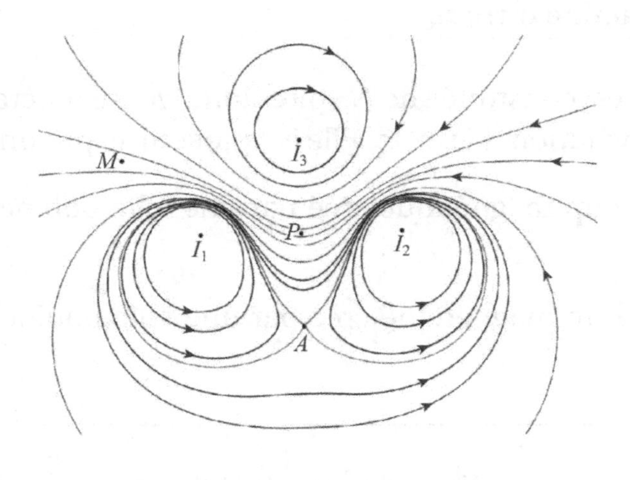

Exercice 85 Cavité cylindrique (ou le retour de l'ours)

Un conducteur cylindrique infini de rayon R_1 et d'axe (O_1z) est parcouru par un courant volumique uniforme de densité $\overrightarrow{j} = j\overrightarrow{u_z}$, à l'exception d'une cavité cylindrique creusée dans le cylindre d'axe O_2z et de rayon R_2, vide de courant. On note $\overrightarrow{B}$ le champ magnétostatique créé en un point M de l'espace.

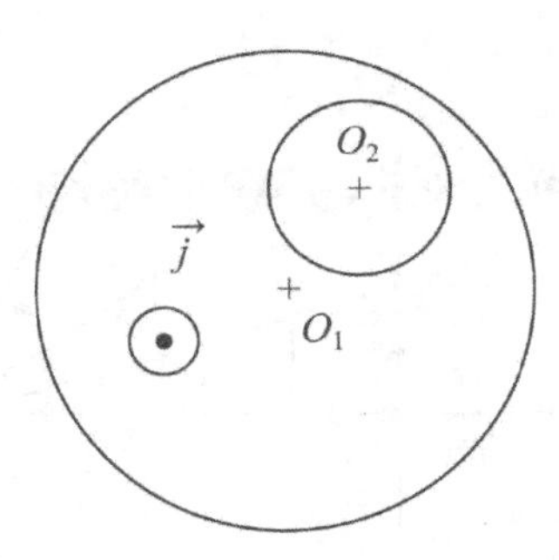

1. Quel est le champ créé par cette distribution en un point M situé à l'intérieur de la cavité ?

2. Montrer que ce champ est uniforme. Quel est l'analogue en électrostatique ?

Exercice 86 Cylindre creux

Un cylindre creux d'axe Oz et de rayon R est parcouru par un courant surfacique permanent d'intensité totale I, orienté suivant $\overrightarrow{u_z}$. On note $\overrightarrow{B}$ le champ magnétostatique créé en un point M de l'espace, repéré par ses coordonnées cylindriques (r, θ, z).

1. Montrer que le champ magnétostatique est du type $\overrightarrow{B} = B(r)\overrightarrow{u_\theta}$.

2. En choisissant un contour d'Ampère, déterminer l'expression de $\overrightarrow{B}$ en distinguant les cas $r < R$ et $r > R$.

3. Tracer et commenter le graphe $B(r)$.

Exercice 87 Solénoïde

Un solénoïde mince d'axe Oz et de longueur l est constitué de N spires circulaires jointives identiques de rayon R parcourues par un courant d'intensité I. On désigne par z la cote d'une spire vue sous un angle α depuis un point

M de l'axe Oz à la cote z_m.

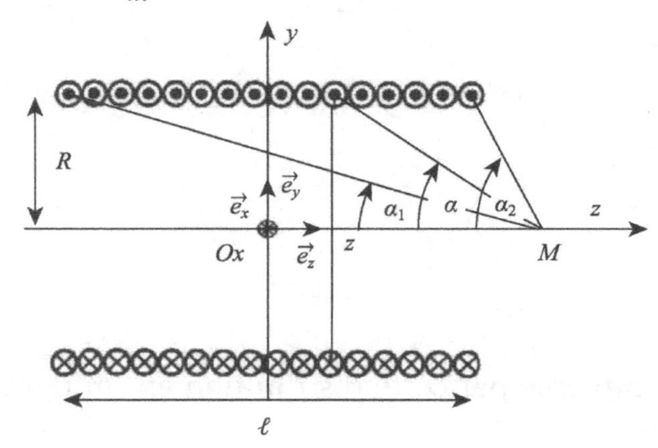

1. Compte tenu de la symétrie des sources, que peut-on affirmer sur $\vec{B}$?

2. Exprimer en fonction de α le champ magnétique créé en M par la spire située à la cote z sur l'axe Oz.

3. Une variation dz de la cote z d'une spire entraîne une variation dα de l'angle α. Exprimer dz en fonction de α et dα.

4. Exprimer le nombre dN de spires contenues dans un élément de longueur dz de solénoïde.

5. Exprimer le champ magnétique en tout point M de l'axe Oz en fontion des angles α_1 et α_2 définis sur la figure ci-dessus.

6. Exprimer le champ magnétique en tout point M de l'axe Oz d'un solénoïde infini constitué de n spires par unité de longueur parcourues par un courant I.

Exercice 88 Disque de Rowland

Un disque de centre O et de rayon R, uniformément chargé en surface (densité surfacique de charge σ positive) est mis en rotation à la vitesse angulaire constante ω autour de son axe de révolution Oz.

1. De quel type est le courant ainsi créé ?

2. Calculer le vecteur densité surfacique de courant en un point $P(r)$ du disque.

3. Calculer l'intensité I du courant.

4. Quelles sont les symétries et invariances d'une telle distribution ?

5. En décomposant le disque en spires de courant élémentaires d'épaisseur $\mathrm{d}r$, exprimer le champ $\overrightarrow{\mathrm{d}B}$ créé au point M de l'axe Oz. En déduire le champ total. Que vaut-il en O ?

Exercice 89 Effet Meissner

Certains matériaux appelés supraconducteurs voient leur conductivité devenir infinie en dessous d'une température critique T_C. En refroidissant un tel matériau soumis à un champ magnétique extérieur, le physicien allemand Walther Meissner a constaté que, lorsque T devenait inférieure à T_C, le champ magnétique dans l'environnement immédiat de l'échantillon augmentait d'un coup. Il en a déduit que le champ magnétique était éjecté en-dehors du matériau. Ce phénomène découvert en 1932 s'appelle l'effet Meissner. Pour l'expliquer, les physiciens allemands Fritz et London ont ajouté aux équations de Maxwell la relation $\overrightarrow{\mathrm{rot}}\,\overrightarrow{j} = -\dfrac{nq^2}{m}\overrightarrow{B}$, où n est le nombre d'électrons libres par unité de volume.

1. Établir l'équation vérifiée par le champ magnétique dans le matériau en régime stationnaire. Faire apparaître une distance caractéristique et la calculer numériquement pour l'étain.

2. On considère une lame d'épaisseur $2L$ dans la direction $\overrightarrow{u_y}$ et d'extension infinie dans les deux autres directions. L'origine de l'axe y est prise au milieu de l'épaisseur. On plonge la plaque dans un champ magnétique extérieur uniforme $\overrightarrow{B}_{\text{ext}} = B_0\overrightarrow{u_z}$. Déterminer le champ magnétique $\overrightarrow{B}$ puis la densité de courant $\overrightarrow{j}$ dans le matériau.

3. Expliquer alors pourquoi un échantillon de matériau supraconducteur lévite lorsqu'on le pose sur un aimant.

Données : pour l'étain, $n = 2{,}5 \times 10^{28}\ \mathrm{m^{-3}}$, $\mu_0 = 4\pi \times 10^{-7}\ \mathrm{H/m}$.

Chapitre 31

Équations de Maxwell

Exercice 90 **Champ magnétique et vecteur de Poynting**

On considère le champ électrique suivant qui règne dans un espace vide de charges et de courant :

$$\overrightarrow{E}(M,t) = E_0 \cos(\omega t + kz)\overrightarrow{e_x} + E_0 \sin(\omega t + kz)\overrightarrow{e_y},$$

avec $k = \dfrac{\omega}{c}$.

1. Vérifier la compatibilité de cette expression avec les équations de Maxwell.

2. Déterminer le champ magnétique associé.

3. Déterminer le vecteur de Poynting de ce champ électromagnétique.

Exercice 91 **Solution des équations de Maxwell**

On suppose que le champ magnétique qui règne dans une partie de l'espace vide de charges et de courant est donné par

$$\overrightarrow{E}(M,t) = f(z)\mathrm{e}^{-\alpha t}\overrightarrow{u_x} \text{ et } \overrightarrow{B}(M,t) = g(z)\mathrm{e}^{-\alpha t}\overrightarrow{u_y}.$$

1. Les équations de Maxwell-Gauss et Maxwell-flux sont-elles vérifiées ?

2. Montrer que l'équation de Maxwell-Faraday impose une expression de $g(z)$ en fonction de $f'(z)$.

3. Montrer que l'équation de Maxwell-Ampère impose une expression de $f(z)$ en fonction de $g'(z)$.

4. En déduire $f(z)$ en supposant que $f(z)$ est paire et que $\overrightarrow{E}(0,0) = E_0\overrightarrow{u_x}$. Donner l'expression du champ électromagnétique.

Exercice 92 Sphère dans un four à induction

Une sphère pleine $\mathscr{S}$ de rayon a constituée d'un métal ohmique de conductivité γ est soumise à un champ magnétique extérieur $\overrightarrow{B}_e = B_0 \cos(\omega t)\overrightarrow{u_z}$.

1. Déterminer le champ électrique à l'instant t en un point M de la sphère. En déduire la densité volumique de courant en M.

On suppose que le champ magnétique créé par ces courants est négligeable devant le champ magnétique extérieur.

2. Quelle est la puissance moyenne dissipée par effet Joule dans la sphère ?

Exercice 93 Décharge d'un conducteur dans l'air

Une boule conductrice de centre O et de rayon R porte initialement la charge Q uniformément répartie. Elle est abandonnée dans l'air supposé légèrement conducteur, de conductivité γ. À l'instant t, la boule porte la charge $Q(t)$.

On chercher le champ électromagnétique en un point M de l'espace repéré par ses coordonnées sphériques de centre O.

1. Déterminer $\overrightarrow{B}(M,t)$ et $\overrightarrow{E}(M,t)$ à l'extérieur de la boule.

2. Établir l'équation différentielle vérifiée par $Q(t)$. La résoudre. Commenter.

3. Calculer de deux façons différentes l'énergie totale dissipée dans le milieu. Commenter.

Exercice 94 États quasi stationnaires à dominante électrique

On considère une distribution de charges et de courants, de volume caractéristique $\mathcal{V}$, située à une distance de l'ordre de L de la zone où est menée l'étude. Les longueurs et temps caractéristiques des variations des potentiels et champs sont respectivement δ et τ.

1. Exprimer les ordres de grandeur des potentiels en fonction des valeurs caractéristiques des densités de charge et courant, ρ et j. Définir alors deux nombres sans dimension, très inférieurs à l'unité dans une situation quasi-stationnaire où l'interaction électrique domine.

2. Quelle relation entre le champ électrique et les potentiels doit-on alors utiliser ? Que devient l'équation de Maxwell-Faraday ?

3. Que peut-on dire des valeurs relatives des normes des champs électrique et magnétique ?

Exercice 95 Cohésion d'une goutte

Une goutte de liquide conducteur, seule dans l'espace, porte une charge électrique. On envisage la transformation correspondant à la division de la goutte en deux gouttes sphériques, séparées d'une distance suffisante pour qu'on puisse négliger leur interaction.

1. Déterminer la variation d'énergie électrostatique du système lors de la transformation. Commenter le signe.

2. Les effets de tension de surface doivent être également pris en compte. On admet que l'énergie nécessaire à l'accroissement de l'aire de la surface d'une valeur dS s'écrit $\delta W = A\mathrm{d}S$ où A est un facteur constant. Exprimer l'énergie nécessaire lors de la transformation précédente.

3. Pour une goutte de rayon initial 10^{-4} m, sachant que $A \approx 10^{-2}$ J/m^2, quelle devrait être la charge initiale pour que la scission soit spontanée ? Quelle valeur du champ électrique observerait-on alors dans le voisinage immédiat de la goutte à l'instant initial ? Commentaires.

Exercice 96 Décharge d'un condensateur - AQSE

On considère un condensateur constitué de deux disques d'axe Oz, de rayon R et d'écartement e qui se décharge dans une résistance électrique.

1. Si on note Q_0 la charge initiale et τ la constante de temps, rappeler la forme temporelle de $q(t)$ de l'évolution de la charge de l'armature supérieure.

2. Les effets de bord sont négligés. Dans le cas stationnaire, quelle serait la relation entre la charge Q_0 portée par l'armature supérieure et E_0 la valeur du champ électrique ?

Le développement en série des champs électrique et magnétique est donné ci-dessous :

$$\vec{E} = E_0\left(1 + \frac{r^2}{4\tau^2 c^2} + \frac{r^4}{64\tau^4 c^4} + \ldots\right) e^{-t/\tau}\vec{u_z}.$$

$$\vec{B} = -E_0\left(\frac{r}{2\tau c^2} + \frac{r^3}{16\tau^3 c^4} + \ldots\right) e^{-t/\tau}\vec{u_\theta}.$$

3. Dans l'approximation des régimes lentement variables, on est amené à considérer le cas $\tau \gg \frac{R}{c}$. En déduire une expression des champs électrique et magnétique en fonction de $q(t)$ et $\frac{\mathrm{d}q}{\mathrm{d}t}$.

4. Évaluer les densités d'énergie électrostatique et magnétostatique dans le condensateur à un instant t quelconque et comparer leurs valeurs. Commenter.

5. Déterminer le vecteur de Poynting sur la surface cylindrique entourant le condensateur. En déduire la puissance rayonnée à chaque instant.

6. Quelle est l'énergie totale rayonnée à travers les parois du condensateur au cours de la décharge ? Commenter le résultat.

Exercice 97 Puissance électrique en ARQS

Un dipôle électrique AB est parcouru par un courant d'intensité $i(t)$. On a vu l'année dernière que la puissance électrique absorbé est donnée par $P(t) = (V_A - V_B)i$. On raisonne dans l'approximation des régimes quasi-stationnaires.

1. Montrer qu'à un signe éventuel près, le flux du champ vectoriel $V \times \overrightarrow{j}$ à travers une surface fermée entourant le dipôle permet d'exprimer cette puissance.

2. En utilisant le théorème de Green-Ostrogradski, exprimer ce flux comme une somme de deux termes intégrés sur le volume délimité par la surface puis interpréter chacun d'entre eux.

3. Que devient cette expression dans un dipôle résistif en l'absence de variation du champ magnétique ?

Exercice 98 Puissance transportée dans un câble coaxial

On considère un câble coaxial dont le milieu vide est limité par une âme métallique cylindrique de rayon a et d'axe Oz et une gaine cylindrique coaxiale et de rayon b. L'étude s'effectue en régime permanent. On cherche des solutions des équations de Maxwell en coordonnées cylindriques sous la forme :

$$\overrightarrow{E}(r,\theta) = f(r)\overrightarrow{e_r} \text{ et } \overrightarrow{B}(r,\theta) = g(r)\overrightarrow{e_\theta}.$$

1. Montrer que ces formes sont solutions des équations de Maxwell. Déterminer la forme de f et g. On utilisera la formule de la divergence en coordonnées polaires :
$\mathrm{div}\overrightarrow{U} = \dfrac{1}{r}\dfrac{\partial(rU_r)}{\partial r} + \dfrac{1}{r}\dfrac{\partial U_\theta}{\theta} + \dfrac{\partial U_z}{\partial z}$.

2. Relier f à la différence de potentiel U entre les armatures et g à l'intensité I transportée par l'armature interne.

3. Calculer le vecteur de Poynting et calculer son flux à travers une section droite de câble.

Exercice 99 Sphère radioactive

Une masse radioactive ponctuelle, initialement neutre, située au point O émet à partir de l'instant $t = 0$ des particules α avec une vitesse v_0 supposée constante et de façon isotrope. À l'instant t, la charge électrique située en O est

$q(t) = q_0(\mathrm{e}^{-t/\tau} - 1)$.

1. Calculer le champ électrique $\overrightarrow{E}(M,t)$ et le champ magnétique $\overrightarrow{B}(M,t)$ pour $t > 0$ en tout point de l'espace. Commenter.

2. Exprimer la densité volumique de charge $\rho(M,t)$ et la densité volumique de courant $\overrightarrow{j}(M,t)$ pour $t > 0$.

3. Vérifier la compatibilité des résultats obtenus avec la relation locale de conservation de la charge et des équations de Maxwell.

On donne $\operatorname{div}\overrightarrow{a} = \frac{1}{r^2}\frac{\partial(r^2 a)}{\partial r}$ en coordonnées sphériques.

4. En déduire la densité volumique d'énergie électromagnétique, le vecteur de Poynting et la puissance volumique fournie par le champ électromagnétique aux particules α. Commenter.

Exercice 100 Énergie électromagnétique de la foudre

1. La figure ci-dessous donne l'allure du courant $I(t)$ lors d'un coup de foudre. Évaluer la charge totale écoulée et l'intensité moyenne du courant.

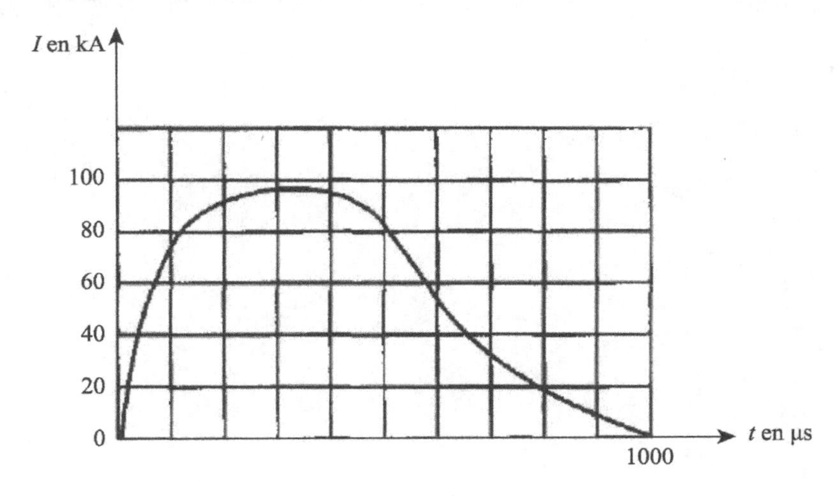

2. En supposant qu'avant le coup de foudre le champ électrique E est uniforme et égal à $E = 5\mathrm{kV{\cdot}m^{-1}}$, déterminer la différence de potentiel U entre le sol et la base du nuage (altitude $h = 1$ km), puis l'énergie dissipée dans le coup de foudre et enfin la puissance moyenne dissipée. Comparer à la ration

énergétique journalière $E = 103$ kJ d'un être humain et à la puissance $P = 1$ GW d'une centrale nucléaire.

3. Calculer un ordre de grandeur des dimensions du nuage (on rappelle la valeur de la permittivité diélectrique du vide $\varepsilon_0 = 8,85 \times 10^{-12}$ F·m^{-1}.)

Chapitre 32

Induction

Exercice 101 Piégeage de particules neutres

Des particules non chargées telles que les neutrons peuvent être piégées si on exploite l'existence de leur moment magnétique propre. On admet que le moment dipolaire magnétique ne peut s'orienter que parallèlement au champ : dans le même état ou en sens inverse.

1. Montrer qu'un équilibre stable est théoriquement possible en des points où le champ magnétique est extrémal.

2. Montrer qu'une condition nécessaire à l'existence d'un minimum local de $\vec{B}$ en M_0 est $\Delta(B^2) > 0$ en ce point. Qu'en est-il pour un maximum local ?

3. On considère en coordonnées cartésiennes la composante B_x du champ magnétique. Montrer que, dans une zone sans courant, $\Delta(B_x^2) = 2(\text{grad}B_x)^2$. Conclure au fait qu'il ne peut être produit qu'un minimum de champ magnétique.

4. En déduire alors l'orientation du moment dipolaire des neutrons piégés.

Exercice 102 Induction près d'une ligne électrique

Une ligne électrique haute tension transporte un courant sinusoïdal de fréquence $f = 50$ Hz et de valeur efficace $I = 1$ kA.

On approche une bobine plate de N spires carrées de côté $a = 30$ cm à la distance $d = 2$ cm. La bobine d'inductance et de résistance négligeables est fermée sur une ampoule qui s'éclaire dès que la tension efficace à ses bornes est supérieure à $1,5$ V.

1. Déterminer la valeur minimale de N qui permet à l'ampoule de s'allumer.

Exercice 103 Chauffage par induction

Un solénoïde infini de rayon a comporte n spires par unité de longueur. Il est parcouru par un courant $i(t) = I_0 \cos \omega t$. On place au centre du solénoïde, un cylindre métallique, de longueur L, de conductivité γ. Le rayon de ce cylindre est $b < a$ et son axe est confondu avec l'axe du solénoïde.

1. Exprimer, en utilisant l'équation de Maxwell-Faraday, l'expression de la densité de courant $\overrightarrow{j}$ induite. On supposera que le champ magnétique créé par les courants induits est négligeable.

2. Exprimer la puissance moyenne P dissipée par effet Joule dans le cylindre.

Calculer P pour $L = 1$ m ; $\gamma = 5 \times 10^7$ S·m^{-1} ; $b = 5$ cm ; $\omega = 2\pi f$ avec $f = 50$ Hz ; $\mu_0 = 4\pi \times 10^{-7}$ SI, $n = 50$ spires/ cm ; $I_0 = 10$ A.

Exercice 104 Freinage par induction

Un cadre carré de côté a, de masse m, de résistance R, se déplace verticalement dans le champ magnétique $\overrightarrow{B} = (B_0 - kz)\overrightarrow{u_y}$. À l'équilibre, le centre du cadre est à la cote z_0. On le lâche depuis la cote $z_0 + b$. On note $z(t)$ la position du centre du cadre à l'instant t.

1. Établir l'équation différentielle vérifiée par $U = z(t) - z_0$.

2. Faire un bilan énergétique sur l'intervalle de temps $\mathrm{d}t$. Conclure sur l'effet du champ $\overrightarrow{B}$ sur le mouvement du cadre.

Exercice 105 Moment des forces de Laplace

Un cadre rectangulaire de hauteur b et de largeur a comporte N tours de fil parcourus par un courant d'intensité I. Ce cadre peut tourner autour de l'axe Δ, il est plongé dans un champ électromagnétique uniforme $\overrightarrow{B} = B\overrightarrow{e_x}$. À l'instant t, on repère la position du cadre par l'angle θ que fait la direction de $\overrightarrow{B}$ avec sa normale.

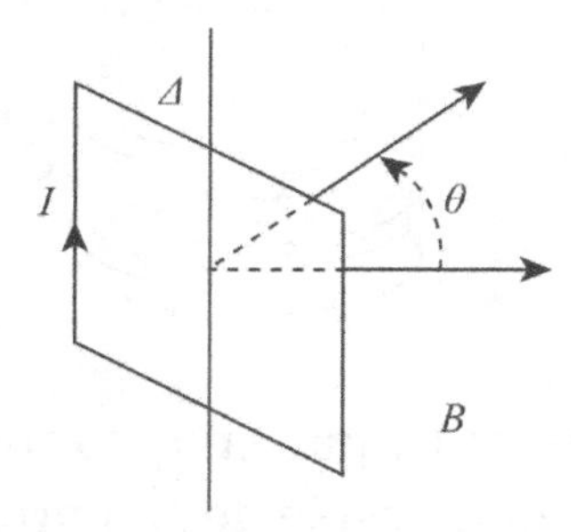

1. Quel est le moment des forces de Laplace qui s'exercent sur le cadre par rapport à Δ ?

2. Déterminer les positions d'équilibre du cadre et étudier leur stabilité.

3. Calculer la période des petites oscillations si le cadre est légèrement écarté de sa position d'équilibre stable. On notera J le moment d'inertie du cadre par rapport à l'axe.

Exercice 106 Lévitation magnétique

Un long solénoïde vertical (semi-infini) à section circulaire de rayon a et ayant n spires jointives par unité de longueur est parcouru par un courant I.

1. Montrer que le champ magnétique en un point de son axe situé à une distance z au-dessus de son extrémité et repéré par l'angle θ est
$\overrightarrow{B} = \frac{\mu_0 n I}{2}(1 - \cos\theta)\overrightarrow{e_z}$.

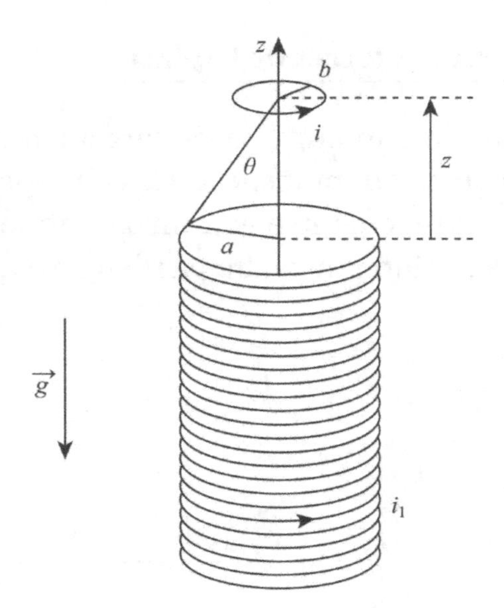

Le solénoïde est, en fait, parcouru par un courant variable $I(t) = I_0 \cos(\omega t)$. Une petite bobine circulaire constituée de N spires de rayon b avec $b \ll a$, de résistance R, d'inductance L et de masse m est placée au-dessus du solénoïde à une distance z de son extrémité.

2. Dans le cadre de l'ARQS, calculer le courant induit dans la bobine en régime sinusoidal établi.

3. On admet que le champ magnétique $\overrightarrow{B}$ à la distance b de l'axe à la cote z a une composante radiale $B_r = \dfrac{\mu_0 n I_0 b i(t)}{4a} \sin^3\theta$. Calculer la force magnétique moyenne appliquée à la bobine. Pour quelle valeur $I_{0,m}$ de I_0 la spire peut-elle léviter juste au-dessus du solénoïde à la cote z ? Cet équilibre est-il stable ?

4. Quelle est alors la puissance moyenne P_0 dissipée par effet Joule dans la bobine ?

Exercice 107 Bobine équivalente à deux bobines en série

Deux bobines identiques de résistance r, d'inductance propre L sont placées l'une à côté de l'autre. Lorsqu'on relie B_1 et A_2, l'ensemble est équivalent entre A_1 et B_2 à une bobine de résistance 10 Ω et d'inductance $L' = 90$ mH. Lorsque, sans déplacer les bobines, on relie B_1 et B_2, l'ensemble est équivalent entre A_1 et A_2 à une bobine de résistance 10 Ω et d'inductance $L'' = 70$ mH.

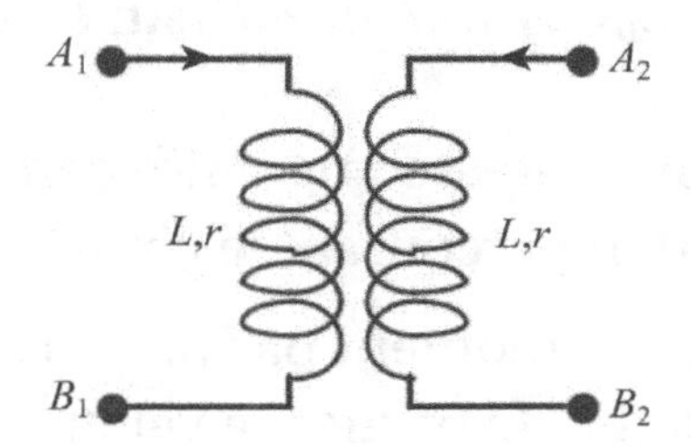

1. Interpréter les observations et en déduire les valeurs de r et L ; que peut-on ainsi mesurer ?

2. Proposer une méthode simple de mesure de l'inductance et de la résistance équivalente aux deux bobines en série.

Exercice 108 Bobines couplées par inductance mutuelle

On considère des bobines d'inductance L identiques placées sur le même axe, avec leurs centres distants de d. On cherche à mesurer leur inductance mutuelle. On place la voie 1 d'un oscilloscope sur un circuit comprenant une résistance R, un GBF fournissant un signal triangulaire d'amplitude 1,41V, de période $T = \dfrac{2\pi}{\omega} = 1$ ms. Sur la voie 2, on étudie la tension aux bornes de la deuxième bobine. On suppose que $R/L\omega \gg 1$.

1. Faire un schéma du montage.

2. Que voit-on sur la voie 2 ? On obtient une amplitude de 0,043 V. En déduire M, inductance mutuelle entre les deux bobines.

Exercice 109 Convertisseur asynchrone

Soit un cadre carré de dimensions constantes (côté a) autour duquel on a bobiné N spires quasiment confondues. On note respectivement R et L la résistance et l'inductance propre du circuit. Le cadre est mobile autour d'un axe Δ parallèle à Oz. On plonge le cadre dans un champ magnétique extérieur uniforme et horizontal $\overrightarrow{B}$ tournant à vitesse angulaire Ω_0 :

$$\overrightarrow{B} = B_0 \cos(\Omega_0 t)\overrightarrow{u_x} + B_0 \sin(\Omega_0 t)\overrightarrow{u_y}.$$

1. Lorsque le cadre tourne à vitesse angulaire constante Ω autour de Δ, exprimer l'intensité du courant parcourant le circuit en régime établi.

2. En déduire l'expression du moment par rapport à Δ du système de forces de Laplace subies par le cadre. Exprimer sa valeur moyenne.

3. Tracer l'allure du graphe du couple moyen calculé précédemment en fonction de la vitesse angulaire de rotation du cadre.

4. Interpréter, en fonction de la valeur de la vitesse de rotation du cadre, le signe du couple moyen obtenu. Un tel moteur peut-il démarrer ?

Chapitre 33

Relativité restreinte

Exercice 110 **Questions de cours**

1. Quels effets la mécanique classique ne parvient-elle pas à expliquer ?
2. Quel scientifique a établi la théorie de la relativité restreinte ?
3. Sur quel principe de base la théorie de la relativité est-elle fondée ?
4. Qu'est-ce que la transformation de Lorentz ?
5. Quelle est l'expression du facteur γ ? Que devient-elle lorsque la vitesse d'entraînement du référentiel $\mathscr{R}'$ est faible devant c ? Quelle conclusion en tire-t-on ?
6. Qu'est-ce qu'un invariant de Lorentz ? Donnez trois exemples.
7. Que signifie la phrase "La relativité restreinte est une théorie causale" ?
8. Dans la liste suivante, qu'est-ce qui est invariant par changement de référentiel en relativité ?
   (a) La masse de l'électron
   (b) La vitesse de la lumière
   (c) La durée d'un phénomène
   (d) La longueur propre d'une règle
   (e) L'ordre de la classification périodique des éléments
   (f) L'énergie totale d'une particule

(g) Les équations de Maxwell

(h) La vitesse d'une onde sonore

9. Deux événements simultanés dans un référentiel le sont-ils toujours dans tous les référentiels ?
10. Quelle est la loi relativiste de composition des vitesses ? Que devient-elle quand la vitesse d'entraînement du référentiel $\mathscr{R}'$ est négligeable devant c ?
11. Le principe fondamental de la dynamique est-il toujours valable en relativité ?
12. Démontrer dans le cadre relativiste le théorème du moment cinétique. Même question avec le théorème de l'énergie cinétique.
13. Qu'est-ce que l'énergie d'une particule libre ? À quoi est-elle égale quand la particule est au repos ?
14. Commenter l'équation $\mathscr{E}_m = mc^2$.
15. Une particule de masse nulle peut-elle avoir une vitesse différente de c ?
16. Qu'est-ce que l'effet Compton ?
17. Pourquoi dans l'expérience de Compton, observe-t-on des photons à deux fréquences différentes ?

Exercice 111 Voyages interstellaires

Des astronautes ont embarqué à bord d'un vaisseau spatial très performant, capable d'atteindre des vitesses relativistes. Leur but est d'atteindre l'étoile α du Centaure, située à une distance $D = 4$ années-lumière de la Terre. On suppose la vitesse du vaisseau spatial constante le long de sa trajectoire, qui sera supposée rectiligne. Le vaisseau a une masse de 10 tonnes.

1. Dans le référentiel terrestre, le voyage a duré 4,123 ans. Calculer la vitesse v du vaisseau spatial dans le référentiel terrestre.
2. En déduire l'intervalle de temps propre entre le départ et l'arrivée pour les membres du vaisseau.

3. Lors d'une deuxième expédition, un autre équipage est envoyé explorer la galaxie d'Andromède, située à une distance $D' = 2 \times 10^6$ années-lumière de la Terre. Quelle vitesse devrait avoir le vaisseau pour que le voyage dure, du point de vue des astronautes, 20 ans ?
4. Estimer l'énergie cinétique du premier vaisseau spatial, et l'énergie cinétique du deuxième vaisseau spatial.

Exercice 112 Contraction des longueurs

Dans cet exercice, on se propose de mesurer la longueur d'une règle rigide dans deux référentiels $\mathcal{R}$ et $\mathcal{R}'$ galiléens. $\mathcal{R}'$ possède un mouvement de translation rectiligne uniforme par rapport à $\mathcal{R}$, avec une vitesse d'entraînement $\vec{v}_e = v_e \vec{e}_x$.

Pour mesurer la longueur d'une règle dans un référentiel où la règle est en mouvement, on peut utiliser le dispositif suivant : on dispose le long de la trajectoire de la règle, de nombreux photographes munis de montres. Toutes les montres des photographes sont synchronisées. Au moment où l'extrémité A de la règle passe devant eux, ils prennent une photo et notent le temps sur un cahier. Au moment où l'extrémité B passe devant eux, ils recommencent.

Les photographes comparent ensuite leurs résultats. Si un photographe (1) a photographié l'extrémité A de la règle au même moment où un autre photographe (2) a photographié l'extrémité B, alors on définit la longueur de la règle dans le référentiel des photographes comme étant la distance entre les deux photographes (1) et (2) au moment où ils ont pris leur photographie. Il est important que les mesures soient simultanées pour pouvoir définir une longueur unique pour le référentiel $\mathcal{R}'$.

1. Dans le référentiel $\mathcal{R}$ où la règle est au repos, la mesure de la position des extrémités A et B doit-elle être simultanée ? On appelle *longueur propre* la longueur de la règle mesurée dans un référentiel où elle est au repos.
2. Attribuer, dans le référentiel $\mathcal{R}'$ où la règle est en mouvement, des coordonnées spatiales et temporelles aux deux événements : "Le photographe (1) prend en photo l'extrémité A de la règle", et "Le photographe (2) prend en photo l'extrémité B de la règle".

3. Quelle est la longueur l' de la règle dans le référentiel $\mathscr{R}'$?
4. En utilisant la transformation de Lorentz, déterminer les coordonnées de ces événements dans le référentiel $\mathscr{R}$. Sont-ils simultanés ?
5. Exprimer la longueur l de la règle dans le référentiel $\mathscr{R}$ en fonction du facteur γ_e et de l'. Commentaires.
6. Expliquer l'expression "contraction des longueurs".

Exercice 113 Expérience de Fizeau

On considère le dispositif interférentiel des trous d'Young, distants de $a = 10$ mm, percés dans un écran opaque éclairé sous incidence normale par une onde plane progressive de longueur d'onde $\lambda = 585$ nm. On place un écran à 20 mètres du dispositif. On rappelle que dans cette configuration, la différence de marche entre les rayons lumineux venu de chaque trou d'Young, en un point de hauteur x de l'écran, vaut $\delta = \dfrac{ax}{D}$.

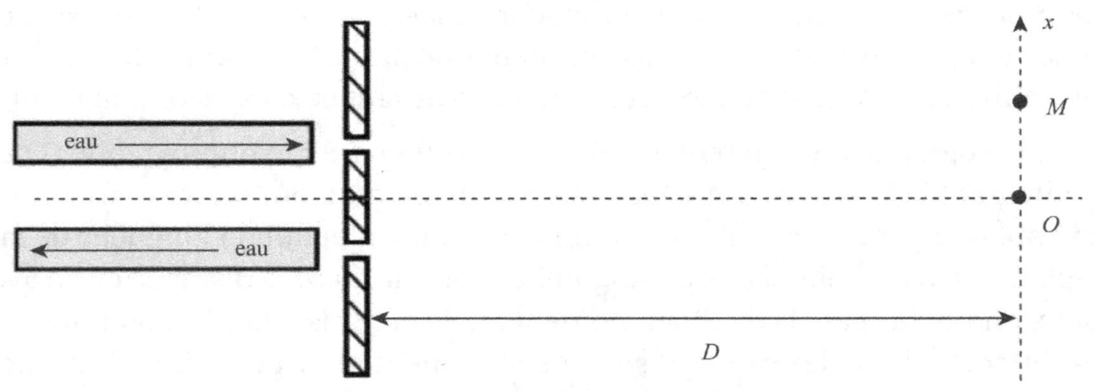

Figure 33.1-Schéma de l'expérience de Fizeau

1. On place ensuite deux tubes horizontaux remplis d'eau, d'indice optique n, de longueur L, derrière chacun des trous. La différence de chemin optique est-elle modifiée ? À quelle vitesse se propage la lumière dans chacun des tubes ?
2. On fait ensuite circuler l'eau à une vitesse v_e dans le premier tube, et $-v_e$ dans le second. On suppose dans cette question que la compo-

sition classique des vitesses est valable. À quelle vitesse se propage la lumière dans le tube 1, dans le référentiel de l'expérimentateur ? Même question pour le tube 2.

3. En déduire la différence de marche supplémentaire au niveau de l'écran. On limitera les calculs au premier ordre en v/c. Calculer le déplacement Δx observé pour une frange de coordonnée x.
4. A.N. On donne $n = 1,337$, $L = 5,0$ m et $v_e = 7,0\ \text{m}\cdot\text{s}^{-1}$.
5. Répondre aux mêmes questions en utilisant la loi relativiste de composition des vitesses. On limitera les calculs à l'ordre 1 en v_e/c.
6. Les mesures de Fizeau donnaient $\Delta x = 0,37 \pm 0,05$ mm. Quelle loi de composition des vitesses est vérifiée ?

Exercice 114 Effet Doppler relativiste

Un satellite émet des signaux radio à une fréquence ν dans son référentiel. Il se déplace à la vitesse $\vec{v}_{\text{sat}} = v_{\text{sat}}\vec{e}_x$ par rapport à Jean, sur Terre, qui reçoit les signaux de ce satellite à l'aide d'une parabole. On considère $v_{\text{sat}} > 0$ quand le satellite s'éloigne de Jean.

1. Dans le cadre de la mécanique classique, à quelle fréquence ν' Jean reçoit-il les signaux du satellite ?
2. Même question en mécanique relativiste.

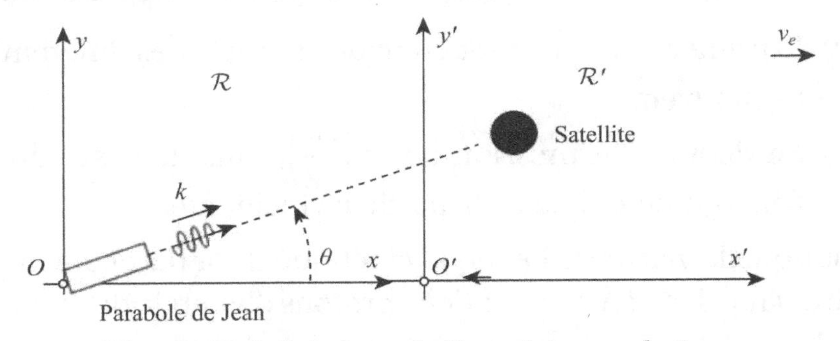

Figure 33.2-Schéma de l'expérience de Jean

Jean veut renvoyer un signal sinusoïdal au satellite, mais il positionne mal sa parabole. Au lieu d'envoyer le signal dans la direction $\vec{e}_x$, il envoie le signal avec un vecteur d'onde $\vec{k} = k\cos\theta\,\vec{e}_x + k\sin\theta\,\vec{e}_y$. On veut calculer la fréquence du signal reçu par le satellite.

3. On considère un quadrivecteur particulier, $(\omega/c, \vec{k})$, associé à l'onde électromagnétique émise par Jean. On admet ici que ce quadrivecteur se transforme, par un changement de référentiel, à l'aide de la transformation de Lorentz. Déterminer, dans le référentiel du satellite, la pulsation ω' reçue, en fonction de ω et de $\vec{k}\cdot\vec{e}_x$.
4. Sachant que dans le vide, $k = \dfrac{\omega}{c}$, exprimer la pulsation ω' en fonction de ω et de l'angle θ entre le vecteur d'onde $\vec{k}$ et la direction $\vec{e}_x$. En déduire ν'.
5. Que se passe-t-il quand $\theta = \pi/2$? Est-ce différent de l'effet Doppler classique ?

Exercice 115 Collision élastique symétrique

Une particule rentre en collision avec une particule identique, au repos dans le référentiel du laboratoire. On suppose que, après la collision, les deux particules ont une trajectoire symétrique par rapport à la direction de la particule incidente. On note α l'angle entre leurs deux trajectoires.

1. Faire un schéma de la situation.
2. (a) Écrire les lois de conservation de la quantité de mouvement et de l'énergie, en tenant compte de la symétrie du problème.
   (b) Exprimer $\cos\left(\dfrac{\alpha}{2}\right)$ en fonction des normes des différentes quantités de mouvement.
   (c) En déduire l'expression de $\cos\left(\dfrac{\alpha}{2}\right)$, puis de $\cos\alpha$, en fonction de l'énergie cinétique de la particule incidente.
3. Pour quelle valeur de l'énergie cinétique de la particule incidente, l'angle α vaut-il 45° ? A.N. pour deux protons d'énergie de masse $m_p c^2 = 938$ MeV.

Chapitre 34

Diffusion

Exercice 116 Vitesse quadratique moyenne et coefficient de diffusion

Évaluer le coefficient de diffusion des molécules de dioxygène dans l'air à 25°C sous 1 bar. Le libre parcours moyen des molécules de dioxygène dans l'air est de l'ordre de 100 nm.

Exercice 117 Mesure du coefficient de diffusion de la vapeur d'eau dans l'air

Un tube vertical de section $S = 20\ \text{cm}^2$ plonge dans un récipient rempli d'eau. L'eau s'évapore et la vapeur d'eau diffuse à travers l'air dans le tube. À l'extrémité supérieure du tube, un ventilateur souffle un courant d'air sec qui chasse les molécules de vapeur d'eau, de telle sorte que la concentration en vapeur d'eau au sommet du tube, en $z = L$, peut être considérée comme nulle. Le coefficient de diffusion de la vapeur d'eau dans l'air est D. La mesure de la masse évaporée pendant une durée donnée permet de déterminer la valeur numérique de D comme nous allons le faire ici.

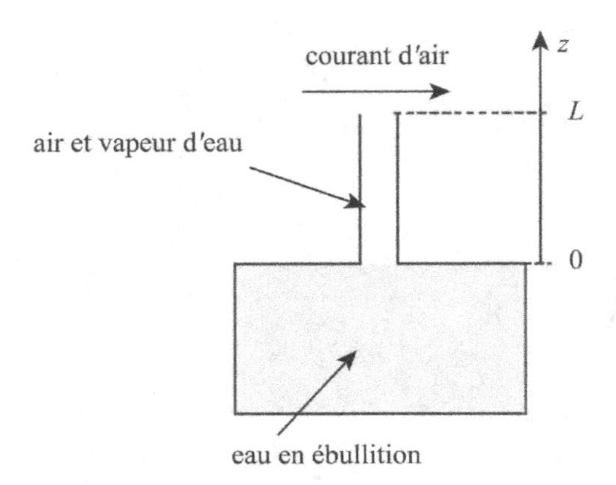

On suppose le régime permanent établi.

1. Exprimer la densité de molécules de vapeur d'eau dans le tube $n(z)$ en régime permanent en fonction de sa valeur n_0 en $z = 0$.

2. En déduire le nombre de molécules d'eau s'évaporant par unité de temps.

3. En $z = 0$, la vapeur d'eau est en équilibre avec l'eau liquide. En assimilant la vapeur d'eau à un gaz parfait, exprimer n_0 en fonction de la pression de vapeur saturante de l'eau à la température de l'expérience P_{sat}, de la température T, de la masse molaire M de l'eau, de la constante molaire des gaz parfaits R et du nombre d'Avogadro N_{a}.

4. La masse d'eau évaporée est de 87 mg par jour. En déduire la valeur numérique de D.

Données : $L = 1,0$ m, $T = 298$ K, $P_{\text{sat}} = 3,2 \times 10^3$ Pa, $M = 18$ g/mol.

5. La valeur trouvée dans le Handbook est de $D = 2,42 \times 10^{-5}$ m^2·s^{-1} dans ces conditions de température et pression. Commenter.

Exercice 118 Réacteur nucléaire

On étudie un réacteur nucléaire à une dimension : la densité volumique de neutrons est $n(x, t)$. En moyenne, $\frac{n}{\tau}$ neutrons sont absorbés par unité de temps et de volume, et, pour un neutron absorbé, K neutrons sont produits ($K > 1$). Enfin, leur diffusion dans le milieu satisfait à la loi de Fick, le coefficient de diffusion est noté D. Le réacteur est situé entre les plans d'abscisses

$x = -a$ et $x = +a$. On impose $n(\pm a, t) = 0$.

1. Déterminer l'équation aux dérivées partielles vérifiée par $n(x, t)$.

2. Dans cette question, on se place en régime permanent. Déterminer $n(x)$ sachant que $n(0) = n_0$.

3. On se place en régime quelconque. On cherche une solution sous la forme $n(x, t) = f(x)\mathrm{e}^{-t/\tau_1}$. Déterminer $f(x)$ et discuter de la stabilité du réacteur suivant les valeurs de la longueur $L = 2a$ du réacteur.

Exercice 119 Taille critique d'une bactérie

Pour vivre, une bactérie a besoin de consommer le dioxygène dissous dans l'eau au voisinage de sa surface. La bactérie est modélisée par une sphère fixe, de rayon R, et sa masse volumique μ est assimilée à celle de l'eau. Le régime est considéré comme stationnaire et on note $n(r)$ la densité de dioxygène dissous à la distance r du centre de la bactérie. La diffusion de dioxygène dans l'eau obéit à la loi de Fick avec un coefficient de diffusion D. À grande distance de la bactérie, la densité de dioxygène dissous est notée n_0 et est supposée constante.

On admet que la consommation en oxygène de la bactérie est proportionnelle à sa masse et on introduit $\mathscr{A}$ le taux horaire de consommation de dioxygène par unité de masse mesuré en $\mathrm{mol \cdot kg^{-1} \cdot s^{-1}}$.

1. Exprimer $\overrightarrow{j}(r)$ le vecteur densité de flux de particules diffusées en fonction de D et $n(r)$.

2. Exprimer le nombre $\varphi(r)$ de molécules de dioxygène entrant par unité de temps dans une sphère de rayon $r > R$ en fonction de $j(r)$. Le flux de particules dépend-il de r dans ce cas ?

3. Exprimer φ en fonction de R, N_A, μ et $\mathscr{A}$.

4. En déduire l'expression de n_s, densité de dioxygène dissous à la surface de la bactérie. Quelle inégalité doit être vérifiée afin que la bactérie ne suffoque pas ? En déduire l'expression du rayon critique d'une bactérie aérobie.

Exercice 120 Diffusion instationnaire

On considère un tube cylindrique semi-infini de rayon R fixé en $x = 0$ à un système extérieur imposant $n(0,t) = n_0 + n_0\cos(\omega_0 t)$. La loi de Fick est vérifiée, le coefficient de diffusion des particules est D et le rayon du tube est suffisamment petit pour que l'on puisse négliger les inhomogénéités de densité sur une section droite du cylindre.

1. À quelle équation doit satisfaire la densité de particules diffusée $n(x,t)$?

2. On introduit $\underline{n}(x,t)$ le champ complexe associé à $n(x,t)$. Si le champ complexe est cherché sous la forme $\underline{n}(x,t) = A + B\mathrm{e}^{\mathrm{j}(kx-\omega t)}$, préciser les valeurs de A, B et ω.

3. Quelle équation satisfait $\underline{n}(x,t)$? En déduire une relation entre k et ω_0 pour que $n(x,t)$ soit bien une solution de l'équation de diffusion.

4. Déterminer $n(x,t)$. Sur quelle distance typique observe-t-on une influence du système injecteur ? Interpréter le comportement de cette distance par rapport à ω_0.

Exercice 121 Catalyse hétérogène et diffusion unidimensionnelle

Une réaction chimique totale, de bilan $A = B$ est catalysée par le catalyseur solide C occupant un domaine cylindrique de section droite S, d'axe Ox, d'épaisseur e, compris entre $x = -e/2$ et $x = e/2$. On note $n_A(M,t)$ la densité moléculaire de A en un point M du catalyseur à la date t.

La réaction chimique est supposée d'ordre un : le nombre de molécules A disparaissant dans l'élément de volume $\mathrm{d}V(M)$ entre t et $t+\mathrm{d}t$ est
$\delta N_D = n_A(M,t)\mathrm{d}V(M)\dfrac{\mathrm{d}t}{\tau}$ où τ est une durée caractéristique de la cinétique.

D'autre part, les molécules A diffusent dans le catalyseur avec un coefficient de diffusion D et on suppose la diffusion unidirectionnelle selon Ox, ce qui revient à admettre que la surface latérale du catalyseur est négligeable devant sa section droite S.

Enfin, la densité particulaire est uniforme à la surface du catalyseur (c'est la valeur de n_A dans la phase gazeuse), et vaut $n_A(x = e/2, t) = n_A(x = -e/2, t) = n_0$.

1. Établir l'équation aux dérivées partielles dont $n_A(x, t)$ est solution. Déterminer l'expression de la longueur caractéristique δ du phénomène.

Dans la suite, on se place en régime stationnaire.

2. Établir l'expression de $n_A(x)$ en fonction de n_0, x et δ.

3. En déduire le nombre φ de molécules A disparaissant dans le catalyseur par unité de temps en fonction de n_0, e, D, S et δ.

4. On divise le catalyseur en q tranches de même surface S et de même épaisseur e/q, qu'on éloigne suffisamment les unes des autres dans le gaz où la densité particulaire en A est n_0, pour qu'elles agissent indépendamment. Exprimer le nombre φ_q de molécules A disparaissant dans le catalyseur par unité de temps en fonction de n_0, e, D, S, δ et q. Calculer $\varphi_\infty = \lim_{q\to\infty} \varphi_q$. Interpréter concrètement φ_∞.

5. On définit le facteur d'efficacité du catalyseur $\rho = \dfrac{\varphi}{\varphi_\infty}$. Exprimer ρ en fonction du volume V de catalyseur, de sa surface totale Σ et de δ. Comment faut-il choisir V/Σ pour optimiser l'efficacité du catalyseur ?

Exercice 122 Formation de la banquise

On s'intéresse à la formation d'une couche de glace à la surface de l'eau. En se ramenant à un problème unidimensionnel, on considère une grande quantité d'eau à la température $T_e = 273$ K au contact en $z = 0$ avec de l'air à la température $T_a = 253$ K. On note $l(t)$, l'épaisseur de la couche de glace à l'instant t et on prendra $l(0) = 0$. On note λ la conductivité thermique de la glace, ρ sa masse volumique et L_f sa chaleur latente massique de fusion. On négligera la capacité thermique de la glace pour simplifier les calculs. Le flux thermique entre l'air et la glace est donné par la loi de Newton $\mathrm{d}\Phi = h(T(0, t) - T_a)\mathrm{d}S$. On suppose que le flux thermique dégagé par le changement d'état est entièrement évacué à l'interface air-glace.

1. Rappeler l'équation de diffusion de la température et en déduire le champ

de température à tout instant t en fonction de $T(0,t)$ et de $l(t)$.

2. Déduire de la continuité du flux d'énergie en $z = 0$ l'expression de $T(0,t)$ en fonction de $l(t)$.

3. Déterminer la chaleur apportée par un épaississement $\mathrm{d}l$ de la couche de glace.

4. En appliquant un bilan d'énergie entre $l(t)$ et $l(t)+\mathrm{d}l$ entre les instants t et $t+\mathrm{d}t$, montrer que $l\frac{\mathrm{d}l}{\mathrm{d}t} = \frac{\lambda}{\rho L_f}(T_e - T(0,t))$.

5. En déduire l'évolution de l'épaisseur de la couche de glace.

Exercice 123 Géothermie

La croûte continentale terrestre a une épaisseur l d'environ 35 km ; elle est équivalente à une couche homogène de conductivité $\lambda = 23\ \mathrm{W{\cdot}m^{-1}{\cdot}K^{-1}}$. Au niveau du sol, la température est $T_2 = 273$ K, et à la profondeur l, elle vaut $T_1 = 873$ K.

1. Calculer la puissance géothermique par unité de surface J_{th} issue de la croûte continentale.

2. Les éléments radioactifs de la croûte dissipent une puissance volumique $\sigma_u = 3\times10^{-3}\ \mathrm{W{\cdot}m^{-3}}$. Déterminer l'équation différentielle satisfaite par la température de la croûte.

3. En déduire la puissance géothermique par unité de surface, J'_{th}, au niveau du sol, quand on tient compte des éléments radioactifs. Conclure.

Exercice 124 Température d'interface et régime stationnaire

On met en contact, suivant leur surface commune, d'aire S, deux conducteurs thermiques limités par des plans parallèles. En régime stationnaire, l'ensemble des deux conducteurs, de même épaisseur e, se comporte comme un système dont l'état ne dépend que de la seule coordonnée spatiale z le long de l'axe perpendiculaire à leur plan. En outre, les températures des faces des deux conducteurs qui ne sont pas en contact sont maintenues aux valeurs $T_1 = 293$ K et $T_2 = 373$ K respectivement. On désigne par λ_1 et λ_2 les conductivités thermiques des deux corps.

1. Quelle est l'expression de la résistance thermique de chaque conducteur en fonction de e, S et de sa conductivité thermique λ ? En déduire la résistance thermique R_{th} de l'ensemble des deux conducteurs placés en série.

2. En s'appuyant sur l'analogie avec la loi d'Ohm, montrer que la température T_i à l'interface est telle que : $T_i - T_1 = \alpha(T_2 - T_1)$ où α est une quantité que l'on exprimera en fonction des résistances thermiques $R_{th,1}$ et $R_{th,2}$ des deux conducteurs. En déduire T_i en fonction de T_1, T_2, λ_1 et λ_2.

3. Application : Calculer T_i pour un conducteur organique comme le corps humain, ($\lambda_1 = 0,5$ W·m^{-1}·K^{-1}) en contact avec du bois ($\lambda_2 = 0,2$ W·m^{-1}·K^{-1}) puis en contact avec du cuivre ($\lambda_2 = 390$ W·m^{-1}·K^{-1}).

Exercice 125 Estimation de l'âge de la Terre par Lord Kelvin

On néglige la sphéricité et les sources radioactives de la planète, mais on ne se place pas en régime permanent. On admet que la température dépend de t et de la profondeur z comptée positivement. Elle vérifie l'équation de diffusion :

$$\rho c_p \frac{\partial T}{\partial t} = \lambda \frac{\partial^2 T}{\partial z^2},$$

où ρ est la masse volumique, c_p la capacité thermique massique à pression constante et λ la conductivité thermique.

1. Démontrer l'équation différentielle vérifiée par q (puissance surfacique) :

$$\frac{\partial q}{\partial t} = D\frac{\partial^2 q}{\partial z^2},$$

dans laquelle on notera D la diffusivité thermique $D = \dfrac{\lambda}{\rho c_p}$.

Au milieu du XIXe siècle, Lord Kelvin a imaginé que la Terre avait été formée à une température élevée T_1 uniforme à la date $t = 0$. Il a proposé d'autre part qu'à cette même date, sa surface avait été soumise instantanément à une température T_S. Depuis ce temps-là, la planète se refroidirait. Lord Kelvin a modélisé le refroidissement pour en déduire l'âge de la Terre. La densité de flux thermique est donc une fonction de la profondeur et du temps $q(z, t)$.

2. Dans l'hypothèse de Lord Kelvin, quelle doit être la valeur de la densité de flux thermique en $z = 0$ lorsque t tend vers zéro et lorsqu'il tend vers l'infini ? Quelle doit être la valeur de la densité de flux thermique à une profondeur z non nulle lorsque t tend vers zéro et lorsqu'il tend vers l'infini ?

3. Vérifier que la solution proposée par Lord Kelvin :

$$q(z,t) = -\frac{A}{\sqrt{Dt}}\mathrm{e}^{-z^2/4Dt},$$

où t est le temps écoulé depuis la formation de la Terre est bien la bonne. Dessiner schématiquement la valeur absolue de la densité de flux thermique en fonction de la profondeur pour deux époques différentes.

4. Les paramètres du problème sont $T_1 - T_s$, λ, ρ et c_p. On suppose que A s'exprime par :

$$A = \frac{1}{\sqrt{\pi}}(T_1 - T_s)^{\alpha}\lambda^{\beta}\rho^{\gamma}c_p^{\delta}.$$

Déterminer par analyse dimensionnelle, les valeurs des exposants de cette loi.

5. Exprimer la valeur du gradient thermique en surface de la Terre $\dfrac{\partial T}{\partial z}$. Lord Kelvin a admis que $T_1 - T_S$ était de l'ordre de 1000 à 2000 K et que D est proche de 10^{-6} m^2·s^{-1}. Sachant que l'augmentation de température mesurée dans les mines indiquait un gradient proche de 30 K·km^{-1}, quel âge de la Terre Lord Kelvin a-t-il déduit de son modèle ?

6. Que pensez-vous de l'estimation précédente ? Quel est le ou les ingrédients que Lord Kelvin n'aurait pas dû négliger ?

Exercice 126 Histoire de manchots

Un manchot est modélisé par un parallélépipède rectangle de section carrée de côté a = 10 cm et de hauteur l = 50 cm. Le manchot maintient sa température interne T_i = 37°C au moyen d'un apport métabolique $\mathscr{P}$ = 50 W qui compense les pertes par conduction thermique au travers de son revêtement de plumes d'épaisseur $e = 1,0$ cm et de conductivité thermique λ.

1. Déterminer la valeur de la conductivité thermique λ sachant que la température extérieure (y compris au niveau du sol) est $T_e = -20°\text{C}$.

2. Pour faire face aux températures extrêmes, neuf manchots se serrent les uns contre les autres, en formant un carré de 3×3 manchots. Le pavage est parfait, seules les faces supérieures, inférieures et latérales périphériques sont sujettes aux pertes thermiques. De combien le métabolisme nécessaire au maintien de la température interne, rapporté à un manchot, est-il réduit lorsque les neuf manchots se serrent les uns contre les autres ?

Exercice 127 Durée d'un régime transitoire

Une tige cylindrique de longueur L (parois calorifugées) est initialement à la température uniforme T_2 et à $t = 0$, on applique en $x = 0$ une température T_1 alors qu'elle demeure à T_2 en $x = L$. On a alors un régime transitoire.

Estimer la durée τ d'établissement du régime permanent pour une tige d'acier pour laquelle $L = 25$ cm, puis $L' = 50$ cm, $\lambda = 82\ \text{W}\cdot\text{m}^{-1}\cdot\text{K}^{-1}$, $c = 0,46\ \text{kJ}\cdot\text{kg}^{-1}\cdot\text{K}^{-1}$, $\rho = 7,8 \times 10^3\ \text{kg}\cdot\text{m}^{-3}$. Conclusion.

Exercice 128 Durée maximale de plongée

On étudie les transferts thermiques qui ont lieu entre un plongeur et l'eau. On note $T_i(t)$ la température interne du plongeur et $T_{ext} = 15°C$ la température de l'eau.

L'ensemble {corps humain+peau} possède une résistance thermique R_1.

Le plongeur est équipé d'une combinaison d'épaisseur e. On note R_{comb} la résistance thermique associée.

Les transferts convectifs entre la paroi externe de la combinaison et l'eau sont modélisés par la loi de Newton donnant le flux convectif :

$$\Phi_{conv} = h\Delta T S,$$

où S est l'aire de l'interface et h un paramètre phénoménologique décrivant la convection. On note R_{conv} la résistance thermique à la convection.

Les transferts radiatifs entre la paroi et l'extérieur sont modélisés par le flux radiatif global $\Phi_{rad} = \varepsilon\sigma(T_{paroi}^4 - T_{ext}^4)$ où $\sigma = 5,7 \times 10^{-8}$ SI est la constante de Stefan et ε le paramètre d'émissivité traduisant l'efficacit é des processus radiatifs. On note R_{ray} la résistance thermique au transport radiatif.

1. Proposer un schéma électrique équivalent permettant de déterminer la résistance totale R_{tot} au transfert thermique entre l'intérieur du corps humain et l'eau.

2. Exprimer le flux thermique global Φ_{th} en fonction de $T_{int}(t)$, T_{ext}, R_{tot}.

3. Exprimer la résistance de convection en fonction de h et S. On néglige dans la suite le processus de transfert radiatif.

4. Le corps humain dégage de l'énergie thermique grâce aux molécules d'ATP. On note $\mathscr{P}_{ATP}$ la puissance associée à cette production interne. On note C la capacité thermique massique du corps humain, M la masse du plongeur.

4.a. Établir une équation différentielle permettant de déterminer la température T_{int} du plongeur.

4.b. En supposant $\mathscr{P}_{ATP}$ constant dans le temps, déterminer l'évolution de la température T_{int} en fonction de R_{tot}, T_{ext}, $\mathscr{P}_{ATP}$, $T_{int}(0) = 36°C$, C et M.

4.c. L'état d'hypothermie est atteint lorsque la température du plongeur tombe en dessous de 35°C. Déterminer le temps t_h au bout duquel l'hypothermie est atteinte.

Exercice 129 De l'utilité des caves

On modélise les variations de température au niveau du sol de la forme $T_0 + \theta_0 \cos(\omega t)$.

1. Que représente T_0 ? θ_0 ?

Le sous-sol est modélisé comme un milieu semi-infini homogène dont le coefficient de diffusion thermique uniforme est noté D. En prenant un axe x vertical vers le bas, ayant pour origine la surface, on cherche la température du sous-sol sous la forme $T(x,t) = T_0 + \theta(x,t)$ avec θ à déterminer.

2. Donner l'équation aux dérivées partielles vérifiée par θ.

3. On associe à la grandeur θ réelle la grandeur $\underline{\theta} = \underline{f}(x)\mathrm{e}^{\mathrm{j}\omega t}$ telle que $\theta = \Re(\underline{\theta})$. Donner l'équation différentielle vérifiée par $\underline{f}$ ainsi que sa solution générale.

4. Déterminer les deux constantes d'intégration de la solution à l'aide des conditions aux limites.

5. En revenant en notation réelle, déterminer alors la solution complète au problème de départ. Interpréter physiquement cette solution.

6. Tracer θ en fonction de x pour un instant fixé. Sachant que le coefficient de diffusion est $D \approx 6 \times 10^{-7}\ \mathrm{m^2 \cdot s^{-1}}$, calculer les valeurs pertinentes pour $T = 1$ jour et $T = 1$ an.

7. Calculer à partir de quelle profondeur les variations annuelles de température dont l'amplitude au sol est de $\theta_0 = 20°\mathrm{C}$ provoquent des variations de température dont l'amplitude est inférieure à $2°\mathrm{C}$. Donner un exemple d'application...

8. Pourquoi peut-on utiliser la décomposition en série de Fourier ?